"十三五"江苏省高等学校重点教材

编号：2020-2-194

STM32
微控制器原理及应用
STM32 WEIKONGZHIQI YUANLI JI YINGYONG

陈 蕾 邓 晶●主编

U0395887

苏州大学出版社
Soochow University Press

图书在版编目(CIP)数据

STM32 微控制器原理及应用 / 陈蕾，邓晶主编. — 苏州：苏州大学出版社,2021.11
"十三五"江苏省高等学校重点教材
ISBN 978-7-5672-3748-3

Ⅰ.①S… Ⅱ.①陈… ②邓… Ⅲ.①微控制器 — 教材 Ⅳ.①TP368.1

中国版本图书馆 CIP 数据核字(2021)第 218070 号

书　　名：STM32 微控制器原理及应用
主　　编：陈　蕾　邓　晶
责任编辑：马德芳
装帧设计：刘　俊
出版发行：苏州大学出版社(Soochow University Press)
社　　址：苏州市十梓街 1 号　邮编：215006
印　　刷：苏州市深广印刷有限公司
邮购热线：0512-67480030
销售热线：0512-67481020
开　　本：787 mm×1 092 mm　1/16　印　张：22.75　字　数：526 千
版　　次：2021 年 11 月第 1 版
印　　次：2021 年 11 月第 1 次印刷
书　　号：ISBN 978-7-5672-3748-3
定　　价：64.00 元

图书若有印装错误,本社负责调换
苏州大学出版社营销部　电话：0512-67481020
苏州大学出版社网址　http://www.sudapress.com
苏州大学出版社邮箱　sdcbs@ suda.edu.cn

前言 ● Preface

　　嵌入式系统应用十分广泛,涉及工业控制、通信、智能家居、航空航天、环境监测、机器人、汽车电子、物联网、车联网等众多领域,为了使学生适应嵌入式技术发展需求,近年来本科院校电子信息类专业不再局限于开设微机原理、单片机等传统课程,而是陆续开设了基于 STM32 微控制器的嵌入式系统设计课程。与传统的 51 单片机相比,STM32 功能更强,速度更快,结构更复杂,而且片内集成了许多外设接口,编程方式有寄存器模式、固件库函数模式等,再加上发展历史较短,资料积累不如 51 单片机丰富,因此初学者会遇到很多困难。

　　本门课程内容覆盖面广,知识点较多,实践性较强,由于课程学时限制,要保证教学质量,就必须有合适的教材。现有的教材常常不能全面满足教学需求,如教材缺少一些相关知识点的系统介绍,缺少针对性的课后习题,应用举例不够完整,没有融合新技术的应用,没有实验项目安排,等等。因此,本书遵循理论与实践相结合、由浅入深、方便教学的原则,在介绍原理的基础上,提供丰富完整的基础型与综合型应用实例,初学者能够快速上手,学会基于 STM32 的嵌入式系统应用开发技术。

　　本书的特色在于:

　　(1) 理论与实践相结合,教、学、做一体化。围绕某个外设应用,详细介绍相关的硬件结构、寄存器、库函数功能。将实验项目编成一节,给出实验项目的目的与要求,不用另外的实验指导书,方便实验教学。

　　(2) STM32 微控制器的内部资源很多,而课堂教学学时有限,因此选取与 51 单片机衔接的最常用接口模块进行详细介绍,以实用为主、够用为度,新手很容易快速入门。基础建立了,就可以快速提升学习效果。

　　(3) 提供丰富完整的应用实例。对涉及的每个外设应用,都给出完整的源代码,方便读者深入理解和掌握接口功能与应用技术。

　　(4) 图解开发环境的使用方法,详细介绍工程模板的建立步骤,读者可以直观学习,了解 STM32 微控制器的应用开发过程。

　　(5) 每章配有与教学知识点相呼应的课后习题,帮助读者检测学习效果。

　　(6) 为适应物联网技术的快速发展,介绍了 STM32 在物联网中的应用技术。

　　本书分为 11 章。第 1 章介绍嵌入式系统的定义、特点、发展和应用,嵌入式微处理器分类,STM32 微控制器系列产品的特点, 以及 STM32F103 的主要性能;第 2 章介绍 STM32F10x 的结构、最小系统组成,以及系统时钟的产生方式;第 3 章介绍基于 STM32 固件函数库的程序设计基础,包括标准固件函数库中的数据类型和函数命名规则、STM32 工程文件结构等;第 4 章介绍 GPIO 的工作方式,GPIO 与 LED 显示器、按键的接口技术;第 5 章和第 6 章分别介绍中断系统、定时器/计数器的工作原理和应用技术;第 7 章介绍串行通信的工作特点与数据通信程序的设计方法;第 8 章介绍用 DMA 方式完成数据传输的方法;第 9 章介绍 A/D 转换器的工作特点与应用技术;第 10 章举例介绍 STM32 在物联网方面的综合应用技术;第 11 章介绍 STM32 开发环境的搭建、工程模板的建立过程,并给出具有针对性的基础实验与综合实验的目的与要求。

本教材入选 2020 年江苏省高等学校重点教材立项建设名单,由陈蕾、邓晶主编,参与编写工作的还有郑君媛、周敏彤,全书由陈蕾完成统稿和整理工作。书中引用了一些网络文献,无法逐一注明出处,在此向原作者表示感谢!

由于时间仓促,作者水平有限,书中难免存在疏漏和不足之处,恳请同行专家和读者批评指正。

编者
2021 年 9 月

目 录
CONTENTS

嵌入式系统概述

 本章教学目标

通过本章的学习,能够理解以下内容:

- 嵌入式系统的定义与特点
- 嵌入式微处理器分类
- 嵌入式系统的发展和应用
- STM32 微控制器系列产品的特点
- STM32F103 的主要性能

随着电子技术和计算机软件技术的发展,嵌入式系统广泛应用于工业生产、日常生活、工业控制、航空航天等多个领域,已经成为计算机应用领域的重要组成部分。本章将介绍嵌入式系统的定义、特点、结构、分类和应用,以及基于 Cortex-M3 内核的 STM32 微控制器的特点等。

 1.1　嵌入式系统简介

1.1.1　嵌入式系统的定义

嵌入式系统(Embedded System)是一种"完全嵌入受控器件内部,为特定应用而设计的专用计算机系统",根据英国电气工程师协会(U.K. Institution of Electrical Engineer)的定义,嵌入式系统为"用于控制、监视或者辅助操作机器和设备的装置"。与个人计算机这样的通用计算机系统不同,嵌入式系统通常执行的是带有特定要求的预先定义的任务。由于嵌入式系统只针对一项特殊的任务,设计人员能够对它进行优化,减小尺寸,降低成本。嵌入式系统通常进行大量生产,所以单个的成本节约,能够随着产量增加进行成百上千倍的放大。

嵌入式系统的核心是由一个或几个预先编写好程序以用来执行少数几项任务的微处理器或者单片机组成的。与通用计算机能够运行用户选择的软件不同,嵌入式系统上的软件通常是暂时不变的,所以经常被称为"固件"。

国内普遍认同的嵌入式系统的定义为:以应用为中心,以计算机技术为基础,软硬件可裁剪,适应应用系统对功能、可靠性、成本、体积、功耗等严格要求的专用计算机系统。

以应用为中心：强调嵌入式系统的目标是满足用户的特定需求。

专用性：嵌入式系统的应用场合大多对可靠性、实时性有较高要求，这就决定了服务于特定应用的专用系统是嵌入式系统的主流模式，它并不强调系统的通用性和可扩展性。这种专用性通常也导致嵌入式系统是一个软硬件紧密集成的最终系统，因为这样才能更有效地提高整个系统的可靠性并降低成本，并使之具有更好的用户体验。

以现代计算机技术为核心：嵌入式系统最基本的支撑技术，大致包括集成电路设计技术、系统结构技术、传感与检测技术、嵌入式操作系统和实时操作系统技术、资源受限系统的高可靠软件开发技术、系统形式化规范与验证技术、通信技术、低功耗技术、特定应用领域的数据分析技术、信号处理和控制优化技术等，它们围绕计算机基本原理，集成进特定的专用设备就形成了一个嵌入式系统。

软硬件可裁剪：嵌入式系统针对的应用场景如此之多，并带来差异性极大的设计指标要求（功能、可靠性、成本、功耗），以至于现实上很难有一套方案满足所有的系统要求，因此根据需求的不同，灵活裁剪软硬件、组建符合要求的最终系统是嵌入式技术发展的必然技术路线。

1.1.2 嵌入式系统的特点

嵌入式系统的硬件和软件必须根据具体的应用任务，以功耗、成本、体积、可靠性、处理能力等为指标来进行选择。从用户和开发人员的不同角度来看，与普通计算机相比较，嵌入式系统具有如下特点：

（1）专用性强。由于嵌入式系统通常是面向某个特定应用的，所以嵌入式系统的硬件和软件，尤其是软件，都是为特定用户群设计的。

（2）体积小型化。方便将嵌入式系统嵌入目标系统中。

（3）实时性好。嵌入式系统广泛应用于生产过程控制、数据采集、传输通信等场合，主要用来对宿主对象进行控制，所以对嵌入式系统有或多或少的实时性要求。

（4）软硬件可裁剪。从嵌入式系统专用性的特点来看，嵌入式系统的供应者应提供各式各样的硬件和软件以备选用。

（5）可靠性高。由于有些嵌入式系统所承担的计算任务涉及被控产品的关键质量、人身设备安全等，所以对可靠性的要求极高。

（6）功耗低。有许多嵌入式系统的宿主对象是一些小型应用系统，如移动电话、数码相机等，这些设备不可能配置交流电源或容量较大的电源，因此低功耗一直是嵌入式系统追求的目标。

（7）专门的开发工具和环境。嵌入式系统本身不具备自我开发能力，必须借助通用计算机平台来开发。嵌入式系统设计完成以后，普通用户通常没有办法对其中的程序或硬件结构进行修改，必须有一套开发工具和环境才能进行。

（8）嵌入式系统通常采用"软硬件协同设计"的方法实现。此方法可避免由于独立设计软硬件体系结构而带来的种种弊病，得到高性能、低代价的优化设计方案。

1.1.3 嵌入式微处理器分类

（1）根据体系结构不同，可以分为冯·诺依曼结构微处理器和哈佛结构微处理器。

冯·诺依曼（John von Neumann）结构，也称为普林斯顿结构（Princeton Architecture），

是一种将程序存储器和数据存储器合并在一起的存储器结构,它们共用地址总线和数据总线,如图 1-1 所示。程序存储地址和数据存储地址指向同一个存储器的不同物理位置,这种结构的特点是"程序存储、共享数据、顺序执行",需要 CPU 从存储器取出指令和数据进行相应的计算。Intel 公司的微处理器、ARM 公司的 ARM7 处理器均采用了普林斯顿结构。

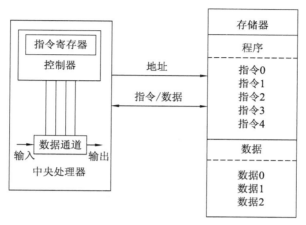

图 1-1　普林斯顿结构

哈佛结构是将程序和数据分别存储在不同的存储器中,程序存储器和数据存储器独立编址,二者各自有独立的地址总线和数据总线,分别访问,如图 1-2 所示。如此设计克服了数据流传输瓶颈,可以获得两倍带宽,CPU 的工作效率更高,但结构复杂,对外围设备的连接与处理要求高,不适合外围存储器的扩展,实现成本高。Intel 公司的 MCS-51 单片机、ARM 公司的 Cortex-M3 处理器均采用了哈佛结构。

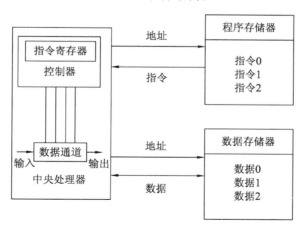

图 1-2　哈佛结构

（2）根据指令集不同,可以分为精简指令系统（Reduced Instruction Set Computer,RISC）微处理器和复杂指令系统（Complex Instruction Set Computer,CISC）微处理器。RISC 和 CISC 是设计制造微处理器的两种典型技术,虽然它们都试图在体系结构、操作运行、软硬件、编译时间和运行时间等诸多因素中做出某种平衡，以达到高效的目的，但采用的方法不同，因此，在很多方面差异很大，主要体现在以下几个方面：

① 指令系统：RISC 微处理器只处理寄存器中的数据，Load/Store 指令完成数据在寄存器和外部存储器之间的传送，RISC 设计者把主要精力放在那些经常使用的指令上，尽量使它们具有简单高效的特色，对不常用的功能，常通过组合指令来完成，因此，在 RISC 机器上实现特殊功能时，效率可能较低，但可以利用流水线技术和超标量技术加以改进和弥补；而 CISC 计算机的指令系统比较丰富，具有大量的指令和寻址方式，有专用指令来完成特定的功能，因此，处理特殊任务效率较高。

② 存储器操作：RISC 对存储器操作有限制，使控制简单化，RISC 的 CPU 仅处理寄存器中的数据，采用独立的、专用的 Load/Store 指令完成数据在寄存器和外存之间的传送；而 CISC 机器的存储器操作指令多，操作直接，CISC 的 CPU 能直接处理存储器中的数据。

③ 程序：RISC 汇编语言程序一般需要较大的内存空间，实现特殊功能时程序复杂，不易设计；而 CISC 汇编语言程序编程相对简单，科学计算及复杂操作的程序设计相对容易，效率较高。

④ 中断：RISC 机器在一条指令执行的适当地方可以响应中断；而 CISC 机器是在一条指令执行结束后响应中断。

⑤ CPU：RISC 的 CPU 包含较少的单元电路，因而面积小、功耗低；而 CISC 的 CPU 包含丰富的电路单元，因而功能强、面积大、功耗高。

⑥ 设计周期：RISC 微处理器结构简单，布局紧凑，设计周期短，且易于采用最新技术；而 CISC 微处理器结构复杂，设计周期长。

⑦ 用户使用：RISC 微处理器结构简单，指令规整，性能容易把握，易学易用；而 CISC 微处理器结构复杂，功能强大，实现特殊功能容易。

⑧ 应用范围：由于 RISC 指令系统的确定与特定的应用领域有关，故 RISC 机器更适合于专用机；而 CISC 机器则更适合于通用机。

（3）根据嵌入式微处理器功能不同，一般可以将嵌入式处理器分成 4 类，即嵌入式微处理器、嵌入式微控制器、嵌入式数字信号处理器和嵌入式片上系统。

嵌入式微处理器（MPU）是由通用计算机中的 CPU 演变而来的，它的特征是具有 32 位以上的处理器，具有较高的性能，当然其价格也相应较高。但与计算机处理器不同的是，在实际嵌入式应用中，只保留和嵌入式应用紧密相关的功能硬件，去除其他的冗余功能部分，这样就以最低的功耗和资源实现嵌入式应用的特殊要求。和工业控制计算机相比，嵌入式微处理器具有体积小、重量轻、成本低、可靠性高的优点。

嵌入式微控制器（MCU）的典型代表是单片机，单片机芯片内部集成 ROM/EEPROM、Flash、RAM、总线、总线逻辑控制、定时器/计数器、看门狗、I/O、串行口、脉宽调制输出、A/D、D/A 等各种必要功能和外设。和嵌入式微处理器相比，微控制器的最大特点是单片化，体积大大减小，从而使功耗和成本下降、可靠性提高。微控制器的片上外设资源一般较丰富，适合于控制。

嵌入式数字信号处理器（DSP）是专门用于信号处理方面的处理器。在数字化时代，数字信号处理是一门应用广泛的技术，传统微处理器在进行这类操作时的性能较低，专门的数字信号处理芯片——DSP 也就应运而生。DSP 的系统结构和指令系统针对数字信号处理进行了特殊设计,因而在执行相关操作时具有很高的效率。在数字滤波、FFT、谱分析、数据编码等方面,DSP 获得了大规模的应用。

嵌入式片上系统(SoC)追求产品系统包容最大的集成器件,其特点是成功实现了软硬件无缝结合,直接在处理器片内嵌入操作系统的代码模块。而且 SoC 具有极高的综合性,可在一个硅片内部运用 VHDL 等硬件描述语言,实现一个复杂的系统。用户不需要再像传统的系统设计一样,绘制庞大复杂的电路板,一点点地连接焊制,只需要使用精确的语言,综合时序设计,直接在器件库中调用各种通用处理器的标准,然后通过仿真之后就可以直接交付芯片厂商进行生产。由于绝大部分系统构件都是在系统内部,整个系统就特别简洁,不仅减小了系统的体积,降低了功耗,而且提高了系统的可靠性和设计生产效率。

1.1.4　嵌入式系统的发展

嵌入式计算机的真正发展是在微处理器问世之后。1971 年 11 月,算术运算器和控制器电路成功地被集成在一起,Intel 公司推出了第一款微处理器,其后各厂家陆续推出了 8 位、16 位微处理器。以这些微处理器为核心所构成的系统广泛地应用于仪器仪表、医疗设备、机器人、家用电器等领域。微处理器的广泛应用形成了一个广阔的嵌入式应用市场,计算机厂家开始大量地以插件方式向用户提供 OEM 产品,再由用户根据自己的需要选择一套适合的 CPU 板、存储器板及各式 I/O 插件板,从而构成专用的嵌入式计算机系统,并将其嵌入自己的系统设备中。

20 世纪 80 年代,随着微电子工艺水平的提高,集成电路制造商开始把嵌入式计算机应用中所需要的微处理器、I/O 接口、A/D 转换器、D/A 转换器、串行接口,以及 RAM、ROM 等部件全部集成到一个 VLSI(超大规模集成电路)中,从而制造出面向 I/O 设计的微控制器,即俗称的单片机。单片机成为嵌入式计算机中异军突起的新秀。20 世纪 90 年代,在分布控制、柔性制造、数字化通信和信息家电等巨大需求的牵引下,嵌入式系统进一步快速发展。面向实时信号处理算法的 DSP 产品向着高速度、高精度、低功耗的方向发展。21 世纪是一个网络盛行的时代,将嵌入式系统应用到各类网络中是其发展的重要方向。嵌入式系统的发展大致经历了以下三个阶段。

第一阶段:嵌入技术的早期阶段。嵌入式系统以功能简单的专用计算机或单片机为核心的可编程控制器形式存在,具有监测、伺服、设备指示等功能。这种系统大部分应用于各类工业控制和飞机、导弹等武器装备中。

第二阶段:以高端嵌入式 CPU 和嵌入式操作系统为标志。这一阶段系统的主要特点是计算机硬件出现了高可靠、低功耗的嵌入式 CPU,如 ARM、PowerPC 等,且支持操作系统,支持复杂应用程序的开发和运行。

第三阶段:以芯片技术和 Internet 技术为标志。微电子技术发展迅速,片上系统使嵌入式系统越来越小,功能却越来越强。目前大多数嵌入式系统还孤立于 Internet 之外,但随着 Internet 的发展及 Internet 技术与信息家电、工业控制技术等结合日益密切,嵌入式技术正在进入快速发展和广泛应用的时期。

嵌入式技术与 Internet 技术的结合正在推动着嵌入式技术的飞速发展,为嵌入式市场

展现了美好的前景,同时也对嵌入式生产厂商提出了新的挑战。未来嵌入式系统的几大发展趋势如下:

(1)嵌入式系统的开发成了一项系统工程,开发厂商不仅要提供嵌入式软硬件系统本身,同时还要提供强大的硬件开发工具和软件支持包。

(2)网络化、信息化的要求随着 Internet 技术的成熟和带宽的提高而日益突出,以往功能单一的设备如电话、手机、冰箱、微波炉等功能不再单一,结构变得更加复杂,网络互联成为必然趋势。

(3)未来的嵌入式设备为了适应网络发展的要求,必然要求硬件上提供各种网络通信接口。传统的单片机对网络支持不足,而新一代的嵌入式处理器已经开始内嵌网络接口,除了支持 TCP/IP 协议外,还有的支持 IEEE 1394、USB、CAN、Bluetooth 或 IrDA 通信接口中的一种或者几种,同时也需要提供相应的通信组网协议软件和物理层驱动软件。在软件方面,系统内核支持网络模块,甚至可以在设备上嵌入 Web 浏览器,真正实现随时随地用各种设备上网。

(4)精简系统内核,优化关键算法,降低功耗和软硬件成本。

(5)提供更加友好的多媒体人机交互界面。

1.1.5 嵌入式系统的应用

嵌入式系统的应用十分广泛,如图 1-3 所示。随着电子技术和计算机软件技术的发展,嵌入式系统不仅在这些领域中的应用越来越深入,而且在其他传统的非信息类设备中也逐渐显现出其用武之地。

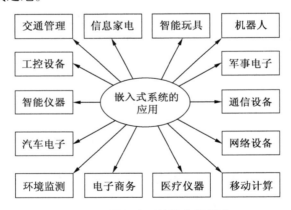

图 1-3 嵌入式系统的应用领域

(1)工业控制。基于嵌入式芯片的工业自动化设备将获得长足的发展,目前已经有大量的 8 位、16 位、32 位嵌入式微控制器在应用中。网络化是提高生产效率和产品质量、减少人力资源的主要途径,如工业过程控制、数字机床、电力系统、电网安全、电网设备监测、石油化工系统等。就传统的工业控制产品而言,低端产品往往采用的是 8 位单片机。随着计算机技术的发展,32 位、64 位的处理器已逐渐成为工业控制设备的核心。

(2)交通管理。在车辆导航、流量控制、信息监测与汽车服务等方面,嵌入式技术已经获得了广泛的应用,内嵌 GPS 模块、GSM 模块的移动定位终端已经在各种运输行业获得了成功。目前,GPS 设备已经从尖端的科技产品进入了普通百姓的家庭。

（3）信息家电。家电将成为嵌入式系统最大的应用领域,冰箱、空调等的网络化、智能化将引领人们的生活步入一个崭新的空间。即使不在家,也可以通过电话、网络对家电进行远程控制。在这些设备中,嵌入式系统将大有用武之地。

（4）家庭智能管理系统。水表、电表、煤气表的远程自动抄表系统及安全防火、防盗系统,嵌有专用控制芯片,这种专用控制芯片将代替传统的人工操作,完成检查功能,并实现更高、更准确和更安全的性能。目前在服务领域,如远程点菜器等已经体现了嵌入式系统的优势。

（5）POS 网络及电子商务。公共交通无接触智能卡（Contactless Smart Card,CSC）发行系统、公共电话卡发行系统、自动售货机等智能 ATM 终端已全面走进人们的生活,在不远的将来手持一张卡就可以行遍天下。

（6）环境工程与自然。在很多环境恶劣、地况复杂的地区需要进行水文资料实时监测、防洪体系及水土质量监测、堤坝安全与地震监测、实时气象信息和空气污染监测等时,嵌入式系统可实现无人监测。

（7）机器人。嵌入式芯片的发展将使机器人在微型化、高智能方面的优势更加明显,同时,会大幅度降低机器人的价格,使其在工业领域和服务领域获得更广泛的应用。

1.2　STM32 微控制器简介

STM32 系列是 ST 公司出品的基于 ARM Cortex-M0、Cortex-M0+、Cortex-M3、Cortex-M4 和 Cortex-M7 内核的嵌入式微控制器,ARM Cortex-Mx 是为要求高性能、低成本、低功耗的嵌入式应用专门设计的内核。

1.2.1　STM32 的发展

意法半导体（STMicroelectronics,ST）集团于 1987 年 6 月成立,是由意大利的 SGS 微电子公司和法国 Thomson 半导体公司合并而成的。

1998 年 5 月,SGS-Thomson Microelectronics 将公司名称改为意法半导体有限公司。从成立之初至今,ST 公司的成长速度超过了半导体工业的整体成长速度。自 1999 年起,ST 公司始终是世界十大半导体公司之一。

2007 年 6 月,ST 公司宣布了它的第一款基于 Cortex-M3 并内嵌 32~128 KB 闪存的 STM32 微控制器系列产品。

1.2.2　Cortex-M3 内核

Cortex-M3 是一款 ARM 处理器内核,即为 ARM 处理器家族中的一个成员。ARM 是 Advanced RISC Machine 的缩写,它是由微处理器行业的一家知名企业 ARM 公司设计的,该公司设计了大量高性能、廉价、低功耗的 RISC 处理器。ARM 公司专门从事基于 RISC 技术的芯片设计开发,作为知识产权供应商,本身不直接从事芯片生产,而是将处理器架构授权给许多世界上著名的半导体、软件和 OEM 厂商,并提供服务。大多数 ARM 核心的处理器都使用在嵌入式领域。

ARM 处理器内核分为经典核心和 Cortex 核心。ARM 公司在经典处理器 ARM11 以后的产品改用 Cortex 命名,并分成 A、R 和 M 三类,其中:A 为应用分支,面向应用,如手持设备;R 为实时分支,面向一般的实时控制;M 为微处理器分支,面向深度嵌入系统。ARM 处理器家族的部分产品如表 1-1 所示。

表 1-1　ARM 处理器家族部分产品

年份	经典核心					Cortex 核心			
	ARM7	ARM8	ARM9	ARM10	ARM11	微控制器	实时	应用(32 位)	应用(64 位)
1993	ARM700								
1994	ARM710 ARM7D1 ARM7TDMI								
1995	ARM710a								
1996		ARM810							
1997	ARM710T ARM720T ARM740T								
1998			ARM9TDMI ARM940T						
1999			ARM9E-S ARM966E-S						
2000			ARM920T ARM922T ARM946E-S	ARM1020T					
2001	ARM7TDMI-S ARM7EJ-S		ARM9EJ-S ARM926EJ-S	ARM1020E ARM1022E					
2002				ARM1026EJ-S	ARM1136J(F)-S				
2003			ARM968E-S		ARM1156T2(F)-S ARM1176JZ(F)-S				
2004						Cortex-M3			
2005					ARM11MPCore			Cortex-A8	
2006			ARM996HS						
2007						Cortex-M1		Cortex-A9	
2008									
2009						Cortex-M0		Cortex-A5	
2010						Cortex-M4(F)		Cortex-A15	
2011							Cortex-R4 Cortex-R5 Cortex-R7	Cortex-A7	
2012						Cortex-M0+			Cortex-A53 Cortex-A57
2013								Cortex-A12	
2014						Cortex-M7(F)		Cortex-A17	
2015									Cortex-A35 Cortex-A72
2016						Cortex-M23 Cortex-M33(F)	Cortex-R8 Cortex-R52	Cortex-A32	Cortex-A73

　　Cortex-M3 是一个 32 位处理器内核,内部的数据总线是 32 位的,寄存器是 32 位的,

存储器接口也是 32 位的,它采用了哈佛结构,拥有独立的指令总线和数据总线,可以让取指与数据访问并行工作,这样一来,数据访问不再占用指令总线,从而提升了性能。

Cortex-M3 系列微处理器的主要特点如下:

(1)哈佛结构。在加载/存储数据的同时,能够执行指令取指。

(2)Thumb-2 指令集架构(Instruction Set Architecture,ISA)。Thumb-2 指令集包括所有的 16 位 Thumb 指令集和基本的 32 位 ARM 指令集架构,Cortex-M3 处理器不能执行 ARM 指令集。Thumb-2 在 Thumb 指令集架构上进行了大量的改进,它与 Thumb 相比,具有更高的代码密度并提供 16/32 位指令的更高性能,为兼容数据总线宽度为 16 位的应用系统;ARM 体系结构除了支持执行效率很高的 32 位 ARM 指令集以外,同时支持 16 位的 Thumb 指令集。Thumb 指令集是 ARM 指令集的一个子集,它具有 16 位的代码宽度,与等价的 32 位代码相比较,Thumb 指令集在保留 32 位代码优势的同时,大大节省了系统的存储空间。Thumb-2 的预期目标是要达到近乎 Thumb 的编码密度,但能表现出近乎 ARM 指令集在 32 位内存下的效能。

ARM 指令集是基于精简指令集计算机(RISC)设计的,是加载/存储(Load/Store)型的 32 位指令集,其译码机制比较简单,执行效率较高。该指令集对存储器的访问使用加载/存储指令实现。加载/存储指令可以实现字、半字、字节操作,批量加载/存储指令可以实现一条指令加载/存储多个寄存器的内容,效率大大提高。CPU 本身不能直接读取内存,需要先将内存中的内容加载到 CPU 的通用寄存器中才能被 CPU 处理。

(3)三级流水线。一条指令的执行分为取指、译码、执行三个阶段。取指,即从存储器装载一条指令;译码,即识别将要被执行的指令;执行,即处理指令并将结果写回寄存器。引入三级流水线后,取指、译码、执行三个阶段并行工作,如图 1-4 所示,提高了 CPU 运行指令的时间效率。

图 1-4　ARM 处理器三级流水线

(4)32 位单周期乘法。

(5)具备硬件除法。

(6)Thumb 状态和调试状态。Thumb 状态:16 位和 32 位"半字对齐"的 Thumb 和 Thumb-2 指令的执行状态。调试状态:处理器停止并进行调试,进入该状态。

(7)处理模式和线程模式。在复位时,处理器进入"线程模式",异常返回时,也会进入该模式,特权和用户(非特权)模式代码能够在"线程模式"下运行。出现异常模式时,处理器进入"处理模式"。在处理模式下,所有代码都是特权访问的。

(8)中断服务程序(Interrupt Service Routine,ISR)的低延迟进入和退出。Cortex-M3 首次在内核上集成了嵌套向量中断控制器(Nested Vectored Interrupt Controller, NVIC)。Cortex-M3 的中断延迟只有 12 个时钟周期(ARM7 需要 24~42 个周期);Cortex-M3 还使用尾链技术,使得背靠背(back-to-back)中断的响应只需要 6 个时钟周期(ARM7 需要 30 个以上周期)。

（9）可中断—可继续的批量传输数据的指令。

（10）支持大端格式（Big-Endian，BE）和小端格式（Little-Endian，LE）。BE 模式是指对于 32 位字数据存储时低字节放在高地址单元，而 LE 格式是指低字节放在低地址单元。Cortex-M3 处理器能够以小端格式或大端格式访问存储器中的数据字，而访问代码时始终使用小端格式。如图 1-5 所示为 32 位字数据 0x12345678 的大端、小端存储格式。

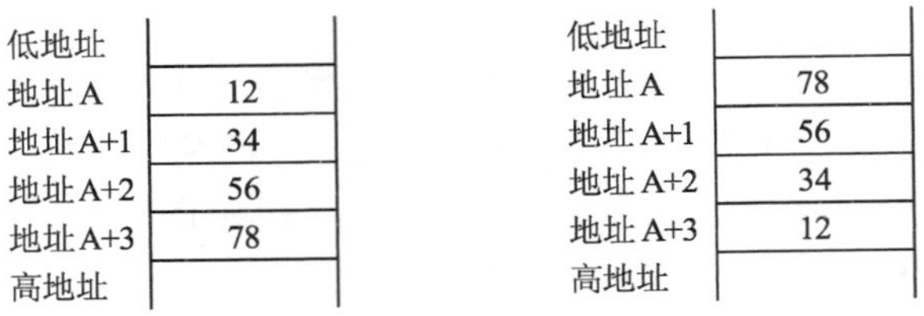

低地址			低地址	
地址 A	12		地址 A	78
地址 A+1	34		地址 A+1	56
地址 A+2	56		地址 A+2	34
地址 A+3	78		地址 A+3	12
高地址			高地址	

(a) 大端格式 　　　　　　　　　　 (b) 小端格式

图 1-5　32 位字数据的存储格式

（11）支持非对齐（Unaligned）访问。ARM 系列处理器是 RISC 处理器，很多基于 ARM 的高效代码的程序设计策略都源于 RISC 处理器，而很多 RISC 处理器的内存访问要求数据对齐：存取 32 位字（Word）数据时，要求四字节对齐，即地址的 bits[1:0]==00；存取半字（Halfword）时，要求两字节对齐，地址的 bit[0]==0；存取字节（Byte）数据时，要求该数据按其自然尺寸边界（Natural Size Boundary）定位。在 ARM 中，通常希望 32 位字单元的地址是字对齐的（地址的低两位为 00），半字单元的地址是半字对齐的（地址的最低位为 0）。在存储访问操作中，若存储单元的地址没有遵守上述的对齐规则，则称为非对齐的存储访问操作。

（12）具有分支预测功能。流水线处理器在正常执行指令时，如果碰到分支（跳转）指令，由于指令执行的顺序可能会发生变化，指令预取队列和流水线中的部分指令就可能作废，而需要从新的地址重新取指、执行，这样就会使流水线"断流"，处理器性能因此而受到影响。特别是现代 C 语言程序，经编译器优化生成的目标代码中，分支指令所占的比例可达 10%~20%，对流水线处理器的影响会更大。为此，现代高性能流水线处理器中一般都加入了分支预测部件，就是在处理器从存储器预取指令时，若遇到分支（跳转）指令，则能自动预测跳转是否会发生，再从预测的方向进行取指，从而提供给流水线连续的指令流，流水线就可以不断地执行有效指令，保证了其性能的发挥。Cortex-M3 内核的预取部件具有分支预测功能，可以预取分支目标地址的指令，使分支延迟减少到一个时钟周期。

1.2.3　STM32 产品介绍

按内核架构不同，STM32 可分为以下产品：主流产品（STM32F0、STM32F1、STM32F3）、超低功耗产品（STM32L0、STM32L1、STM32L4、STM32L4+）、高性能产品（STM32F2、STM32F4、STM32F7、STM32H7）。

主流产品 STM32F1 中，包括超值型系列 STM32F100、基本型系列 STM32F101、USB 基本型系列 STM32F102、增强型系列 STM32F103，以及互联型系列 STM32F105 和 STM32F107。

增强型系列 STM32F103 基于 ARM Cortex-M3 内核，时钟频率达到 72 MHz，是同类产品中性能最高的产品;基本型系列 STM32F101 的时钟频率为 36 MHz,以 16 位产品的价格得到比 16 位产品大幅提升的性能,是 16 位产品用户的最佳选择。两个系列都内置 32~128 KB 的闪存,不同的是 SRAM 的最大容量和外设接口的组合。时钟频率为 72 MHz 时,从闪存执行代码,STM32 工作电流为 36 mA,是 32 位市场上功耗最低的产品,相当于 0.5 mA/MHz。STM32F10x 系列产品闪存容量与封装引脚数如图 1-6 所示。

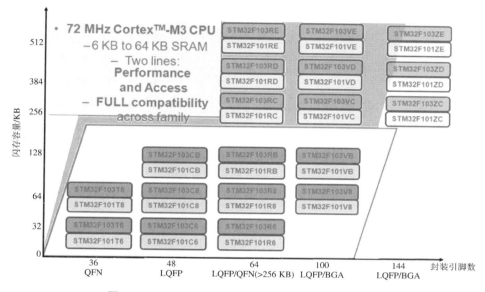

图 1-6　STM32F10x 系列产品闪存容量与封装引脚数

STM32 是一个完整的系列,其成员之间的引脚相互兼容,软件和功能也相互兼容,STM32 系列产品的命名规则如图 1-7 所示。下面以 STM32F103RBT6 这个型号的芯片为例,说明型号命名规则。该型号的组成为 7 个部分,其命名规则如下:

- STM32:代表 ARM Cortex-M3 内核的 32 位微控制器。
- F:代表芯片子系列。
- 103:代表增强型系列。
- R:代表引脚数,其中 T 代表 36 脚,C 代表 48 脚,R 代表 64 脚,V 代表 100 脚,Z 代表 144 脚。
- B:代表内嵌 Flash 容量,其中 4 代表 16 KB 的 Flash,6 代表 32 KB 的 Flash,8 代表 64 KB 的 Flash,B 代表 128 KB 的 Flash,C 代表 256 KB 的 Flash,D 代表 384 KB 的 Flash,E 代表 512 KB 的 Flash。
- T:代表封装,其中 H 代表 BGA 封装,T 代表 LQFP 封装,U 代表 VFQFPN 封装,Y 代表 WLCSP64 封装。
- 6:代表工作温度范围,其中 6 代表−40~85 ℃,7 代表−40~105 ℃。

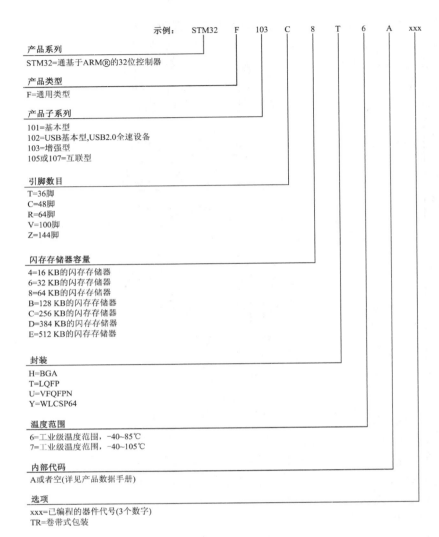

图 1-7　STM32 **系列产品的命名规则**

LQFP（Low-profile Quad Flat Package）也就是薄型 QFP，指封装本体厚度为 1.4 mm 的 QFP，是日本电子机械工业会制定的新 QFP 外形规格所用的名称。QFP 封装这种技术的中文含义叫作四方扁平式封装技术，该技术实现的 CPU 芯片引脚之间距离很小，管脚很细。一般大规模或超大规模集成电路采用这种封装形式，其引脚数一般都在 100 以上。该技术封装 CPU 时操作方便，可靠性高，而且其封装外形尺寸较小，寄生参数较少，适合高频应用。该技术主要适合用 SMT 表面贴装技术在 PCB 上安装布线。微控制器 STM32F103RBT6 的 LQFP64 封装如图 1-8 所示。

LFBGA 封装就是薄型 FBGA（Fine-Pitch Ball Grid Array，细间距球栅阵列）封装，是一种在底部有焊球的面阵引脚结构，使封装所需的安装面积接近于芯片尺寸。

图 1-8　LQFP64 **封装图**

1.2.4　STM32F103 性能简介

STM32F103 按片内 Flash 的大小可分为 3 大类:小容量(16 KB 和 32 KB)、中容量(64 KB 和 128 KB)、大容量(256 KB、384 KB 和 512 KB)。芯片将定时器 Timer、CAN、ADC、SPI、I2C、USB、UART 等多种外设集成在一起,并保持全产品系列的引脚兼容,为用户提供非常丰富的选型空间。STM32 微控制器具有以下特点:

- 内核:32 位 ARM Cortex-M3 的 RISC 内核,哈佛结构,最高工作频率为 72 MHz,单周期硬件乘法和除法可加快计算。

- 存储器:从 32 KB 至 512 KB 的 Flash;从 6 KB 至 64 KB 的 SRAM。

- 时钟、复位和供电管理:2.0~3.6 V 供电,上电/断电复位(POR/PDR)、可编程电压监测器(PVD)、掉电监测器,内嵌 4~16 MHz 的高速晶体振荡器,内嵌经出厂调校的 8 MHz 的 RC 振荡器,内嵌 40 kHz 的 RC 振荡器,内嵌 PLL 供应 CPU 时钟,带校准功能的 32 kHz 的 RTC 振荡器。

- 低功耗:3 种省电模式,即睡眠、停机和待机模式,VBAT 为 RTC 和后备寄存器供电。

- 最多可达 112 个快速 I/O 端口:根据型号的不同,有 26、37、51、80 和 112 的 I/O 端口,所有的端口都可以映射到 16 个外部中断向量。除了模拟输入外,所有的都可以接受 5 V 以内的输入。

- 嵌套矢量中断控制器(NVIC):支持 15 个异常和 68 个外部中断通道,支持 16 个可编程中断优先级,支持优先权分组,通过与处理器的紧密结合,加快中断服务程序(ISR)的执行,采用尾链(Tail-Chaining)技术,简化激活和挂起的中断之间的数据传送,进入和退出中断时无须通过指令,中断进入时可自动保存处理器状态,中断退出时自动恢复处理器状态。

- 2 个 12 位模数转换器:16 个外部通道、2 个内部通道的模拟量输入,ADC 时钟频率最高为 14 MHz,最快转换时间为 1 μs,双采样和保持功能,并具有自校准功能。

- 2 通道 12 位 D/A 转换器:STM32F103xC、STM32F103xD 和 STM32F103xE 独有。

- 最多可达 11 个定时器:4 个 16 位通用定时器,每个定时器有 4 个 IC/OC/PWM 或者脉冲计数器;2 个 16 位的 6 通道高级控制定时器,可用于 PWM 输出;2 个看门狗定时器(独立看门狗和窗口看门狗);1 个 24 位倒计数的 SysTick 定时器;2 个 16 位基本定时器用于驱动 DAC。

- 存储器直接访问(DMA):2 个 DMA 控制器控制 12 个 DMA 通道,支持定时器、ADC、USART、SPI 和 I2C 等外设。

- 最多可达 13 个通信接口:2 个 I2C 接口;5 个 USART 接口;3 个 SPI 接口,其中 2 个和 I2S 复用;1 个 CAN 接口(2.0B);1 个 USB 2.0 全速接口;1 个 SDIO 接口。

- 调试模式:串行调试(SWD)和 JTAG 接口调试。

STM32 系列的优异性能体现在以下 8 个方面:

1. 先进的内核结构

STM32 系列采用 ARM V7 先进架构的 Cortex-M3 内核,支持 Thumb-2 指令集,拥有更高的代码密度,与 8/16 位 CPU 相比,该微处理器提供更高的代码效率。

2. 优秀的功耗控制

STM32 具有三种低功耗模式：在运行模式时使用高效的动态耗电机制，程序在 Flash 中以 72 MHz 全速运行时，如果开启外部时钟，处理器仅耗电 27 mA；在待机状态时保持极低的电能消耗，典型的耗电值仅为 2 μA；在使用电池供电时，提供 2.0~3.6 V 的低电压工作能力。

STM32 还具有灵活的时钟控制机制：STM32 各外设都有自己的独立时钟开关，可通过关闭相应外设时钟降低功耗；用户可根据自己所需的耗电/性能要求进行合理优化；RTC 可独立供电，外接纽扣电池供电。

3. 性能出众而且功能丰富的片上外设

STM32 片上外设的优势来源于双 APB 总线结构，其中高速总线 APB2 的速度可达 CPU 的运行频率，使得连接到该总线上的外设能以更高的速度运行。

- USB：12 Mbit/s。
- USART：4.5 Mbit/s。
- SPI：18 Mbit/s。
- GPIO：最大翻转频率为 18 MHz。
- I2C：400 kHz。
- PWM：定时器最高可使用 72 MHz 输入。

针对 MCU 应用中最常见的电机控制，STM32 对片上外围设备进行一些功能创新：内嵌适合三相无刷电机控制的定时器和 ADC，高级 PWM 定时器提供 6 路 PWM 输出；完整的向量控制环；死区产生；霍尔传感器；编码器输入；边沿对齐和中心对齐波形；紧急故障停机与 2 路 ADC 同步，与其他定时器同步；可编程防范机制可用于防止对寄存器的非法写入；双 ADC 结构允许双通道采样/保持，实现 12 位精度、1 μs 速度的转换。

4. 超多的片上外设资源

拥有包括 FSMC、TIMER、SPI、I2C、USB、CAN、I2S、SDIO、ADC、DAC、RTC、DMA 等众多外设及功能，具有极高的集成度。

5. 优异的实时性能

16 级可编程中断优先级，且所有引脚都可作为中断输入。

6. 高度的集成整合尽可能减少对外部器件的要求

- 内嵌电源监控器，带上电复位、低电压检测、掉电检测、自带时钟的看门狗定时器。
- 一个主晶振（4~16 MHz）可驱动整个系统，内嵌 PLL 产生多种频率。
- 内嵌精确 8 MHz 的 RC 振荡电路，可作为主时钟源。
- LQPF100 封装芯片的最小系统仅需 7 个滤波电容作为外围器件。

7. 超低的价格

以 8 位机的价格得到 32 位机，是 STM32 最大的优势。

8. 极低的开发成本

STM32 的开发不需要昂贵的仿真器，只需要一个串口即可下载代码，并支持 SWD 和 JTAG 两种调试模式，易于开发，可使产品快速进入市场。

STM32 具有丰富的型号，仅 Cortex-M3 内核就拥有 F100、F101、F102、F103、F105、

F107、F207、F217 8 个系列上百种型号,有 QFN、LQFP、BGA 等封装可供选择。同时 STM32 还推出 STM32L 和 STM32W 等超低功耗和无线应用型的 CM3 芯片。

在 STM32 系列产品中,既有适合仅需少量存储空间和引脚的,也有满足需要更多存储空间和引脚的;既有适合高性能应用的,也有满足低功耗要求的;既有适合低成本简单应用的,也有满足高端复杂应用的。全系列兼容,使得项目之间的代码重用和代码移植变得非常方便。STM32 系列微控制器内部所拥有的丰富片上外设,使得它有多种应用:工业应用,如可编程逻辑控制器(PLC)、变频器、打印机、扫描仪、工控网络;建筑和安防应用,如报警系统、可视电话、视频对讲、暖气通风空调系统;低功耗应用,如血糖测量仪、电表、医疗和手持设备、电池供电应用;消费类应用,如各类电机控制、家用电器、数码相机。

本章小结

国内普遍认同的嵌入式系统的定义是以应用为中心,以计算机技术为基础,软硬件可裁剪,适应应用系统对功能、可靠性、成本、体积、功耗等严格要求的专用计算机系统。其具有专用性强、体积小、实时性好、可靠性高、软硬件可裁剪、功耗低等特点。按照技术特点和应用场合,嵌入式处理器可以分为嵌入式微处理器、嵌入式微控制器、数字信号处理器和嵌入式片上系统。ARM 公司在 2004 年推出了 Cortex-M3 内核,2007 年 ST 公司推出了基于 Cortex-M3 内核的 32 位嵌入式微控制器 STM32 系列产品,STM32 以其出色的性能及丰富的片上外设资源迅速得到了广泛的应用。

习题一

1-1　国内普遍认同的嵌入式系统的定义是什么?

1-2　嵌入式系统有哪些重要特征?

1-3　普林斯顿结构和哈佛结构分别有什么特点?

1-4　计算机指令系统分为哪两种?

1-5　根据应用不同,嵌入式处理器分成哪几类?

1-6　嵌入式系统的发展历程,大致经历了哪几个阶段?

1-7　嵌入式系统未来的发展趋势是什么?

1-8　2007 年 6 月_____公司宣布了它的第一款基于_____内核的 STM32 微控制器系列产品。

1-9　Cortex-M3 CPU 的最高工作频率是多少?

1-10　什么是三级流水线?

1-11　大端格式和小端格式存放数据有什么不同?

1-12　STM32F103RBT6 这个型号的芯片有多少个引脚?片内存储器容量是多少?

1-13　STM32F103 内部集成了哪些资源?

第 2 章

STM32F10x 的结构

 本章教学目标

通过本章的学习,能够理解以下内容:

- STM32F10x 的内部总线结构
- STM32F10x 的存储器组织
- STM32F10x 的功能结构和引脚分布
- STM32F10x 的最小系统组成
- STM32F10x 的系统时钟和外设时钟的产生方式

  STM32F10x 是基于 Cortex-M3(简称 CM3)内核的 32 位微控制器,本章主要介绍 Cortex-M3 的内部结构,STM32F10x 的存储器组织、功能结构及最小系统组成。最小系统是让 MCU 正常运行的最小环境配置,一般包括电源电路、时钟电路、复位电路等。STM32F10x 内部集成了众多外设,有较复杂的时钟系统,如低速外设时钟树 APB1 和高速外设时钟树 APB2,它们分别连接不同的设备,应用时,必须打开对应的时钟,外设才能工作。

 2.1 STM32F10x 的系统结构

2.1.1 Cortex-M3 的内部结构

  由 ARM 公司推出的 AMBA 片上总线已经成为一种主流的工业片上结构,AMBA 规范主要包括 AHB 系统总线(Advanced High-performance Bus)和 APB 外设总线(Advanced Peripheral Bus),二者分别适用于高速与相对低速设备的连接。

  CM3 包含 5 个总线,即 I-Code 总线、D-Code 总线、系统总线、外部专用外设总线和内部专用外设总线,CM3 的内部结构及总线连接如图 2-1 所示,CM3 处理器 5 个总线的总结见表 2-1。

  I-Code 总线是 32 位的 AHB 总线,负责在程序存储器空间(0x00000000 ~ 0x1FFFFFFF)完成取指和取向量操作。取指是按字进行操作,即使是对 16 位指令也如此,因此 CPU 内核可以一次取出两条 16 位 Thumb 指令。每个字的取指数目取决于运行的代码和存储器中代码的对齐情况。

第 2 章　STM32F10x 的结构

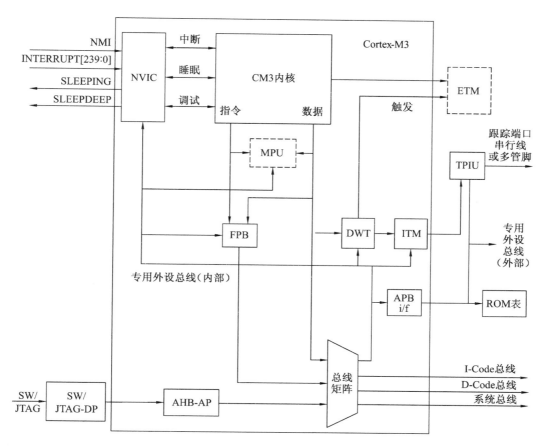

图 2-1　CM3 的内部结构及总线连接图

表 2-1　CM3 处理器 5 个总线的总结

总线名称	类型	范围
I-Code	AHB	0x00000000 ~ 0x1FFFFFFF
D-Code	AHB	0x00000000 ~ 0x1FFFFFFF
系统总线	AHB	0x20000000 ~ 0xDFFFFFFF 0xE0100000 ~ 0xFFFFFFFF
外部专用外设总线	APB	0xE0040000 ~ 0xE00FFFFF
内部专用外设总线	AHB	0xE0000000 ~ 0xE003FFFF

D-Code 总线是 32 位的 AHB 总线，负责在程序存储器空间（0x00000000 ~ 0x1FFFFFFF）完成数据访问和调试访问操作。数据访问的优先级高于调试访问，因此，当总线上同时出现数据访问和调试访问时，必须在数据访问结束后才开始调试访问。

尽管 CM3 支持非对齐访问，但不会在该总线上出现任何非对齐的地址，这是因为处理器的总线接口会把非对齐的数据传送都转换成对齐的数据传送。因此，连接到 D-Code

017

总线上的任何设备都只需支持对齐访问,而不需要支持非对齐访问。

系统总线是 32 位的 AHB 总线,负责对系统存储空间(0x20000000~0xDFFFFFFF, 0xE0100000~0xFFFFFFFF)完成取指操作、取向量操作、数据访问和调试访问。系统总线用于访问内存和外设,覆盖的区域包括 SRAM、片上外设、片外 RAM、片外扩展设备及系统级存储区的部分空间。和 D-Code 总线一样,所有的数据传送都支持对齐访问。

外部专用外设总线是 APB 总线,负责对外部外设存储空间(0xE0040000~0xE00FFFFF)完成数据访问和调试访问操作等专用外设访问。该总线用于 CM3 外部的 APB 设备、嵌入式跟踪宏单元(ETM)、跟踪端口接口单元(TPIU)和 ROM 表,也用于片外外设。

内部专用外设总线是 AHB 总线,负责对 CM3 内部外设存储空间(0xE0000000~0xE003FFFF)完成数据访问和调试访问操作。该总线用于访问嵌套向量中断控制器(NVIC)、数据观察和触发(DWT)、Flash 修补和断点(FPB)及存储器保护单元(MPU)。

2.1.2　STM32F10x 的总线结构

STM32F10x 的总线结构如图 2-2 所示,STM32F10x 的总线由以下部分构成:

(1) 4 个驱动单元:Cortex-M3 内核 I-Code 总线(I-bus)、D-Code 总线(D-bus)、系统总线(S-bus)及通用 DMA1 和通用 DMA2。

(2) 4 个被动单元:内部 SRAM、内部闪存 Flash、FSMC、AHB 到 APB 的桥(AHB2APBx,连接所有的 APB 设备)。

这些都是通过一个多级的 AHB 总线相互连接,各单元功能如下:

I-Code 总线:将 CM3 内核的指令总线与 Flash 存储器指令接口相连接,用于指令预取。

D-Code 总线:将 CM3 内核的 D-Code 总线与 Flash 存储器数据接口相连接,用于常量加载和调试访问。

System 总线:将 CM3 内核的 System 总线(外设总线)连接到总线矩阵,用于访问内存和外设,包括 SRAM、片上外设、片外 RAM、片外扩展设备以及系统级存储区的部分空间。

DMA 总线:将 DMA 的 AHB 主控接口与总线矩阵相连,总线矩阵协调 CPU 的 D-Code 和 DMA 到 SRAM、闪存和外设的访问。

总线矩阵:协调内核系统总线和 DMA 主控总线之间的访问仲裁,仲裁利用轮换算法。总线矩阵由 4 个驱动部件(CPU 的 D-Code 总线、System 总线、DMA1 和 DMA2 总线)和 4 个被动部件(闪存存储器接口 FLITF、SRAM、FSMC 和 AHB2APB 桥)构成。AHB 外设通过总线矩阵与系统总线相连,允许 DMA 访问。

AHB/APB 桥:2 个 AHB/APB 桥在 AHB 和 2 个 APB 总线间提供同步连接。APB1 操作速度限于 36 MHz;APB2 操作于全速,最高为 72 MHz。当对 APB 寄存器进行 8 位或 16 位访问时,该访问会被自动转换成 32 位的访问,桥会自动将 8 位或 16 位的数据扩展,以配合 32 位的向量。

闪存 Flash 的指令和数据访问是通过 AHB 总线完成的,预取模块用于通过 I-Code 总线读取指令。仲裁是作用在闪存接口,并且 D-Code 总线上的数据访问优先。DMA 在 D-Code 总线上访问闪存 Flash,它的优先级比 I-Code 总线上的读取指令高。

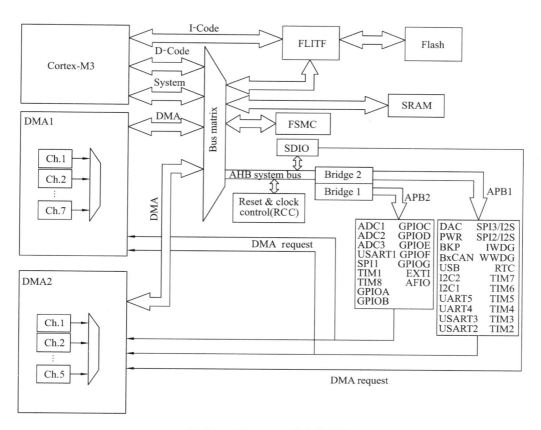

图 2-2　STM32F10x 的总线结构

 2.2　STM32F10x 的存储器组织

2.2.1　STM32F10x 的存储器映射

STM32F10x 将可访问的存储器空间分成 8 个主块,每个块为 0.5 GB,即 512 MB,其他未分配给片上存储器和外设存储器的空间都是保留的地址空间。STM32F10x 存储器映射如图 2-3 所示,4 GB 的线性地址空间内,寻址空间被分成 8 个主块:block 0~block 7,每块512 MB。

（1）片内 Flash:0x00000000~0x1FFFFFFF,用于存放程序、表格和常数。

① Main Block。

* 地址范围:0x08000000~0x0807FFFF。
* 存放用户程序,最高达 512 KB。

② 片内 Flash 的组织随容量大小而不同。

* 小容量:16~32 KB,主存储块最大为 4 K×64 bit,每个存储块分为32×1 KB 页。
* 中容量:64~128 KB,主存储块最大为 16 K×64 bit,每个存储块分为 128×1 KB 页。
* 大容量:256~512 KB,主存储块最大为 64 K×64 bit,每个存储块分为 256×2 KB 页。

- 互联型：主存储块最大为 32 K×64 bit，每个存储块分为 128×2 KB 页。

保留	0xA0001000~0xBFFFFFFF
FSMC寄存器	0xA0001000~0xA0000FFF
FSMC bank4 PCCARD	0x90000000~0x9FFFFFFF
FSMC bank3 NAND(NAND2)	0x80000000~0x8FFFFFFF
FSMC bank2 NAND(NAND1)	0x70000000~0x7FFFFFFF
FSMC bank1 NOR/PSRAM4	0x6C000000~0x6FFFFFFF
FSMC bank1 NOR/PSRAM3	0x68000000~0x6BFFFFFF
FSMC bank1 NOR/PSRAM2	0x64000000~0x67FFFFFF
FSMC bank1 NOR/PSRAM1	0x60000000~0x63FFFFFF
保留	0x40023400~0x5FFFFFFF
CRC	0x40023000~0x400233FF
保留	0x40022400~0x40022FFF
Flash接口	0x40022000~0x400223FF
保留	0x40021400~0x40021FFF
RCC	0x40021000~0x400213FF
保留	0x40020800~0x40020FFF
DMA2	0x40020400~0x400207FF
DMA1	0x40020000~0x400203FF
保留	0x40018400~0x4001FFFF
SDIO	0x40018000~0x400183FF
保留	0x40014000~0x40017FFF
ADC3	0x40013C00~0x40013FFF
USART1	0x40013800~0x40013DFF
TIM8	0x40013400~0x400137FF
SPI1	0x40013000~0x400133FF
TIM1	0x40012C00~0x40012FFF
ADC2	0x40012800~0x40012BFF
ADC1	0x40012400~0x400127FF
Port G	0x40012000~0x400123FF
Port F	0x40011C00~0x40011FFF
Port E	0x40011800~0x40011BFF
Port D	0x40011400~0x400117FF
Port C	0x40011000~0x400113FF
Port B	0x40010C00~0x40010FFF
Port A	0x40010800~0x40010BFF
EXTI	0x40010400~0x400107FF
AFIO	0x40010000~0x400103FF
保留	0x40007800~0x4000FFFF
ADC	0x40007400~0x400077FF
PWR	0x40007000~0x400073FF
BKP	0x40006C00~0x40006FFF
BxCAN2	0x40006800~0x40006BFF
BxCAN1	0x40006400~0x400067FF
USB/CAN共享512 B SRAM	0x40006000~0x400063FF
USB寄存器	0x40005C00~0x40005FFF
I2C2	0x40005800~0x40005BFF
I2C1	0x40005400~0x400057FF
UART5	0x40005000~0x400053FF
UART4	0x40004C00~0x40004FFF
USART3	0x40004800~0x40004BFF
USART2	0x40004400~0x400047FF
保留	0x40004000~0x400043FF
SPI3	0x40003C00~0x40003FFF
SPI2	0x40003800~0x40003BFF
保留	0x40003400~0x400037FF
IWDG	0x40003000~0x400033FF
WWDG	0x40002C00~0x40002FFF
RTC	0x40002800~0x40002BFF

左侧存储器映射图（地址范围标注）：

- 0xFFFFFFFF — CM3内部外设
- 0xE0000000 / 0xDFFFFFFF — 保留
- 0xC0000000 / 0xBFFFFFFF — FSMC寄存器
- 0xA0000000 / 0x9FFFFFFF — FSMC块3和块4
- 0x80000000 / 0x7FFFFFFF — FSMC块1和块2
- 0x60000000 / 0x5FFFFFFF — 外设

图 2-3　STM32F10x 存储器映射

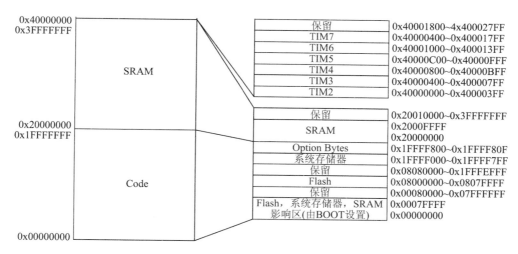

图 2-3　STM32F10x 存储器映射(续)

③ Information Block。

- System Memory 2 KB：0x1FFFF000～0x1FFFF7FF，用于存放 ISP Bootloader 程序。

- Option Bytes 16 B：0x1FFFF800～0x1FFFF80F。

（2）片内 SRAM：0x20000000～0x3FFFFFFF，用于存放程序中间变量与数据。

① 最高达 64 KB。

② 地址范围：0x20000000～0x2000FFFF。

③ 可以按字节、半字(16 位)或全字(32 位)访问。

（3）片上外设区：0x40000000～0x5FFFFFFF，用于片上外设。STM32F10x 分配给片上各个外设的地址空间按总线分为 3 类，AHB 总线外设存储地址见表 2-2，APB1 总线外设存储地址见表 2-3，APB2 总线外设存储地址见表 2- 4。如果某款控制器不带某个片上外设，则该地址范围保留。

（4）外部 RAM 区的前半段：0x60000000～0x7FFFFFFF，该区地址指向片上 RAM 或片外 RAM。

（5）外部 RAM 区的后半段：0x80000000～0x9FFFFFFF，同前半段。

（6）外部外设区的前半段：0xA0000000～0xBFFFFFFF，用于片外外设寄存器，也可用于多核系统中的共享内存。

（7）外部外设区的后半段：0xC0000000～0xDFFFFFFF，目前与前半段的功能完全一致。

（8）系统区：0xE0000000～0xFFFFFFFF，此区包括系统及组件、内部私有外设总线、外部私有外设总线、生产厂商定义的功能区。

表 2-2　AHB 总线外设存储地址

外设	起始地址
USB OTG 全速	0x50000000～0x5003FFFF
保留	0x40030000～0x4FFFFFFF

外设	起始地址
以太网	0x40028000 ~ 0x40029FFF
保留	0x40023400 ~ 0x40023FFF
CRC	0x40023000 ~ 0x400233FF
闪存存储器接口	0x40022000 ~ 0x400223FF
保留	0x40021400 ~ 0x40021FFF
复位和时钟控制（RCC）	0x40021000 ~ 0x400213FF
保留	0x40020800 ~ 0x40020FFF
DMA2	0x40020400 ~ 0x400207FF
DMA1	0x40020000 ~ 0x400203FF
保留	0x40018400 ~ 0x40017FFF
SDIO	0x40018000 ~ 0x400183FF

表 2-3　APB1 总线外设存储地址

外设	起始地址
DAC	0x40007400 ~ 0x400077FF
电源控制（PWR）	0x40007000 ~ 0x400073FF
后备寄存器（BKP）	0x40006C00 ~ 0x40006FFF
BxCAN2	0x40006800 ~ 0x40006BFF
BxCAN1	0x40006400 ~ 0x400067FF
USB/CAN 共享的 512 B SRAM	0x40006000 ~ 0x400063FF
USB 全速设备寄存器	0x40005C00 ~ 0x40005FFF
I2C2	0x40005800 ~ 0x40005BFF
I2C1	0x40005400 ~ 0x400057FF
UART5	0x40005000 ~ 0x400053FF
UART4	0x40004C00 ~ 0x40004FFF
USART3	0x40004800 ~ 0x40004BFF
USART2	0x40004400 ~ 0x400047FF
保留	0x40004000 ~ 0x40003FFF
SPI3/I2S3	0x40003C00 ~ 0x40003FFF
SPI2/I2S3	0x40003800 ~ 0x40003BFF
保留	0x40003400 ~ 0x400037FF

续表

外设	起始地址
独立看门狗（IWDG）	0x40003000～0x400033FF
窗口看门狗（WWDG）	0x40002C00～0x40002FFF
RTC	0x40002800～0x40002BFF
保留	0x40001800～0x400027FF
TIM7 定时器	0x40001400～0x400017FF
TIM6 定时器	0x40001000～0x400013FF
TIM5 定时器	0x40000C00～0x40000FFF
TIM4 定时器	0x40000800～0x40000BFF
TIM3 定时器	0x40000400～0x400007FF
TIM2 定时器	0x40000000～0x400003FF

表 2-4　**APB2 总线外设存储地址**

外设	起始地址
保留	0x40014000～0x40017FFF
ADC3	0x40013C00～0x40013FFF
USART1	0x40013800～0x40013BFF
TIM8 定时器	0x40013400～0x400137FF
SPI1	0x40013000～0x400133FF
TIM1 定时器	0x40012C00～0x40012FFF
ADC2	0x40012800～0x40012BFF
ADC1	0x40012400～0x400127FF
GPIO 端口 G	0x40012000～0x400123FF
GPIO 端口 F	0x40011C00～0x40011FFF
GPIO 端口 E	0x40011800～0x40011BFF
GPIO 端口 D	0x40011400～0x400117FF
GPIO 端口 C	0x40011000～0x400113FF
GPIO 端口 B	0x40010C00～0x40010FFF
GPIO 端口 A	0x40010800～0x40010BFF
EXTI	0x40010400～0x400107FF
AFIO	0x40010000～0x400103FF

2.2.2　位段操作

1. 位段操作的概念

MCS51 有位操作,STM32F10x 没有位操作,而是通过位段区、位段别名区实现位操作,即位段操作。Cortex-M3 中支持位段操作的地址区称为位段区。在寻址空间的另一个地方,有一个"位段别名区"空间,从这个地址开始处,每一个字(32 位)对应位段区的一位;在位段区中,每一位都映射到位段别名区的一个字,对位段别名区的访问最终会变换成对位段区的访问。

Cortex-M3 存储器空间包括 2 个位段(bit-band)区,该位段区分别与 2 个 32 MB 的位段别名(bit-band alias)区对应,位段区中的每一位映射到位段别名区中的一个字,通过对位段别名区中某个字的读/写操作可实现对位段区中某一位的读/写操作。位段区与位段别名区的映射关系如图 2-4 所示。

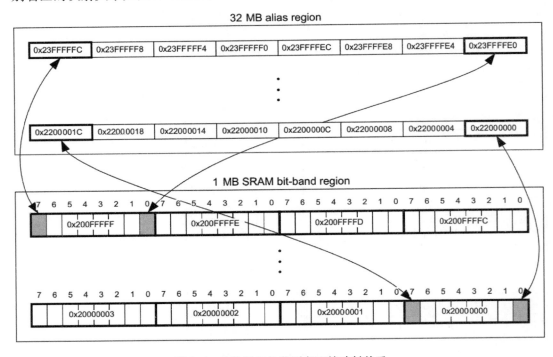

图 2-4　位段区与位段别名区的映射关系

位段操作可使代码量缩小、速度更快、效率更高、更安全。一般操作需 6 条指令,而位段别名区只要 4 条指令。一般操作是"读—改—写"方式,而位段别名区是"写"操作,防止中断对"读—改—写"方式的影响。位段操作还用于化简跳转程序。以前依据某个位跳转时,必须先读取整个寄存器,然后屏蔽不需要的位,最后比较并跳转。有了位段操作后,可从位段别名区读取状态位,然后比较并跳转。

2. 支持位段操作的两个内存区

支持位段操作的两个内存区的范围如下:

0x20000000～0x200FFFFF(SRAM 区中的最低 1 MB)

0x40000000～0x400FFFFF（片上外设区中的最低 1 MB）

2 个 1 MB 空间除可像普通 RAM 一样操作之外（修改内容时用"读—改—写"方式），还有自己的位段别名区,该内存区的每个字就是一个地址,当操作这个地址时,就可达到操作这个位段区某个位的目的。

3. 位段区与位段别名区的对应关系

以下映射公式给出了位段别名区中的每个字与对应位段区的相应位的对应关系：

$$bit\_word\_addr = bit\_band\_base + (byte\_offset \times 32) + (bit\_number \times 4)$$

式中：bit_word_addr 是位段别名区中的字地址,它映射到某个目标位；bit_band_base 是位段别名区的起始地址；byte_offset 是包含目标位的字节在位段里的序号；bit_number 是目标位所在位置（0～7）。

对于 SRAM 中位段区的某个位,该位在位段别名区的地址如下：

$$AliasAddr = 0x22000000 + ((A - 0x20000000) \times 8 + n) \times 4$$
$$= 0x22000000 + (A - 0x20000000) \times 32 + n \times 4$$

对于片上外设位段区的某个位,该位在位段别名区的地址如下：

$$AliasAddr = 0x42000000 + ((A - 0x40000000) \times 8 + n) \times 4$$
$$= 0x42000000 + (A - 0x40000000) \times 32 + n \times 4$$

式中：A 为该位所在的字节地址,$0 \leqslant n \leqslant 7$；"$\times 4$"表示一个字为 4 个字节；"$\times 8$"表示一个字节中有 8 个位。

位段区与位段别名区的映射关系如下：

（1）地址 0x22000000 的位段别名字映射为 0x20000000 的位段字节的位 0：

$$0x22000000 = 0x22000000 + (0 \times 32) + (0 \times 4)$$

（2）地址 0x2200001C 的位段别名字映射为 0x20000000 的位段字节的位 7：

$$0x2200001C = 0x22000000 + (0 \times 32) + (7 \times 4)$$

（3）地址 0x23FFFFE0 的位段别名字映射为 0x200FFFFF 的位段字节的位 0：

$$0x23FFFFE0 = 0x22000000 + (0xFFFFF \times 32) + (0 \times 4)$$

（4）地址 0x23FFFFFC 的位段别名字映射为 0x200FFFFF 的位段字节的位 7：

$$0x23FFFFFC = 0x22000000 + (0xFFFFF \times 32) + (7 \times 4)$$

 2.3　STM32F10x 的内部资源

2.3.1　STM32F10x 的功能结构

STM32F10x 内部总线和两条 APB 总线将片上系统和外设资源紧密地连接起来,其中内部总线是主系统总线,连接 CPU、存储器和系统时钟等。APB1 总线连接速率较低的外设,APB2 总线连接速率较高的外设,如系统通用外设和中断控制等。GPIO 端口包括 PA、PB、PC、PD、PE、PF 和 PG 7 个 16 位的 GPIO 端口,其他外设接口引脚都和 GPIO 端口的引脚功能复用,AF 表示功能复用引脚。STM32F10x 系列微控制器的内部结构如图 2-5 所示,不同型号的具体配置有所不同。STM32F10x 系列微控制器的外设资源配置见表 2-5,其中中小容量的外设资源配置见表 2-6,大容量的外设资源配置见表 2-7。

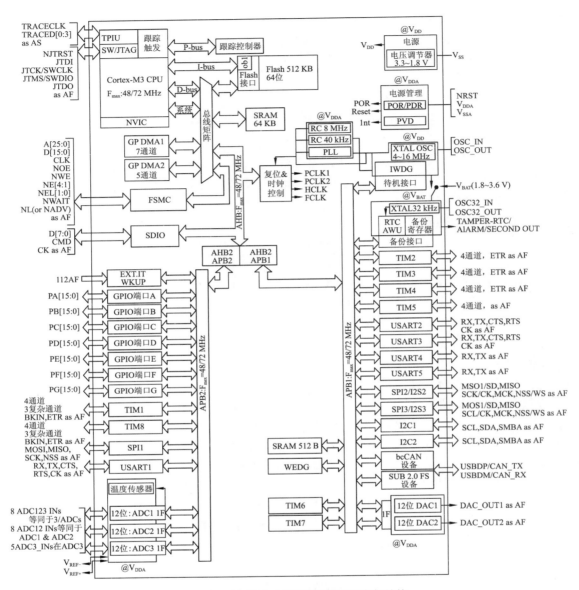

图 2-5 STM32F10x 系列微控制器的内部结构

表 2-5　STM32F10x 系列微控制器的外设资源配置

引脚数目	小容量产品		中容量产品		大容量产品		
	16 KB 闪存	32 KB 闪存	64 KB 闪存	128 KB 闪存	256 KB 闪存	384 KB 闪存	512 KB 闪存
	6 KB RAM	10 KB RAM	20 KB RAM	20 KB RAM	48 KB RAM	64 KB RAM	64 KB RAM
144					3 个 USART、2 个 UART 4 个 16 位定时器、2 个基本定时器 3 个 SPI、2 个 I2C、2 个 I2S、USB、CAN 2 个 PWM 定时器、3 个 ADC、1 个 DAC、 1 个 SDIO、FSMC（100 脚和 144 脚封装）		
100			3 个 USART 3 个 16 位定时器 2 个 SPI、2 个 I2C、USB、CAN 1 个 PWM 定时器、1 个 ADC				
64	2 个 USART 2 个 16 位定时器 1 个 SPI、I2C、USB、CAN 1 个 PWM 定时器、2 个 ADC						
48							
36							

表 2-6　STM32F10x 系列微控制器（中小容量）的外设资源配置

外设		STM32F103Tx		STM32F103Cx			STM32F103Rx			STM32F103Vx	
闪存/KB		32	64	32	64	128	32	64	128	64	128
SRAM/KB		10	20	10	20		10	20		20	
定时器	通用	2	3	2	3		2	3		3	
	高级	1		1			1			1	
通信	SPI	1		1	2		1	2		2	
	I2C	1		1	2		1	2		2	
	USART	2		2	3		2	3		3	
	USB	1		1			1			1	
	CAN	1		1			1			1	
GPIO 端口		26		37			51			80	
ADC（通道数）		2（10 通道）		2（10 通道）			2（16 通道）			2（16 通道）	
CPU 工作频率		72 MHz									
工作电压		2.0~3.6 V									
工作温度		−40~+85 ℃/−40~+105 ℃									
封装形式		VFQFPN36		LQFP48			LQFP64			LQFP100、BGA100	

表 2-7　STM32F10x 系列微控制器(大容量)的外设资源

外设		STM32F103Rx			STM32F103Vx			STM32F103Zx		
闪存/KB		256	384	512	256	384	512	256	384	512
SRAM/KB		48	64		48	64		48	64	
FSMC(静态存储控制器)		无			有			有		
定时器	通用	4 个(TIM2、TIM3、TIM4、TIM5)								
	高级控制	2 个(TIM1、TIM8)								
	基本	2 个(TIM5、TIM6)								
通信	SPI(I2S)	3 个(SPI1、SPI2、SPI3),其中 SPI2 和 SPI3 可作为 I2S 通信								
	I2C	2 个(I2C1、I2C2)								
	USART/UART	5 个(USART1、USART2、USART3、UART4、UART5)								
	USB	1 个(USB 2.0 全速)								
	CAN	1 个(2.0B 主动)								
	SDIO	1 个								
GPIO 端口		51			80			112		
12 位 ADC(通道数)		3(16)			3(16)			3(21)		
12 位 DAC(通道数)		2(2)								
CPU 工作频率		72 MHz								
工作电压		2.0~3.6 V								
工作温度		−40~+85 ℃/−40~+105 ℃								
封装形式		LQFP64、WLCSP64			LQFP100、BGA100			LQFP144、BGA144		

2.3.2　STM32F10x 的引脚分布

　　STM32F10x 系列微控制器具有全系列脚对脚、外设及软件具有高度的兼容性。这种全兼容性带来的好处是:电路设计不用做任何修改,可以根据应用和成本的需要,使用不同存储容量系列的微控制器,为用户在产品开发中提供更大的自由度。用户可根据不同设计需求选用不同引脚的系列单片机,以获得更大的存储空间和更丰富的片上资源。STM32F103 系列有最多 7 个 16 位的并行 I/O 端口:PA、PB、PC、PD、PE、PF 和 PG,既可作为输入,也可作为输出;既可按 16 位(半字)处理,也可按位处理。图 2-6 是 STM32F103 实物图,它是 512 KB 闪存 100 引脚的 STM32F103VET6 芯片。STM32F10x 系列微控制器引脚分布图如图 2-7 所示,这是一个标准的 144 引脚 LQFP 封装的芯片。

图 2-6　STM32F103 实物图

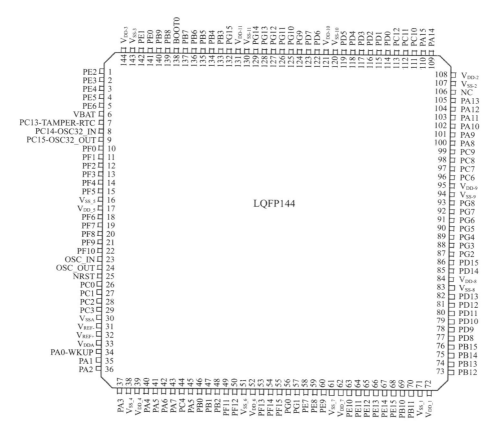

图 2-7　STM32F10x 系列微控制器引脚分布图

2.4　STM32F10x 的最小系统

嵌入式系统的最小系统是指以某一微处理器为核心，可满足其正常工作的组成部分，主要包括五个部分：电源电路、时钟电路、复位电路、启动电路和下载调试电路。

电源电路是整个系统的基础，为所有组成模块提供合适且稳定的电源，保障各功能模块正常运行。时钟电路为系统提供基本时钟信号，时钟是单片机运行的基础，时钟信号推动系统各部分执行相应的指令，其中系统时钟是处理器运行时间基准。复位电路完成对微处理器内部寄存器、数据存储器的初始化工作。启动电路决定了芯片复位后从哪个区域开始执行程序。STM32F10x 可通过 BOOT 引脚选择启动模式：当 BOOT0 = 0 时，启动模式为主闪存存储器；当 BOOT0 = 1 时（BOOT1 为 0），启动模式为系统存储器。下载调试电路支持 JTAG 和 SWD 两种下载调试方式，将程序下载到 Flash 存储器或 SRAM 中。

2.4.1　电源电路

STM32F10x 微处理器的工作电压（V_{DD}）为 2.0 ~ 3.6 V，通过内置电压调节器为内核、内存和片上外设提供所需的 1.8 V 电源，因此，STM32F10x 的内核电压是 1.8 V，I/O 端口电压是 3.3 V。当主电源 V_{DD} 掉电后，通过 V_{BAT} 引脚为实时时钟（RTC）和备份寄存器提供电源。STM32F10x 的电源电路结构如图 2-8 所示,其供电方案如图 2-9 所示。

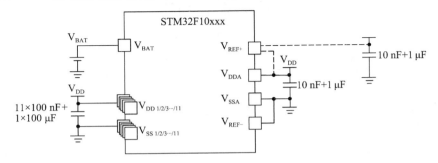

图 2-8　STM32F10x 的电源电路结构

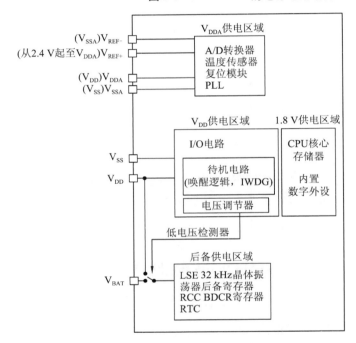

图 2-9　STM32F10x 的供电方案

1. 电源供电方案

STM32F10x 的电源供电方案:V_{DD} 电压范围为 2.0 ~ 3.6 V,外部电源通过 V_{DD} 引脚提供,用于 I/O 和内部调压器。V_{SSA} 和 V_{DDA} 电压范围为 2.0 ~ 3.6 V,外部模拟电压输入,用于 ADC、复位模块、RTC 和 PLL,在 V_{DD} 范围之内(ADC 被限制在 2.4 V),V_{SSA} 和 V_{DDA} 必须相应连接到 V_{SS} 和 V_{DD} 上。V_{BAT} 电压范围为 1.8 ~ 3.6 V,当 V_{DD} 无效时,为 RTC、外部 32 kHz 晶振和备份寄存器供电(通过电源切换实现)。

为了提高转换精度,ADC 使用一个独立的电源供电,过滤和屏蔽来自印刷电路板上的毛刺干扰。ADC 的电源引脚为 V_{DDA},独立的电源地为 V_{SSA},如果有 V_{REF-} 引脚(根据封装而定),它必须连接到 V_{SSA} 引脚上。

当主电源 V_{DD} 掉电后,可通过 V_{BAT} 引脚为实时时钟(RTC)和备份寄存器提供电源,使用电池或其他电源连接到 V_{BAT} 引脚上。当 V_{DD} 断电时,可保存备份寄存器的内容和维持 RTC 的功能。V_{BAT} 引脚也为 RTC、LSE 振荡器和 PC13(侵入检测:Tamper Detection)至 PC15(RTC 晶振频率输出)供电,这保证当主要电源被切断时 RTC 能继续工作。切换到 V_{BAT} 供电由复位模块中的掉电复位功能控制。如果应用中没有使用外部电池,V_{BAT} 必须连接到 V_{DD} 引脚上。

2. 电压调节器

电压调节器在 STM32F10x 微处理器复位后总是使能的,主要有以下 3 种不同的工作模式:

(1)运行模式:也称为主模式(MR),调节器以正常功耗模式提供 1.8 V 电源(内核、内存和外设)。

(2)停止模式:也称为低功耗模式(LPR),调节器以低功耗模式提供 1.8 V 电源,以保存寄存器和 SRAM 的内容。

(3)待机模式:调节器停止供电,除了备用电路和备份域外,寄存器和 SRAM 的内容全部丢失。掉电即在该模式下,此时调压器输出为高阻态,核心电路掉电。

3. 电源管理器

电源管理器包括 2 个部分:

(1)一个完整的上电复位(POR)和掉电复位(PDR)电路。

(2)可编程电压监测器(PVD)。

电源的上电复位(POR)和掉电复位(PDR)用于当供电电压达到 2 V 时系统能正常工作,当 V_{DD}/V_{DDA} 低于特定的下限电压 V_{POR}/V_{PDR} 时,系统保持复位状态,而无须外部复位电路。

可编程电压监测器(PVD)用于监控 V_{DD} 供电,并与 PVD 的阈值相比较,当 V_{DD} 低于或高于 PVD 阈值时会产生 PVD 中断,中断服务程序可发出警告信息或将 MCU 设置为一个安全模式,这一特性可用于执行紧急关闭任务。通过对电源控制寄存器(PWR_CR)的 PVDE 位进行设置,可使能或禁止 PVD。PVD 阈值如图 2-10 所示。

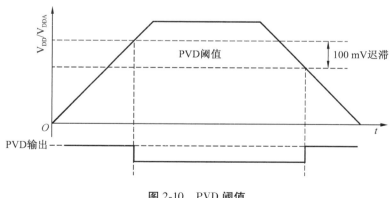

图 2-10　PVD 阈值

4. 低功耗模式

在系统或电源复位后,微控制器处于运行状态。运行状态下的 HCLK 为 STM32F10x

CPU 提供时钟,内核执行程序代码。当 CPU 不需继续运行时(如等待某个外部事件),可利用多种低功耗模式降低功耗。用户可根据最低电源消耗、最快启动时间和可用的唤醒源等条件,选定一个最佳的低功耗模式。低功耗模式主要是针对处理器、处理器外设、SRAM 和寄存器等供电的电源和时钟进行控制操作的。STM32F10x 低功耗模式的比较见表 2-8,STM32F10x 支持 3 种低功耗模式:

(1) 睡眠模式(Sleep Mode):只有 CM3 内核停止工作,电压调节器仍然开启,所有外设包括 CM3 内核的外设,如 NVIC、系统嘀嗒时钟(SysTick)等仍在运行,所有的 I/O 引脚保持在运行模式时的状态,并可在发生中断/事件时唤醒 CPU。

(2) 停止模式(Stop Mode):所有的时钟都已停止,允许以最低的功耗保持 SRAM 和寄存器的内容,电压调压器可运行在正常或低功耗模式,停止所有内部 1.8 V 区域的供电,PLL、HSI 和 HSE 的 RC 振荡器关闭,同时所有的 I/O 引脚都保持在运行模式时的状态。可通过外部中断信号将微控制器从停机模式中唤醒,EXTI 信号可以是 16 个外部 I/O 口之一、PVD 的输出、RTC 闹钟或 USB 的唤醒信号。

(3) 待机模式(Standby Mode):追求系统的最低功耗,内部电压调压器被关闭,所有内部 1.8 V 部分的供电被切断;PLL、HSI 和 HSE 的 RC 振荡器也被关闭。进入待机模式后,备份寄存器的内容保留,待机电路维持供电,SRAM 和寄存器的内容会丢失。

表 2-8　STM32F10x 低功耗模式的比较

模式	进入操作	唤醒	对 1.8 V 域时钟的影响	对 V_{DD} 域时钟的影响	电压调压器
睡眠模式	WFI 指令	任一中断	CPU 时钟关闭,对其他时钟和 ADC 时钟无影响	无	开
	WFE 指令	唤醒事件			
停止模式	PDDS 和 LPDS 位+SLEEPDEEP 位+WFI 或 WFE	任一外部中断(在外部中断寄存器中设置)	关闭所有 1.8 V 域的时钟	HSI 和 HSE 的振荡器关闭	开启或处于低功耗模式(由 PWR_CR 设定)
待机模式	PDDS 位+SLEEP-DEEP 位+WFI 或 WFE	WKUP 引脚的上升沿、RTC 闹钟事件、NRST 引脚上的外部复位、IWDG 复位			关

此外,在运行模式下,还可通过以下方式中的一种降低功耗:

● 降低系统时钟。通过对预分频寄存器进行编程,可降低任一系统时钟(SYSCLK、HCLK、PCLK1、PCLK2)的速度。进入睡眠模式前,也可利用预分频器降低外设的时钟。

● 关闭 APB 和 AHB 总线上未被使用的外设的时钟。任何时候可通过停止为外设和内存提供时钟(HCLK 和 PCLKx)来减少功耗。为在睡眠模式下更多地减少功耗,可在执行 WFI 或 WFE 指令前关闭所有外设的时钟。通过设置 AHB 外设时钟使能寄存器(RCC_AHBENR)、APB1 外设时钟使能寄存器(RCC_APB1ENR)、APB2 外设时钟使能寄存器

（RCC_APB2ENR）来开关各个外设时钟。

STM32F10x 分别以下列方式退出 3 种低功耗模式：

● 退出睡眠模式：任意一个被嵌套向量中断控制器（NVIC）响应的外设中断都能将系统从睡眠模式唤醒，一旦发生唤醒事件，微处理器都将从睡眠模式退出。

● 退出停止模式：当发生中断或唤醒事件时，微处理器退出停止模式，HSI RC 振荡器被选为系统时钟。

● 退出待机模式：当外部复位（NRST 引脚）、IWDG 复位、WKUP 引脚出现上升沿或 RTC 闹钟事件发生时，微处理器退出待机模式。

2.4.2　时钟电路

1. STM32F10x 的时钟结构

STM32F10x 系列微控制器有一个非常复杂的时钟系统，由以下 4 个独立时钟源组成：

（1）高速内部时钟 HSI（High Speed Internal）：内部 RC 振荡器产生 8 MHz 的频率，可直接作为系统时钟 SYSCLK 或在 2 分频后作为 PLL 输入，但精度不高，不够稳定。

（2）高速外部时钟 HSE（High Speed External）：可接晶振/陶瓷谐振器，或外部时钟源，频率范围为 4~16 MHz，常用值为 8 MHz，精度高。

（3）低速内部时钟 LSI（Low Speed Internal）：内部 RC 振荡器可产生 30~60 kHz 的频率。

（4）低速外部时钟 LSE（Low Speed External）：外接 32.768 kHz 的晶振，主要供给实时时钟 RTC。

锁相环倍频输出 PLL（Phase Locked Loop）时钟输入源可选择 HSI/2、HSE 或 HSE/2，倍频可选择 2~16 倍，但其输出频率最大不超过 72 MHz，需要注意的是，PLL 通过倍频之后作为系统时钟的时钟源，并不是自己产生的时钟源，而是通过其他三个时钟源倍频得到的时钟。

HSI、HSE 或 PLL 经分频或倍频可用于驱动系统时钟 SYSCLK，LSI、LSE 作为二级时钟源，典型值为 40 kHz 的 LSI 为独立看门狗和自动唤醒单元提供时钟，LSE 为实时时钟 RTC 提供精确时钟源。任一时钟源在不使用时都可独立地打开或关闭，由此优化系统功耗。STM32F10x 时钟系统结构如图 2-11 所示。

如图 2-11 所示，通过多个预分频器配置 AHB、APB2、APB1 的工作频率，AHB 和 APB2 的最大工作频率为 72 MHz，APB1 的最大工作频率为 36 MHz。经时钟源的选择、分频/倍频，可得到 HCLK（高性能总线 AHB 用）、FCLK（供 CPU 内核使用，即常说的 CPU 主频）、PCLK（高性能外设总线 APB）、USBCLK、TIMxCLK、TIM1CLK、RTCCLK 等；SDIO 接口的时钟频率固定为 HCLK/2；RCC 通过 AHB 8 分频后供给系统 SysTick 时钟。通过对 SysTick 控制与状态寄存器的设置，可选择上述时钟或 AHB 时钟作为 SysTick 时钟。ADC 时钟由高速 APB2 时钟经 2、4、6 或 8 分频后获得。RTC 的时钟源还可为 HSE 的 128 分频。图 2-11 中的 MCO（PA8）功能模块，可将 PLLCLK/2、HSI、HSE、SYSCLK 输出，供给其他系统作为输入时钟源，时钟选择由时钟配置寄存器（RCC_CFGR）中的 MCO[2：0]位控制。

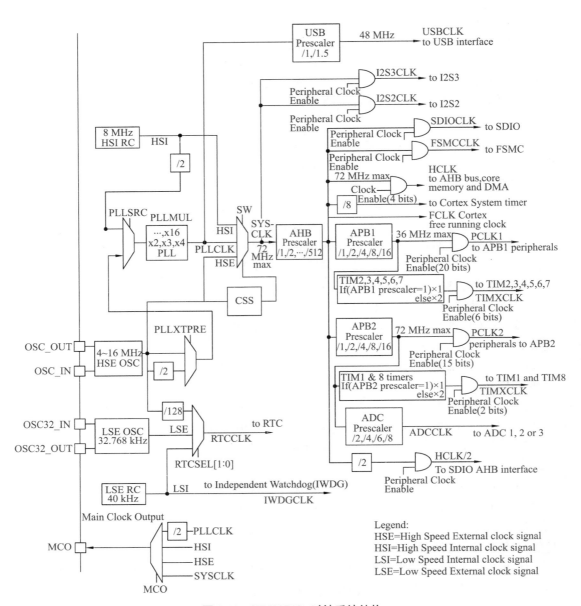

图 2-11　STM32F10x 时钟系统结构

STM32F10x 中有一个全速功能的 USB 模块,其串行接口需要一个频率为 48 MHz 的时钟源。该时钟源只能从 PLL 输出端获取,可以选择 1.5 分频或 1 分频,即当需要使用 USB 模块时,PLL 必须使能,并且将时钟配置为 48 MHz 或 72 MHz。

另外,STM32F10x 还可以选择一个时钟信号输出到 MCO 引脚(PA8)上,可选择为 PLL 输出的 2 分频、HSI、HSE 或系统时钟。

对于时钟频率,可分为高速时钟和低速时钟。高速时钟提供主时钟,低速时钟提供给实时时钟 RTC 及独立看门狗使用。同时,时钟源又可分为内部时钟和外部时钟。内部时钟是在芯片内部 RC 振荡器产生的,起振较快,因此在芯片刚上电时,默认使用内部高速时钟;而外部时钟是由外部晶振输入产生的,在精度和稳定性上都有很大优势,所以上电之后再通过软件配置,转而采用外部时钟。

　　时钟设置需要先考虑系统时钟的来源,是内部时钟、外部晶振,还是外部振荡器,是否需要 PLL,然后考虑内部总线和外部总线,最后考虑外设的时钟信号。应遵从先将倍频作为微处理器的时钟,再由内向外分频的原则。STM32F10x 系列时钟系统详细说明如图 2-12 所示。

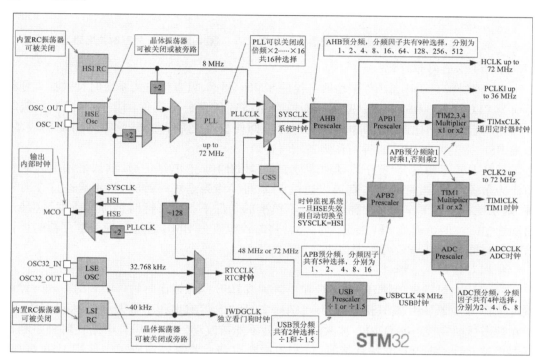

图 2-12　STM32F10x 系列时钟系统详细说明

　　2. HSE 高速外部时钟

　　高速外部时钟信号(HSE)由以下两种时钟源产生:

　　(1) HSE 外部晶体/陶瓷谐振器:4~16 MHz 的外部晶振可为系统提供更为精确的主时钟,HSE 可通过设置时钟控制寄存器 RCC_CR 的 HSEON 位实现启动和关闭。为了减少时钟输出的失真和缩短启动稳定时间,晶体/陶瓷谐振器和负载电容必须尽可能地靠近振荡器引脚,负载电容值必须根据所选择的晶振进行调整。HSE 外部晶体/陶瓷谐振器电路如图 2-13 所示。

　　(2) HSE 外部时钟:在该模式下,必须提供一个外部时钟源,其频率可高达 25 MHz。通过设置时钟控制寄存器 RCC_CR 的 HSEBYP 和 HSEON 位选择该模式。外部时钟信号必须连到 OSC_IN 引脚,此时 OSC_OUT 引脚为高阻态。HSE 外部时钟电路如图 2-14 所示。

硬件配置

STM32F10xxx

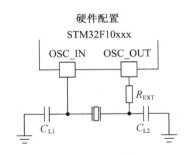

硬件配置

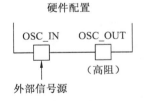

图 2-13　HSE 外部晶体/陶瓷谐振器电路　　　图 2-14　HSE 外部时钟电路

3. HSI 高速内部时钟

HSI 时钟源是由内部 RC 振荡器产生的 8 MHz 频率,可直接作为系统时钟或在 2 分频后作为 PLL 输入。HSI 的 RC 振荡器能够在不需要任何外部器件的条件下提供系统时钟。它的启动时间比 HSE 晶体振荡器短。但即使校准之后它的时钟频率精度仍较差。如果 HSE 晶振失效,HSI 时钟可作为备用时钟源。

虽然 HSI 不精准,但鉴于启动速度较快,STM32F10x 上电复位后,默认采用 HSI 时钟源作为系统时钟,当时钟源被直接或通过 PLL 间接作为系统时钟时,若不修改这个时钟源,则系统将一直工作在时钟源不稳定、不精准的条件下。当目标时钟源准备就绪(经过启动稳定阶段的延迟或 PLL 稳定)时,通常将时钟源改为 HSE,通过对相关寄存器的设置来改变时钟源,PLLSRC 可实现这两个频率的切换。

4. PLL 锁相环倍频

内部 PLL 可用来倍频 HSI 的 RC 输出时钟或 HSE 晶振输出时钟。PLL 的输入时钟设置可选择 HSI/2、HSE 或 HSE/2,倍频可选择 2~16 倍,但输出频率最大不超过 72 MHz,必须在被激活前完成。一旦 PLL 被激活,参数就不能被改动。如果 PLL 中断在时钟中断寄存器里被允许,当 PLL 准备就绪时,可产生中断申请。若需要在应用中使用 USB 接口,PLL 必须被设置为输出 48 MHz 或 72 MHz 时钟,用于提供 48 MHz 的 USBCLK 时钟。STM32F10x MCU 正常工作频率是 72 MHz,但外接晶振是 8 MHz,需要对频率倍频,如图 2-11 中的 PLLMUL 用于设置 STM32F10x 的 PLLCLK,实现对外接时钟源的倍频,如×2、×3、×4……×16,倍频后的时钟源为 PLLCLK。常用 8 MHz 外部晶振加 9 倍频,得到 72 MHz 的 PLLCLK。

锁相环是一种反馈控制电路,其特点是:利用外部输入的参考信号控制环路内部振荡信号的频率和相位。因锁相环可实现输出信号频率对输入信号频率的自动跟踪,所以锁相环通常用于闭环跟踪电路。锁相环在工作过程中,当输出信号的频率与输入信号的频率相等时,输出电压与输入电压保持固定的相位差值,即输出电压与输入电压的相位被锁住,这就是锁相环名称的由来。锁相环通常由鉴相器(Phase Detector,PD)、环路滤波器(Loop Filter,LF)和压控振荡器(Voltage Controlled Oscillator,VCO)三部分组成。PLL 用于振荡器中的反馈技术,许多电子设备要正常工作,通常需要使外部的输入信号与内部的振荡信号同步,利用锁相环就可以实现这个目的。

5. LSE 低速外部时钟

LSE 接频率为 32.768 kHz 的晶振,通过设置在备份域控制寄存器(RCC_BDCR)的 LSEON 位来启动和关闭,LSE 可由以下两个时钟源产生。

(1) LSE 外部晶体/陶瓷谐振器:LSE 晶振是一个 32.768 kHz 的低速外部晶体或陶瓷谐振器,其电路如图 2-15 所示。可为实时时钟(RTC)或其他定时功能提供一个低功耗且精确的时钟源。

(2) LSE 外部时钟:在该模式下,必须提供一个 32.768 kHz 的外部时钟源,其电路如图 2-16 所示。通过设置在备份域控制寄存器(RCC_BDCR)的 LSEBYP 和 LSEON 位选择该模式。外部时钟信号必须连到 OSC32_IN 引脚,此时 OSC32_OUT 引脚为高阻态。

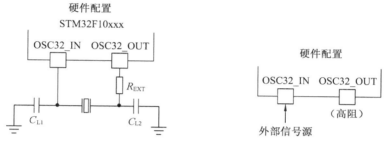

图 2-15　LSE 外部晶体/陶瓷谐振器电路　　　图 2-16　LSE 外部时钟电路

注意:谐振器和负载电容必须尽可能地靠近晶振引脚,这样可使输出失真和启动稳定时间缩短到最小,负载电容值必须根据所选择的晶振进行调整。

6. LSI 低速内部时钟

LSI 是一个低功耗时钟源,可在停机模式和待机模式下保持运行,为独立看门狗和自动唤醒单元提供时钟。LSI 时钟频率大约为 40 kHz(在 30~60 kHz 之间)。LSI 可通过控制/状态寄存器(RCC_CSR)的 LSION 位来启动或关闭。控制/状态寄存器(RCC_CSR)中的 LSIRDY 位用来指示低速内部振荡器是否稳定。在启动阶段,直到这个位被硬件置 1 后,此时钟才被释放。如果在时钟中断寄存器(RCC_CIR)里 LSI 中断被允许,将产生中断申请。

7. 系统时钟 SYSCLK

系统时钟 SYSCLK 提供 STM32F10x 中绝大部分部件的工作,SW 是 STM32F10x SYSCLK的切换开关,其来源可以是 PLLCLK、HSI、HSE。HSI 和 HSE 可通过分频加到 PLLSRC,并经 PLLMUL 倍频后直接充当 PLLCLK。系统时钟最大工作频率为 72 MHz,通过 AHB 分频器分频后送给各个模块使用。AHB 分频器可选择 1、2、4、8、16、64、128、256、512 分频,其输出的时钟送给以下 8 个模块使用:

(1) 送给 AHB 总线、内核、内存和 DMA 使用的 HCLK 时钟。

(2) 通过 8 分频后送给 Cortex-M3 的系统定时器时钟。

(3) 直接送给 Cortex-M3 的空闲运行时钟 FCLK。

(4) 送给 APB1 分频器。APB1 分频器可选择 1、2、4、8、16 分频,其输出一路供 APB1 外设使用(PCLK1,最大频率为 36 MHz),另一路送给定时器 TIM2~TIM4 倍频器使用。该倍频器根据 PCLK1 的分频值选择 1 倍频或 2 倍频,时钟输出供定时器 TIM2~TIM4 使用。

(5) 送给 APB2 分频器。APB2 分频器可选择 1、2、4、8、16 分频,其输出一路供 APB2 外设使用(PCLK2,最大频率为 72 MHz),另一路送给定时器 TIM1 倍频器使用。该倍频器根据 PCLK2 的分频值选择 1 倍频或 2 倍频,时钟输出供 TIM1 使用。另外,APB2 分频器还有一路输出供 ADC 分频器使用,分频后送给 ADC 模块使用。ADC 分频器可选择 2、4、6、8 分频。

(6) 送给 SDIO 使用的 SDIOCLK 时钟。

(7) 送给 FSMC 使用的 FSMCCLK 时钟。

(8) 2 分频后送给 SDIO AHB 接口使用(HCLK/2)。

在以上的时钟输出中,有很多是带使能控制的,如 AHB 总线时钟、内核时钟,以及各种 APB1 外设、APB2 外设等。当需要使用某模块时,一定要先使能对应的时钟。如果不使用某一个外设,应将它的时钟关闭,从而降低系统的功耗,达到节能的效果。当 STM32F10x 系统时钟为 72 MHz 时,在运行模式下,打开全部外设时的功耗电流为 37 mA,关闭全部外设时的功耗电流为 27 mA。

需要注意定时器 TIM2~TIM4 的倍频器的值,当 APB1 的分频为 1 时,它的倍频值为 1,此时定时器时钟频率等于 APB1 的工作频率;当 APB1 的预分频系数为其他数值(即预分频系数为 2、4、8 或 16)时,它的倍频值为 2。连接在低速外设 APB1 上的设备有电源接口、备份接口、CAN、USB、I2C1、I2C2、窗口看门狗、SPI2、USART2、USART3、TIM2、TIM3、TIM4。连接在高速外设 APB2 上的设备有 USART1、SPI1、TIM1、ADC1、ADC2、GPIOx (PA~PG)、第二功能 I/O 口等。USB 模块虽然需要一个单独的 48 MHz 的时钟信号,但它不是供给 USB 模块工作的时钟,而是提供给串行接口引擎(SIE)使用的时钟,USB 模块的工作时钟由 APB1 提供。

STM32F10x 还提供一个时钟监视系统(CSS),用于监视 HSE 的工作状态。CSS 作为时钟安全系统,可通过软件激活。一旦被激活,时钟监测器将在 HSE 振荡器启动延迟后被使能,并在 HSE 时钟关闭后关闭。倘若 HSE 失效,会自动切换 HSI 作为系统时钟的输入,保证系统正常运行。

8. STM32F10x 的多时钟源

基于 ARM CM3 的 STM32F10x 单片机时钟很复杂,与 MCS-51 单片机相差较大。标准的 51 单片机时钟系统只有一个,外部晶振的 12 分频就是机器频率,即 51 单片机工作的基准频率。

STM32F10x 的时钟系统较为复杂,不仅有倍频、分频,还有一系列的外设时钟开关。倍频主要考虑到电磁兼容性问题,如果外部直接提供一个 72 MHz 的晶振,过高的振荡频率会给电路板的制作带来一定的难度。分频是因为 STM32F10x 既有高速外设,也有低速外设,如果都使用高速时钟,势必造成浪费,并且同一个电路,时钟越快,功耗越大,相应的抗电磁干扰能力也越弱。各外设的工作频率不相同,分开管理有助于实现低功耗;同时也为了使微处理器和外设协调工作,提高微处理器的工作效率。微处理器的工作频率非常高,而外设接口(如串口)的时钟并没有那么快。如果微处理器和外设接口使用相同的时钟,那么在同一时间内,微处理器要处理很多事情,外设接口才能处理一件事情,微处理器的优异性能就不能充分发挥出来。此外,每个外设时钟有自己独立的开关,在不使用该外设时,需要关闭该时钟以降低 STM32F10x 的功耗。较为复杂的微处理器大多采用多时钟源的方法来解决以上这些问题。

简要概括 STM32F10x 的多时钟源:

(1) STM32F10x 时钟系统的主要目的是给相对独立的外设模块提供时钟,降低整个系统的功耗。

(2) 一个单片机内部提供多种不同的系统时钟,可适应更多的应用场合。

(3) 不同的功能模块有不同的时钟上限,因此提供不同的时钟。

(4) 对不同模块的时钟增加开启和关闭功能,可以降低单片机的功耗。

(5) 为降低功耗,STM32F10x 将所有外设时钟都设置为关闭,用到哪一个外设,就打开对应外设时钟,其他未用到的则仍关闭,以此达到降低功耗的目的。

2.4.3　复位电路

STM32F10x 支持三种复位形式,分别为系统复位、电源复位和备份区域复位。

1. 系统复位

系统复位将复位除时钟控制寄存器 CSR 中的复位标志和备份区域寄存器外的所有寄存器。当以下事件中有一个发生时,将产生系统复位:

(1) NRST 引脚上出现低电平(外部复位),外部复位电路如图 2-17 所示;复位源将最终作用于 Reset 引脚,并在复位过程中保持低电平。复位入口地址被固定在 0x00000004 地址处。

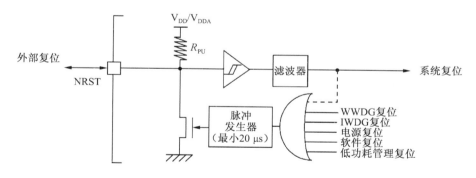

图 2-17　外部复位电路

(2) 窗口看门狗计数终止(WWDG 复位)。

(3) 独立看门狗计数终止(IWDG 复位)。

(4) 软件复位(SW 复位),通过设置相应的控制寄存器位来实现。

(5) 低功耗管理复位,进入待机模式或停机模式时引起的复位。

可通过查看控制/状态寄存器 RCC_CSR 中的复位标志来识别复位事件来源。

2. 电源复位

电源复位将复位除备份区域寄存器外的所有寄存器。当以下事件中有一个发生时,将产生电源复位:

(1) 上电/掉电复位(POR/PDR 复位):STM32F10x 集成一个上电复位(POR)和掉电

复位(PDR)电路,当供电电压达到 2 V 时,系统能正常工作。当 V_{DD}/V_{DDA} 低于特定的下限电压 V_{POR}/V_{PDR} 时,系统保持复位状态,而无须外部复位电路。上电复位和掉电复位的波形如图 2-18 所示。

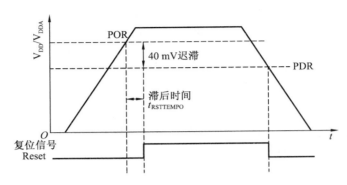

图 2-18　上电复位和掉电复位的波形

(2)从待机模式中返回:芯片内部的复位信号会在 NRST 引脚输出,脉冲发生器保证每个外部或内部复位源都能有至少 20 μs 的脉冲延时;当 NRST 引脚被拉低,产生外部复位时,它将产生复位脉冲。

3. 备份区域复位

当以下事件中有一个发生时,将产生备份区域复位:

(1)软件复位:备份区域复位可由设置备份区域控制寄存器 RCC_BDCR 中的 BDRST 位产生。

(2)电源复位:在 V_{DD} 和 V_{BAT} 两者掉电的前提下,V_{DD} 或 V_{BAT} 上电将引发备份区域复位。

复位方式总结见表 2-9。

表 2-9　复位方式总结

复位操作	引起复位的原因	复位说明
系统复位	外部复位;看门狗复位(包括独立看门狗和窗口看门狗);软件复位;低功耗管理复位	复位除时钟控制器的复位标志位和备份区域中的寄存器外的所有寄存器
电源复位	上电/掉电复位;待机模式返回	复位除备份区域外的所有寄存器
备份区域复位	软件复位;V_{DD}/V_{BAT} 同时失效	复位备份区域

2.4.4　启动电路

1. 启动设置

STM32F10x 通过设置 BOOT[1:0]引脚选择 3 种不同的启动模式,详见表 2-10。启动模式所需的外部连接如图 2-19 所示。通过设置 BOOT[1:0]引脚,各种不同启动模式对应的存储器物理地址将被映射到启动空间。

表 2-10　**STM32F10x 的启动模式**

启动模式选择管脚		启动模式	说明
BOOT1	BOOT0		
×	0	用户模式:从内置 Flash 存储器启动	地址范围:0x08000000~0x0807FFFF,容量为 512 KB。用户 Flash 存储器被选为启动区域,这是正常的工作模式
0	1	ISP 模式:从系统存储区启动	地址范围:0x1FFFF000~0x1FFFF7FF,容量为 2 KB。系统存储器被选为启动区域,用于存放 ISP Bootloader
1	1	SRAM 模式:从内置 SRAM 启动	地址范围:0x20000000~0x2000FFFF,容量为 64 KB。内置 SRAM 被选为启动区域,这种模式可用于调试

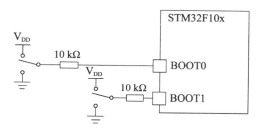

图 2-19　启动模式所需的外部连接

STM32F10x 有以下 3 种启动模式:

(1) 从用户 Flash 存储器启动:Flash 存储器被映射到启动空间(0x00000000),但仍可在它原有地址(0x08000000)访问它,即 Flash 存储器的内容可以在两个地址区域访问(0x00000000 或 0x08000000)。将程序下载到内置 Flash 进行启动(该 Flash 可运行程序),Flash 掉电信息不丢失可保存程序,下次开机可自动启动。

(2) 从系统存储器启动:系统存储器被映射到启动空间(0x00000000),但仍能够在它原有的地址(0x1FFFF000)访问它。系统存储器是芯片内部一块特定的区域,芯片出厂时在此区域预置了一段 Bootloader 即 ISP 程序,也叫自举程序,用于通过串口对 Flash 存储器进行编程。以这种模式启动的程序功能由厂家设置,直接写入,不能被随意更改或擦除,它是一个 ROM 区。

(3) 从内置 SRAM 启动:只能在 0x20000000 开始的地址区访问 SRAM。由于 SRAM 掉电后信息丢失,不能保存程序,一般多用于程序的调试。

注意:当从内置 SRAM 启动时,在应用程序的初始化程序中,必须使用 NVIC 的异常表和偏移寄存器,重新将中断向量表映射到 SRAM 中。

2. 启动过程

地址范围为 0x00000000~0x0007FFFF、容量为 512 KB 的区域是 STM32F10x 上电后开始执行代码的区域,称为 STM32F10x 系统启动区。STM32F10x 上电复位之后,从位于 0x00000000 地址处的启动区开始执行代码。该区域既无 Flash,也无 SRAM,是通过设置 BOOT0 和 BOOT1 两个引脚动态地把上面的存储区域映射到 0x00000000~0x0007FFFF 系统启动区,将对应的启动模式的不同物理地址映射到第 0 块(启动存储区)。在系统复位后,SYSCLK 的第 4 个上升沿到来时,BOOT 引脚的值将被锁存。用户可通过设置 BOOT[1：0]引脚状态选择复位后的启动模式。经过启动延时后,CPU 从位于 0x00000000 开始的启动存储区执行代码,即使被映射到启动存储区,仍然可以在它原来的存储器空间内访问相关的存储器。

在从待机模式退出时,BOOT 引脚的值将被重新锁存,因此在待机模式下,BOOT 引脚应保持为需要的启动配置。在启动延迟后,CPU 从 0x00000000 获取堆栈顶的地址,并从启动存储器的 0x00000004 指示的地址开始执行代码。

因固定的存储器映射,代码区始终从地址 0x00000000 开始(通过 I-Code 和 D-Code 总线访问),而数据区(SRAM)始终从地址 0x20000000 开始(通过系统总线访问)。Cortex-M3 内核始终从 I-Code 总线获取复位向量,启动从内置的 Flash 存储器开始,这是典型的启动方式。通常使用 JTAG 或者 SWD 模式下载程序,复位(软件复位、手动复位、硬件自动复位)之后也直接从这里启动程序。

PB2 端口是复用引脚,该复用功能是用于启动选择(BOOT1)。当使用串口 ISP 方式下载程序时,PB2 端口必须保持低电平,此时需要用到 2 种启动模式:

(1) BOOT1=×,BOOT0=0,运行程序。

(2) BOOT1=0, BOOT0=1,进入 ISP 编程模式。

常将 BOOT1 设为 0(地),则只需改变 BOOT0 一个引脚就可改变启动模式。当 STM32 的 GPIO 端口足够多时,建议将 PB2 只用作 BOOT1。ISP 下载完后要注意关闭 ISP 下载软件,否则使用串口调试软件会有冲突;同理,在使用串口调试软件后,也要注意断开连接,否则会与 ISP 下载软件有冲突。

同时,STM32F10x 微控制器实现一个特殊的机制,系统不仅可以从 Flash 存储器或系统存储器启动,还可从内置 SRAM 启动。一般情况下不使用内置 SRAM 启动(BOOT1=1,BOOT0=1),因为 SRAM 掉电后数据会丢失。多数情况下 SRAM 只是在调试时使用,也可以有其他一些用途,如故障的局部诊断,写一段小程序加载到 SRAM 中诊断板上的其他电路,或用此方法读写板上的 Flash 或 EEPROM 等。还可通过这种方法解除内部 Flash 的读写保护,但解除读写保护的同时,Flash 的内容也被自动清除,以防止恶意的软件复制。当从内置 SRAM 启动时,在应用程序的初始化代码中,必须使用 NVIC 的异常表和偏移寄存器,重新映射向量表到 SRAM 中。

3. 启动代码

单片机在正常运行程序时都是从 main 函数开始的,但是单片机上电后马上从 main 函数开始执行吗?答案是否定的。在 main 函数之前单片机最先执行的是启动代码。不仅是 STM32 系列单片机,NXP 微控制器、TI 的 MSP430 及 MCS-51 单片机等都有上述启动文件。启动文件负责从单片机复位开始到 main 函数之前这段时间所需要进行的工作。通常很少接触启动文件的主要原因是集成开发环境给开发者自动提供了这个启动文件,直接从 main 函数开始进行软件设计即可。

启动代码(Bootloader)是嵌入式系统启动时需用到的一小段代码,类似于启动计算机时的 BIOS,用于完成微控制器的初始化工作和自检。STM32 启动代码 STM32F10x.s 主要实现的功能包括:定义和初始化堆栈;定义程序启动地址;定义中断向量表和中断服务程序的入口地址;系统复位启动时,从启动代码跳转到用户 main 函数的入口地址。启动模式的不同选择,决定了中断向量表的位置,Cortex-M3 内核启动时有以下 3 种情况:

- 通过 BOOT 引脚设置可将中断向量表定位于 Flash 区,即起始地址为 0x08000000,同时复位后 PC 指针位于 0x08000000 处。
- 通过 BOOT 引脚设置可将中断向量表定位于 SRAM 区,即起始地址为 0x20000000,同时复位后 PC 指针位于 0x20000000 处。
- 通过 BOOT 引脚设置可将中断向量表定位于内置 Bootloader 区。

STM32 的启动代码主要完成以下工作:

(1) 设置初始堆栈指针(SP)。

(2) 设置初始程序计数器(PC)为复位向量,并在执行 main 函数前初始化系统时钟。

(3) 设置向量表入口为异常事件的入口地址。

(4) 复位之后处理器为线程模式、优先级为特权级、堆栈设置为 MSP 主堆栈。

在定义复位向量时,BOOT 引脚的设置不同,相应地,复位时起始地址的位置不同,SRAM 的起始地址为 0x20000000,Flash 的起始地址为 0x08000000。Cortex-M3 处理器规定,起始地址必须存放栈顶指针,而第 2 个地址必须存放复位中断入口向量地址。这样在 Cortex-M3 处理器复位后,会自动从起始地址的下一个 32 位空间取出复位中断入口向量,然后跳转到复位中断服务程序,该服务程序就会跳转到 main( )执行程序。对于其他的中断,STM32 的内部硬件机制会自动将 PC 指针定位到中断向量表处,并根据中断源取出对应的中断向量执行中断服务程序。

例如,当 BOOT 引脚设置为 BOOT1 = ×、BOOT0 = 0 时,即为正常的工作模式,Flash 存储器被选为启动区域,STM32 的内部 Flash 地址起始于 0x08000000,通常程序就从此地址开始写入。STM32F10x 基于 Cortex-M3 内核,其内部通过中断向量表来响应中断。程序启动后,首先从中断向量表取出复位中断向量,执行复位中断程序完成启动。中断向量表的起始地址为 0x08000000,栈顶指针指向 0x08000000,而复位中断服务程序入口地址存放于 0x08000004 处。当复位信号到来时,即从 0x08000004 处取出复位中断服务程序入口地址,继而执行复位中断服务程序,然后跳转到 main( )函数执行。

2.4.5　调试与下载电路

在系统调试和软件开发过程中,需要下载 bin/hex 文件,或在线仿真调试,常用的调试下载方式有 JTAG 和 SWD。

JTAG(Joint Test Action Group,联合测试工作组)是一种国际标准测试协议(IEEE 1149.1 兼容),主要用于芯片内部测试及对系统进行仿真、调试。JTAG 是一种嵌入式调试技术,它在芯片内部封装了专门的测试电路 TAP(Test Access Port,测试访问端口),通过专用的 JTAG 测试工具对内部节点进行测试。JTAG 测试允许多个器件通过 JTAG 接口串联在一起,形成一个 JTAG 链,实现对各个器件分别测试。现在大多数高级器件都支持 JTAG 协议,如 ARM、DSP、FPGA 器件等。JTAG 编程方式是在线编程,常用于实现 ISP(In-System Programmer,在系统编程),加快工程进度,对 Flash 等器件进行编程。标准的 JTAG 接口主要有 4 根信号线:测试模式选择(TMS)、测试时钟(TCK)、测试数据输入(TDI)和测试数据输出（TDO）。JTAG 电路原理图如图 2-20 所示。

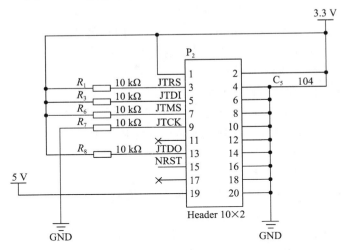

图 2-20　JTAG 电路原理图

SWD（Serial Wire Debug，串行总线调试）是 ARM 公司为嵌入式系统推出的一种简单调试接口，它通过一条双向数据线和一条时钟线实现对 ARM 内核的调试。实际开发中常采用 SWD 方式下载调试，只需采用 2 根信号线：双向的串行数据输入输出（SWDIO）；串行时钟输入（SWDCLK），且下载速度可以达到 10 Mbit/s。SWD 比 JTAG 在高速模式下更加可靠，在 JTAG 仿真模式下也可直接使用 SWD 模式，并且支持更少的引脚。

STM32F10x 系列微处理器内核集成了 JTAG/SWD 调试端口，它将 5 引脚的 JTAG-DP 接口和 2 引脚的 SWD-DP 接口结合在一起。STM32F10x 调试端口功能见表 2-11。

表 2-11　STM32F10x 调试端口功能

JTAG/SWD 引脚名	JTAG 调试端口		SWD 调试端口		引脚分布
	类型	描述	类型	调试分配	
TMS/SWDIO	输入	JTAG 测试模式选择	I/O	数据 I/O	PA13
TCK/SWDCLK	输入	JTAG 测试时钟	输入	串行时钟	PA14
TDI	输入	JTAG 测试数据输入			PA15
TDO/TRACESWO	输出	JTAG 测试数据输出		异步跟踪	PB3
TRST	输入	JTAG 测试复位			PB4

本章·小结

本章主要介绍了 STM32F10x 的系统结构、存储器组织、内部资源与最小系统。STM32F10x 是基于哈佛结构的 32 位 MCU，其总线包括 Cortex-M3 内核 I-Code 总线

(I-bus)、D-Code 总线（D-bus）、系统总线（S-bus）、DMA 总线。STM32F10x 将可访问的存储器空间分成 8 个主块，每个块 512 MB，片内 Flash 地址为 0x00000000～0x1FFFFFFF，用于存放程序、表格和常数；片内 SRAM 地址为 0x20000000～0x3FFFFFFF，用于存放程序中间变量与数据；片上外设区地址为 0x40000000～0x5FFFFFFF，分配给片上各个外设的地址空间按总线分为 3 类，即 AHB 总线外设存储地址、APB1 总线外设存储地址和 APB2 总线外设存储地址空间。SRAM 区中的最低 1 MB 和片上外设区中的最低 1 MB 支持位段操作。STM32F10x 内部集成了并行 GPIO 端口、定时器、多种串行接口、中断系统、A/D 转换器、D/A 转换器等外设资源。STM32F10x 支持 3 种复位形式，分别为系统复位、电源复位和备份区域复位。STM32F10x 的时钟系统较为复杂，不仅有倍频、分频，还有一系列的外设时钟开关，复位后所有外设时钟都设置为关闭，用到哪一个外设，就打开对应外设时钟，其他未用到的则仍是关闭状态，以此达到降低功耗的目的。启动代码 Bootloader 是系统启动时需用到的一小段代码，用于完成微控制器的初始化工作和自检。

 习题二

2-1　Cortex-M3 包含哪些总线？

2-2　STM32F10x 微处理器有哪些低功耗模式？

2-3　什么是嵌入式系统的最小系统？STM32F10x 的最小系统主要包括哪些电路？

2-4　嵌入式系统为什么需要 Bootloader 程序？

2-5　STM32F10x 的存储器映射空间有哪些？

2-6　STM32F10x 系列有哪些时钟源？其有什么特点和用途？为什么需要多个时钟源？

2-7　STM32F10x 系列微控制器有哪些启动模式？

2-8　外设时钟如何产生？

2-9　APB1 时钟树上接了哪些外设？

2-10　APB2 时钟树上接了哪些外设？

第3章

基于 STM32 固件函数库的程序设计基础

 本章教学目标

通过本章的学习,能够理解以下内容:

- C 语言关键字、运算符、预处理命令等符号的含义
- 标准固件函数库中的数据类型和函数命名规则
- RCC 寄存器结构与 RCC 库函数
- 配置系统时钟的程序设计方法
- STM32 工程文件结构

与 51 单片机一样,STM32 应用开发的程序设计语言主要是 C 语言。51 单片机的程序基本上全是对寄存器进行操作, 51 单片机中寄存器比较少,容易记住,也容易操作。但是 STM32 就不一样了,STM32 的寄存器数量特别多,如果像 51 单片机那样对寄存器进行编程,需要查阅数量庞大的寄存器资料,从而降低开发效率,所以,官方就开发了函数库。函数库编程的本质是将寄存器编程封装成了各种功能函数,能极大地提高开发效率。若想全面理解片内外设功能,还需要查看寄存器。本章首先介绍 C 语言关键字、运算符和预处理;接下来介绍标准固件库,固件库中包含了很多变量定义和功能函数,应用时需要遵守相关规范;最后介绍 STM32 工程文件结构。

 3.1　C 语言知识简介

3.1.1　C 语言关键字

ANSI C 标准 C 语言共有 32 个关键字和 9 种控制语句,区分大小写。C 语言可以像汇编语言一样对位、字节和地址进行操作,而这三者是计算机最基本的工作单元。

1. 数据类型关键字

C 语言数据类型如表 3-1 所示,包括基本类型、构造类型、指针类型、空类型、定义类型等。

表 3-1　C 语言数据类型

基本类型	数值类型	整型	短整型 short
			整型 int
			长整型 long
		浮点型	单精度 float
			双精度 double
	字符类型 char		
构造类型	数组		
	结构体 struct		
	共用体 union		
	枚举 enum		
指针类型	*		
空类型	void		
定义类型	typedef		

数据定义关键字的含义如下：

- auto：声明自动变量。
- char：声明字符型变量或函数返回值类型（1 字节）。
- const：声明只读变量。
- double：声明双精度浮点型变量或函数返回值类型。
- enum：声明枚举类型。
- extern：声明变量或函数是在其他文件或本文件的其他位置定义。
- float：声明浮点型变量或函数返回值类型。
- int：声明整型变量或函数返回值类型（2 字节）。
- long：声明长整型变量或函数返回值类型（4 字节）。
- register：声明寄存器变量。
- short：声明短整型变量或函数返回值类型（2 字节）。
- signed：声明有符号类型变量或函数。
- sizeof：计算数据类型或变量长度（即所占字节数）。
- static：声明静态变量。
- struct：声明结构体类型。
- typedef：用以给数据类型取别名。
- unsigned：声明无符号类型变量或函数。
- union：声明共用体类型。
- volatile：说明变量在程序执行中可被隐含地改变。

下面简单介绍一下 STM32 固件库中常用的结构体类型。结构体属于构造数据类型，是一种集合,它里面包含了多个变量或数组,它们的类型可以相同,也可以不同,每个这样的变量或数组都称为结构体的成员(member)。结构体的定义形式如下:

```
struct 结构体名
{
    结构体所包含的变量或数组
};
```

例如:

```
struct stu
{
    char  * name;        //姓名
    int num;             //学号
    float score;         //成绩
};
```

stu 为结构体名,它包含了 3 个成员,分别是 name、num、score。结构体成员的定义方式与变量和数组的定义方式相同,只是不能初始化。既然结构体是一种数据类型,那么就可以用它来定义变量。例如:

```
struct stu stu1, stu2;
```

定义了 stu1 和 stu2 两个变量,它们都是 stu 类型。结构体使用点号"."获取单个成员,获取结构体成员的一般格式如下:

```
结构体变量名.成员名;
```

通过这种方式可以获取成员的值,也可以给成员赋值。例如:

```
stu1.name = "Tom";
stu1.num = 12;
stu1.score = 136.5;
```

也可以用 typedef 创建新类型,例如:

```
typedef struct
{
    int a;
    char b;
    double c;
} Simple2;
```

然后,可以用 Simple2 作为类型声明新的结构体变量。例如:

```
Simple2  u1, * u3;
```

当结构体变量是指针型时,使用"指针变量名->成员名"的方式可以获取成员的值,也可以给成员赋值。例如:

```
u1.a = 1;
u1.b = 2;
u3->a = 3;
```

  u3->b＝4；

2. 语句关键字

- break：跳出当前循环。
- case：开关语句分支。
- continue：结束当前循环，开始下一轮循环。
- default：开关语句中的"默认"分支。
- do：循环语句的循环体。
- else：条件语句否定分支(可与 if 连用)。
- for：一种循环语句。
- goto：无条件跳转语句。
- if：条件语句。
- return：子程序返回语句(可以带参数，也可不带参数)。
- switch：用于开关语句。
- void：声明函数无返回值或无参数，声明无类型指针。
- while：循环语句的循环条件。

3.1.2　运算符

  C 语言中的符号分为 10 类：算术运算符、关系运算符、逻辑运算符、位操作运算符、赋值运算符、条件运算符、逗号运算符、指针运算符、求字节数运算符和特殊运算符。

1. 算术运算符

  用于各类数值运算。包括加(＋)、减(－)、乘(＊)、除(／)、求余(或称模运算，%)、自增(++)、自减(－－)，共 7 种。

2. 关系运算符

  用于比较运算。包括大于(＞)、小于(＜)、等于(＝＝)、大于等于(＞＝)、小于等于(＜＝)和不等于(！＝)，共 6 种。

3. 逻辑运算符

  用于逻辑运算。包括与(&&)、或(||)、非(!)，共 3 种。

4. 位操作运算符

  参与运算的量，按二进制位进行运算。包括位与(&)、位或(|)、位非(~)、位异或(^)、左移(<<)、右移(>>)，共 6 种。

5. 赋值运算符

  用于赋值运算，分为简单赋值(＝)、复合算术赋值(＋＝、－＝、＊＝、／＝、%＝)和复合位运算赋值(&＝、|＝、^＝、>>＝、<<＝)3 类，共 11 种。

6. 条件运算符

  这是一个三目运算符，用于条件求值(?:)。

7. 逗号运算符

  用于把若干表达式组合成一个表达式(,)。

8. 指针运算符

  用于取内容(＊)和取地址(&)两种运算。

9. 求字节数运算符

用于计算数据类型所占的字节数(sizeof)。

10. 特殊运算符

有括号(( ))、下标([ ])、成员(->,.)等几种。

3.1.3 预处理

程序设计语言的预处理是指在编译之前进行的处理,C语言的预处理主要有三个方面的内容:宏定义、文件包含、条件编译。预处理命令以符号"#"开头,"#"必须是该行除了任何空白字符外的第一个字符。

1. 宏定义

宏是赋予名字的一段代码,使用#define命令并不是真正的定义符号常量,而是定义一个可以替换的宏,被定义为宏的标识符称为"宏名"。在预处理过程中,预处理器会把程序中所有出现的"宏名",都用宏定义中的字符串去替换,这称为"宏替换"或"宏展开"。按照惯例,宏的名字一般用大写字母表示。在C语言中,宏分为无参数和有参数两种。

- 不带参数的宏定义。

格式: #define 标识符 文本

例如: #define PI 3.1415926

表示把程序中全部的标识符PI换成3.1415926。

- 带参数的宏定义。

除了一般的字符串替换外,还要做参数替换。

格式: #define 宏名(参数表) 文本

例如: #define S(a,b) a * b

area=S(3,2),表示第一步被换为area=a * b,第二步被换为area=3 * 2。

2. 文件包含

一个文件包含另一个文件的内容,被包含的文件又被称为"标题文件"、"头部文件"或"头文件",并且常用".h"作扩展名。

格式: #include "文件名" //用于程序自身的头文件

或 #include <文件名> //用于系统头文件

编译时以包含处理以后的文件为编译单位,被包含的文件是源文件的一部分。编译以后只得到一个目标文件.obj(.hex)。

3. 条件编译

有些语句希望在条件满足时才编译。

格式1:

```
#ifdef    标识符
          程序段1
#else
          程序段2
#endif
```

或

```
#ifdef   标识符
       程序段 1
#endif
```

当标识符已经定义时,程序段 1 才参加编译。

格式 2:

```
#ifndef 标识符
#define 标识 1
       程序段 1
#endif
```

如果标识符没有被定义,那么重定义标识 1,且执行程序段 1。

3.2　STM32 标准固件库

STM32 的编程主要有两种方式:一是对寄存器编程,二是用固件库编程。后者不需要了解寄存器格式,因此,可以大大减少用户编写程序的时间,进而降低开发成本。源程序中也可以混合使用上述两种方式。

STM32 标准固件库是一个固件函数包,它由程序、数据结构和宏组成,包括了微控制器所有外设的性能特征,还包括每一个外设的驱动描述和应用实例。通过使用固件函数包,无须深入掌握细节,用户也可以轻松应用每一个外设。

每个外设驱动都由一组函数组成,这组函数覆盖了该外设的所有功能。每个器件的开发都由一个通用应用编程界面(Application Programming Interface,API)驱动,API 对该驱动程序的结构、函数和参数名称都进行了标准化。标准固件库版本可以在官网上下载。

3.2.1　标准固件库中的数据类型

1. 变量

固件库定义了 24 个变量类型,它们的类型和大小是固定的。在文件 stm32f10x_type.h 中定义了如下这些变量,其中 const 声明的是只读数据。

```
typedef signed long s32;
typedef signed short s16;
typedef signed char s8;
typedef signed long const sc32;
typedef signed short const sc16;
typedef signed char const sc8;
typedef volatile signed long vs32;
typedef volatile signed short vs16;
typedef volatile signed char vs8;
typedef volatile signed long const vsc32;
typedef volatile signed short const vsc16;
```

```
typedef volatile signed char const vsc8;
typedef unsigned long u32;
typedef unsigned short u16;
typedef unsigned char u8;
typedef unsigned long const uc32;
typedef unsigned short const uc16;
typedef unsigned char const uc8;
typedef volatile unsigned long vu32;
typedef volatile unsigned short vu16;
typedef volatile unsigned char vu8;
typedef volatile unsigned long const vuc32;
typedef volatile unsigned short const vuc16;
typedef volatile unsigned char const vuc8;
```

2. 布尔型数据

- 布尔型变量 bool。

在文件 stm32f10x_type.h 中, 布尔型变量被定义如下:

```
typedef enum
{
    FALSE = 0,
    TRUE = ! FALSE
} bool;
```

- 标志位状态类型 FlagStatus。

在文件 stm32f10x_type.h 中,定义了标志位状态类型的两个值 SET 和 RESET。

```
typedef enum
{
    RESET = 0,
    SET = ! RESET
} FlagStatus;
```

- 功能状态类型 FunctionalState。

在文件 stm32f10x_type.h 中,定义了功能状态类型的两个值 ENABLE 和 DISABLE。

```
typedef enum
{
    DISABLE = 0,
    ENABLE = ! DISABLE
} FunctionalState;
```

- 错误状态类型 ErrorStatus。

在文件 stm32f10x_type.h 中,定义了错误状态类型的两个值 SUCCESS 和 ERROR。

```
typedef enum
```

```
          {
               ERROR = 0,
               SUCCESS = ! ERROR
          } ErrorStatus ;
```

3.2.2　固件库命名规则

固件库遵从以下命名规则：

PPP 表示任一外设缩写，所有外设/单元缩写定义如表 3-2 所示。

表 3-2　外设/单元缩写定义

缩写	外设/单元	缩写	外设/单元
ADC	模数转换器	PWR	电源/功耗控制
BKP	备份寄存器	RCC	复位与时钟控制器
CAN	控制器局域网模块	RTC	实时时钟
DMA	直接内存存取控制器	SPI	SPI 总线接口
EXTI	外部中断事件控制器	SysTick	系统嘀嗒定时器
FLASH	闪存存储器	TIM	通用定时器
GPIO	通用输入/输出	TIM1	高级控制定时器
I2C	I2C 总线接口	USART	通用同步/异步收发器
IWDG	独立看门狗	WWDG	窗口看门狗
NVIC	嵌套中断向量列表控制器		

系统、源程序文件和头文件命名都以"stm32f10x_"作为开头，例如：stm32f10x_conf.h。

常量仅被应用于一个文件的，定义于该文件中；被应用于多个文件的，在对应头文件中定义。所有常量都用大写英文字母书写。寄存器作为常量处理，它们都用大写英文字母命名。

外设函数的命名以该外设的缩写加下划线作为开头。每个单词的第一个字母都大写，例如：SPI_SendData。在函数名中，只允许存在一个下划线，用以分隔外设缩写和函数名的其他部分。

名为 PPP_Init 的函数，其功能是根据 PPP_InitTypeDef 中指定的参数，初始化外设 PPP，例如：TIM_Init。

名为 PPP_DeInit 的函数，其功能为复位外设 PPP 的所有寄存器至缺省值，例如：TIM_DeInit。

名为 PPP_StructInit 的函数，其功能为通过设置 PPP_InitTypeDef 结构中的各种参数来定义外设的功能，例如：USART_StructInit。

名为 PPP_Cmd 的函数，其功能为使能或者失能外设 PPP，例如：SPI_Cmd。

名为 PPP_ITConfig 的函数，其功能为使能或者失能来自外设 PPP 某中断源，例如：RCC_ITConfig。

名为 PPP_DMAConfig 的函数,其功能为使能或者失能外设 PPP 的 DMA 接口,例如:
TIM1_DMAConfig。用以配置外设功能的函数,总是以字符串"Config"结尾,例如:GPIO_
PinRemapConfig。

名为 PPP_GetFlagStatus 的函数,其功能为读外设状态,检查外设 PPP 某标志位被设
置与否,例如:I2C_GetFlagStatus。

名为 PPP_ClearFlag 的函数,其功能为清除外设 PPP 标志位,例如:I2C_ClearFlag。

名为 PPP_GetITStatus 的函数,其功能为读中断标志,判断来自外设 PPP 的中断发生
与否,例如:I2C_GetITStatus。

名为 PPP_ClearITPendingBit 的函数,其功能为清除外设 PPP 中断待处理标志位,例
如:I2C_ClearITPendingBit。

3.2.3 固件函数库文件描述

表 3-3 列举了固件函数库使用的主要文件。固件库 V3.0 以上 main 等源文件中不再
直接包含 stm32f10x_conf.h,而是包含 stm32f10x.h,stm32f10x.h 定义了启动设置,以及所有
寄存器宏定义。每一个外设都有一个对应的源文件 stm32f10x_ppp.c 和一个对应的头文
件 stm32f10x_ppp.h。文件 stm32f10x_ppp.c 包含了使用外设 PPP 所需的所有固件函数。

表 3-3 固件函数库使用的主要文件

文件名	描述
main.c	主函数示例
stm32f10x_it.h	头文件,包含所有中断处理函数原型
stm32f10x_it.c	外设中断函数文件。用户可以加入自己的中断程序代码。对于指向同一个中断向量的多个不同中断请求,可以利用函数通过判断外设的中断标志位来确定准确的中断源。固件函数库提供了这些函数的名称
stm32f10x.h	包含了所有外设的头文件。它是唯一一个用户需要包括在自己应用中的文件,用于定义了器件、中断线、数据类型、结构体封装的寄存器,寄存器地址映射,寄存器位操作,以及防 C++编译的条件编译
system_stm32f10x.c	系统初始化文件
stm32f10x_ppp.c	由 C 语言编写的外设 PPP 的驱动源程序文件
stm32f10x_ppp.h	外设 PPP 的头文件。包含外设 PPP 函数的定义,以及这些函数使用的变量

3.3 时钟控制

STM32 有三种不同的时钟源可被用来驱动系统时钟(SYSCLK):HSI 振荡器时钟、
HSE 振荡器时钟、PLL 时钟。通过配置 STM32 的复位时钟控制器(RCC)的相关寄存器,
可以选择系统时钟源,以及打开外设时钟。

3.3.1 RCC 寄存器结构

表 3-4 列出了所有 RCC 相关的寄存器,所有寄存器都是 32 位的。

表 3-4　RCC 寄存器

寄存器名	描述
RCC_CR	时钟控制寄存器
RCC_CFGR	时钟配置寄存器
RCC_CIR	时钟中断寄存器
RCC_APB2RSTR	APB2 高速外设复位寄存器
RCC_APB1RSTR	APB1 低速外设复位寄存器
RCC_AHBENR	AHB 设备时钟使能寄存器
RCC_APB2ENR	APB2 高速外设时钟使能寄存器
RCC_APB1ENR	APB1 低速外设时钟使能寄存器
RCC_BDCR	备份域控制寄存器
RCC_CSR	控制/状态寄存器

1. 时钟控制寄存器（RCC_CR）

RCC_CR 寄存器格式如图 3-1 所示。RCC_CR 寄存器具有打开或关闭 HSE、HSI、PLL 等功能。

31	30	29	28	27	26	25	24	23	22	21	20	19	18	17	16
保留						PLL-RDY	PLLON	保留				CSS-ON	HSE-BYP	HSE-RDY	HSE-ON

15	14	13	12	11	10	9	8	7	6	5	4	3	2	1	0
HSICAL[7:0]								HSITRIM[4:0]					保留	HSI-RDY	HSION

图 3-1　RCC_CR 寄存器格式

- PLLRDY：PLL 时钟就绪标志。PLL 锁定后由硬件置"1"。
- PLLON：PLL 使能位。0：PLL 关闭；1：PLL 使能。
- CSSON：时钟安全系统使能。0：时钟监测器关闭；1：如果外部 4～16 MHz 振荡器就绪，时钟监测器开启。
- HSEBYP：外部高速时钟旁路。0：外部 4～16 MHz 振荡器没有旁路；1：外部 4～16 MHz 外部晶体振荡器被旁路。
- HSERDY：外部高速时钟就绪标志。0：外部 4～16 MHz 振荡器没有就绪；1：就绪。
- HSEON：外部高速时钟使能。0：HSE 振荡器关闭；1：HSE 振荡器开启。
- HSICAL[7：0]：内部高速时钟校准。在系统启动时，这些位被自动初始化。
- HSITRIM[4：0]：内部高速时钟调整。由软件写入来调整内部高速时钟，它们被叠加在 HSICAL[5：0]数值上，这些位在 HSICAL[7：0]的基础上，让用户可以输入一个调整数值，根据电压和温度的变化调整内部 HSI RC 振荡器的频率。默认数值为 16，可以把 HSI 调整到 8 MHz±80 kHz；每步 HSICAL 的变化调整约为 40 kHz。
- HSIRDY：内部高速时钟就绪标志。0：内部 8 MHz 振荡器没有就绪；1：内部

8 MHz 振荡器就绪。

● HSION:内部高速时钟使能。0:内部 8 MHz 振荡器关闭;1:内部 8 MHz 振荡器开启。

2. 时钟配置寄存器(RCC_CFGR)

RCC_CFGR 寄存器格式如图 3-2 所示。RCC_CFGR 具有设置 PLL 时钟倍频系数及 APB1、APB2、AHB 时钟分频等功能。

31	30	29	28	27	26	25	24	23	22	21	20	19	18	17	16
保留					MCO [2:0]			保留	USB-PRE	PLLMUL[3:0]				PLL-XTPRE	PLL-SRC

15	14	13	12	11	10	9	8	7	6	5	4	3	2	1	0
ADCPRE[1:0]		PPRE2[2:0]			PPRE1[2:0]			HPRE[3:0]				SWS[1:0]		SW[1:0]	

图 3-2　RCC_CFGR 寄存器格式

● MCO:微控制器时钟输出。0xx:没有时钟输出;100:系统时钟(SYSCLK)输出;101:内部 RC 振荡器时钟(HSI)输出;110:外部振荡器时钟(HSE)输出;111:PLL 时钟2 分频后输出。

● PLLMUL:PLL 倍频系数。0000~1111:2~16 倍频。

● PLLXTPRE:HSE 分频器作为 PLL 输入。0:HSE 不分频;1:HSE 2 分频。

● PLLSRC:PLL 输入时钟源。0:HSI 振荡器时钟经 2 分频后作为 PLL 输入时钟;1:HSE 时钟作为 PLL 输入时钟。

● ADCPRE[1:0]:ADC 预分频。00:PCLK2 2 分频后作为 ADC 时钟;01:PCLK2 4 分频后作为 ADC 时钟;10:PCLK2 6 分频后作为 ADC 时钟;11:PCLK2 8 分频后作为 ADC 时钟。

● PPRE2[2:0]:高速 APB 预分频(APB2)。0xx:HCLK 不分频;100:HCLK 2 分频;101:HCLK 4 分频;110:HCLK 8 分频;111:HCLK 16 分频。

● PPRE1[2:0]:低速 APB 预分频(APB1)。

● HPRE[3:0]:AHB 预分频。0xxx:SYSCLK 不分频;1000:SYSCLK 2 分频;1100:SYSCLK 64 分频;1001:SYSCLK 4 分频;1101:SYSCLK 128 分频;1010:SYSCLK 8 分频;1110:SYSCLK 256 分频;1011:SYSCLK 16 分频;1111:SYSCLK 512 分频。

● SWS[1:0]:系统时钟切换状态。00:HSI 作为系统时钟;01:HSE 作为系统时钟;10:PLL 输出作为系统时钟。

● SW[1:0]:系统时钟切换。00:HSI 作为系统时钟;01:HSE 作为系统时钟;10:PLL 输出作为系统时钟。

3. APB2 高速外设复位寄存器(RCC_APB2ENR)

RCC_APB2ENR 的低 16 位是使能高速外设时钟的控制位,由软件置 1 开启时钟,清零关闭时钟。具体格式如图 3-3 所示。

15	14	13	12	11	10	9	8	7	6	5	4	3	2	1	0
ADC3-EN	USART1-EN	TIM8-EN	SPI1-EN	TIM1-EN	ADC2-EN	ADC1-EN	IOPG-EN	IOPF-EN	IOPE-EN	IOPD-EN	IOPC-EN	IOPB-EN	IOPA-EN	保留	AFIO-EN
rw	rw	rw	rw	rw	rw	rw	rw	rw	rw	rw	rw	rw	rw		rw

图 3-3　RCC_APB2ENR 寄存器格式

4. APB1 低速外设复位寄存器(RCC_APB1ENR)

RCC_APB1ENR 寄存器格式如图 3-4 所示。控制位置 1 开启时钟,清零关闭时钟。

31	30	29	28	27	26	25	24	23	22	21	20	19	18	17	16
保留		DACEN	PWREN	BKPEN	保留	CANEN	保留	USBEN	I2C2-EN	I2C1-EN	UART5-EN	UART4-EN	USART3-EN	USART2-EN	保留
		rw	rw	rw		rw		rw	rw	rw	rw	rw	rw	rw	

15	14	13	12	11	10	9	8	7	6	5	4	3	2	1	0
SPI3-EN	SPI2-EN	保留		WWDG-EN	保留						TIM6-EN	TIM5-EN	TIM4-EN	TIM3-EN	TIM2-EN
rw	rw			rw							rw	rw	rw	rw	rw

图 3-4　RCC_APB1ENR 寄存器格式

在文件"stm32f10x_map.h"中定义 RCC 寄存器结构如下:

```
typedef struct
{
    vu32 CR;
    vu32 CFGR;
    vu32 CIR;
    vu32 APB2RSTR;
    vu32 APB1RSTR;
    vu32 AHBENR;
    vu32 APB2ENR;
    vu32 APB1ENR;
    vu32 BDCR;
    vu32 CSR;
} RCC_TypeDef;
```

RCC 外设声明如下:

```
#ifdef  _RCC
    EXT RCC_TypeDef   * RCC;
#endif
```

例如,若要使能外设 GPIOC 时钟,可以直接给寄存器 APB2ENR 的 D4 位置 1。

RCC-> APB2ENR = 0x01<<4;

3.3.2　RCC 库函数

RCC 库函数如表 3-5 所示。

表 3-5　RCC 库函数

函数名	描述
RCC_DeInit	将外设 RCC 的寄存器重设为缺省值
RCC_HSEConfig	设置外部高速晶振（HSE）
RCC_WaitForHSEStartUp	等待 HSE 起振
RCC_AdjustHSICalibrationValue	调整内部高速晶振（HSI）校准值
RCC_HSICmd	使能或失能内部高速晶振（HSI）
RCC_PLLConfig	设置 PLL 时钟源及倍频系数
RCC_PLLCmd	使能或失能 PLL
RCC_SYSCLKConfig	设置系统时钟（SYSCLK）
RCC_GetSYSCLKSource	返回用作系统时钟的时钟源
RCC_HCLKConfig	设置 AHB 时钟（HCLK）
RCC_PCLK1Config	设置低速 AHB 时钟（PCLK1）
RCC_PCLK2Config	设置高速 AHB 时钟（PCLK2）
RCC_ITConfig	使能或失能指定的 RCC 中断
RCC_USBCLKConfig	设置 USB 时钟（USBCLK）
RCC_ADCCLKConfig	设置 ADC 时钟（ADCCLK）
RCC_LSEConfig	设置外部低速晶振（LSE）
RCC_LSICmd	使能或失能内部低速晶振（LSI）
RCC_RTCCLKConfig	设置 RTC 时钟（RTCCLK）
RCC_RTCCLKCmd	使能或失能 RTC 时钟
RCC_GetClocksFreq	返回不同片上时钟的频率
RCC_AHBPeriphClockCmd	使能或失能 AHB 外设时钟
RCC_APB2PeriphClockCmd	使能或失能 APB2 外设时钟
RCC_APB1PeriphClockCmd	使能或失能 APB1 外设时钟
RCC_APB2PeriphResetCmd	强制或释放高速 APB（APB2）外设复位
RCC_APB1PeriphResetCmd	强制或释放低速 APB（APB1）外设复位
RCC_BackupResetCmd	强制或释放后备域复位
RCC_ClockSecuritySystemCmd	使能或失能时钟安全系统
RCC_MCOConfig	选择在 MCO 管脚上输出的时钟源
RCC_GetFlagStatus	检查指定的 RCC 标志位设置与否
RCC_ClearFlag	清除 RCC 的复位标志位
RCC_GetITStatus	检查指定的 RCC 中断发生与否
RCC_ClearITPendingBit	清除 RCC 的中断待处理位

1. 函数 RCC_DeInit

函数原形:void RCC_DeInit(void)

功能描述:将外设 RCC 寄存器重设为缺省值。

2. 函数 RCC_HSEConfig

函数原形:void RCC_HSEConfig(u32 RCC_HSE)

功能描述:设置外部高速晶振(HSE)。

输入参数:RCC_HSE,即 HSE 的新状态,允许的取值如表 3-6 所示。

表 3-6　RCC_HSE 的取值

RCC_HSE	描述
RCC_HSE_OFF	HSE 晶振关闭
RCC_HSE_ON	HSE 晶振打开
RCC_HSE_Bypass	HSE 晶振被外部时钟旁路

3. 函数 RCC_WaitForHSEStartUp

函数原形:ErrorStatus RCC_WaitForHSEStartUp(void)

功能描述:等待 HSE 起振,直到 HSE 就绪,或在超时的情况下退出。

返回值:SUCCESS,表示 HSE 晶振稳定且就绪;ERROR,表示 HSE 晶振未就绪。

例如:

```
ErrorStatus HSEStartUpStatus;
RCC_HSEConfig( RCC_HSE_ON) ;
HSEStartUpStatus = RCC_WaitForHSEStartUp( ) ;
if( HSEStartUpStatus = = SUCCESS)
{
    ……
}
```

4. 函数 RCC_PLLConfig

函数原形:void RCC_PLLConfig(u32 RCC_PLLSource , u32 RCC_PLLMul)

功能描述:设置 PLL 时钟源及倍频系数。

输入参数:

RCC_PLLSource:PLL 的输入时钟源,该参数允许的取值如表 3-7 所示。

表 3-7　RCC_PLLSource 的取值

RCC_PLLSource	描述
RCC_PLLSource_HSI_Div2	PLL 的输入时钟 = HSI 时钟频率除以 2
RCC_PLLSource_HSE_Div1	PLL 的输入时钟 = HSE 时钟频率
RCC_PLLSource_HSE_Div2	PLL 的输入时钟 = HSE 时钟频率除以 2

RCC_PLLMul:PLL 倍频系数,该参数允许的取值如表 3-8 所示。

表 3-8　RCC_PLLMul 的取值

RCC_PLLMul	描述
RCC_PLLMul_2	PLL 输入时钟×2
RCC_PLLMul_3	PLL 输入时钟×3
RCC_PLLMul_4	PLL 输入时钟×4
RCC_PLLMul_5	PLL 输入时钟×5
RCC_PLLMul_6	PLL 输入时钟×6
RCC_PLLMul_7	PLL 输入时钟×7
RCC_PLLMul_8	PLL 输入时钟×8
RCC_PLLMul_9	PLL 输入时钟×9
RCC_PLLMul_10	PLL 输入时钟×10
RCC_PLLMul_11	PLL 输入时钟×11
RCC_PLLMul_12	PLL 输入时钟×12
RCC_PLLMul_13	PLL 输入时钟×13
RCC_PLLMul_14	PLL 输入时钟×14
RCC_PLLMul_15	PLL 输入时钟×15
RCC_PLLMul_16	PLL 输入时钟×16

例如,PLL 的输入时钟选 HSE 时钟,倍频系数设置成 9 的语句如下:

　　RCC_PLLConfig(RCC_PLLSource_HSE_Div1, RCC_PLLMul_9);

5. 函数 RCC_PLLCmd

函数原形:void RCC_PLLCmd(FunctionalState NewState)

功能描述:使能或失能 PLL。

输入参数:NewState,即 PLL 的新状态,可以取 ENABLE 或 DISABLE。

6. 函数 RCC_SYSCLKConfig

函数原形:void RCC_SYSCLKConfig(u32 RCC_SYSCLKSource)

功能描述:设置系统时钟。

输入参数:RCC_SYSCLKSource,用作系统时钟的时钟源,允许的取值如表 3-9 所示。

表 3-9　RCC_PLLMul 的取值

RCC_SYSCLKSource	描述
RCC_SYSCLKSource_HSI	选择 HSI 作为系统时钟
RCC_SYSCLKSource_HSE	选择 HSE 作为系统时钟
RCC_SYSCLKSource_PLLCLK	选择 PLL 作为系统时钟

7. 函数 RCC_GetSYSCLKSource

函数原形：u8 RCC_GetSYSCLKSource(void)

功能描述：返回用作系统时钟的时钟源。

返回值：用作系统时钟的时钟源。0x00：HSI 作为系统时钟；0x04：HSE 作为系统时钟；0x08：PLL 作为系统时钟。

8. 函数 RCC_HCLKConfig

函数原形：void RCC_HCLKConfig(u32 RCC_HCLK)

功能描述：设置 AHB 时钟(HCLK)。

输入参数：RCC_HCLK，定义 HCLK，该时钟源自系统时钟，允许的取值如表 3-10 所示。

表 3-10　RCC_HCLK 的取值

RCC_HCLK	描述
RCC_SYSCLK_Div1	AHB 时钟＝系统时钟
RCC_SYSCLK_Div2	AHB 时钟＝系统时钟/2
RCC_SYSCLK_Div4	AHB 时钟＝系统时钟/4
RCC_SYSCLK_Div8	AHB 时钟＝系统时钟/8
RCC_SYSCLK_Div16	AHB 时钟＝系统时钟/16
RCC_SYSCLK_Div64	AHB 时钟＝系统时钟/64
RCC_SYSCLK_Div128	AHB 时钟＝系统时钟/128
RCC_SYSCLK_Div256	AHB 时钟＝系统时钟/256
RCC_SYSCLK_Div512	AHB 时钟＝系统时钟/512

9. 函数 RCC_PCLK1Config

函数原形：void RCC_PCLK1Config(u32 RCC_PCLK1)

功能描述：设置低速 AHB 时钟(PCLK1)。

输入参数：RCC_PCLK1，定义 PCLK1，该时钟源自 AHB 时钟，允许的取值如表 3-11 所示。

表 3-11　RCC_PCLK1 和 RCC_PCLK2 的取值

RCC_PCLK1、RCC_PCLK2	描述
RCC_HCLK_Div1	APB1、APB2 时钟＝HCLK
RCC_HCLK_Div2	APB1、APB2 时钟＝HCLK/2
RCC_HCLK_Div4	APB1、APB2 时钟＝HCLK/4
RCC_HCLK_Div8	APB1、APB2 时钟＝HCLK/8
RCC_HCLK_Div16	APB1、APB2 时钟＝HCLK/16

10. 函数 RCC_PCLK2Config

函数原形：void RCC_PCLK2Config(u32 RCC_PCLK2)

功能描述：设置高速 AHB 时钟（PCLK2）。

输入参数：RCC_PCLK2，定义 PCLK2，该时钟源自 AHB 时钟，允许的取值如表 3-11 所示。

11. 函数 RCC_ADCCLKConfig

函数原形：void ADC_ADCCLKConfig（u32 RCC_ADCCLKSource）

功能描述：设置 ADC 时钟（ADCCLK）。

输入参数：RCC_ADCCLKSource，定义 ADCCLK，允许的取值如表 3-12 所示。

表 3-12　RCC_ADCCLKSource 的取值

RCC_ADCCLKSource	描述
RCC_PCLK2_Div2	ADC 时钟 = PCLK/2
RCC_PCLK2_Div4	ADC 时钟 = PCLK/4
RCC_PCLK2_Div6	ADC 时钟 = PCLK/6
RCC_PCLK2_Div8	ADC 时钟 = PCLK/8

12. 函数 RCC_LSEConfig

函数原形：void RCC_LSEConfig（u32 RCC_LSE）

功能描述：设置外部低速晶振（LSE）。

输入参数：RCC_LSE，即 LSE 的新状态，允许的取值如表 3-13 所示。

表 3-13　RCC_LSE 的取值

RCC_LSE	描述
RCC_LSE_OFF	LSE 晶振关闭
RCC_LSE_ON	LSE 晶振打开
RCC_LSE_Bypass	LSE 晶振被外部时钟旁路

13. 函数 RCC_LSICmd

函数原形：void RCC_LSICmd（FunctionalState NewState）

功能描述：使能或失能内部低速晶振（LSI）。

输入参数：NewState，即 LSI 的新状态，可以取 ENABLE 或 DISABLE。

14. 函数 RCC_RTCCLKConfig

函数原形：void RCC_RTCCLKConfig（u32 RCC_RTCCLKSource）

功能描述：设置 RTC 时钟（RTCCLK）。

输入参数：RCC_RTCCLKSource，定义 RTC 时钟源，允许的取值如表 3-14 所示。

表 3-14　RCC_RTCCLKSource 的取值

RCC_RTCCLKSource	描述
RCC_RTCCLKSource_LSE	选择 LSE 作为 RTC 时钟
RCC_RTCCLKSource_LSI	选择 LSI 作为 RTC 时钟
RCC_RTCCLKSource_HSE_Div128	选择 HSE 时钟频率除以 128 作为 RTC 时钟

15. 函数 RCC_RTCCLKCmd

函数原形：void RCC_RTCCLKCmd（FunctionalState NewState）

功能描述：使能或失能 RTC 时钟。

输入参数：NewState，即 RTC 时钟的新状态，可以取 ENABLE 或 DISABLE。

16. 函数 RCC_AHBPeriphClockCmd

函数原形：void RCC_AHBPeriphClockCmd（u32 RCC_AHBPeriph，FunctionalState NewState）

功能描述：使能或失能 AHB 外设时钟。

输入参数：

RCC_AHBPeriph：门控 AHB 外设时钟，可以取表 3-15 中的一个或多个取值的组合。

NewState：指定外设时钟的新状态，可以取 ENABLE 或 DISABLE。

表 3-15　RCC_AHBPeriph 的取值

RCC_AHBPeriph	描述
RCC_AHBPeriph_DMA	DMA 时钟
RCC_AHBPeriph_SRAM	SRAM 时钟
RCC_AHBPeriph_FLITF	FLITF 时钟

17. 函数 RCC_APB2PeriphClockCmd

函数原形：void RCC_APB2PeriphClockCmd（u32 RCC_APB2Periph，FunctionalState NewState）

功能描述：使能或失能 APB2 外设时钟。

输入参数：

RCC_APB2Periph：门控 APB2 外设时钟，可以取表 3-16 中的一个或多个取值的组合。

NewState：指定外设时钟的新状态，可以取 ENABLE 或 DISABLE。

表 3-16　RCC_APB2Periph 的取值

RCC_APB2Periph	描述
RCC_APB2Periph_AFIO	功能复用 I/O 时钟
RCC_APB2Periph_GPIOA	GPIOA 时钟
RCC_APB2Periph_GPIOB	GPIOB 时钟
RCC_APB2Periph_GPIOC	GPIOC 时钟
RCC_APB2Periph_GPIOD	GPIOD 时钟
RCC_APB2Periph_GPIOE	GPIOE 时钟
RCC_APB2Periph_ADC1	ADC1 时钟
RCC_APB2Periph_ADC2	ADC2 时钟
RCC_APB2Periph_TIM1	TIM1 时钟

续表

RCC_APB2Periph	描述
RCC_APB2Periph_SPI1	SPI1 时钟
RCC_APB2Periph_USART1	USART1 时钟
RCC_APB2Periph_ALL	全部 APB2 外设时钟

例如，使能端口 A 和端口 B 时钟的代码如下：

RCC_APB2PeriphClockCmd（RCC_APB2Periph_GPIOA | RCC_APB2Periph_
GPIOB，ENABLE）；

18. 函数 RCC_APB1PeriphClockCmd

函数原形：void RCC_APB1PeriphClockCmd（u32 RCC_APB1Periph，FunctionalState NewState）

功能描述：使能或失能 APB1 外设时钟。

输入参数：

RCC_APB1Periph：门控 APB1 外设时钟，可以取表 3-17 中的一个或多个取值的组合。

NewState：指定外设时钟的新状态，可以取 ENABLE 或 DISABLE。

表 3-17 RCC_APB1Periph 的取值

RCC_APB1Periph	描述
RCC_APB1Periph_TIM2	TIM2 时钟
RCC_APB1Periph_TIM3	TIM3 时钟
RCC_APB1Periph_TIM4	TIM4 时钟
RCC_APB1Periph_WWDG	WWDG 时钟
RCC_APB1Periph_SPI2	SPI2 时钟
RCC_APB1Periph_USART2	USART2 时钟
RCC_APB1Periph_USART3	USART3 时钟
RCC_APB1Periph_I2C1	I2C1 时钟
RCC_APB1Periph_I2C2	I2C2 时钟
RCC_APB1Periph_USB	USB 时钟
RCC_APB1Periph_CAN	CAN 时钟
RCC_APB1Periph_BKP	BKP 时钟
RCC_APB1Periph_PWR	PWR 时钟
RCC_APB1Periph_ALL	全部 APB1 外设时钟

例如，使能定时器 2 和串口 2 时钟的代码如下：

RCC_APB1PeriphClockCmd（RCC_APB1Periph_TIM2 | RCC_APB1Periph_
USART2，ENABLE）；

3.3.3　时钟配置程序设计

在第 2 章中介绍过,STM32 有五个时钟源:

(1) HSI 是高速内部时钟,RC 振荡器,频率为 8 MHz。

(2) HSE 是高速外部时钟,可接石英/陶瓷谐振器,或者接外部时钟源,频率范围为 4~16 MHz。

(3) LSI 是低速内部时钟,RC 振荡器,频率为 40 kHz。

(4) LSE 是低速外部时钟,接频率为 32.768 kHz 的石英晶体。

(5) PLL 为锁相环倍频输出,其时钟输入源可选择 HSI/2、HSE 或 HSE/2。倍频可选择 2~16 倍,但是其输出频率最大不得超过 72 MHz。

配置系统时钟分两种情况,第一种情况是使用内部 RC 振荡器而不使用外部晶振,OSC_IN 和 OSC_OUT 的接法按照下面的方法处理。

(1) 对于 100 脚或 144 脚的产品,OSC_IN 应接地,OSC_OUT 应悬空。

(2) 对于少于 100 脚的产品,有两种接法:

① OSC_IN 和 OSC_OUT 分别通过 10 kΩ 电阻接地,此方法可提高 EMC 性能。

② 分别重映射 OSC_IN 和 OSC_OUT 至 PD0 和 PD1,再配置 PD0 和 PD1 为推挽输出,并输出 0,此方法可以降低功耗并节省 2 个外部电阻。

配置系统时钟的第二种情况是使用高速外部时钟 HSE,由 PLL 倍频产生系统时钟,需要编程设置时钟参数,过程如下:

(1) 将 RCC 寄存器重新设置为默认值。

(2) 打开外部高速时钟晶振 HSE。

(3) 等待外部高速时钟晶振工作。

(4) 设置 AHB 时钟,AHB 时钟是对系统时钟(SYSCLK)的分频。

(5) 设置高速外设(APB2)时钟,该时钟是对 AHB 时钟的分频,最高为 72 MHz。

(6) 设置低速外设(APB1)时钟,该时钟也是对 AHB 时钟的分频,最高为 36 MHz。

(7) 设置 PLL 的输入时钟与倍频系数。

(8) 打开 PLL。

(9) 等待 PLL 工作。

(10) 设置系统时钟来源于 PLL。

(11) 判断 PLL 作为系统时钟是否就绪。

(12) 打开要使用的外设时钟。

下面的函数 RCC_Configuration 是标准固件库中对 RCC 的配置程序,使用高速外部晶振 HSE 作为系统时钟源。若 HSE 的频率是 8 MHz,则通过 PLL 的 9 倍频后,系统时钟频率可达 72 MHz。通过调用函数 RCC_APB2PeriphClockCmd,打开外设 GPIOA 和 GPIOB 的时钟。

```
// FunctionName: RCC_Configuration
// Description: RCC 配置(使用外部 8 MHz 的晶振)
void RCC_Configuration( void)
{
    ErrorStatus HSEStartUpStatus;
```

```
RCC_DeInit();
RCC_HSEConfig(RCC_HSE_ON);
HSEStartUpStatus=RCC_WaitForHSEStartUp();
if(HSEStartUpStatus==SUCCESS)          //如果 HSE 晶振稳定且就绪
{
    //设置 AHB 时钟(HCLK),AHB 时钟=系统时钟
    RCC_HCLKConfig(RCC_SYSCLK_Div1);
    //设置高速 AHB 时钟(PCLK2),APB2 时钟=HCLK
    RCC_PCLK2Config(RCC_HCLK_Div1);
    //设置低速 AHB 时钟(PCLK1),APB1 时钟=HCLK/2
    RCC_PCLK1Config(RCC_HCLK_Div2);
    //设置 FLASH 存储器延时时钟周期数,2 个延时周期
    FLASH_SetLatency(FLASH_Latency_2);
    //选择 FLASH 预取指缓存的模式,预取指缓存使能
    FLASH_PrefetchBufferCmd(FLASH_PrefetchBuffer_Enable);
    //设置 HSE 时钟频率为 PLL 时钟源,倍频系数是 9
    RCC_PLLConfig(RCC_PLLSource_HSE_Div1, RCC_PLLMul_9);
    RCC_PLLCmd(ENABLE);          //使能 PLL
    while(RCC_GetFlagStatus(RCC_FLAG_PLLRDY)==RESET)
    //读 RCC 标志位,检查 PLL 准备好标志 RCC_FLAG_PLLRDY 设置与否
    {
    }
    //设置系统时钟 SYSCLK,选择 PLL 作为系统时钟
    RCC_SYSCLKConfig(RCC_SYSCLKSource_PLLCLK);
    while(RCC_GetSYSCLKSource() !=0x08)
    //等待 PLL 用作系统时钟的时钟源,PLL 作为系统时钟源时,返回值是 0x08
    {
    }
}
RCC_APB2PeriphClockCmd(RCC_APB2Periph_GPIOA|RCC_APB2Periph_
    GPIOB, ENABLE);          //使能 GPIOA 和 GPIOB 时钟
}
```

3.4　STM32 工程文件结构

如图 3-5 所示,建立一个名为 led 的工程,工程文件目录中包括 Source Group 1、CMSIS、Device 等分组,依据作用不同,文件分别存放在不同的分组中。

图 3-5　Keil5 环境下的工程文件结构

源文件组 Source Group 1 用来存放用户编写的主程序。

CMSIS 组用来放启动文件,在 Keil5 环境下,可以直接从环境中勾选添加启动文件。

Device 组用来存放外设固件库源文件,同样在 Keil5 环境下,可以直接从环境中勾选添加外设,即可自动加入固件库文件。

已知 STM32 的 PC6 外接了一个发光二极管,源文件 led.c 实现控制发光二极管闪烁。主程序中,通过对寄存器编程,实现打开端口 C 时钟、配置引脚工作方式、输出数据等功能。

```
#include "stm32f10x.h"          //包含头文件
void Delay(u32 nCount);         //声明延时子函数,子函数必须先声明后调用
int main(void)                  //主函数,main 前面一定要写 int
{
    RCC->APB2ENR|=1<<4;         //开启 GPIOC 的时钟
    //CRL 是低 8 位配置寄存器,配置 PC.7~PC.0
    GPIOC->CRL &= 0xF0FFFFFF;
    GPIOC->CRL |= 0x03000000;   //PC6 设置为通用推挽输出
while(1)
    {
        GPIOC->ODR = 0x0000;
        Delay(8000000);
        GPIOC->ODR = 0x0040;
        Delay(8000000);
    }
}
```

```
void Delay(u32 nCount)                    //延时子函数
{
    for(；nCount! =0；nCount--)；
}
```

本章主要回顾了 C 语言的基础知识,包括数据类型、结构体变量的定义、结构体成员的赋值方式、语句表达、预处理的特点等,这些都是学习 STM32 固件库必备的基础知识。STM32 固件库是厂家为了提高用户的编程效率而开发的,将对寄存器的编程封装在了库函数中。每个外设驱动都由一组函数组成,这组函数覆盖了该外设的所有功能。固件库中数据类型包括字(32 位)、半字(16 位)、字节(8 位),还有位(1 位)等,其中位类型数据又包括标志位状态、功能状态、错误状态。库函数名都是以外设名加下划线开始,编程时需要理解库函数的功能,以及输入/输出参数的定义。

习题三

3-1　typedef 的作用是什么?

3-2　#include 的作用是什么?

3-3　STM32 固件库中,u32 和 u8 分别定义的是什么类型的数据?

3-4　固件库由哪三部分组成?

3-5　固件库中,外设函数的命名以什么开头?

3-6　函数名中,只允许有几个下划线?

3-7　标志位状态类型数据的两个取值是什么?

3-8　错误状态类型数据的两个取值是什么?

3-9　功能状态类型数据的两个取值是什么?

3-10　STM32 的主函数 main( )前面要加什么类型符号?

3-11　RCC 的英文全称是什么?

3-12　说明配置系统时钟的过程。

3-13　只打开 GPIOA 和 GPIOD 的时钟,则外设时钟使能寄存器 RCC_APB2ENR 的值是多少?

3-14　写出使能 GPIOB 时钟的函数。

第4章

GPIO

本章教学目标

通过本章的学习,能够理解以下内容:

- GPIO 的内部结构
- GPIO 的 8 种工作方式的特点
- 引脚的复用与重映射功能
- GPIO 寄存器的作用
- GPIO 的工作方式配置及读/写端口的库函数
- GPIO 与 LED 显示器的接口技术
- GPIO 与按键的接口技术

　　GPIO 的全称是 General Purpose Input/Output,是微控制器与外部设备进行数据传送的接口,可以对输入/输出数据进行缓冲、隔离或锁存,STM32F103 微控制器提供了最多 112 个 I/O 引脚,这些引脚分布在 GPIOA、GPIOB、GPIOC、GPIOD、GPIOE、GPIOF、GPIOG 等端口中,每个端口有 16 个引脚,编号为 15~0。例如,端口 A 的引脚名为 PA15、PA14、……、PA0。

　　每个端口引脚都有多种功能,最基本的输入/输出功能可以驱动 LED、产生 PWM、驱动蜂鸣器等。端口配置成输入模式时,具有外部中断能力;引脚具有复用功能,复用功能的端口兼有 I/O 功能等;软件重新映射 I/O 复用功能;具有单独的位设置或位清除;GPIO 端口的配置具有锁定机制。

　　本章首先介绍 GPIO 的结构与功能、寄存器、库函数功能,然后通过按键、数码显示器的接口电路与程序设计,举例说明 GPIO 作为基本输入/输出端口的应用技术。

4.1　GPIO 的工作原理

4.1.1　GPIO 端口位的内部结构

　　STM32F103 的 GPIO 端口位的内部结构如图 4-1 所示。GPIO 的内部主要包括输出驱动器、输入驱动器、寄存器等部分。GPIO 内部具有钳位保护二极管,其作用是防止从外部管脚 Pin 输入的电压过高或过低。V_{DD} 正常供电是 3.3 V。如果从 I/O 引脚输入的信号(假设任何输入信号都有一定的内阻)电压超过 V_{DD} 加上二极管的导通压降(假定在

0.6 V 左右),那么二极管导通,会把多余的电流引到 V_{DD},而真正输入到内部的信号电压不会超过 3.9 V。同理,如果从 I/O 引脚输入的信号电压比 GND 还低,那么由于二极管的作用,会把实际输入内部的信号电压钳制在 −0.6 V 左右。

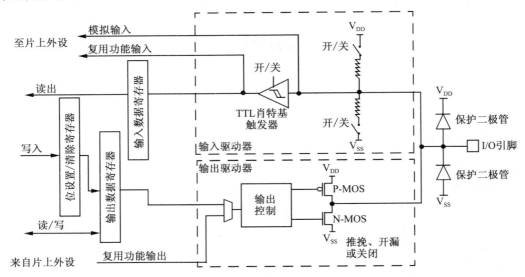

图 4-1 GPIO 端口位的内部结构

1. 输出驱动器

GPIO 的输出驱动器主要由多路选择器、输出控制和一对互补的 MOS 管组成。

(1) 多路选择器。

多路选择器根据用户设置决定该引脚是 GPIO 普通输出还是复用功能输出。

普通输出:该引脚的输出来自 GPIO 的输出数据寄存器。

复用功能(Alternative Function,AF)输出:该引脚的输出来自片上外设,并且一个引脚的输出可能来自多个不同外设,即一个引脚可以对应多个复用功能输出。但在某一时刻,引脚只能使用多个复用功能中的一种,其他复用功能都处于禁止状态。

(2) 输出控制和一对互补的 MOS 管。

输出控制逻辑根据用户设置规定 GPIO 的输出模式:推挽输出、开漏输出或关闭。

推挽(Push-Pull,PP)输出:推挽输出可以输出高电平和低电平。当内部输出 1 时,PMOS 管导通,NMOS 管截止,引脚输出高电平(通常是输出电压 3.3 V);当内部输出 0 时,PMOS 管截止,NMOS 管导通,引脚输出低电平(输出电压 0 V)。由此可见,相比于普通输出方式,推挽输出既提高了负载能力,又提高了开关速度,适于输出 0 和 V_{DD} 的场合。

开漏(Open-Drain,OD)输出:与推挽输出相比,开漏输出中连接 V_{DD} 的 PMOS 管始终处于截止状态。这种情况,与三极管的集电极开路非常类似,在开漏输出模式下:当内部输出 0 时,NMOS 管导通,外部输出低电平(输出电压 0 V);当内部输出 1 时,NMOS 管截止,由于此时 PMOS 管也处于截止状态,外部输出既不是高电平,也不是低电平,而是高阻态(悬空)。如果想要外部输出高电平,必须在 I/O 引脚外接一个上拉电阻,这样,通过开漏输出,可以提供灵活的电平输出方式——改变外接上拉电源的电压,便可以改变传输电平电压的高低。

由此可见,开漏输出可以匹配电平,一般适用于电平不匹配的场合,而且开漏输出吸收电流的能力相对较强,适合做电流型的驱动。

当 I/O 端口被配置为通用输出时:

- 输出缓冲器被激活。写到输出数据寄存器(GPIOx_ODR)上的值输出到相应的 I/O 引脚,可以以推挽模式或开漏模式使用输出驱动器。
- 施密特触发输入被激活。
- 弱上拉和下拉电阻被禁止。
- 出现在 I/O 引脚上的数据在每个 APB2 时钟被采样到输入数据寄存器。
- 在开漏模式时,对输入数据寄存器的读操作可得到 I/O 引脚状态。
- 在推挽模式时,对输出数据寄存器的读操作可得到最后一次写的值。

GPIO 端口位的输出配置如图 4-2 所示。

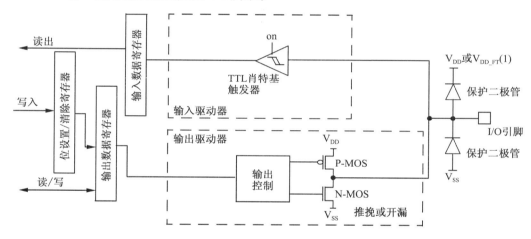

图 4-2　GPIO 端口位的输出配置

2. 输入驱动器

GPIO 的输入驱动器主要由 TTL 肖特基触发器、带开关的上拉电阻电路和带开关的下拉电阻电路组成。与输出驱动器不同,GPIO 的输入驱动器没有多路选择开关,输入信号送到 GPIO 输入数据寄存器的同时也送给片上外设,所以 GPIO 的输入没有复用功能选项。

根据 TTL 肖特基触发器、上拉电阻端和下拉电阻端两个开关的状态,GPIO 的输入可分为以下 4 种:

(1)上拉输入:GPIO 内置上拉电阻,此时 GPIO 内部上拉电阻端的开关闭合,GPIO 内部下拉电阻端的开关断开。该模式下,引脚默认输入为高电平。

(2)下拉输入:GPIO 内置下拉电阻,此时 GPIO 内部下拉电阻端的开关闭合,GPIO 内部上拉电阻端的开关断开。该模式下,引脚默认输入为低电平。

(3)浮空输入:GPIO 内部既无上拉电阻也无下拉电阻,此时 GPIO 内部上拉电阻端和下拉电阻端的开关都断开。该模式下,引脚默认输入为高阻态(即浮空),其电平高低由外部输入信号决定。

（4）模拟输入：TTL 肖特基触发器关闭。

如图 4-3 所示，当 I/O 端口配置为浮空/上拉/下拉输入时：

- 输出缓冲器被禁止。
- 施密特触发输入被激活。
- 根据输入配置（上拉、下拉或浮空）的不同，弱上拉和下拉电阻被连接。
- 出现在 I/O 引脚上的数据在每个 APB2 时钟被采样到输入数据寄存器。
- 对输入数据寄存器的读操作可得到 I/O 引脚的状态。

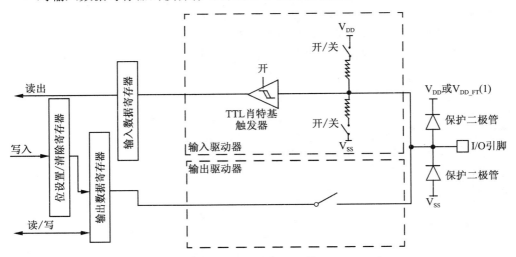

图 4-3　GPIO 端口位的浮空/上拉/下拉输入配置

4.1.2　GPIO 的工作方式

GPIO 引脚有 8 种工作方式：4 种输出方式和 4 种输入方式。

（1）普通推挽输出（Push-Pull Output）。引脚可以输出低电平和高电平，用于较大功率驱动的输出。例如，引脚外接 LED、蜂鸣器等器件时，将引脚设置为该模式。

（2）普通开漏输出（Open-Drain Output）。该模式下，引脚只能输出低电平，如果想输出高电平（外接上拉电源的电压），需要外接上拉电阻。通常，连接到不同电平器件、线与输出或使用普通模式模拟 I2C 通信的 I/O 引脚应被设置为该模式。

（3）复用推挽输出（Push-Pull Output Alternate-Function）。该模式下，引脚不再是普通的 I/O。它不仅具有推挽输出的特点，而且还具有片内外设的功能。例如，STM32F103 的 I/O 引脚用作 USART 的数据发送端 Tx 或接收端 Rx 时，应被设置为该模式。

（4）复用开漏输出（Open-Drain Output Alternate-Function）。该模式下，引脚不再是普通的 I/O。它不仅具有开漏输出特点，而且还使用片内外设功能。例如，STM32F103 的某个 I/O 引脚用作 I2C 的 SCL 或 SDA 时，应被设置为该模式。

（5）上拉输入（In Push-Pull）。用于默认上拉至高电平输入。通常，外接按键的引脚会被设置为该模式。

（6）下拉输入（In Push-Down）。用于默认下拉至低电平输入。

（7）浮空输入（IN-FLOATING）。用于不确定高低电平输入。例如，作为 USART 接收端 Rx 的 I/O 引脚应被设置为该模式。上电复位后，I/O 端口被配置成浮空输入模式。

（8）模拟输入（Analog In）。用于外部模拟信号输入。

如果 I/O 端口工作在某个输出模式下，通常还要设置其输出速度，这个输出速度指的是 I/O 端口驱动电路的响应速度，芯片内部在 I/O 端口的输出部分安排了多个不同响应速度的驱动电路，用户可以根据实际需要，选择合适的输出驱动模块，以达到最佳噪声控制和降低功耗的目的。一般推荐 I/O 引脚的输出速度是其输出信号速度的 5～10 倍。STM32F103 的 I/O 引脚输出速度有 3 种：2 MHz、10 MHz 和 50 MHz。对于常见的应用，一些选用参考如下：

- 用作连接 LED、蜂鸣器等外部设备的普通输出引脚，一般设置为 2 MHz。
- 用作 USART 复用功能的输出引脚，设置为 2 MHz，省电且噪声小。
- 用作 I2C 复用功能的输出引脚，I2C 的最大传输速率为 400 kbit/s，可以选用 10 MHz。
- 用作 SPI 复用功能的输出引脚，假设 SPI 工作时数据传输速率为 18 Mbit/s，需要选用 50 MHz。

4.1.3　引脚的复用功能与重映射

STM32F103 微控制器的 I/O 引脚除了具有通用输入/输出功能外，还可以作为一些片上外设的复用引脚，而且一个 I/O 引脚除了可以作为某个默认外设的复用引脚外，还可以作为其他多个不同外设的复用引脚。同样地，一个片上外设，除了有默认的复用引脚外，还可以有多个备用的复用引脚。在基于 STM32 微控制器的应用开发中，用户根据实际需要可以把某些外设的复用功能从默认引脚转移到备用引脚上，这就是 I/O 引脚的外设复用功能的重映射。

从 I/O 引脚的复用上来看，例如，对于 STM32F103RCT6 的引脚 PB10，它的主功能是 PB10，默认复用功能是 I2C2 的时钟端 SCL 和 USART3 的发送端 Tx，重定义功能是 TIM2_CH3。这表示在 STM32F103 上电复位后，PB10 默认为普通输出，而 I2C2 的 SCL 和 USART3 的 Tx 是它的默认复用功能。另外，在定时器 2（TIM2）进行 I/O 引脚重映射后，定时器 2 的通道 3（TIM2_CH3）也可以成为 PB10 的复用功能。如果想要使用 PB10 的默认复用功能为 USART3 的数据发送端 Tx，那么需要编程配置 PB10 为复用推挽输出模式，同时使能 USART3 并保持 I2C2 处于禁止状态。如果要使用 PB10 的重定义复用功能为 TIM2_CH3，那么需要编程对 TIM2 进行重映射，然后再按复用功能方式配置对应引脚。

从外设的复用功能的 I/O 引脚重映射来看，例如，对于 USART2，它的发送端 Tx 和接收端 Rx 默认映射到引脚 PA2 和 PA3。但如果引脚 PA2 已被另一复用功能 TIM2 的通道 3（TIM2_CH3）占用，就需要对 USART2 进行重映射，将 Tx 和 Rx 重新映射到引脚 PD5 和 PD6。

由此可见，I/O 引脚的复用功能和重映射，能够优化引脚的配置和 PCB 的布线，在 PCB 设计时具有更大的灵活性，同时潜在地减少了信号的交叉干扰，甚至在需要时可以分时复用某些外设，增加了虚拟端口数量。

4.2 GPIO 寄存器

每个 GPIO 端口有如下寄存器：端口配置低寄存器 CRL、端口配置高寄存器 CRH、端口输入数据寄存器 IDR、端口输出数据寄存器 ODR、端口位设置/复位寄存器 BSRR、端口位复位寄存器 BRR、端口配置锁定寄存器 LCKR、事件控制寄存器 EVCR、复用重映射和调试寄存器 MAPR、外部中断线路 0~15 配置寄存器 EXTICR。

GPIO 寄存器要用 32 位字形式访问。

1. 端口配置低寄存器(GPIOx_CRL)(x = A ~ E)

GPIOx_CRL 寄存器格式如图 4-4 所示。GPIOx_CRL 用来配置端口低 8 位引脚的工作方式(表 4-1)，每个引脚用 4 位来配置其输入/输出方式。复位值为 0x44444444。

31	30	29	28	27	26	25	24	23	22	21	20	19	18	17	16
CNF7[1:0]		MODE7[1:0]		CNF6[1:0]		MODE6[1:0]		CNF5[1:0]		MODE5[1:0]		CNF4[1:0]		MODE4[1:0]	
rw	rw	rw	rw	rw	rw	rw	rw	rw	rw	rw	rw	rw	rw	rw	rw

15	14	13	12	11	10	9	8	7	6	5	4	3	2	1	0
CNF3[1:0]		MODE3[1:0]		CNF2[1:0]		MODE2[1:0]		CNF1[1:0]		MODE1[1:0]		CNF0[1:0]		MODE0[1:0]	
rw	rw	rw	rw	rw	rw	rw	rw	rw	rw	rw	rw	rw	rw	rw	rw

图 4-4 GPIOx_CRL 寄存器格式

表 4-1 工作方式配置表

配置模式		CNF1	CNF0	MODE1	MODE0	PxODR 寄存器
通用输出	推挽(Push-Pull)	0	0	01 10 11		0 或 1
	开漏(Open-Drain)		1			0 或 1
复用功能输出	推挽(Push-Pull)	1	0			不使用
	开漏(Open-Drain)		1			不使用
输入	模拟输入	0	0	00		不使用
	浮空输入		1			不使用
	下拉输入	1	0			0
	上拉输入					1

2. 端口配置高寄存器(GPIOx_CRH)(x = A ~ E)

GPIOx_CRH 与 GPIOx_CRL 寄存器的格式定义类似，用来配置端口高 8 位引脚(Pin15~Pin8)的工作方式。复位值为 0x44444444。

3. 端口输入数据寄存器(GPIOx_IDR)(x = A ~ E)

高 16 位(D31~D16)保留，低 16 位(D15~D0)为只读，并且只能以字(16 位)的形式读出，读出的值为对应 GPIO 引脚的状态。复位值为 0x0000xxxx。

4. 端口输出数据寄存器（GPIOx_ODR）（x = A ~ E）

高 16 位（D31 ~ D16）保留，始终读为 0。低 16 位（D15 ~ D0）是端口输出的数据，这些位可读可写并只能以字（16 位）的形式操作。复位值为 0x00000000。

5. 端口位设置复位寄存器（GPIOx_BSRR）（x = A ~ E）

GPIOx_BSRR 对端口的某位清零或者置 1，格式如图 4-5 所示。复位值为 0x00000000。

31	30	29	28	27	26	25	24	23	22	21	20	19	18	17	16
BR15	BR14	BR13	BR12	BR11	BR10	BR9	BR8	BR7	BR6	BR5	BR4	BR3	BR2	BR1	BR0
w	w	w	w	w	w	w	w	w	w	w	w	w	w	w	w

15	14	13	12	11	10	9	8	7	6	5	4	3	2	1	0
BS15	BS14	BS13	BS12	BS11	BS10	BS9	BS8	BS7	BS6	BS5	BS4	BS3	BS2	BS1	BS0
w	w	w	w	w	w	w	w	w	w	w	w	w	w	w	w

图 4-5　GPIOx_BSRR 寄存器格式

该寄存器只能写入并只能以字（16 位）的形式操作。BRi（i = 0 ~ 15）是复位控制位：BRi = 0，对 ODR 寄存器不产生影响；BRi = 1，ODR 寄存器中的对应位为 0。

BSi（i = 0 ~ 15）是置位控制位：BSi = 0，对 ODR 寄存器不产生影响；BSi = 1，ODR 寄存器中的对应位为 1。

如果同时设置了 BSi 和 BRi 的对应位，BSi 位起作用。

6. 端口位复位寄存器（GPIOx_BRR）（x = A ~ E）

GPIOx_BRR 寄存器格式如图 4-6 所示。高 16 位是保留位，在低 16 位中，当 BRi = 1（i 为 0 ~ 15）时，将 ODR 寄存器对应的端口位清零。复位值为 0x00000000。

31	30	29	28	27	26	25	24	23	22	21	20	19	18	17	16
保留															

15	14	13	12	11	10	9	8	7	6	5	4	3	2	1	0
BR15	BR14	BR13	BR12	BR11	BR10	BR9	BR8	BR7	BR6	BR5	BR4	BR3	BR2	BR1	BR0
w	w	w	w	w	w	w	w	w	w	w	w	w	w	w	w

图 4-6　GPIOx_BRR 寄存器格式

在 STM32 标准固件库的文件"stm32f10x_map.h"中，将 GPIO 寄存器结构定义成 GPIO_TypeDef 和 AFIO_TypeDef 两个结构体，也对端口进行了定义。

```
typedef struct
{
    vu32 CRL;
    vu32 CRH;
    vu32 IDR;
    vu32 ODR;
    vu32 BSRR;
```

```
    vu32 BRR；
    vu32 LCKR；
} GPIO_TypeDef；
typedef struct
{
    vu32 EVCR；
    vu32 MAPR；
    vu32 EXTICR［4］；
} AFIO_TypeDef；
......
#ifdef _AFIO
    EXTAFIO_TypeDef ＊AFIO；
#endif
#ifdef _GPIOA
    EXTGPIO_TypeDef ＊GPIOA；
#endif
#ifdef _GPIOB
    EXTGPIO_TypeDef ＊GPIOB；
#endif
#ifdef _GPIOC
    EXTGPIO_TypeDef ＊GPIOC；
#endif
#ifdef _GPIOD
    EXTGPIO_TypeDef ＊GPIOD；
#endif
#ifdef _GPIOE
    EXTGPIO_TypeDef ＊GPIOE；
#endif
......
```

通过对寄存器编程，可以配置端口的工作方式、输入/输出数据等，例如：

```
RCC->APB2ENR = 1<<6；        //使能 GPIOE 时钟
GPIOE->CRL = 0x33333333；    //PE.7~PE.0 推挽输出
GPIOE->ODR = 0xff；          //PE.7~PE.0 输出高电平
```

4.3 GPIO 库函数

STM32F10x 的 GPIO 常用库函数名及功能描述如表 4-2 所示。

表 4-2　GPIO 常用库函数

函数名	功能描述
GPIO_DeInit	将外设 GPIOx 寄存器设为缺省值
GPIO_AFIODeInit	将 GPIOx 复用功能寄存器设为缺省值
GPIO_Init	根据 GPIO_InitStruct 中指定的参数初始化 GPIOx 寄存器
GPIO_StructInit	把 GPIO_InitStruct 中的每一个参数按缺省值填入
GPIO_ReadInputDataBit	读取指定端口管脚的输入
GPIO_ReadInputData	读取指定的 GPIO 端口输入
GPIO_ReadOutputDataBit	读取指定端口管脚的输出
GPIO_ReadOutputData	读取指定的 GPIO 端口输出
GPIO_SetBits	设置指定的数据端口位
GPIO_ResetBits	清除指定的数据端口位
GPIO_WriteBit	设置或清除指定的数据端口位
GPIO_Write	向指定 GPIO 数据端口写入数据
GPIO_PinLockConfig	锁定 GPIO 管脚设置寄存器
GPIO_EventOutputConfig	选择 GPIO 管脚用作事件输出
GPIO_EventOutputCmd	使能或失能事件输出
GPIO_PinRemapConfig	改变指定管脚的映射
GPIO_EXTILineConfig	选择 GPIO 管脚用作外部中断线路

4.3.1　函数 GPIO_Init

函数原形：void GPIO_Init（GPIO_TypeDef * GPIOx，GPIO_InitTypeDef * GPIO_Init-Struct）

功能描述：根据 GPIO_InitStruct 中指定的参数初始化外设 GPIOx 寄存器。

输入参数：

GPIOx：x 可以是 A、B、C、D 或 E，用来选择 GPIO 外设。

GPIO_InitStruct：指向结构 GPIO_InitTypeDef 的指针，包含了外设 GPIO 的配置信息。GPIO_InitTypeDef 数据结构定义如下：

```
typedef struct
{
    u16 GPIO_Pin;
    GPIOSpeed_TypeDef GPIO_Speed;
    GPIOMode_TypeDef GPIO_Mode;
} GPIO_InitTypeDef;
```

GPIO_Pin 用来选择带配置的引脚，使用符号"|"，可以选择多个引脚，该参数的取值如表 4-3 所示。

表 4-3　GPIO_Pin 的取值

GPIO_Pin	描述	GPIO_Pin	描述
GPIO_Pin_None	无管脚被选中	GPIO_Pin_8	选中管脚 8
GPIO_Pin_0	选中管脚 0	GPIO_Pin_9	选中管脚 9
GPIO_Pin_1	选中管脚 1	GPIO_Pin_10	选中管脚 10
GPIO_Pin_2	选中管脚 2	GPIO_Pin_11	选中管脚 11
GPIO_Pin_3	选中管脚 3	GPIO_Pin_12	选中管脚 12
GPIO_Pin_4	选中管脚 4	GPIO_Pin_13	选中管脚 13
GPIO_Pin_5	选中管脚 5	GPIO_Pin_14	选中管脚 14
GPIO_Pin_6	选中管脚 6	GPIO_Pin_15	选中管脚 15
GPIO_Pin_7	选中管脚 7	GPIO_Pin_All	选中全部管脚

GPIO_Speed 用来设置选中管脚的响应速度。该参数的取值如表 4-4 所示。

表 4-4　GPIO_Speed 的取值

GPIO_Speed	描述
GPIO_Speed_10MHz	最高输出速度为 10 MHz
GPIO_Speed_2MHz	最高输出速度为 2 MHz
GPIO_Speed_50MHz	最高输出速度为 50 MHz

GPIO_Mode 用来设置选中管脚的工作状态。该参数的取值如表 4-5 所示。

表 4-5　GPIO_Mode 的取值

GPIO_Mode	描述
GPIO_Mode_AIN	模拟输入
GPIO_Mode_IN_FLOATING	浮空输入
GPIO_Mode_IPD	下拉输入
GPIO_Mode_IPU	上拉输入
GPIO_Mode_Out_OD	开漏输出
GPIO_Mode_Out_PP	推挽输出
GPIO_Mode_AF_OD	复用开漏输出
GPIO_Mode_AF_PP	复用推挽输出

例如，下面的程序段完成配置端口 A 的引脚 1 和引脚 2 为推挽输出。

```
GPIO_InitTypeDef    GPIO_InitStructure;                    //定义结构体
GPIO_InitStructure.GPIO_Pin＝GPIO_Pin_1｜GPIO_Pin_2;        //选择引脚 1 和 2
GPIO_InitStructure.GPIO_Speed＝GPIO_Speed_10MHz;           //设置响应速度为 10 MHz
```

　　　GPIO_InitStructure.GPIO_Mode＝GPIO_Mode_Out_PP；　　//设置推挽输出方式

　　　GPIO_Init（GPIOA，&GPIO_InitStructure）；　　　　//完成 GPIOA 的初始化

4.3.2　函数 GPIO_ReadInputDataBit

函数原形：u8 GPIO_ReadInputDataBit（GPIO_TypeDef ＊GPIOx，u16 GPIO_Pin）

功能描述：读取指定端口管脚的输入。

输入参数：

GPIOx：x 可以是 A、B、C、D 或 E，用来选择 GPIO 外设。

GPIO_Pin：待读取的端口位。

输出参数：无。

返回值：输入端口管脚值。

例如，下面的程序段实现读引脚 PB.7 的状态，并将管脚值返回给变量 ReadValue。

　　　u8 ReadValue；

　　　ReadValue＝GPIO_ReadInputDataBit（GPIOB，GPIO_Pin_7）；

4.3.3　函数 GPIO_ReadInputData

函数原形：u16 GPIO_ReadInputData（GPIO_TypeDef ＊GPIOx）

功能描述：读取指定的 GPIO 端口的输入数据

输入参数：GPIOx，x 可以是 A、B、C、D 或 E，用来选择 GPIO 外设。

输出参数：无。

返回值：端口 GPIOx 的 16 位输入数据值。

例如，下面的程序段读端口 C 的值，并送给变量 ReadValue。

　　　u16 ReadValue；

　　　ReadValue＝GPIO_ReadInputData（GPIOC）；

4.3.4　函数 GPIO_ReadOutputDataBit

函数原形：u8 GPIO_ReadOutputDataBit（GPIO_TypeDef ＊GPIOx，u16 GPIO_Pin）

功能描述：读取指定端口位的输出。

输入参数：

GPIOx：x 可以是 A、B、C、D 或 E，用来选择 GPIO 外设。

GPIO_Pin：待读取的端口位。

输出参数：无。

返回值：端口管脚的输出值。

例如，下面的程序段实现读端口 B 的第 7 位的状态，将值返回给变量 ReadValue。

　　　u8 ReadValue；

　　　ReadValue＝GPIO_ReadOutputDataBit（GPIOB，GPIO_Pin_7）；

4.3.5　函数 GPIO_ReadOutputData

函数原形：u16 GPIO_ReadOutputData（GPIO_TypeDef ＊GPIOx）

功能描述：读取指定的 GPIO 端口的输出数据。

输入参数：GPIOx，x 可以是 A、B、C、D 或 E，用来选择 GPIO 外设。

输出参数：无。

返回值:端口 GPIOx 的 16 位输出数据值。

例如,下面的程序段读端口 C 的值,并送给变量 ReadValue。

    u16 ReadValue;

    ReadValue = GPIO_ReadOutputData(GPIOC);

4.3.6 函数 GPIO_SetBits

函数原形:void GPIO_SetBits(GPIO_TypeDef ＊ GPIOx, u16 GPIO_Pin)

功能描述:设置指定的数据端口位。

输入参数:

GPIOx:x 可以是 A、B、C、D 或 E,用来选择 GPIO 外设。

GPIO_Pin:待设置的端口位,该参数可以取 GPIO_Pin_x(x 可以是 0~15)的任意组合。

例如,下面的语句将 PA.10 和 PA.15 置 1。

    GPIO_SetBits(GPIOA, GPIO_Pin_10|GPIO_Pin_15);

4.3.7 函数 GPIO_ResetBits

函数原形:void GPIO_ResetBits(GPIO_TypeDef ＊ GPIOx, u16 GPIO_Pin)

功能描述:清除指定的数据端口位。

输入参数:

GPIOx:x 可以是 A、B、C、D 或 E,用来选择 GPIO 外设。

GPIO_Pin:待清除的端口位,该参数可以取 GPIO_Pin_x(x 可以是 0~15)的任意组合。

例如,下面的语句将 PA.10 和 PA.15 清零。

    GPIO_ResetBits(GPIOA, GPIO_Pin_10|GPIO_Pin_15);

4.3.8 函数 GPIO_WriteBit

函数原形:void GPIO_WriteBit(GPIO_TypeDef ＊ GPIOx, u16 GPIO_Pin, BitAction BitVal)

功能描述:设置或清除指定的数据端口位。

输入参数:

GPIOx:x 可以是 A、B、C、D 或 E,用来选择 GPIO 外设。

GPIO_Pin:待设置或清除指定的端口位,该参数可以取 GPIO_Pin_x(x 可以是 0~15)的任意组合。

BitVal:该参数指定了待写入的值,该参数必须取枚举 BitAction 的其中一个值,Bit_RESET 为清除数据端口位,Bit_SET 为设置数据端口位。

例如,下面的语句将 PA.15 清零。

    GPIO_WriteBit(GPIOA, GPIO_Pin_15, Bit_RESET);

4.3.9 函数 GPIO_Write

函数原形:void GPIO_Write(GPIO_TypeDef ＊ GPIOx, u16 PortVal)

功能描述:向指定 GPIO 数据端口写入数据。

输入参数:

GPIOx:x 可以是 A、B、C、D 或 E,用来选择 GPIO 外设。

PortVal:待写入端口数据寄存器的值,16 位字数据。

例如,下面的语句将端口 A 的高 8 位清零、低 8 位置 1。

GPIO_Write(GPIOA, 0x00ff);

4.3.10　函数 GPIO_PinRemapConfig

函数原形:void GPIO_PinRemapConfig(u32 GPIO_Remap, FunctionalState NewState)

功能描述:改变指定管脚的映射。

输入参数:

GPIO_Remap:选择重映射的管脚,取值如表 4-6 所示。

表 4-6　GPIO_Remap 的取值

GPIO_Remap	描述
GPIO_Remap_SPI1	SPI1 复用功能映射
GPIO_Remap_I2C1	I2C1 复用功能映射
GPIO_Remap_USART1	USART1 复用功能映射
GPIO_Remap_USART2	USART2 复用功能映射
GPIO_FullRemap_USART3	USART3 复用功能完全映射
GPIO_PartialRemap_USART3	USART3 复用功能部分映射
GPIO_FullRemap_TIM1	TIM1 复用功能完全映射
GPIO_PartialRemap1_TIM2	TIM2 复用功能部分映射 1
GPIO_PartialRemap2_TIM2	TIM2 复用功能部分映射 2
GPIO_FullRemap_TIM2	TIM2 复用功能完全映射
GPIO_PartialRemap_TIM3	TIM3 复用功能部分映射
GPIO_FullRemap_TIM3	TIM3 复用功能完全映射
GPIO_Remap_TIM4	TIM4 复用功能映射
GPIO_Remap1_CAN	CAN 复用功能映射 1
GPIO_Remap2_CAN	CAN 复用功能映射 2
GPIO_Remap_PD01	PD01 复用功能映射
GPIO_Remap_SWJ_NoJTRST	除 JTRST 外,SWJ 完全使能(JTAG+SW-DP)
GPIO_Remap_SWJ_JTAGDisable	JTAG-DP 失能+SW-DP 使能
GPIO_Remap_SWJ_Disable	SWJ 完全失能(JTAG+SW-DP)

NewState:管脚重映射的新状态,可以取 ENABLE 或 DISABLE。

例如,下面的语句将串口 1 的发送端 Tx 和接收端 Rx 重映射为 PB.6 和 PB.7。

GPIO_PinRemapConfig(GPIO_Remap_USART1, ENABLE);

4.3.11　函数 GPIO_EXTILineConfig

函数原形:void GPIO_EXTILineConfig(u8 GPIO_PortSource, u8 GPIO_PinSource)

功能描述:选择 GPIO 引脚作为外部中断线。

输入参数:

GPIO_PortSource:选择用作外部中断线源的 GPIO 端口。

GPIO_PinSource:待设置的 GPIO 引脚,取 GPIO_PinSourcex(x 是 0~15)。

例如,下面的语句将 PB.8 设置为中断输入端。

GPIO_EXTILineConfig(GPIO_PortSource_GPIOB, GPIO_PinSource8) ;

4.4　GPIO 应用举例

GPIO 作为通用端口使用时,可以外接 LED、数码管、液晶屏、按键开关等输出/输入设备,本节通过几个例子说明 GPIO 的应用。

4.4.1　LED 控制

1. 设计要求

设计 STM32F103 与 LED 的接口电路,编写程序控制 LED 闪烁。

2. 硬件电路设计

如图 4-7 所示,PC6~PC9 外接 4 个发光二极管,LED 阴极接在端口引脚上,阳极通过限流电阻接到 3.3 V 上。当端口引脚输出"0"(0 V)时,LED 点亮;当端口引脚输出 1 (3.3 V)时,LED 熄灭。

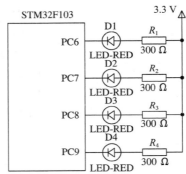

图 4-7　STM32F103 与 LED 的接口电路

3. 软件设计

(1)主程序流程图。

LED 控制主程序流程图如图 4-8 所示。

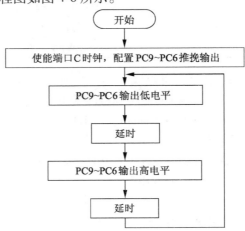

图 4-8　LED 控制主程序流程图

（2）源代码。

```c
#include "stm32f10x.h"
void Delay(u32 nCount);
void RCC_Configuration(void);
void GPIO_Configuration(void);
int main(void)                          //主函数
{
    RCC_Configuration();
    GPIO_Configuration();
    while(1)
    {
        GPIOC->ODR = 0x0000;         //端口 C 输出全 0
        Delay(1000000);
        GPIOC->ODR = 0x03c0;         //PC9~PC6 输出 1
        Delay(1000000);
    }
}
void RCC_Configuration(void)            //配置时钟函数
{
    RCC_APB2PeriphClockCmd(RCC_APB2Periph_GPIOC, ENABLE);
}
void Delay(u32n Count)                  //延时函数
{
    for(; nCount != 0; nCount--);
}
void GPIO_Configuration(void)           //配置 GPIO 函数,PC9~PC6 推挽输出
{
    GPIO_InitTypeDef   GPIO_InitStructure;
    GPIO_InitStructure.GPIO_Pin = GPIO_Pin_6|GPIO_Pin_7|GPIO_Pin_8|GPIO_Pin_9;
    GPIO_InitStructure.GPIO_Speed = GPIO_Speed_2MHz;
    GPIO_InitStructure.GPIO_Mode = GPIO_Mode_Out_PP;
    GPIO_Init(GPIOC, &GPIO_InitStructure);
}
```

4.4.2　数码显示

1. 设计要求

设计 STM32F103 与 4 位数码管、1 个按键的接口电路,编写程序实现将一个小于 1 000 的数显示在数码管上。

2. 硬件电路设计

如图 4-9 所示,四个共阳极数码管的位选端 1、2、3、4 分别接 STM32F103 的 PC6 ~ PC9,数码管的段选 A、B、C、D、E、F、G、DP 分别接 STM32F103 的 PA0 ~ PA7。

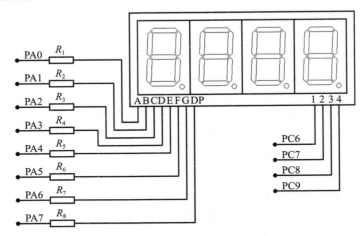

图 4-9 数码管与 STM32F103 的接口电路

3. 软件设计

(1) 主程序流程图。

动态数码显示流程图如图 4-10 所示。

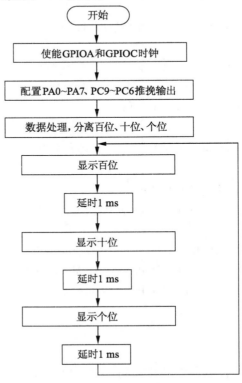

图 4-10 动态数码显示流程图

（2）源代码。

```
#include "stm32f10x.h"
u16 seg[16] = {0xc0,0xf9,0xa4,0xb0,0x99,0x92,0x82,0xf8,0x80,0x90};
u16 num = 789;
u8 a1,a2,a3;
void Delay(u32 nCount);
void RCC_Configuration(void);
void GPIO_Configuration(void);
int main (void)
{
    RCC_Configuration();
    GPIO_Configuration();
    a1 = num/100;
    a2 = num%100/10;
    a3 = num%10;
    while(1)
    {
        GPIOA->ODR = 0xff;
        GPIOC->ODR = 0x0040;       //0000000001000000,PC6 = 1
        GPIOA->ODR = seg[a1];
        Delay(1000);
        GPIOA->ODR = 0xff;
        GPIOC->ODR = 0x0080;       //0000000010000000,PC7 = 1
        GPIOA->ODR = seg[a2];
        Delay(1000);
        GPIOA->ODR = 0xff;
        GPIOC->ODR = 0x0100;       //0000000100000000,PC8 = 1
        GPIOA->ODR = seg[a3];
        Delay(1000);
    }
}
void RCC_Configuration(void)              //配置时钟的函数
{
    RCC_APB2PeriphClockCmd(RCC_APB2Periph_GPIOC, ENABLE);
}
void GPIO_Configuration(void)             //配置 GPIO,PA7~PA0、PC9~PC6 推挽输出
{
    GPIO_InitTypeDef GPIO_InitStructure;
```

```
    GPIO_InitStructure.GPIO_Pin = GPIO_Pin_6 | GPIO_Pin_7 | GPIO_Pin_8 | GPIO_
        Pin_9;
    GPIO_InitStructure.GPIO_Speed = GPIO_Speed_50MHz;
    GPIO_InitStructure.GPIO_Mode = GPIO_Mode_Out_PP;
    GPIO_Init( GPIOC, &GPIO_InitStructure);
    GPIO_InitStructure.GPIO_Pin = GPIO_Pin_0 | GPIO_Pin_1 | GPIO_Pin_2 | GPIO_
        Pin_3 | GPIO_Pin_4 | GPIO_Pin_5 | GPIO_Pin_6 | GPIO_Pin_7;
    GPIO_InitStructure.GPIO_Speed = GPIO_Speed_50MHz;
    GPIO_InitStructure.GPIO_Mode = GPIO_Mode_Out_PP;
    GPIO_Init( GPIOA, &GPIO_InitStructure);
}
void Delay( u32 nCount )                    //延时函数
{
    for( ; nCount ! = 0; nCount-- );
}
```

4.4.3　独立按键识别

1. 设计要求

设计电路,将按键次数 num 显示在数码管上,当 num 大于 9 时,清零。

2. 电路设计

如图 4-11 所示,按键一端接地,另一端接 STM32F103 的 PC13。

图 4-11　按键与 STM32F103 的接口电路

3. 软件设计

(1) 主程序流程图。

按键识别主程序流程图如图 4-12 所示。

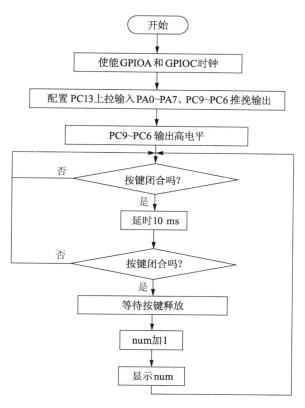

图 4-12　独立按键识别流程图

（2）源代码。

```
#include "stm32f10x.h"
u16 seg[16] = {0xc0,0xf9,0xa4,0xb0,0x99,0x92,0x82,0xf8,0x80,0x90};
u8 t;
u8 num;
void Delay(u32 nCount);
void RCC_Configuration(void);
void GPIO_Configuration(void);
int main(void)
{
    RCC_Configuration();
    GPIO_Configuration();
    GPIOC->ODR = 0x03c0;
    while(1)
    {
        t = GPIO_ReadInputDataBit(GPIOC,GPIO_Pin_13);
        if (t == 0)
```

```
            {
                Delay(20000);
                t = GPIO_ReadInputDataBit(GPIOC, GPIO_Pin_13);
                if (t == 0)
                {
                    num++;
                    if (num == 10) num = 0;
                }
                while(GPIO_ReadInputDataBit(GPIOC, GPIO_Pin_13) == 0);
            }
            GPIOA->ODR = seg[num];
    }
}
void RCC_Configuration(void)              //配置时钟
{
    RCC_APB2PeriphClockCmd(RCC_APB2Periph_GPIOC | RCC_APB2Periph_
        GPIOA, ENABLE);
}
void GPIO_Configuration(void)             //配置 GPIO
{
    GPIO_InitTypeDef GPIO_InitStructure;
    GPIO_InitStructure.GPIO_Pin = GPIO_Pin_6 | GPIO_Pin_7 | GPIO_Pin_8 | GPIO_
        Pin_9;
    GPIO_InitStructure.GPIO_Speed = GPIO_Speed_50MHz;
    GPIO_InitStructure.GPIO_Mode = GPIO_Mode_Out_PP;
    GPIO_Init(GPIOC, &GPIO_InitStructure);
    GPIO_InitStructure.GPIO_Pin = GPIO_Pin_0 | GPIO_Pin_1 | GPIO_Pin_2 | GPIO_
        Pin_3 | GPIO_Pin_4 | GPIO_Pin_5 | GPIO_Pin_6 | GPIO_Pin_7;
    GPIO_InitStructure.GPIO_Mode = GPIO_Mode_Out_PP;
    VGPIO_Init(GPIOA, &GPIO_InitStructure);
    GPIO_InitStructure.GPIO_Pin = GPIO_Pin_13;
    GPIO_InitStructure.GPIO_Mode = GPIO_Mode_IPU;
    GPIO_Init(GPIOC, &GPIO_InitStructure);
}
void Delay(u32 nCount)                    //延时函数
{
    for(; nCount != 0; nCount--);
}
```

本章小·结

　　GPIO 是微控制器与外部设备进行数据传送的接口,STM32F103 系列最多有 112 个 I/O引脚,分成 7 组,每组有 16 个引脚,有 8 种工作方式:浮空输入、上拉输入、下拉输入、模拟输入、普通推挽输出、普通开漏输出、复用推挽输出、复用开漏输出。有 2 个 32 位的配置寄存器用来配置工作方式,根据应用需求,端口引脚可以同时也可以独立地配置在某种方式下。对端口的编程主要包括使能时钟、配置工作方式、读/写端口数据等。GPIO 库函数提供了端口初始化、读/写端口(32 位)、读/写端口位等多种函数,对端口初始化时,要先定义结构体变量,并给结构体成员赋值,然后才能够调用函数 GPIO_Init 完成初始化操作。另外,端口应用前必须打开对应时钟,否则端口不会工作。

习题四

　　4-1　GPIO 的英文全称是什么?

　　4-2　GPIO 引脚通常分为哪几组?

　　4-3　每组 GPIO 寄存器中每位对应的位置编号分别是什么?

　　4-4　GPIO 输入/输出模式有几种?

　　4-5　STM32 复位之后,所有端口被设置成什么方式?

　　4-6　开漏输出与推挽输出有什么区别?

　　4-7　浮空输入和上拉输入有什么区别?

　　4-8　用来设置工作模式的寄存器是哪两个? GPIO 寄存器必须以什么形式访问?

　　4-9　端口数据输出寄存器是＿＿＿＿＿＿＿＿位的,由于端口引脚是＿＿＿＿＿＿＿＿位,所以只有＿＿＿＿＿＿＿＿位有实际意义。

　　4-10　端口数据输入寄存器名是什么?

　　4-11　通过对 GPIOx_BSRR 寄存器的相应位写＿＿＿＿＿＿＿＿,可以实现对端口位的置位/复位。

　　4-12　GPIO 有三种输出速度可选,分别为多少?

　　4-13　GPIO 库函数屏蔽了对＿＿＿＿＿＿＿＿的操作,直接通过结构体成员参数的设置,实现相应初始化、读/写端口等功能。

　　4-14　配置端口工作方式的函数是(　　　　)

　　A. GPIO_ReadInputDataBit　　　　　　　　　　B. GPIO_Write

　　C. GPIO_SetBits　　　　　　　　　　　　　　　D. GPIO_Init

　　4-15　配置端口位的函数有＿＿＿＿＿＿＿＿、＿＿＿＿＿＿＿＿、＿＿＿＿＿＿＿＿。

　　4-16　同时写端口 16 位的函数是＿＿＿＿＿＿＿＿。

　　4-17　已知 dis_code[16] = {0xc0,0xf9,0xa4,0xb0,0x99,0x92,0x82,0xf8,0x80,

0x90}，如果 a1 = 1，那么 dis_code[a1] = _____。

4-18　编写程序配置 PD.7～PD.0 的工作方式是推挽输出、速度为 2 MHz。

4-19　设计 STM32 外接一个按键和两个数码管的电路，并编写程序将按键次数显示在数码管上，且当次数大于 59 时，显示清零。

第5章

中断系统

 本章教学目标

通过本章的学习,能够理解以下内容:

- 中断的概念及作用
- STM32 中断系统组成
- 外部中断 EXTI 的结构和工作原理
- EXTI0~EXTI15 的中断入口地址分配
- 中断优先级的管理方式
- EXTI 和 NVIC 相关寄存器和库函数功能
- 中断应用程序设计方法

中断是指由硬件或者软件的事件引起,使 CPU 暂停当前程序的执行,转去执行中断服务程序,执行完毕后又返回原程序的一种工作机制。中断系统是计算机的重要组成部分,实时控制、故障自动处理、计算机与外围设备间的数据传送往往采用中断系统,中断系统的应用大大提高了计算机的工作效率。中断系统包括中断源、中断控制、中断响应等部分。Cortex-M3 把能够打断当前代码执行流程的事件分为异常(exception)和中断(interrupt),其中,异常是由内核产生的,而中断是由内核以外的设备产生的。

 5.1 概 述

5.1.1 中断源

引起中断的事件称为中断源,中断源向 CPU 提出处理的请求称为中断请求,发生中断时被打断的程序的暂停点称为断点。每个中断源都有对应的中断请求标志,一旦中断源产生中断请求,对应的标志位就会自动置位。如果中断标志位被清零,CPU 就不再响应中断。一般在中断服务程序中要将中断标志位清零,否则,CPU 会不停响应中断,执行中断服务程序。通常中断源有外部设备请求中断、故障强迫中断、实时时钟定时请求中断、程序自愿中断等。

5.1.2 中断控制

中断控制主要解决中断的允许/禁止、中断优先级的设置,以及中断优先级嵌套等问题。中断系统中一般会有中断屏蔽寄存器,其中定义了中断屏蔽位,通过编程可以将屏蔽位置1,则中断被允许(开中断),也可以将屏蔽位清零,则中断被禁止(关中断)。只有在开中断的前提下,CPU才可能响应中断。一旦系统关中断,中断请求就被屏蔽了,CPU就不会再响应中断了。

在实际应用系统中,常常遇到多个中断源同时请求中断的情况,这时CPU必须确定首先为哪一个中断源服务,以及服务的次序。解决的方法是为中断源分配好优先权,根据中断源请求的轻重缓急,排好中断处理的优先次序,即优先级(priority)。CPU将优先响应优先级高的中断。另外,若一个中断源提出中断请求,CPU给予响应并正在执行其中断服务程序时,又有一个中断源提出中断请求,可以根据优先级决定后来的中断源能否中断前一个中断源的中断服务程序(即中断嵌套)。中断处理过程如图5-1所示。

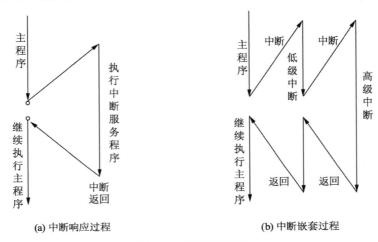

(a) 中断响应过程　　　　　　　　(b) 中断嵌套过程

图 5-1　中断处理过程

5.1.3　中断响应

如果某个中断源产生了中断请求,该中断请求没有被屏蔽,也没有同级或者高级的中断服务程序在执行,那么CPU就会响应中断,响应中断的过程如下:

(1)保护断点。断点是响应中断时原程序被打断之处。

(2)寻找中断入口。每个中断源都有固定的中断入口地址,CPU根据中断源类型找到中断入口地址。

(3)执行对应的中断服务程序。中断服务程序是一个独立的函数,实现所需的处理任务,注意清除中断标志位。

(4)中断返回。执行完中断服务程序后,返回到原程序继续执行。

 **5.2　STM32 的中断源**

CM3内核支持256个中断(16个内核中断+240个外部中断)和可编程256级中断优先级的设置,与其相关的中断控制和中断优先级控制寄存器(NVIC、SYSTICK 等)也都属于CM3内核的部分。STM32采用了CM3内核,但并没有使用CM3内核全部的内容(如内

存保护单元 MPU 等),STM32 的中断控制器是 CM3 内核的 NVIC 的子集。STM32 目前支持的中断共有 84 个(16 个内核中断+68 个外部中断),可编程的中断优先级最多有 16 级。

每个中断源有对应的中断入口地址,中断入口地址统一存放在中断向量表中,中断向量表一般位于存储器的地址 0 开始的单元。STM32F103 的异常优先级和 68 个外部中断的中断向量表如表 5-1 和表 5-2 所示,外部中断的优先级都是可编程设置的。

表 5-1 STM32F103 的异常优先级表

优先级	异常名称	说明	地址
—	—	保留	0x00000000
−3	Reset	复位	0x00000004
−2	NMI	不可屏蔽中断 RCC 时钟安全系统(CSS)连接到 NMI 向量	0x00000008
−1	HardFault	所有类型的硬件失效	0x0000000C
0	MemManage	存储器管理	0x00000010
1	BusFault	预取指失败,存储器访问失败	0x00000014
2	UsageFault	未定义的指令或非法状态	0x00000018
3	SVCall	通过 SWI 指令的系统服务调用	0x0000002C
4	DebugMonitor	调试监控器	0x00000030
5	PendSV	可挂起的系统服务	0x00000038
6	SysTick	系统嘀嗒定时器	0x0000003C

表 5-2 STM32F103 的中断向量表

位置	中断源名称	说明	地址
0	WWDG	窗口定时器中断	0x00000040
1	PVD	连到 EXTI 的电源电压检测(PVD)中断	0x00000044
2	TAMPER	侵入检测中断	0x00000048
3	RTC	实时时钟(RTC)全局中断	0x0000004C
4	FLASH	闪存全局中断	0x00000050
5	RCC	复位和时钟控制(RCC)中断	0x00000054
6	EXTI0	EXTI 线 0 中断	0x00000058
7	EXTI1	EXTI 线 1 中断	0x0000005C
8	EXTI2	EXTI 线 2 中断	0x00000060
9	EXTI3	EXTI 线 3 中断	0x00000064
10	EXTI4	EXTI 线 4 中断	0x00000068

续表

位置	中断源名称	说明	地址
11	DMA1 通道 1	DMA1 通道 1 全局中断	0x0000006C
12	DMA1 通道 2	DMA1 通道 2 全局中断	0x00000070
13	DMA1 通道 3	DMA1 通道 3 全局中断	0x00000074
14	DMA1 通道 4	DMA1 通道 4 全局中断	0x00000078
15	DMA1 通道 5	DMA1 通道 5 全局中断	0x0000007C
16	DMA1 通道 6	DMA1 通道 6 全局中断	0x00000080
17	DMA1 通道 7	DMA1 通道 7 全局中断	0x00000084
18	ADC1_2	ADC1 和 ADC2 全局中断	0x00000088
19	CAN1_TX	CAN1 发送中断	0x0000008C
20	CAN1_RX0	CAN1 接收 0 中断	0x00000090
21	CAN1_RX1	CAN1 接收 1 中断	0x00000094
22	CAN_SCE	CAN1 SCE 中断	0x00000098
23	EXTI9_5	EXTI 线[9:5]中断	0x0000009C
24	TIM1_BRK	TIM1 刹车中断	0x000000A0
25	TIM1_UP	TIM1 更新中断	0x000000A4
26	TIM1_TRG_COM	TIM1 触发和通信中断	0x000000A8
27	TIM1_CC	TIM1 捕获比较中断	0x000000AC
28	TIM2	TIM2 全局中断	0x000000B0
29	TIM3	TIM3 全局中断	0x000000B4
30	TIM4	TIM4 全局中断	0x000000B8
31	I2C1_EV	I2C1 事件中断	0x000000BC
32	I2C1_ER	I2C1 错误中断	0x000000C0
33	I2C2_EV	I2C2 事件中断	0x000000C4
34	I2C2_ER	I2C2 错误中断	0x000000C8
35	SPI1	SPI1 全局中断	0x000000CC
36	SPI2	SPI2 全局中断	0x000000D0
37	USART1	USART1 全局中断	0x000000D4
38	USART2	USART2 全局中断	0x000000D8
39	USART3	USART3 全局中断	0x000000DC
40	EXTI15_10	EXTI 线[15:10]中断	0x000000E0
41	RTCAlarm	连到 EXTI 的 RTC 闹钟中断	0x000000E4

续表

位置	中断源名称	说明	地址
42	OTG_FS_WKUP	连到 EXTI 的全速 USB OTG 唤醒中断	0x000000E8
43	TIM8_BRK	TIM8 刹车中断	0x000000EC
44	TIM8_UP	TIM8 更新中断	0x000000F0
45	TIM8_TRG_COM	TIM8 触发和通信中断	0x000000F4
46	TIM8_CC	TIM8 捕获比较中断	0x000000F8
47	ADC3	ADC3 全局中断	0x000000FC
48	FSMC	FSMC 全局中断	0x00000100
49	SDIO	SDIO 全局中断	0x00000104
50	TIM5	TIM5 全局中断	0x00000108
51	SPI3	SPI3 全局中断	0x0000010C
52	UART4	UART4 全局中断	0x00000110
53	UART5	UART5 全局中断	0x00000114
54	TIM6	TIM6 全局中断	0x00000118
55	TIM7	TIM7 全局中断	0x0000011C
56	DMA2 通道 1	DMA2 通道 1 全局中断	0x00000120
57	DMA2 通道 2	DMA2 通道 2 全局中断	0x00000124
58	DMA2 通道 3	DMA2 通道 3 全局中断	0x00000128
59	DMA2 通道 4	DMA2 通道 4 全局中断	0x0000012C
60	DMA2 通道 5	DMA2 通道 5 全局中断	0x00000130
61	ETH	以太网全局中断	0x00000134
62	ETH_WKUP	连到 EXTI 的以太网唤醒中断	0x00000138
63	CAN2_TX	CAN2 发送中断	0x0000013C
64	CAN2_RX0	CAN2 接收 0 中断	0x00000140
65	CAN2_RX1	CAN2 接收 1 中断	0x00000144
66	CAN2_SCE	CAN2 的 SCE 中断	0x00000148
67	OTG_FS	全速的 USB OTG 全局中断	0x0000014C

 ## 5.3　外部中断 EXTI

对于互联型产品,外部中断/事件控制器(External Interrupt/Event Controller,EXTI)有 20 个产生中断/事件请求的通道;对于其他产品,则有 19 个能产生中断/事件请求的通道。其中通道 EXTI0~EXTI15 连到 GPIO 端口引脚,每个 EXTIj(j=0~15)对应 GPIOx(x=A~G)的引脚 j,EXTI16 连接到 PVD(Programmable Voltage Detector)的输出,EXTI17 连接到 RTC(Real-Time Clock)闹钟事件,EXTI18 连接到 USB 唤醒事件,EXTI19 连接到以太网唤醒事件(只适用于互联型产品)。

5.3.1 内部结构

EXTI 的内部结构如图 5-2 所示。边沿检测电路可以检测输入线的脉冲边沿,通过设置触发寄存器可以设定中断触发方式是上升沿、下降沿,还是双边沿。挂起寄存器保持着中断请求的状态,当检测到有效的中断触发信号时,挂起寄存器的相应位为 1。中断屏蔽寄存器可以独立地屏蔽每个输入线的中断请求,当中断请求没有被屏蔽时,向嵌套向量中断控制器 NVIC 发出中断请求信号。

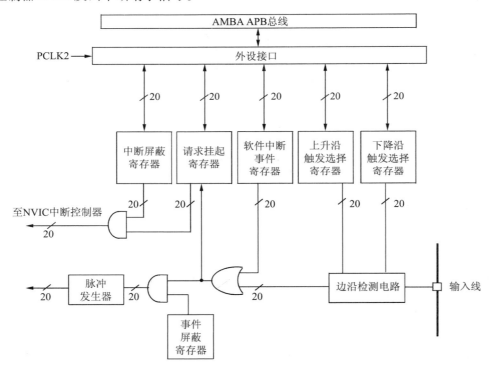

图 5-2　EXTI 的内部结构

不论外部电平变化成为中断还是事件,都是相同的触发源,差别在于一般性事件要变为中断,需要相关中断屏蔽寄存器中使能位的允许,再向 CPU 激活相关中断请求,在 NVIC 配置相应的中断矢量后,CPU 进行后续的中断响应服务。而事件就没有中断后续的流程,只是产生硬件触发信号或标志。

如果要产生中断,必须先配置好并使能中断线。根据需要的边沿检测设置两个触发寄存器,同时在中断屏蔽寄存器的相应位写 1 允许中断请求。当外部中断线上发生了期待的边沿时,将产生一个中断请求,对应的挂起位也随之被置 1。在挂起寄存器的对应位再写 1,将清除该中断请求。

如果需要产生事件,必须先配置好并使能事件线。根据需要的边沿检测设置两个触发寄存器,同时在事件屏蔽寄存器的相应位写"1",允许事件请求。当事件线上发生了需要的边沿时,将产生一个事件请求脉冲,对应的挂起位不被置"1"。

通过在软件中断/事件寄存器中写"1",也可以产生中断/事件请求。

5.3.2 EXTI 中断通道映像

所有的 GPIO 引脚都可以作为中断输入端,112 个通用 I/O 端口引脚连接到 16 个外部中断/事件线上,如图 5-3 所示。配置外部中断线路配置寄存器 AFIO_EXTICRx 中的相应位可指出用于中断的端口引脚。通过 AFIO_EXTICRx 配置 GPIO 线上的外部中断/事件,必须先使能 AFIO 时钟。

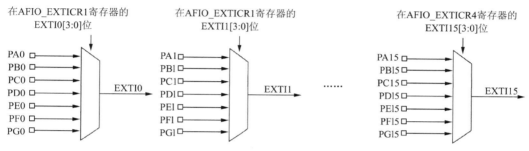

图 5-3   EXTI 中断通道映像

外部中断线配置寄存器格式如图 5-4 所示。

寄存器	[31:16]	15	14	13	12	11	10	9	8	7	6	5	4	3	2	1	0
AFIO_EXTICR1	保留	EXTI3[3:0]				EXTI2[3:0]				EXTI1[3:0]				EXTI0[3:0]			
复位值		0	0	0	0	0	0	0	0	0	0	0	0	0	0	0	0
AFIO_EXTICR2	保留	EXTI7[3:0]				EXTI6[3:0]				EXTI5[3:0]				EXTI4[3:0]			
复位值		0	0	0	0	0	0	0	0	0	0	0	0	0	0	0	0
AFIO_EXTICR3	保留	EXTI11[3:0]				EXTI10[3:0]				EXTI9[3:0]				EXTI8[3:0]			
复位值		0	0	0	0	0	0	0	0	0	0	0	0	0	0	0	0
AFIO_EXTICR4	保留	EXTI15[3:0]				EXTI14[3:0]				EXTI13[3:0]				EXTI12[3:0]			
复位值		0	0	0	0	0	0	0	0	0	0	0	0	0	0	0	0

图 5-4   外部中断线配置寄存器格式

EXTIx[3:0]:EXTIx 配置位。这些位可由软件读写,用于选择 EXTIx 外部中断的输入源。具体中断线配置情况如下:

0000:PA[x]引脚;0001:PB[x]引脚;0010:PC[x]引脚;0011:PD[x]引脚;0100:PE[x]引脚;0101:PF[x]引脚;0110:PG[x]引脚。

调用函数 GPIO_EXTILineConfig 可以选择 GPIO 管脚用作外部中断线路。

GPIO_EXTILineConfig 函数原型:

    void GPIO_EXTILineConfig(u8 GPIO_PortSource,u8 GPIO_PinSource)

其中,GPIO_PortSource 是选择用作外部中断线的 GPIO 端口,GPIO_PinSource 是待设置的外部中断线路。

例如，以下语句选择 PB8 作为中断 EXTI8 的输入端。

GPIO_EXTILineConfig（GPIO_PortSource_GPIOB，GPIO_PinSource8）；

5.3.3　EXTI 寄存器

EXTI 相关寄存器包括：中断屏蔽寄存器（EXTI_IMR）、事件屏蔽寄存器（EXTI_EMR）、上升沿触发选择寄存器（EXTI_RTSR）、下降沿触发选择寄存器（EXTI_FTSR）、软件中断事件寄存器（EXTI_SWIER）、挂起寄存器（EXTI_PR），其格式如图 5-5 所示。

寄存器	31	30	29	28	27	26	25	24	23	22	21	20	19	18	17	16	15	14	13	12	11	10	9	8	7	6	5	4	3	2	1	0
EXTI_IMR	保留												MR[19:0]																			
复位值												0	0	0	0	0	0	0	0	0	0	0	0	0	0	0	0	0	0	0	0	0
EXTI_EMR	保留												MR[19:0]																			
复位值												0	0	0	0	0	0	0	0	0	0	0	0	0	0	0	0	0	0	0	0	0
EXTI_RTSR	保留												TR[19:0]																			
复位值												0	0	0	0	0	0	0	0	0	0	0	0	0	0	0	0	0	0	0	0	0
EXTI_FTSR	保留												TR[19:0]																			
复位值												0	0	0	0	0	0	0	0	0	0	0	0	0	0	0	0	0	0	0	0	0
EXTI_SWIER	保留												SWIER[19:0]																			
复位值												0	0	0	0	0	0	0	0	0	0	0	0	0	0	0	0	0	0	0	0	0
EXTI_PR	保留												PR[19:0]																			
复位值												0	0	0	0	0	0	0	0	0	0	0	0	0	0	0	0	0	0	0	0	0

图 5-5　EXTI 寄存器格式

（1）中断屏蔽寄存器（EXTI_IMR）：MRx 是线 x 上的中断屏蔽位。MRx＝0，屏蔽来自线 x 上的中断请求；MRx＝1，开放来自线 x 上的中断请求。

（2）事件屏蔽寄存器（EXTI_EMR）：MRx 是线 x 上的事件屏蔽位。MRx＝0，屏蔽来自线 x 上的事件请求；MRx＝1，开放来自线 x 上的事件请求。

（3）上升沿触发选择寄存器（EXTI_RTSR）：TRx 是线 x 上的上升沿触发事件配置位。TRx＝0，禁止输入线 x 上的上升沿触发；TRx＝1，允许输入线 x 上的上升沿触发。

（4）下降沿触发选择寄存器（EXTI_FTSR）：TRx 是线 x 上的下降沿触发事件配置位。TRx＝0，禁止输入线 x 上的下降沿触发；TRx＝1，允许输入线 x 上的下降沿触发。

（5）软件中断事件寄存器（EXTI_SWIER）：SWIERx 是线 x 上的软件中断配置位。当该位为 0 时，写 1 将设置 EXTI_PR 中相应的挂起位。如果在 EXTI_IMR 和 EXTI_EMR 中允许产生该中断，则此时将产生一个中断。通过写入 1，可以清除 EXTI_PR 的对应位。

（6）挂起寄存器（EXTI_PR）：PRx 是挂起位，即中断请求标志位。PRx＝0，没有发生触发请求；PRx＝1，发生了选择的触发请求。当在外部中断线上发生了选择的边沿事件时，该位被置 1。在该位中写入 1，可以清除它，也可以通过改变边沿检测的极性清除。

在标准固件库的文件"stm32f10x_map.h"中，EXTI 寄存器结构定义如下：

```
typedef struct
{
```

vu32 IMR；

vu32 EMR；

vu32 RTSR；

vu32 FTSR；

vu32 SWIER；

vu32 PR；

} EXTI_TypeDef；

5.3.4 EXTI 库函数

EXTI 库函数可以实现 EXTI 初始化、产生软件中断、清除中断挂起位等功能。常用 EXTI 库函数如表 5-3 所示。

表 5-3 EXTI 库函数

函数名	描述
EXTI_DeInit	将外设 EXTI 寄存器重设为缺省值
EXTI_Init	根据 EXTI_InitStruct 中指定的参数初始化外设 EXTI 寄存器
EXTI_StructInit	把 EXTI_InitStruct 中的每一个参数按缺省值填入
EXTI_GenerateSWInterrupt	产生一个软件中断
EXTI_GetFlagStatus	检查指定的 EXTI 线路标志位设置与否
EXTI_ClearFlag	清除 EXTI 线路挂起标志位
EXTI_GetITStatus	检查指定的 EXTI 线路触发请求发生与否
EXTI_ClearITPendingBit	清除 EXTI 线路挂起位

1. 函数 EXTI_DeInit

函数原形：void EXTI_DeInit(void)

功能描述：将外设 EXTI 寄存器重设为缺省值。

2. 函数 EXTI_Init

函数原形：void EXTI_Init(EXTI_InitTypeDef * EXTI_InitStruct)

功能描述：根据 EXTI_InitStruct 中指定的参数初始化外设 EXTI 寄存器。

EXTI_InitStruct 指向结构 EXTI_InitTypeDef 的指针，包含了外设 EXTI 的配置信息。EXTI_InitTypeDef 定义于文件"stm32f10x_exti.h"中，具体如下：

```
typedef struct
{
    u32 EXTI_Line；
    EXTIMode_TypeDef EXTI_Mode；
    EXTIrigger_TypeDef EXTI_Trigger；
    FunctionalState EXTI_LineCmd；
} EXTI_InitTypeDef；
```

其中：

（1）EXTI_Line 选择待使能或失能的外部线路,该参数可取的值为 EXTI_Line0 ~ EXTI_Line18。

（2）EXTI_Mode 设置了被使能线路的模式,该参数可取的值为:EXTI_Mode_Event,设置 EXTI 线路为事件请求;EXTI_Mode_Interrupt,设置 EXTI 线路为中断请求。

（3）EXTI_Trigger 设置了被使能线路的触发边沿,该参数可取的值为:EXTI_Trigger_Falling,设置输入线路下降沿为中断请求;EXTI_Trigger_Rising,设置输入线路上升沿为中断请求;EXTI_Trigger_Rising_Falling,设置输入线路上升沿和下降沿为中断请求。

（4）EXTI_LineCmd 用来定义选中线路的状态,可以被设为 ENABLE 或 DISABLE。

例如,允许中断线 EXTI12 和 EXTI14 下降沿产生中断请求的代码如下:

```
EXTI_InitTypeDef EXTI_InitStructure;
EXTI_InitStructure.EXTI_Line = EXTI_Line12 | EXTI_Line14;
EXTI_InitStructure.EXTI_Mode = EXTI_Mode_Interrupt;
EXTI_InitStructure.EXTI_Trigger = EXTI_Trigger_Falling;
EXTI_InitStructure.EXTI_LineCmd = ENABLE;
EXTI_Init( &EXTI_InitStructure );
```

3. 函数 EXTI_GenerateSWInterrupt

函数原形:void EXTI_GenerateSWInterrupt(u32 EXTI_Line)

功能描述:产生一个软件中断。

EXTI_Line 是待使能或失能的 EXTI 线路,可取的值为 EXTI_Line0 ~ EXTI_Line18。

4. 函数 EXTI_GetFlagStatus

函数原形:FlagStatus EXTI_GetFlagStatus(u32 EXTI_Line)

功能描述:读指定的 EXTI 线路标志位。

EXTI_Line 是待检查的 EXTI 线路标志位,可取的值为 EXTI_Line0 ~ EXTI_Line18。调用该函数,返回 EXTI_Line 的新状态(SET 或 RESET)。

例如,读外部中断线 EXTI8 的中断标志位的代码如下:

```
FlagStatus EXTIStatus;
EXTIStatus = EXTI_GetFlagStatus( EXTI_Line8 );
```

5. 函数 EXTI_ClearFlag

函数原形:void EXTI_ClearFlag(u32 EXTI_Line)

功能描述:清除 EXTI 线路挂起标志位。

EXTI_Line 是待清除标志位的 EXTI 线路,可取的值为 EXTI_Line0 ~ EXTI_Line18。

6. 函数 EXTI_GetITStatus

函数原形:ITStatus EXTI_GetITStatus(u32 EXTI_Line)

功能描述:检查指定的 EXTI 线路触发请求发生与否。

EXTI_Line 是待清除标志位的 EXTI 线路,可取的值为 EXTI_Line0 ~ EXTI_Line18。调用该函数,返回 EXTI_Line 的新状态(SET 或 RESET)。

例如,读外部中断线 EXTI6 的中断标志位的代码如下:

ITStatus EXTIStatus；

EXTIStatus＝EXTI_GetITStatus（EXTI_Line6）；

7. 函数 EXTI_ClearITPendingBit

函数原形：void EXTI_ClearITPendingBit（u32 EXTI_Line）

功能描述：清除 EXTI 线路挂起位。

EXTI_Line 是待清除标志位的 EXTI 线路，可取的值为 EXTI_Line0～EXTI_Line18。

例如，清除 EXTI2 线路挂起位的代码如下：

EXTI_ClearITPendingBit（EXTI_Line2）；

5.3.5　外部中断的软件处理过程

以 EXTI0 为例，外部中断的软件处理过程如图 5-6 所示。

（1）EXTI0 中断产生前，内核在 0x00009A58 处执行程序，当前 PC 的值为 0x00009A5C。

（2）当中断到达后，内核暂停当前程序的执行，断点地址被保护到堆栈后，根据中断类型，CM3 取到中断向量地址送给 PC，转到 EXTI0 中断入口地址 0x00000058 处继续执行，在这里只是取到映射地址，该地址指向中断服务程序。

（3）根据映射地址，内核转到 0x00009658 处，开始执行中断服务程序 EXTI0_Handler（）。

（4）执行完 EXTI0_Handler（）后，返回到断点 0x00009A5C 处继续执行原程序。

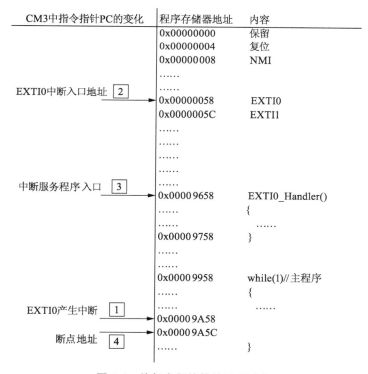

图 5-6　外部中断的软件处理过程

5.4 嵌套向量中断控制器 NVIC

嵌套向量中断控制器 NVIC 是 Cortex-M3 的中断控制与管理单元,它与内核紧密耦合,具有非常灵活的中断优先级管理功能。NVIC 管理的各种中断源如图 5-7 所示,外设产生的不可屏蔽中断 NMI 和可屏蔽中断 IRQs、系统嘀嗒时钟的中断、内核产生的异常都送到 NVIC 管理。NVIC 有多种用途,如改变中断通道的优先级、使能或失能中断通道等。

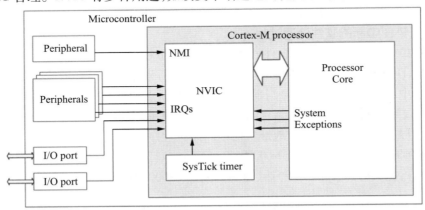

图 5-7 NVIC 管理的各种中断源

5.4.1 中断优先级管理

1. 优先级分组

NVIC 有 5 种优先级管理方式,分别是第 0 组~第 4 组,在一个系统中,可以选用其中一种。通过设置 32 位寄存器 AIRC 的[10:8]位,指定组别。对于某一个中断来说,通过设置寄存器 IPR 的[7:4]位,可以单独地设置其抢占优先级和从优先级。优先级值越小,优先级越高。优先级分组如表 5-4 所示。

表 5-4 优先级分组

组别	分组位 AIRC[10:8]	优先级分配位 IPR[7:4]	分配结果
第 0 组	111	0 位抢占优先级,4 位从优先级	16 个从优先级
第 1 组	110	1 位抢占优先级,3 位从优先级	2 个抢占优先级,8 个从优先级
第 2 组	101	2 位抢占优先级,2 位从优先级	4 个抢占优先级,4 个从优先级
第 3 组	100	3 位抢占优先级,1 位从优先级	8 个抢占优先级,2 个从优先级
第 4 组	011	4 位抢占优先级,0 位从优先级	16 个抢占优先级

2. 中断响应顺序

根据抢占优先级和从优先级的不同,中断响应顺序的规定如下:
- 抢占优先级高的可以打断抢占优先级低的中断服务程序,形成中断嵌套。
- 抢占优先级相同时,看从优先级。如果两个中断同时发生,从优先级高的先响应。

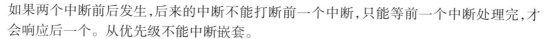

如果两个中断前后发生,后来的中断不能打断前一个中断,只能等前一个中断处理完,才会响应后一个。从优先级不能中断嵌套。

- 抢占优先级和从优先级的级别都一样时,按照中断向量表中的地址来响应,地址低的先响应。

5.4.2　NVIC 寄存器

CM3 的 NVIC 寄存器有中断使能寄存器、中断清除寄存器、中断挂起寄存器、中断清除挂起寄存器、中断激活位寄存器、中断控制优先级寄存器等。每个寄存器都是 32 位的。非互联型的 STM32F10x 系列微控制器共有 60 个可屏蔽中断,只使用了 CM3 中部分 NVIC 寄存器。

ISER[2]:中断使能寄存器组。这里用了两个 32 位的寄存器,可以表示 64 个中断,STM32 只用了前 60 位。若要使能某个中断,则必须设置相应的 ISER 位为 1。

ICER[2]:中断清除寄存器组。结构同 ISER[2],但是作用相反。中断的清除不是通过向 ISER[2]中对应位写 0 实现的,而是在 ICER[2]对应位写 1 实现的。

ISPR[2]:中断挂起寄存器组。每一位对应的中断和 ISER 是一样的。通过置 1 来挂起正在进行的中断,而执行同级或更高级别的中断。

ICPR[2]:中断清除挂起寄存器组。结构和 ISPR[2]相同,作用相反。置 1 将相应的中断挂起位清除。

IABR[2]:中断激活位寄存器组。中断和 ISER[2]对应,若为 1,则表示该位所对应的中断正在执行。这是只读寄存器,由硬件自动清零。

IPR[15]:中断控制优先级寄存器组。IPR 寄存器组由 15 个 32 位寄存器组成。每个可屏蔽的中断占用 8 位,这样可以表示的可屏蔽中断为 15×4＝60 个。而每个可屏蔽中断占用的 8 位并没有全部使用,而是只使用了高 4 位,这 4 位又分为抢占优先级和从优先级选择控制位。

5.4.3　NVIC 库函数

常用的 NVIC 库函数有:

- NVIC_PriorityGroupConfig:设置优先级分组,包括抢占优先级和从优先级。
- NVIC_Init:根据 NVIC_InitStruct 中指定的参数初始化外设 NVIC 寄存器。
- NVIC_DeInit:将 NVIC 寄存器重设为缺省值。

1. 函数 NVIC_PriorityGroupConfig

函数原形:void NVIC_PriorityGroupConfig(u32 NVIC_PriorityGroup)

功能描述:设置优先级分组,包括抢占优先级和从优先级。

NVIC_PriorityGroup 表示优先级分组位长度,允许的取值如表 5-5 所示。

表 5-5　NVIC_PriorityGroup 的取值

NVIC_PriorityGroup	说明
NVIC_PriorityGroup_0	抢占优先级 0 位,从优先级 4 位
NVIC_PriorityGroup_1	抢占优先级 1 位,从优先级 3 位
NVIC_PriorityGroup_2	抢占优先级 2 位,从优先级 2 位

续表

NVIC_PriorityGroup	说明
NVIC_PriorityGroup_3	抢占优先级 3 位，从优先级 1 位
NVIC_PriorityGroup_4	抢占优先级 4 位，从优先级 0 位

例如，下面的语句配置优先级分组为第 2 组。

    NVIC_PriorityGroupConfig(NVIC_PriorityGroup_2)；

2. 函数 NVIC_Init

函数原形：void NVIC_Init(NVIC_InitTypeDef ∗ NVIC_InitStruct)

功能描述：根据 NVIC_InitStruct 中指定的参数初始化外设 NVIC 寄存器。

NVIC_InitStruct 是指向结构 NVIC_InitTypeDef 的指针，包含了外设 GPIO 的配置信息。NVIC_InitTypeDef 定义于固件库文件"stm32f10x_nvic.h"中，具体如下：

    typedef struct

    {

        u8 NVIC_IRQChannel；

        u8 NVIC_IRQChannelPreemptionPriority；

        u8 NVIC_IRQChannelSubPriority；

        FunctionalState NVIC_IRQChannelCmd；

    } NVIC_InitTypeDef；

表 5-6 至表 5-8 列出了 NVIC_InitTypeDef 中各成员参数的取值。

表 5-6　NVIC_IRQChannel 的取值

NVIC_IRQChannel	说明
WWDG_IRQChannel	窗口看门狗中断
PVD_IRQChannel	PVD 通过 EXTI 检测中断
TAMPER_IRQChannel	入侵检测中断
RTC_IRQChannel	RTC 全局中断
FlashItf_IRQChannel	Flash 全局中断
RCC_IRQChannel	RCC 全局中断
EXTI0_IRQChannel	外部中断线 0 中断
EXTI1_IRQChannel	外部中断线 1 中断
EXTI2_IRQChannel	外部中断线 2 中断
EXTI3_IRQChannel	外部中断线 3 中断
EXTI4_IRQChannel	外部中断线 4 中断
DMAChannel1_IRQChannel	DMA 通道 1 中断
DMAChannel2_IRQChannel	DMA 通道 2 中断

续表

NVIC_IRQChannel	说明
DMAChannel3_IRQChannel	DMA 通道 3 中断
DMAChannel4_IRQChannel	DMA 通道 4 中断
DMAChannel5_IRQChannel	DMA 通道 5 中断
DMAChannel6_IRQChannel	DMA 通道 6 中断
DMAChannel7_IRQChannel	DMA 通道 7 中断
ADC_IRQChannel	ADC 全局中断
USB_HP_CANTX_IRQChannel	USB 高优先级或 CAN 发送中断
USB_LP_CAN_RX0_IRQChannel	USB 低优先级或 CAN 接收 0 中断
CAN_RX1_IRQChannel	CAN 接收 1 中断
CAN_SCE_IRQChannel	CAN SCE 中断
EXTI9_5_IRQChannel	外部中断线 9~5 中断
TIM1_BRK_IRQChannel	TIM1 暂停中断
TIM1_UP_IRQChannel	TIM1 刷新中断
TIM1_TRG_COM_IRQChannel	TIM1 触发和通信中断
TIM1_CC_IRQChannel	TIM1 捕获比较中断
TIM2_IRQChannel	TIM2 全局中断
TIM3_IRQChannel	TIM3 全局中断
TIM4_IRQChannel	TIM4 全局中断
I2C1_EV_IRQChannel	I2C1 事件中断
I2C1_ER_IRQChannel	I2C1 错误中断
I2C2_EV_IRQChannel	I2C2 事件中断
I2C2_ER_IRQChannel	I2C2 错误中断
SPI1_IRQChannel	SPI1 全局中断
SPI2_IRQChannel	SPI2 全局中断
USART1_IRQChannel	USART1 全局中断
USART2_IRQChannel	USART2 全局中断
USART3_IRQChannel	USART3 全局中断
EXTI15_10_IRQChannel	外部中断线 15~10 中断
RTCAlarm_IRQChannel	RTC 闹钟通过 EXTI 线中断
USBWakeUp_IRQChannel	USB 通过 EXTI 线从悬挂唤醒中断

表 5-7　NVIC_IRQChannel 抢占优先级和从优先级的取值

NVIC_PriorityGroup	NVIC_IRQChannel 的抢占优先级	NVIC_IRQChannel 的从优先级
NVIC_PriorityGroup_0	0	0~15
NVIC_PriorityGroup_1	0~1	0~7
NVIC_PriorityGroup_2	0~3	0~3
NVIC_PriorityGroup_3	0~7	0~1
NVIC_PriorityGroup_4	0~15	0

表 5-8　NVIC_IRQChannelCmd 的取值

NVIC_IRQChannelCmd	说明
ENABLE	NVIC_IRQChannel 中定义的 IRQ 通道被使能
DISABLE	NVIC_IRQChannel 中定义的 IRQ 通道被失能

例如,下面的程序段实现优先级分组为第 1 组,配置了定时器 TIM3 的抢占优先级为 0、从优先级为 2,外部中断 EXTI4 的抢占优先级为 1、从优先级为 7。

```
NVIC_InitTypeDef NVIC_InitStructure;
NVIC_PriorityGroupConfig(NVIC_PriorityGroup_1);
NVIC_InitStructure.NVIC_IRQChannel=TIM3_IRQn;
NVIC_InitStructure.NVIC_IRQChannelPreemptionPriority=0;
NVIC_InitStructure.NVIC_IRQChannelSubPriority=2;
NVIC_InitStructure.NVIC_IRQChannelCmd=ENABLE;
NVIC_InitStructure(&NVIC_InitStructure);
NVIC_InitStructure.NVIC_IRQChannel=EXTI4_IRQn;
NVIC_InitStructure.NVIC_IRQChannelPreemptionPriority=1;
NVIC_InitStructure.NVIC_IRQChannelSubPriority=7;
NVIC_InitStructure(&NVIC_InitStructure);
```

3. 函数 NVIC_DeInit

函数原形:void NVIC_DeInit(void)

功能描述:将外设 NVIC 寄存器重设为缺省值。

例如,以下函数调用将 NVIC 寄存器设为缺省值。

```
NVIC_DeInit();
```

 5.5　中断应用举例

1. 设计要求

设计 STM32F103 与 LED、独立按键的接口电路,编写程序实现利用按键中断控制 LED 显示状态。

2. 硬件电路设计

如图 5-8 所示,PC6、PC7 外接两个共阳极数码管的位选,PA7~PA0 接数码管的段选,PC13 接按键。

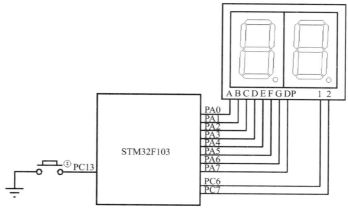

图 5-8　按键、数码管与 STM32 的接口电路

3. 软件设计

主程序实现按键控制切换 LED 顺时针点亮和逆时针点亮,中断服务程序实现记录按键中断的次数。每个外部中断 EXTIx 都有对应的中断标志位,但不是每个中断都有一个中断服务函数,EXTI0~EXTI4 这 5 个外部中断有着各自单独的中断服务函数 EXTIx_IRQHandler(),而 EXTI5~EXTI9 共用一个中断服务函数 EXTI9_5_IRQHandler(void),EXTI10~EXTI15 共用一个中断服务函数 EXTI15_10_IRQHandler()。本设计中按键接到 PC13 时产生中断请求,中断服务函数名应为 EXTI15_10_IRQHandler()。

(1)程序流程图。

主程序流程图如图 5-9 所示,中断服务程序流程图如图 5-10 所示。

(2)源代码。

```
#include "stm32f10x.h"
void Delay(vu32 nTime);
void RCC_Configuration(void);
void GPIO_Configuration(void);
void NVIC_Configuration(void);
void EXTI_Configuration(void);
u8 dat;
u8 i;
u8 num=0;
int main(void)
{
    RCC_Configuration();
    GPIO_Configuration();
```

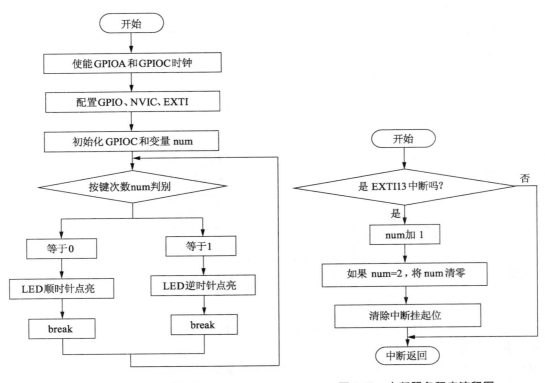

图 5-9　主程序流程图　　　　　　　图 5-10　中断服务程序流程图

EXTI_Configuration( );
NVIC_Configuration( );
GPIO_Write(GPIOC, 0xffff);
while(1)
｛
　　switch(num)
　　｛
　　　　case 0:
　　　　　　dat = ~ (1<<i) ;　　　　//1 左移 i 位,再取反
　　　　　　GPIO_Write(GPIOA, dat) ;
　　　　　　i++;
　　　　　　if(i>=6) i=0;
　　　　　　Delay(2000000) ;
　　　　　　break;
　　　　case 1:
　　　　　　dat = ~ (0x20>>i) ;　　//1 右移 i 位,再取反
　　　　　　GPIO_Write(GPIOA, dat) ;
　　　　　　i++;

```
                    if( i>=6) i=0;
                    Delay( 2000000);
                    break;

            }

        }

}
void RCC_Configuration( void)                    //配置时钟的函数
{

    SystemInit( );
    RCC_APB2PeriphClockCmd( RCC_APB2Periph_GPIOC | RCC_APB2Periph_
        GPIOA, ENABLE);
    //使能 AFIO 的时钟
    RCC_APB2PeriphClockCmd( RCC_APB2Periph_AFIO, ENABLE);

}
void GPIO_Configuration( void)
{

    GPIO_InitTypeDef GPIO_InitStructure;                    //定义结构体
    GPIO_InitStructure.GPIO_Pin = GPIO_Pin_6 | GPIO_Pin_7;
    GPIO_InitStructure.GPIO_Speed = GPIO_Speed_50MHz;
    GPIO_InitStructure.GPIO_Mode = GPIO_Mode_Out_PP;
    GPIO_Init( GPIOC, &GPIO_InitStructure);
    GPIO_InitStructure.GPIO_Pin = GPIO_Pin_0 | GPIO_Pin_1 | GPIO_Pin_2 | GPIO_
        Pin_3 | GPIO_Pin_4 | GPIO_Pin_5 | GPIO_Pin_6 | GPIO_Pin_7;
    GPIO_InitStructure.GPIO_Speed = GPIO_Speed_50MHz;
    GPIO_InitStructure.GPIO_Mode = GPIO_Mode_Out_PP;
    GPIO_Init( GPIOA, &GPIO_InitStructure);
    GPIO_InitStructure.GPIO_Pin = GPIO_Pin_13;
    GPIO_InitStructure.GPIO_Mode = GPIO_Mode_IPU;
    GPIO_Init( GPIOC, &GPIO_InitStructure);

}
void Delay( u32 nCount)                    //延时函数
{

    for( ; nCount !=0; nCount--);

}
void EXTI_Configuration( void)
{

    EXTI_InitTypeDef EXTI_InitStructure;                    //定义结构体变量
    EXTI_InitStructure.EXTI_Line = EXTI_Line13;             //外部中断线 Line13
```

```
                    //选择中断模式
                    EXTI_InitStructure.EXTI_Mode = EXTI_Mode_Interrupt;
                    //下降沿触发
                    EXTI_InitStructure.EXTI_Trigger = EXTI_Trigger_Falling;
                    EXTI_InitStructure.EXTI_LineCmd = ENABLE;          //使能中断
                    EXTI_Init( &EXTI_InitStructure);                    //初始化外部中断
                    //配置中断线
                    GPIO_EXTILineConfig( GPIO_PortSourceGPIOC, GPIO_PinSource13);
        }
        void NVIC_Configuration( void)                                  //嵌套向量中断初始化
        {
                    NVIC_InitTypeDef NVIC_InitStructure;
                    NVIC_PriorityGroupConfig( NVIC_PriorityGroup_1);
                    //EXTI15_10 中断源
                    NVIC_InitStructure.NVIC_IRQChannel = EXTI15_10_IRQn;
                    //抢占优先级设为 0
                    NVIC_InitStructure.NVIC_IRQChannelPreemptionPriority = 0;
                    NVIC_InitStructure.NVIC_IRQChannelSubPriority = 0; //从优先级设为 0
                    NVIC_InitStructure.NVIC_IRQChannelCmd = ENABLE;
                    NVIC_Init( &NVIC_InitStructure);
        }
        void EXTI15_10_IRQHandler( void)
        {
                    if ( EXTI_GetITStatus( EXTI_Line13)! = RESET)
                    {
                        Delay( 20000);
                        num++;
                        if ( num == 2) num = 0;
                        EXTI_ClearFlag( EXTI_Line13);
                    }
        }
```

本章主要介绍了中断的概念与作用、中断系统的结构与工作原理。STM32 的中断系统包含 84 个中断源:16 个内核产生的异常和 68 个外设产生的中断,所有的端口引脚都可以作为中断请求输入,映射在 16 个中断通道 EXTI0～EXTI15 上,使用时需要指出中断来

自的引脚。上电后所有的外部中断都是被屏蔽的,需要开中断,并设置外部中断的触发方式,内核才有可能响应中断。STM32 的中断优先级管理方式也可以编程设置,通过函数 NVIC_PriorityGroupConfig( ) 可以选择优先级分组,用函数 NVIC_Init( ) 可以设置中断的抢占优先级和从优先级。CM3 响应中断后,会执行中断服务程序,每个中断的中断服务函数名都是唯一固定的,16 个外部中断通道占用 7 个中断入口地址,被分配了 7 个函数名,EXTI9~EXTI5、EXTI15~EXTI10 分别共用一个中断服务函数,这种情况下,需要在中断服务函数的开始查询中断挂起位,先确定中断的来源,再进行中断处理。

 习题五

5-1　什么是中断?

5-2　中断有什么作用?

5-3　什么是中断嵌套?

5-4　中断系统包括哪几部分?

5-5　STM32 有多少个中断源?

5-6　STM32 的异常和中断有什么区别?

5-7　外部中断 EXTI 有几个?

5-8　GPIO 引脚都可以作为中断输入端,映射到内部哪些中断通道?

5-9　EXTI0 对应的 GPIO 引脚分别是什么?

5-10　EXTI 中断请求的触发方式有哪些?

5-11　STM32 中断优先级分为哪两类?

5-12　说明中断优先级的嵌套原则。

5-13　说明 STM32 各组优先级控制方式的特点。

5-14　当抢占优先级和从优先级都相同时,STM32 如何决定响应顺序?

5-15　设置 PA0 和 PA1 上拉输入。

```
void GPIO_Configuration( )
{
    GPIO_InitTypeDef GPIO_InitStructure;
    GPIO_InitStructure.GPIO_Pin = _____;
    GPIO_InitStructure.GPIO_Mode = _____;
    GPIO_Init( GPIOA, &GPIO_InitStructure);
}
```

5-16　若 PA0 作为中断请求输入端,下降沿触发,填写下面程序中的空格。

```
void EXTI_Configuration( )
{
    EXTI_InitTypeDef EXTI_InitStructure;
    GPIO_EXTILineConfig( _____, _____);
```

```
        EXTI_InitStructure.EXTI_Line = _____ ;
        EXTI_InitStructure.EXTI_Mode = _____ ;
        EXTI_InitStructure.EXTI_Trigger = _____ ;
        EXTI_InitStructure.EXTI_LineCmd = _____ ;
        EXTI_Init( &EXTI_InitStructure ) ;
    }
```

5-17　若配置外部中断 EXIT0 抢占优先级为 2 级、从优先级为 3 级,填写下面程序中的空格。

```
    void NVIC_Configuration( )
    {
        NVIC_InitTypeDef NVIC_InitStructure ;
        NVIC_PriorityGroupConfig( _____ ) ;
        NVIC_InitStructure.NVIC_IRQChannel = _____ ;
        NVIC_InitStructure.NVIC_IRQChannelPreemptionPriority = _____ ;
        NVIC_InitStructure.NVIC_IRQChannelSubPriority = _____ ;
        NVIC_InitStructure.NVIC_IRQChannelCmd = _____ ;
        NVIC_Init( &NVIC_InitStructure ) ;
    }
```

第6章

定时器/计数器

 本章教学目标

通过本章的学习,能够理解以下内容:

- 定时器/计数器的工作原理
- STM32 定时器的结构与工作方式
- 通用定时器的捕获/比较模式的特点
- 通用定时器常用寄存器功能
- 通用定时器常用库函数的格式与功能
- 通用定时器的编程技术
- SysTick 时钟的工作原理
- SysTick 时钟的编程技术
- RTC 时钟的结构与功能
- RTC 时钟的编程技术

单片机常用的定时方式有两种:软件定时和硬件定时。软件定时一般是通过循环执行一段指令来达到定时的目的,不另外占用硬件资源,编程简单,但会占用 CPU 的时间,CPU 利用率低,长时间的软件定时会让系统的实时性非常差。软件定时适用于微秒级的短时间延时、系统实时性要求不高和硬件资源紧张的场合。硬件定时利用定时器来计算时间,定时准确,不占用 CPU,系统响应速度快。

STM32 的定时器/计数器可分为定时器模式和计数器模式,这两种模式没有本质区别,均使用二进制的加 1 或减 1 计数,当计数器的值计满回零(溢出)、递减到零或达到某个设定值时能自动产生中断请求,以此实现定时或计数功能。定时器和计数器的不同之处在于,定时器使用单片机的内部时钟来计数,而计数器使用的是外部信号。

定时器在一个嵌入式操作系统中起着至关重要的作用,操作系统需要知道时间,比如系统每隔一段时间来读取某个端口的状态。操作系统至少利用一个定时器产生的中断,进行任务调度等操作。

 **6.1 定时器概述**

STM32F103 系列单片机共有 12 个定时器,包括:

- 2 个高级控制定时器(Advanced Control Timer):TIM1 和 TIM8。
- 4 个通用定时器(General Purpose Timer):TIM2~TIM5。
- 2 个基本定时器(Basic Timer):TIM6 和 TIM7。
- 2 个看门狗定时器(Watchdog Timer):独立看门狗 IWDG 和窗口看门狗 WWDG。
- 1 个实时时钟(Real Time Clock):RTC。
- 1 个系统嘀嗒定时器:SysTick 时钟。

STM32 定时器 TIMx 比较见表 6-1。

表 6-1　STM32 定时器 TIMx 比较

定时器	位数	计数器模式	预分频系数	产生 DMA 请求	捕获/比较通道	互补输出
高级定时器 TIM1、TIM8	16 位	向上、向下、向上/向下	1~65 535 之间的任意数	可以	4	有
通用定时器 TIM2、TIM3、TIM4、TIM5	16 位	向上、向下、向上/向下	1~65 535 之间的任意数	可以	4	无
基本定时器 TIM6、TIM7	16 位	向上、向下、向上/向下	1~65 535 之间的任意数	可以	0	无

2 个高级控制定时器(TIM1 和 TIM8)由一个可编程预分频器驱动的 16 位自动装载计数器组成,与通用定时器有许多共同之处,但功能更多更强大,适合多种用途,包含测量输入信号的脉冲宽度(输入捕获),或产生输出波形(输出比较、PWM 输出、具有带死区插入的互补 PWM 输出、单脉冲输出等)。使用定时器预分频器和 RCC 时钟控制预分频器,可实现脉冲宽度和波形周期从几个微秒到几个毫秒的调节。高级控制定时器和通用定时器相互独立,可以同步操作。

2 个基本定时器(TIM6 和 TIM7)各包含一个 16 位自动装载计数器,由各自的可编程预分频器驱动,主要用于产生 DAC 触发信号,也可为通用定时器提供时间基准。这 2 个定时器是互相独立的,不共享任何资源。

实时时钟(RTC)是一种能够提供日历/时钟、数据存储等功能的专用集成电路,常用作各种计算机和嵌入式系统的时钟信号源和参数设置存储电路。RTC 具有计时准确、耗电低、体积小等特点,在各种嵌入式系统中用于记录事件发生的时间和相关信息,如通信工程、电力自动化、工业控制等自动化程度高的无人值守环境。在很多单片机系统中要求带有实时时钟电路,如最常见的数字钟、钟控设备、数据记录仪表,这些仪表往往需要采集带时标的数据,同时也会有一些需要保存的重要数据,便于用户后期对这些数据进行观察与分析。

看门狗(Watchdog)的作用是在微控制器受到干扰进入错误状态之后,使系统在一定时间间隔内复位。因此,看门狗是保证系统长期、可靠和稳定运行的有效措施。目前大部分嵌入式芯片内部都集成了看门狗定时器来提高系统运行的可靠性。

STM32 内置 2 个看门狗,这 2 个看门狗(独立看门狗和窗口看门狗)可用来检测和解决由软件错误引起的故障;当计数器达到给定的超时值时,触发一个中断(仅适用于窗口型看门狗)或产生系统复位。

独立看门狗(IWDG)采用专用的 40 kHz 的低速时钟驱动,即使主时钟发生故障,它也仍然有效。窗口看门狗(WWDG)的时钟则从 APB1 时钟分频后获得,通过可配置的时间窗口来检测应用程序非正常的过迟或过早操作。IWDG 适用于需要看门狗作为一个在主程序之外,能够完全独立工作,并对时间精度要求较低的场合;而 WWDG 适用于要求看门狗在精确计时窗口起作用的应用程序。

SysTick 时钟位于 CM3 内核中,属于内核外设,内嵌在 NVIC 中。SysTick 是一个 24 位的递减计数器,根据 SysTick 时钟源计数。当计数器计数到 0 时,SysTick 产生一次中断,且 SysTick 的重装载寄存器给计数器重新赋值,以此循环往复。

SysTick 常用于操作系统的应用。许多操作系统需要一个硬件定时器来产生操作系统需要的嘀嗒中断,作为整个系统的时基。例如,为多个任务分配不同数目的时间片,确保没有一个任务能霸占系统;或把每个定时器周期的某个时间范围给予特定任务等。操作系统提供的各种定时功能,都与这个嘀嗒定时器有关。因此需要一个定时器产生周期性的中断,而且用户程序最好不能随意访问它的寄存器,以维持操作系统的"心跳"节律。SysTick 定时器除用于操作系统之外,还可作为定时器用于精确延时,或作为一个时钟用于测量时间,等等。

6.2 通用定时器的功能

4 个可同步运行的通用定时器(TIM2、TIM3、TIM4、TIM5)中,每个定时器都有 1 个 16 位自动装载递增/递减计数器、1 个 16 位可编程预分频器和 4 个独立通道。它适用于多种场合,包括测量输入信号的脉冲长度(输入捕获)或产生需要的输出波形(输出比较、PWM 输出、单脉冲输出等)。通用定时器是完全独立的,没有互相共享任何资源,它们可以一起同步工作。通用定时器 TIMx(TIM2、TIM3、TIM4、TIM5)的主要功能包括:

(1) 16 位向上、向下、向上/向下计数自动装载计数器。

(2) 16 位可编程(可实时修改)预分频器,分频系数可为 1~65 535 之间的任意数值。

(3) 4 个独立通道:输入捕获、输出比较、PWM 波生成、单脉冲模式输出。

(4) 使用外部信号和多个定时器内部互连,构成同步电路控制定时器。

(5) 发生以下事件时可产生中断或 DMA 更新:计数器向上溢出/向下溢出;计数器初始化(通过软件或内部/外部触发);触发事件(计数器启动、停止、初始化或由内部/外部触发计数);输入捕获;输出比较。

(6) 支持针对定位的增量(正交)编码器和霍尔传感器电路。

(7) 触发输入作为外部时钟或按周期的电流管理。

6.3 通用定时器的结构与工作方式

STM32 通用定时器的核心是可编程预分频器驱动的 16 位自动装载计数器。4 个通用定时器 TIM2~TIM5 的硬件结构如图 6-1 所示,硬件结构可分为 3 个部分:时钟源、时基单元及捕获/比较通道。

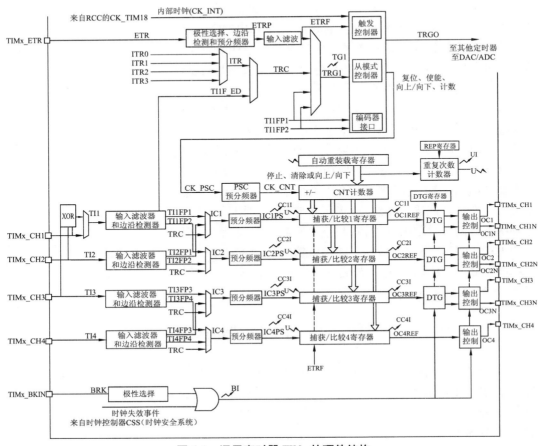

图 6-1 通用定时器 TIMx 的硬件结构

6.3.1 时钟源

通用定时器的计数器可选择不同时钟来源,以驱动计数器计数。计数器的时钟来源有以下 4 种:

● 内部时钟(CK_INT)。

● 外部时钟模式 1:外部输入脚(TIx),包括外部比较捕获引脚 TI1F_ED、TI1FP1 和 TI2FP2,计数器在选定引脚的上升沿或下降沿开始计数。

● 外部时钟模式 2:外部触发输入(ETR),计数器在 ETR 引脚的上升沿或下降沿开始计数。

● 内部触发输入(ITRx):使用一个定时器作为另一个定时器的预分频器,如可以配置一个定时器 Timer1 作为另一个定时器 Timer2 的预分频器。

除内部时钟外,其他 3 种时钟源都通过 TRGI 触发输入。

1. 内部时钟源(CK_INT)

内部时钟源(CK_INT)来自 RCC 的 TIMx_CLK,即定时器本身的驱动时钟。当禁止从模式控制器(TIMx_SMCR 寄存器的 SMS=000)时,预分频的时钟源 CK_PSC 由内部时钟源(CK_INT)驱动。定时器的实际控制位为 CEN 位、DIR 位和 UG 位,并且只能被软件修改(UG 位仍被自动清除)。只要 CEN 位被置 1,预分频器的时钟 CK_PSC 就由内部时钟 CK_INT 提供。

如图 6-2 所示,当选择内部时钟源作为时钟时,定时器的时钟不是直接来自 APB1 或 APB2,而是来自输入为 APB1 或 APB2 的一个倍频器(图 6-2 中的阴影框)。当 APB1 的预分频系数为 1 时,这个倍频器不起作用,定时器的时钟频率等于 APB1 的频率;当 APB1 的预分频系数不为 1 时,这个倍频器起作用,定时器的时钟频率等于 APB1 时钟频率的 2 倍。

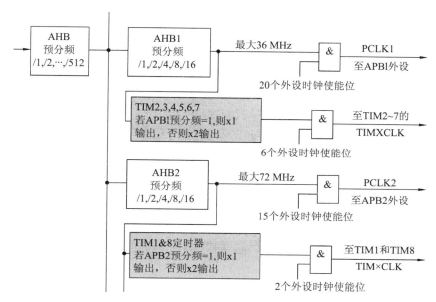

图 6-2　部分时钟系统

2. 外部时钟模式 1

外部时钟模式 1 如图 6-3 所示。当 TIMx_SMCR 寄存器的 SMS=111 时,此模式被选中。计数器可以在选定输入端(TI1F_ED、TI1FP1 和 TI2FP2 等)的每个上升沿或下降沿计数。例如,要配置向上计数器在 T12 输入端的上升沿计数,使用下列步骤:

(1) 配置 TIMx_CCMR1 寄存器的 CC2S=01,配置通道 2 检测 TI2 输入的上升沿。

(2) 配置 TIMx_CCMR1 寄存器的 IC2F[3:0],选择输入滤波器带宽(若不需要滤波器,保持 IC2F=0000)。

(3) 配置 TIMx_CCER 寄存器的 CC2P=0,选定上升沿极性。

(4) 配置 TIMx_SMCR 寄存器的 SMS=111,选择定时器外部时钟模式 1。

(5) 配置 TIMx_SMCR 寄存器的 TS=110,选定 TI2 作为触发输入源。

(6) 设置 TIMx_CR1 寄存器的 CEN=1,启动计数器。

当上升沿出现在 TI2 时,计数器计数一次,且 TIF 标志被设置。在 TI2 的上升沿和计数器实际时钟之间的延时取决于在 TI2 输入端的重新同步电路。

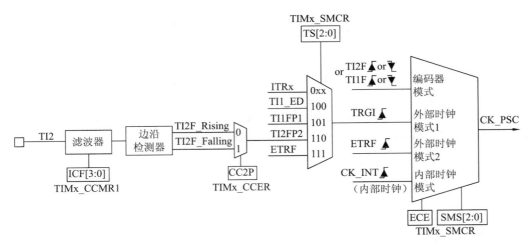

图 6-3　外部时钟模式 1

3. 外部时钟模式 2

通用定时器除具有 4 个通道的输入/输出脚之外,还有一个 ETR 引脚,这个 ETR 引脚是外部时钟模式 2 的输入脚位。外部时钟模式 2 如图 6-4 所示。当 TIMx_SMCR 寄存器中的 ECE＝1 时,此模式被选中。计数器可在外部触发 ETR 的每一个上升沿或下降沿计数。计数器在每 2 个 ETR 上升沿计数 1 次。在 ETR 的上升沿和计数器实际时钟之间的延时取决于在 ETRP 信号端的重新同步电路。例如,要配置在 ETR 下每 2 个上升沿计数 1 次的向上计数器,使用下列步骤:

（1）本例中不需要滤波器,配置 TIMx_SMCR 寄存器的 ETF[3：0]＝0000。

（2）设置预分频器,配置 TIMx_SMCR 寄存器的 ETPS[1：0]＝01。

（3）设置在 ETR 的上升沿检测,配置 TIMx_SMCR 寄存器的 ETP＝0。

（4）开启外部时钟模式 2,配置 TIMx_SMCR 寄存器的 ECE＝1。

（5）启动计数器,配置 TIMx_CR1 寄存器的 CEN＝1。

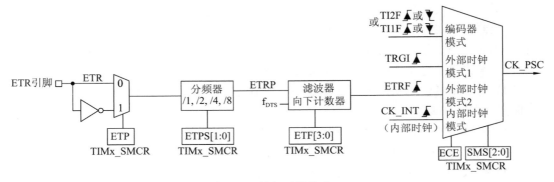

图 6-4　外部时钟模式 2

4. 内部触发输入（ITRx）

来自片内其他定时器的触发输入,使用一个定时器作为另一个定时器的预分频器,如可以配置一个定时器 TIM1 作为另一个定时器 TIM2 的预分频器。

6.3.2　时基单元

STM32 通用定时器的时基单元包含 16 位计数器(TIMx_CNT)、预分频器(TIMx_PSC)和自动装载寄存器(TIMx_ARR)等。定时器的时基单元如图 6-5 所示。这个计数器可以向上计数、向下计数或向上/向下双向计数。计数器、自动装载寄存器和预分频器寄存器可由软件读写,在计数器运行时仍可读写。

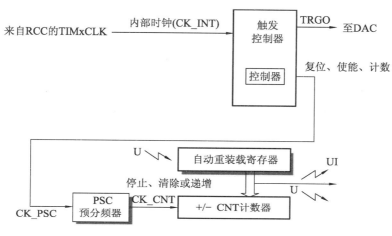

图 6-5　定时器的时基单元

写或读自动装载寄存器(TIMx_ARR)将访问预装载寄存器,TIMx_ARR 的内容是预先装载的,其内容被永久地保存在影子寄存器中,或每次更新事件(UEV)发生时传送到影子寄存器,当计数器达到溢出条件且 TIMX_CR1 寄存器中的 UDIS 位为 0 时,产生更新事件。更新事件也可由软件产生。

计数器(TIMx_CNT)由预分频器输出的 CK_CNT 时钟驱动,预分频器(TIMx_PSC)用于设定计数器的时钟频率,其时钟来源是 CK_PSC,预分频器可将 CK_PSC 的时钟频率按 1~65 535 之间的任意值分频,之后将时钟 CK_CNT 输出到 TIMx_CNT,以驱动计数器计数。

在图 6-5 中可以看到自动装载寄存器框有一个阴影部分,表示该寄存器在物理上对应 2 个寄存器:一个是程序员可写入或读出的寄存器,称为预装载寄存器(Preload Register);另一个是程序员看不见的,但在操作中真正起作用的寄存器,称为影子寄存器(Shadow Register)。

TIMx_CR1 寄存器中 ARPE 位的设置:当 ARPE=0 时,预装载寄存器的内容可以随时传送到影子寄存器,即两者是连通的;当 ARPE=1 时,在每一次发生更新事件(UEV,当计数器溢出时产生一次 UEV 事件)时,才把预装载寄存器的内容传送到影子寄存器。

设计预装载寄存器和影子寄存器的好处是,所有真正需要起作用的影子寄存器可以在同一个时间(发生更新事件时)被更新为所对应的预装载寄存器的内容,这样可保证多个通道的操作能够准确同步进行。若没有影子寄存器,软件更新预装载寄存器时,则同时更新了真正操作的寄存器。因为软件不可能在同一时刻同时更新多个寄存器,结果造成多个通道的时序不能同步,如果再加上中断等其他因素,多个通道的时序关系有可能会混乱,造成不可预知的结果。设置影子寄存器后,可保证当前正在进行的操作不受干扰,同时用户可十分精确地控制电路的时序。

6.3.3 计数模式

通用定时器的计数器有 3 种工作模式,分别是向上计数模式、向下计数模式和中央对齐模式(向上/向下计数)。

1. 向上计数模式

在向上计数模式中,计数器从 0 开始计数到自动加载值(TIMx_ARR 计数器的内容),然后重新从 0 开始计数,并产生一个计数器溢出事件。每次计数器溢出时可产生更新事件。当发生更新事件时,所有寄存器都被更新,硬件同时设置更新标志位(TIMx_SR 寄存器中的 UIF 位)。

当 TIMx_ARR = 0x36 时,计数器向上计数模式如图 6-6 所示。从该计数时序图可看到,计数器的值从 0 开始递增计数,当计数器的值等于 TIMx_ARR 寄存器的值时,即当计数器计数到 0x36 时,计数器溢出并清零,重新开始计数。每当计数器溢出时就产生一个更新信号,同时产生更新事件(UEV),TIMx_SR 寄存器中的溢出标志位被置位,更新中断标志位 UIF 也被置位。如果使能溢出中断,就进入中断。

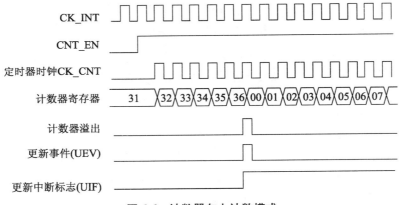

图 6-6　计数器向上计数模式

2. 向下计数模式

在向下计数模式中,计数器从 TIMx_ARR 寄存器获取初值,开始向下递减计数。当计数器的值递减到 0 时,又会从 TIMx_ARR 获取初值,重新开始计数,并产生一个计数器向下溢出事件。每次计数器溢出时可产生更新事件。当发生更新事件时,所有寄存器都被更新,硬件同时设置更新标志位(TIMx_SR 中的 UIF 位)。

当 TIMx_ARR = 0x36 时,计数器向下计数模式如图 6-7 所示。从该计数时序图可以看到,当计数器从计数初值 0x36 向下递减计数到 0 时,计数器溢出并产生一个更新信号,TIMx_ARR 的值 0x36 重新赋给计数器,同时产生更新事件(UEV),并且 TIMx_SR 寄存器的更新中断标志位 UIF 被置位。

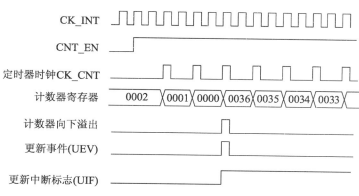

图 6-7　计数器向下计数模式

3. 中央对齐模式（向上/向下计数）

中央对齐模式也称为向上/向下计数模式。在该模式下，计数器从 0 开始计数到 TIMx_ARR 寄存器的值−1 所对应的数值后，产生一个计数器溢出事件，然后向下计数到 1，并产生一个计数器下溢事件，再从 0 开始重新计数。

在中央对齐模式下，不能写入 TIMx_CR1 中的 DIR 方向位，DIR 位由硬件更新并指示当前计数方向。更新事件可产生在每次计数溢出和每次计数下溢时，此时计数器重新从 0 开始计数，预分频器也重新从 0 开始计数。当发生更新事件时，所有寄存器都被更新，更新标志位（TIMx_SR 中 UIF 位）也被置位。

当 TIMx_ARR=0x06 时，中央对齐模式如图 6-8 所示。从该计数时序图可看到，当计数器从 0 开始向上计数到 0x05 时，计数器向上溢出，同时产生更新事件（UEV），且 TIMx_SR 的更新中断标志位 UIF 被置位，然后计数器又从 0x06 开始向下计数，当计数器的值向下计到 0x01 时，计数器向下溢出，同时产生更新事件（UEV），并且 TIMx_SR 的更新中断标志位 UIF 被置位，即在一个周期内引发两次溢出。

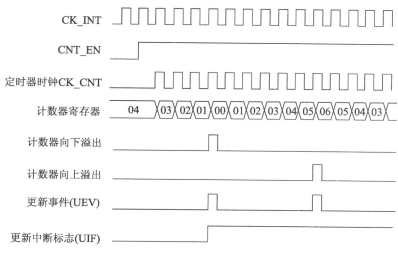

图 6-8　中央对齐模式

6.3.4 捕获/比较通道

TIMx 的捕获/比较通道可分为两部分,即输入捕获通道和输出比较通道。从图 6-1 可以看到,TIMx 有 4 个独立的捕获/比较通道。每个捕获/比较通道的核心是一个捕获/比较寄存器 TIMx_CCR,它包含一个预装载寄存器和一个影子寄存器,输入捕获部分包括数字滤波、多路复用和预分频器,输出比较部分包括比较器和输出控制。对于捕获/比较寄存器的读写仅限于预装载寄存器。在捕获模式下,捕获发生在影子寄存器上,之后再复制到预装载寄存器中。在比较模式下,预装载寄存器的内容被复制到影子寄存器中,之后影子寄存器的内容和计数器进行比较。当一个通道工作于捕获模式时,该通道的输出部分自动停止工作;当一个通道工作于比较模式时,该通道的输入部分自动停止工作。

1. 输入捕获通道

STM32 每个通用定时器都有 4 个输入捕获通道,分别是 TIMx_CH1、TIMx_CH2、TIMx_CH3、TIMx_CH4。每路输入捕获通道的结构都是相似的。STM32 通过检测通道上的边沿信号,在边沿信号发生变化时(上升沿或下降沿变化),将当前计数器的值(TIMx_CNT 寄存器的值)存放到对应通道的捕获/比较寄存器 TIMx_CCRx 中,通过记录两次边沿信号的时间,计算脉冲宽度或频率。

以 CH1 为例,TIMx 输入捕获通道电路如图 6-9 所示。通用定时器通过 TIMx_CH1 引脚产生信号 TI1,TI1 经过滤波器后,将信号送给边沿检测器,边沿检测器检测到准确的边沿信号之后,产生 TI1FP1 和 TI1FP2 信号(这两个信号相同,只是输出路径不同);TI1FP1 信号提供给 IC1,IC1 经过预分频器之后,产生捕获信号,这时计数器的当前值被锁存到捕获/比较寄存器中,且状态寄存器 TIMx_SR 的 CC1IF 标志位被置 1,若使能 CH1 输入捕获的中断功能,则会产生中断。读出捕获寄存器的内容,即可知道信号发生变化的准确时间。输入捕获通道中的滤波器用于滤除输入信号上的高频干扰。边沿检测器可检测信号是上升沿还是下降沿,只有与设定的边沿相匹配的信号才能触发输入捕获功能。边沿检测器可设定为上升沿触发或下降沿触发,由捕获/比较使能寄存器 TIMx_CCER 的 CCxP 位设置。

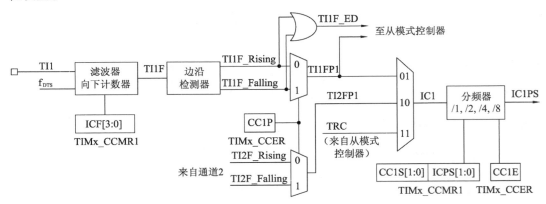

图 6-9　TIMx 输入捕获通道电路(通道 1)

2. 输出比较通道

当 STM32 定时器的一个通道工作于输出比较模式下,输出比较单元一旦检测到计数器 CNT 的值与捕获/比较寄存器 CCR 的值匹配相等时,将依据相应的输出比较模式实现各类输出,如 PWM 输出、单脉冲模式输出、强制输出等;若使能中断,则产生中断。输出比较的功能主要通过捕获比较单元实现,同时定时器输出单元与时基单元协同配合,其基本特征是计数器 CNT 的值与捕获/比较寄存器 CCR 的值做比较。TIMx 输出比较通道电路(通道 1)如图 6-10 所示,STM32 定时器产生的 PWM 波形示意图如图 6-11 所示。

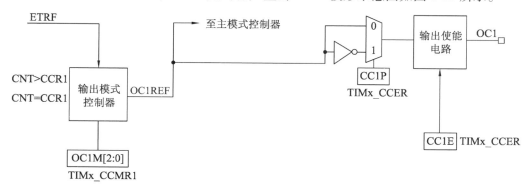

图 6-10　TIMx 输出比较通道电路(通道 1)

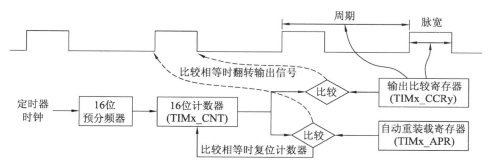

图 6-11　STM32 定时器产生的 PWM 波形示意图

比较通道一个非常重要的应用就是输出脉冲宽度调制(Pulse Width Modulation,PWM)波形,PWM 波形图如图 6-12 所示。PWM 波形是一种周期固定、宽度可调的方波,即占空比可变的脉冲波形。占空比是指一个周期内高电平所占的比例。PWM 控制技术就是根据需求,通过调整 PWM 的周期和占空比而达到控制目的。

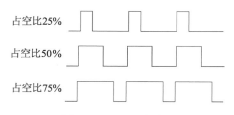

图 6-12　PWM 波形图

PWM 技术利用微处理器的数字输出对模拟电路进行有效控制,输出端得到一系列幅值相等而宽度不相等的脉冲,可利用这些脉冲代替正弦波或其他所需的波形。按照一定的规则对脉冲的宽度进行调制,这样既可改变输出电压的大小,也可改变输出频率。PWM 技术以其控制简单、灵活和动态响应好的优点,广泛应用于测量、通信、功率控制与变换等许多领域中。PWM 控制技术在逆变电路中应用最广,所应用的逆变电路绝大部分是 PWM 型。PWM 控制技术正是有赖于在逆变电路中的应用,才确定了它在电力电子技术中的重要地位。

在工控领域,PWM 信号可用来控制温度、调节电机转速、调节变频器及 BLDC 电机驱动等;在 LED 照明领域,可通过 PWM 来控制 LED 灯的亮暗变化;还可通过 PWM 信号控制无源蜂鸣器发出简单的声音,以及实现功率继电器的节能等。

利用 PWM 信号控制灯光的亮度。采用 PWM 可以控制和调节灯光的亮度、屏幕背光亮度等。在一定频率下,使用不同占空比来调节灯光的亮度,实现灯光亮度的不同控制。

利用 PWM 信号控制电机的转速。采用 PWM 驱动电机、调节电机转速是 PWM 非常重要的应用,如电机驱动、变频器调速都是通过 PWM 实现的。直流电机的转速与其电枢电压成正比,通过 PWM 调节输出的电压值,可控制电机的转速。在电机控制中,电压越大,电机转速越快,而通过 PWM 输出不同的模拟电压,便可以使电机达到不同的输出转速。

利用 PWM 信号控制舵机的转向。舵机在机器人/飞行器中使用很多,其转向信号很多是使用 PWM 信号控制的。舵机的控制就是通过一个固定的频率,用不同的占空比来控制舵机不同的转角。

利用 PWM 信号控制比例阀的开度。工业上一些比例阀的开度与其输入的电流大小成正比,利用 PWM 脉冲将数字量输出转换成模拟量的电压信号,结合通路的电阻,就能控制电路中电流的大小,从而实现比例阀的开度调节。

6.3.5　定时时间的计算

定时器的定时时间取决于定时周期 TIM_Period 和预分频因子 TIM_Prescaler。如当 TIM_Period 设为 35 999,TIM_Prescaler 设为 1 999 时,表示累计 36 000 个脉冲频率后产生更新或中断,即定时时间到,脉冲频率是对时钟频率 TIMxCLK 的 2 000 分频。因此,定时时间 T 的计算公式为:

$$T = (\text{TIM\_Period}+1) \times (\text{TIM\_Prescaler}+1) / \text{TIMxCLK}$$

预分频值不等于 1 时,时钟频率 TIMxCLK 等于 APB1 时钟频率的 2 倍;预分频值等于 1 时,时钟频率 TIMxCLK 等于 APB1 时钟频率。设系统时钟频率为 72 MHz,则 APB1 时钟频率为 36 MHz,即 TIMxCLK = 72 MHz,若 TIM_Period = 35 999,TIM_Prescaler = 1 999,则定时时间为:

$$T = (\text{TIM\_Period}+1) \times (\text{TIM\_Prescaler}+1) / \text{TIMxCLK}$$
$$= (35\ 999+1) \times (1\ 999+1) / (72 \times 10^6\ \text{Hz}) = 1\ \text{s}$$

即 1 s 溢出一次。其中,TIM_Period 和 TIM_Prescaler 两个变量都是 16 位无符号整数,取值范围均为 0~65 535。

6.3.6　定时器中断

产生定时中断是定时器的基本功能之一,计算机的多任务操作系统就需要定时器中断,若没有定时器中断,则没有多任务操作系统。STM32 通用定时器 TIMx 能够引起中断的中断源或事件有许多,如更新事件(上溢/下溢)、输入捕获、输出比较、触发请求、DMA请求等。DMA/中断使能寄存器(TIMx_DIER)用于控制定时器的 DMA 及中断请求。通用定时器的中断事件通过其对应的中断通道向 CM3 内核提出中断请求,CM3 内核对于每个TIMx 的中断通道都有相应的控制字和控制位,用于控制该中断通道。

以 TIM2 为例,TIM2 中断通道的位置号是 28,优先级是 35。所有 TIM2 的中断事件都是通过一个 TIM2 的中断通道向 CM3 内核提出中断请求。CM3 内核对于每一个外部中断通道都有相应的控制字和控制位,分布在 NVIC 的寄存器组中,用于控制该中断通道,包括以下内容:

- 中断优先级控制字:PRI_28(中断优先级寄存器 IP[28])的 8 个 bit(只用高4 位)。
- 中断允许设置位:在中断使能寄存器 ISER 中(允许中断)。
- 中断允许清除位:在中断清除寄存器 ICER 中(禁止中断)。
- 中断登记 Pending 标志位:在中断挂起控制寄存器 ISPR 中(硬件自动置位)。
- 中断登记 Pending 标志位清除:在中断清除挂起控制寄存器 ICPR 中(软件清除中断通道标志位)。
- 正在被服务的中断:在中断激活位寄存器 IABR 中,可以知道当前内核正在处理哪个中断通道。

TIM2 的中断过程如下:

(1)初始化:首先要设置系统控制寄存器 AIRCR 中 PRIGROUP 的值,设置系统中的抢占优先级和从优先级的个数(在 4 个 bit 中占用的位数);设置 TIM2 寄存器,允许相应的中断,如允许 UIE(TIM2_DIER 的第 0 位)、设置 TIM2 中断通道的抢占优先级和从优先级(IP[28],在 NVIC 寄存器组中)、设置允许 TIM2 中断通道。

(2)中断响应:当 TIM2 的 UIE 条件成立(更新、上溢或下溢)时,硬件将 TIM2 本身的寄存器中的 UIE 中断标志置位,然后通过 TIM2 中断通道向 CM3 内核请求中断服务。此时内核硬件将 TIM2 中断通道的登记 Pending 标志位置位(中断通道标志置位),表示TIM2 有中断请求。如果当前有中断正在处理,TIM2 的中断级别不够高,那么保持Pending 标志位,用户也可以在软件中通过写寄存器 ICPR 中相应的位将本次中断请求清除掉。当 CM3 内核有空时,开始响应 TIM2 的中断,进入 TIM2 的中断服务程序。此时硬件将寄存器 IABR 中相应的标志位置位,表示 TIM2 中断正在被处理。同时硬件清除 TIM2的登记 Pending 标志位。

(3)执行 TIM2 中断服务程序:所有 TIM2 的中断事件都是在一个 TIM2 中断服务程序中完成的,因此进入中断服务程序后,如果有多个中断事件,中断服务程序需要先判断是哪个 TIM2 的中断源需要服务,然后转移到相应的服务代码段去。由于硬件不会自动清除 TIM2 寄存器中具体的中断标志位,因此,在中断服务程序退出前,要把该中断事件中的中断标志位清除掉。如果 TIM2 本身的中断事件有多个,那么它们服务的先后次序就由用户编写中断服务程序决定。对于 TIM2 本身的多个中断的优先级,系统是不能设置的,因此用户在编写中断服务程序时,应根据实际情况和要求,通过软件的方式,将重要的中断优先处理。

（4）中断返回：CM3 内核执行完中断服务后，便进入中断返回过程。在这个过程中，硬件将寄存器 IABR 中相应的标志位清除，表示该中断处理完成。如果 TIM2 本身还有中断标志位置位，表示 TIM2 还有中断在申请，则重新将 TIM2 的登记 Pending 标志位置位，等待再次进入 TIM2 的中断服务。

6.4　通用定时器的输入/输出模式

STM32 支持 2 种输入模式（输入捕获模式和 PWM 输入模式）和 4 种输出模式（输出比较模式、PWM 输出模式、强置输出模式、单脉冲模式）。

6.4.1　输入捕获模式

所谓捕获，就是通过检测捕获通道上的边沿信号，当边沿信号发生跳变时（上升沿/下降沿），将当前计数器的值（TIMx_CNT）存放到对应通道的捕获/比较寄存器（TIMx_CCRx）中，完成一次捕获。通用定时器的输入捕获模式可用来测量脉冲宽度或频率。

在输入捕获模式下，当检测到 ICx 信号上相应的边沿后，计数器当前值被锁存到捕获/比较寄存器（TIMx_CCRx）中。当捕获事件发生时，TIMx_SR 寄存器的 CCxIF 标志位置 1，若开放中断或 DMA 操作，则将产生中断或 DMA 操作。若捕获事件发生时 CCxIF 标志已经为 1，则 TIMx_SR 寄存器中重复捕获标志 CCxOF 位置 1。写 CCxIF＝0 可清除 CCxIF，读取存储在 TIMx_CCRx 中的捕获数据也可清除 CCxIF。写 CCxOF＝0 可清除 CCxOF。现举例说明如何在 TI1 输入的上升沿捕获计数器的值到 TIMx_CCR1 寄存器中，具体步骤如下：

（1）选择有效输入端。TIMx_CCR1 必须连接到 TI1 输入，所以设置 TIMx_CCR1 寄存器中的 CC1S＝01，一旦 CC1S 不为 00，通道就被配置为输入，并且 TM1_CCR1 寄存器变为只读。

（2）根据输入信号的特点，配置输入滤波器区间（若输入为 TIx，则相应设置 TIMx_CCMRx 中的 ICxF 位）。假设输入信号至少需要 5 个时钟周期才能稳定，则须配置滤波器的区间长于 5 个时钟周期。例如，FCK_INT 是定时器的输入频率，连续采样 8 次通道 1 的电平，若都是高电平，则说明这是一个有效的触发信号，可以确认在 TI1 上一次真实的边沿变换，即在 TIMx_CCMR1 寄存器中设置 IC1F＝0011。

（3）选择 TI1 通道的有效转换边沿，在 TIMx_CCER 寄存器中设置 CC1P＝0（上升沿）。

（4）配置输入预分频器。在本例中，希望捕获发生在每一个有效的电平转换时刻，因此预分频器被禁止（设置 TIMx_CCMR1 寄存器的 IC1PS＝00）。

（5）设置 TIMx_CCER 寄存器的 CC1E＝1，允许捕获计数器的值到捕获寄存器中。

（6）如果需要，通过设置 TIMx_DIER 寄存器中的 CC1IE 位允许相关中断请求，通过设置 TIMx_DIER 寄存器中的 CC1DE 位允许 DMA 请求。

当一个输入捕获发生时：

（1）当产生有效的电平转换时，计数器的值被传送到 TIMx_CCR1 寄存器。

（2）CC1IF 标志被设置（中断标志），当发生至少 2 个连续捕获，而 CC1IF 未被清除时,CC1OF 也被置 1。

（3）若设置了 CC1IE 位,则会产生一个中断。

（4）若设置了 CC1DE 位,则会产生一个 DMA 请求。

为了处理捕获溢出,建议在读出捕获溢出标志之前读取数据,这是为了避免丢失在读出捕获溢出标志之后和读取数据之前可能产生的捕获溢出信息。如果设置 TIMx_EGR 寄存器中相应的 CCxG 位,可通过软件产生输入捕获中断和/或 DMA 请求。

需要注意的是,输入捕获有 4 个通道,而捕获/比较模式寄存器只有 2 个,分别是TIMx_CCMR1 和 TIMx_CCMR2,通道 1 由 TIMx_CCMR1 的低 8 位配置,通道 2 由 TIMx_CCMR1 的高 8 位配置,通道 3 由 TIMx_CCMR2 的低 8 位配置,通道 4 由 TIMx_CCMR2 的高 8 位配置。同时,捕获/比较模式寄存器在不同状态下,配置的功能是不同的:若通道被配置为输出,则捕获/比较模式寄存器用于配置输出功能;若通道被配置为输入,则捕获/比较模式寄存器用于配置输入功能。

通用定时器输入捕获的配置流程如下:

（1）首先打开定时器和相应通道 GPIO 端口的时钟,将通道 GPIO 端口配置为复用输入。

（2）设置定时器的计数频率,当产生捕获时用来计时。当计数器溢出之后,会清除计数器的值(向上计数)或重新赋初值(向下计数)。计算捕获时间时,若有溢出,则需要加上溢出的时间。

（3）通过捕获/比较模式寄存器 TIMx_CCMRx 配置通道为输入模式,选择 ICx 的输入源,配置滤波器和输入捕获的预分频器。

（4）通过捕获/比较使能寄存器 TIMx_CCER 选择输入捕获的边沿信号,是上升沿触发还是下降沿触发。在使用输入捕获功能之前必须先使能,而输入捕获的使能是通过置位捕获/比较使能寄存器 TIMx_CCER 的相应位来实现的。

（5）通过 DMA 或中断使能寄存器 TIMx_DIER 使能相应的中断。

（6）通过控制寄存器 TIMX_CR1 使能定时器,定时器开始计数。

6.4.2　PWM 输入模式

通用定时器在该模式下可捕获 PWM 的周期和占空比。在该模式下,需要用到从模式控制器,但只有 TI1FP1 和 TI2FP2 连接到从模式控制器,因此只能使用 TIMx_CH1 和 TIMx_CH2 信号。PWM 输入模式时序如图 6-13 所示。该模式是输入捕获模式的一个特例,除下列区别外,操作与输入捕获模式相同。

- 2 个 ICx 信号被映射到同一个 TIx 输入。
- 这 2 个 ICx 信号为边沿有效,但极性相反。
- 其中一个 TIxFP 信号被作为触发输入信号,且从模式控制器被配置成复位模式。

当要测量输入到 TI1FP 上的 PWM 周期和占空比时,需要将通道 1 和通道 2 同时映射到 TI1 上,这样 TI1FP1 作为通道 1 的输入源,TI1FP2 作为通道 2 的输入源;同时设置通道 1 为上升沿触发捕获,通道 2 为下降沿触发捕获。由外部时钟模式 1 的介绍可知,TI1FP1 可作为 TRGI 的输入源,而 TRGI 在从模式中的复位模式下产生上升沿会重新初始化计数器,并产生一个更新寄存器的信号。这样当通道 1 产生上升沿时,首先会捕获当前计数

TIMx_CNT 的值到 TIMx_CCR1,然后计数器会被重新初始化(清零或重新设置自动重装载值);当通道 1 产生下降沿时,会捕获当前计数器 TIMx_CNT 的值到 TIMx_CCR2,TIMx_CCRx2 的值就是高电平的时间;当通道 1 再次产生上升沿时,捕获到 TIMx_CCRx1 的值就是 PWM 的周期。

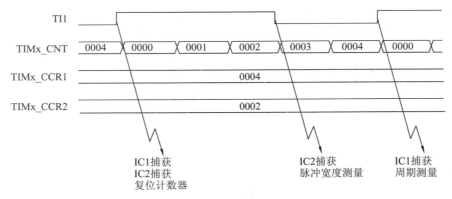

图 6-13　PWM 输入模式时序

从图 6-13 中可看到,当 TI1 产生上升沿时,TIMx_CNT 的值会被 TIMx_CCR1(IC1)捕获,然后复位计数器;当 TI1 产生下降沿时,TIMx_CNT 的值会被 TIMx_CCR2(IC2)捕获,由此可得到 PWM 的周期和占空比。

当要测量输入到 TI1FP 上的 PWM 周期和占空比时,具体配置流程如下:

(1) 选择 TIMx_CCR1 的有效输入:设置 TIMx_CCMR1 的 CC1S = 01(选择 TI1),配置通道 1 为输入。

(2) 选择 TI1FP1 的有效极性:设置 TIMx_CCER 的 CC1P = 0(上升沿有效)。

(3) 选择 TIMx_CCR2 的有效输入:设置 TIMx_CCMR1 的 CC2S = 10(选择 TI1),配置通道 2 为输入。

(4) 选择 TI1FP2 的有效极性(捕获数据到 TIMx_CCR2):设置 CC2P = 1(下降沿有效)。

(5) 选择有效的触发输入信号:设置 TIMx_SMCR 中的 TS = 101,选择 TI1FP1 作为 TRGI 的输入源。

(6) 配置从模式控制器为复位模式:设置 TIMx_SMCR 中的 SMS = 100。

(7) 使能输入捕获:设置 TIMx_CCER 中的 CC1E = 1 和 CC2E = 1,使能通道 1 和通道 2 的输入捕获。

6.4.3　输出比较模式

所谓比较,就是计数器的值与捕获/比较寄存器的值进行比较。该模式用于控制一个输出波形或指示一段给定的时间已到。当计数器与捕获/比较寄存器的内容相同时,输出比较功能进行以下操作:

(1) 将输出比较模式(TIMx_CCMRx 中的 OCxM 位)和输出极性(TIMx_CCER 中的 CCxP 位)所定义的值输出到对应的引脚。在比较匹配时,输出引脚可保持其电平(OCxM = 000)、设置为有效电平(OCxM = 001)、设置为无效电平(OCxM = 010)或进行翻转(OCxM = 011)。

（2）设置中断状态寄存器中的标志位（TIMx_SR 中的 CCxIF 位）。

（3）若设置了相应的中断屏蔽（TIMx_DIER 中的 CCxIE 位），则产生一个中断。

（4）若设置了相应的使能位（TIMx_DIER 中的 CCxDE 位，TIMx_CR2 中的 CCDS 位用来选择 DMA 请求功能），则产生一个 DMA 请求。

TIMx_CCMRx 中的 OCxPE 位用来选择 TIMx_CCRx 是否需要使用预装载寄存器。输出比较的计时精度为一个计数周期。利用输出比较模式（在单脉冲模式下）也可用来输出一个单脉冲。在输出比较模式下，更新事件 UEV 对 OCxREF 和 OCx 输出无影响。输出比较模式的配置流程如下：

（1）选择计数器时钟（内部、外部或预分频器）。

（2）将相应的数据写入 TIMx_ARR 和 TIMx_CCRx 寄存器中。

（3）如果要产生一个中断请求和/或一个 DMA 请求，设置 CCxIE 位和/或 CCxDE 位。

（4）选择输出模式，若希望当计数器 CNT 与 CCRx 匹配时翻转 OCx 的输出引脚，则须设置 OCxM = 011、OCxPE = 0、CCxP = 0、CCxE = 1，CCRx 预装载未用，开启 OCx 输出且高电平有效。

（5）通过设置 TIMx_CR1 的 CEN 位启动计数器。

在任何时候都能通过软件更新 TIMx_CCRx 寄存器以控制输出波形，但前提是预装载寄存器未使用（OCxPE = 0x0，否则 TIMx_CCRx 影子寄存器只能在下一次更新事件发生时被更新）。

6.4.4　PWM 输出模式

在 PWM 输出模式下，除了 CNT（计数器当前值）、ARR（自动重装载值）之外，还有一个 CCRx（捕获/比较寄存器值）。当 CNT 小于 CCRx 时，TIMx_CHx 通道输出低电平；当 CNT 大于或等于 CCRx 时，TIMx_CHx 通道输出高电平。所谓 PWM 模式，就是可以产生一个由 TIMx_ARR 寄存器确定频率、由 TIMx_CCRx 寄存器确定占空比的 PWM 信号。它是利用微处理器的数字输出来对模拟电路进行控制的一种非常有效的技术。

在 TIMx_CCMRx 中 OCxM = 110（PWM 模式 1）或 OCxM = 111（PWM 模式 2），能够独立地设置每个通道工作在 PWM 模式，每个 OCx 输出一路 PWM。使用 PWM 模式，必须设置 TIMx_CCMRx 寄存器的 OCxPE 位以使能相应的预装载寄存器，还要设置 TIMx_CR1 的 ARPE 位使能自动重装载的预装载寄存器（在向上计数或中央对齐模式下）。

因为仅当发生更新事件时，预装载寄存器才能被传送到影子寄存器，因此在计数器开始计数之前，必须通过设置 TIMx_EGR 寄存器中的 UG 位来初始化所有的寄存器。

OCx 的极性可通过软件设置 TIMx_CCER 寄存器中的 CCxP 位，进而设置为高电平有效或低电平有效。OCx 输出通过 TIMx_CCER 寄存器中的 CCxE 位控制使能。

在 PWM 模式（模式 1 或模式 2）下，TIMx_CNT 和 TIM1_CCRx 始终在进行比较，依据计数器的计数方向以确定是否符合 TIM1_CCRx ≤ TIM1_CNT 或 TIM1_CNT ≤ TIM1_CCRx。然而，为了与 OCREF_CLR 的功能（在下一个 PWM 周期之前，OCxREF 能够通过 ETR 信号被一个外部事件清除）一致，OCxREF 信号只能在下述条件之一下产生：

- 当比较的结果改变。
- 当输出比较模式（TIMx_CCMRx 中的 OCxM 位）从"冻结"配置（无比较，OCxM =

000）切换到某个 PWM 模式（OCxM＝110 或 OCxM＝111）。

这样在运行中可以通过软件强置 PWM 输出。根据 TIMx_CR1 寄存器中 CMS 位的状态，定时器能产生边沿对齐或中央对齐的 PWM 信号。

1. PWM 边沿对齐模式

PWM 边沿对齐模式有以下两种。

（1）向上计数的配置。

当 TIMx_CR1 寄存器中的 DIR 位为低时，执行向上计数。图 6-14 所示是一个 PWM 模式 1 的例子，TIMx_ARR＝8。当 TIMx_CNT<TIMx_CCRx 时，PWM 信号参考 OCxREF 为高，否则为低。若 TIMx_CCRx 中的比较值大于自动重装载值（TIMx_ARR），则 OCxREF 保持为 1；若比较值为 0，则 OCxREF 保持为 0。

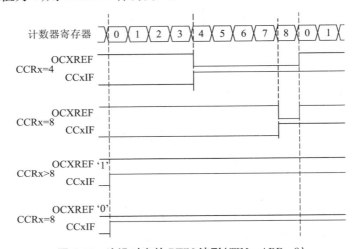

图 6-14　边沿对齐的 PWM 波形（TIMx_ARR＝8）

（2）向下计数的配置。

当 TIMx_CR1 寄存器的 DIR 位为高时，执行向下计数。OCxREF 波形与图 6-14 中相反。在 PWM 模式 1，当 TIMx_CNT>TIMx_CCRx 时，OCxREF 为低，否则为高。若 TIMx_CCRx 中的比较值大于 TIMx_ARR 中的自动重装载值，则 OCxREF 保持为 1；该模式下不能产生 0% 的 PWM 波形。

2. PWM 中央对齐模式

当 TIMx_CR1 寄存器中的 CMS 位不为 00 时，执行中央对齐模式（所有其他的配置对 OCxREF/OCx 信号都有相同的作用）。根据不同 CMS 位的设置，比较标志可在计数器向上计数、向下计数或在计数器双向计数时被置 1。TIMx_CR1 中的计数方向位（DIR）由硬件更新，不要用软件修改它。图 6-15 所示为 PWM 模式 1 中央对齐的 PWM 波形的例子，其中 TIMx_ARR＝8、TIMx_CR1 中的 CMS＝01，即当计数器向下计数时设置比较标志。

进入中央对齐模式时，使用当前的向上/向下计数配置，就意味着计数器向上还是向下计数取决于 TIMx_CR1 寄存器中 DIR 位的当前值。此外，软件不能同时修改 DIR 和 CMS 位。

当运行在中央对齐模式时，不推荐改写计数器，因为会产生不可预知的结果。特别地：

（1）如果写入计数器的值大于自动重加载的值（TIMx_CNT>TIMx_ARR），则方向不会被更新。例如，如果计数器正在向上计数，它就会继续向上计数。

（2）如果将 0 或 TIMx_ARR 的值写入计数器，方向被更新，但不产生更新事件 UEV。

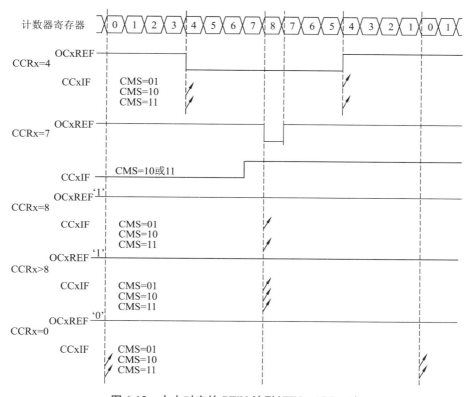

图 6-15 中央对齐的 PWM 波形（TIMx_ARR=8）

使用中央对齐模式最保险的方法，就是在启动计数器之前产生一个软件更新（设置 TIMx_EGR 位中的 UG 位），不要在计数进行过程中修改计数器的值。

6.4.5 强置输出模式

在输出模式（TIMx_CCMRx 中的 CCxS=00）下，输出比较信号（OCxREF 和相应的 OCx）能够直接由软件强置为有效或无效状态，而不依赖于输出比较寄存器和计数器之间的比较结果。

设置 TIMx_CCMRx 中的 OCxM=101，即可强置输出比较信号（OCxREF/OCx）为有效状态。这样 OCxREF 始终被强置为高电平，同时 OCx 得到 CCxP 极性位相反的值。例如，若 CCxP=0（OCx 高电平有效），则 OCx 被强置为高电平。

设置 TIMx_CCMRx 中的 OCxM=100，可强置 OCxREF 信号为低。该模式下，在 TIMx_CCRx 影子寄存器和计数器之间的比较仍然在进行，相应的标志也会被修改。因此，仍然会产生相应的中断和 DMA 请求。

6.4.6 单脉冲模式

单脉冲模式(OPM)是前述几种模式的一个特例。这种模式允许计数器响应一个激励,并在一个可编程的延时之后产生一个脉宽可编程的脉冲。可通过从模式控制器启动计数器,在输出比较模式或 PWM 模式下产生单脉冲波形。设置 TIMx_CR1 中的 OPM 位将选择单脉冲模式,这将导致计数器在下一个更新事件 UEV 时自动停止。

仅当比较值与计数器的初值不同时,才能产生一个脉冲。在启动之前(当定时器正在等待触发时),必须按如下方式配置:

- 向上计数方式:$TIMx\_CNT < TIMx\_CCRx \leqslant TIMx\_ARR(TIMx\_CCRx > 0)$。
- 向下计数方式:$TIMx\_CNT > TIMx\_CCRx$。

因为只需一个脉冲,所以必须在下一个更新事件时,设置 TIMx_CR1 中的 OPM = 1,以停止计数。

6.5 通用定时器的相关寄存器

STM32 通用定时器的 TIMx 寄存器较多,共有 20 个,使用较复杂。在对定时器 TIMx 进行初始化时,要将设置的参数写入到相关寄存器中。通用定时器 TIMx 相关寄存器的功能见表 6-2。

表 6-2 通用定时器 TIMx 相关寄存器的功能

寄存器	功能
控制寄存器 1(TIMx_CR1)	用于控制通用定时器 TIMx
控制寄存器 2(TIMx_CR2)	用于控制通用定时器 TIMx
从模式控制寄存器(TIMx_SMCR)	用于从模式控制
DMA/中断使能寄存器(TIMx_DIER)	用于控制定时器的 DMA 及中断请求
状态寄存器(TIMx_SR)	保存和反映定时器 TIMx 的状态
事件产生寄存器(TIMx_EGR)	产生捕获/比较事件,产生触发、更新事件
捕获/比较模式寄存器 1(TIMx_CCMR1)	用于捕获/比较模式,其各位作用在输入和输出模式下不同
捕获/比较模式寄存器 2(TIMx_CCMR2)	用于捕获/比较模式,其各位作用在输入和输出模式下不同
捕获/比较使能寄存器(TIMx_CCER)	用于允许捕获/比较
DMA 控制寄存器(TIMx_DCR)	用于控制 DMA 操作
计数器(TIMx_CNT)	用于保存计数器的计数值
预分频器(TIMx_PSC)	用于设置预分频器的值
自动重装载寄存器(TIMx_ARR)	保存计数器自动重装载计数值,当自动重装载值为空时,计数器不工作

续表

寄存器	功能
捕获/比较寄存器 1(TIMx_CCR1)	保存捕获/比较通道 1 的计数值
捕获/比较寄存器 2(TIMx_CCR2)	保存捕获/比较通道 2 的计数值
捕获/比较寄存器 3(TIMx_CCR3)	保存捕获/比较通道 3 的计数值
捕获/比较寄存器 4(TIMx_CCR4)	保存捕获/比较通道 4 的计数值
连续模式的 DMA 地址(TIMx_DMAR)	DMA 连续传送寄存器

6.5.1　控制寄存器 1

控制寄存器 1 TIMx_CR1 的格式如图 6-16 所示。

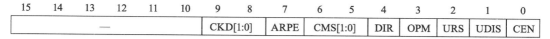

图 6-16　TIMx_CR1 的格式

CKD[1:0]:时钟分频因子,定义在定时器时钟(CK_INT)频率与数字滤波器(ETR,TIx)使用的采样频率之间的分频比例。

ARPE:自动重装载预装载允许位。0:TIMx_ARR 寄存器没有缓冲;1:TIMx_ARR 寄存器被装入缓冲器。

CMS[1:0]:选择中央对齐模式。00:边沿对齐模式;01:中央对齐模式 1;10:中央对齐模式 2;11:中央对齐模式 3。

DIR:方向。0:计数器向上计数;1:计数器向下计数。

OPM:单脉冲模式。0:在发生更新事件时,计数器不停止;1:在发生下一次更新事件(清除 CEN 位)时,计数器停止。

URS:更新请求源,软件通过该位选择 UEV 事件的源。0:若使能更新中断或 DMA 请求,则计数器溢出/下溢、设置 UG 位、从模式控制器产生的更新中任一事件均会产生更新中断或 DMA 请求;1:若使能更新中断或 DMA 请求,则只有计数器溢出/下溢才产生更新中断或 DMA 请求。

UDIS:禁止更新。软件通过该位允许/禁止 UEV 事件的产生。0:允许 UEV,更新(UEV)事件由计数器溢出/下溢、设置 UG 位、从模式控制器产生的更新中的任一事件产生。1:禁止 UEV,不产生更新事件,影子寄存器保持它们的值。

CEN:使能计数器。0:禁止计数器;1:使能计数器。

6.5.2　控制寄存器 2

控制寄存器 2 TIMx_CR2 的格式如图 6-17 所示。

图 6-17　TIMx_CR2 的格式

TI1S:TI1 选择。0:TIMx_CH1 引脚连到 TI1 输入;1:TIMx_CH1、TIMx_CH2 和 TIMx_

CH3 引脚经异或后连到 TI1 输入。

MMS[2∶0]：主模式选择,用于选择在主模式下送到从定时器的同步信息(TRGO)。000：复位；001：使能,计数器使能信号 CNT_EN 被用作触发输出(TRGO)；010：更新,更新事件被选为触发输入(TRGO)；011：比较脉冲,当发生一次捕获或一次比较成功,要设置 CC1IF 标志时(即使它已经为高),触发输出送出一个正脉冲(TRGO)；100：比较,OC1REF 信号被用作触发输出(TRGO)；101：比较,OC2REF 信号被用作触发输出(TRGO)；110：比较,OC3REF 信号被用作触发输出(TRGO)；111：比较,OC4REF 信号被用作触发输出(TR-GO)。

CCDS：捕获/比较的 DMA 选择。0：当发生 CCx 事件时,送出 CCx 的 DMA 请求；1：当发生更新事件时,送出 CCx 的 DMA 请求。

6.5.3 状态寄存器

状态寄存器 TIMx_SR 的格式如图 6-18 所示。

15	14	13	12	11	10	9	8	7	6	5	4	3	2	1	0
—			CC4OF	CC3OF	CC2OF	CC1OF		—	TIF	—	CC4IF	CC3IF	CC2IF	CC1IF	UIF

图 6-18 TIMx_SR 的格式

CC4OF：捕获/比较 4 重复捕获标记,参考 CC1OF 描述。

CC3OF：捕获/比较 3 重复捕获标记,参考 CC1OF 描述。

CC2OF：捕获/比较 2 重复捕获标记,参考 CC1OF 描述。

CC1OF：捕获/比较 1 重复捕获标记,仅当相应的通道被配置为输入捕获时,该标记可由硬件置 1。写 0 可清除该位。0：无重复捕获产生；1：当计数器的值被捕获到 TIMx_CCR1 寄存器时,CC1IF 的状态为 1。

TIF：触发器中断标记。当发生触发事件(当从模式控制器处于除门控模式外的其他模式时,在 TRGI 输入端检测到有效边沿,或门控模式下的任一边沿)时由硬件对该位置 1。它由软件清零。0：无触发器事件产生；1：触发器中断等待响应。

CC4IF：捕获/比较 4 中断标记,参考 CC1IF 描述。

CC3IF：捕获/比较 3 中断标记,参考 CC1IF 描述。

CC2IF：捕获/比较 2 中断标记,参考 CC1IF 描述。

CC1IF：捕获/比较 1 中断标记。如果通道 CC1 配置为输出模式,当计数器值与比较值匹配时该位由硬件置 1,但在中心对称模式下除外(参考 TIMx_CR1 寄存器的 CMS 位),它由软件清零。0：无匹配发生；1：TIMx_CNT 的值与 TIMx_CCR1 的值匹配。如果通道 CC1 配置为输入模式,当捕获事件发生时该位由硬件置 1,它由软件清零或通过读 TIMx_CCR1 清零。0：无输入捕获产生；1：计数器值已被捕获(拷贝)至 TIMx_CCR1(在 IC1 上检测到与所选极性相同的边沿)。

UIF：更新中断标记。

6.6 通用定时器 TIMx 的库函数

通用定时器 TIMx 的常用库函数如表 6-3 所示。

表 6-3　通用定时器 TIMx 的常用库函数

函数名	功能描述
TIM_DeInit	将外设 TIMx 寄存器重设为缺省值
TIM_TimeBaseInit	根据 TIM_TimeBaseInitStruct 中指定的参数初始化 TIMx 的时间基数单位
TIM_OCInit	根据 TIM_OCInitStruct 中指定的参数初始化外设 TIMx
TIM_ICInit	根据 TIM_ICInitStruct 中指定的参数初始化外设 TIMx
TIM_TimeBaseStructInit	把 TIM_TimeBaseInitStruct 中的每一个参数按缺省值填入
TIM_OCStructInit	把 TIM_OCInitStruct 中的每一个参数按缺省值填入
TIM_ICStructInit	把 TIM_ICInitStruct 中的每一个参数按缺省值填入
TIM_Cmd	使能或失能 TIMx 外设
TIM _ITConfig	使能或失能指定的 TIM 中断
TIM_DMAConfig	设置 TIMx 的 DMA 接口
TIM_DMACmd	使能或失能指定的 TIMx 的 DMA 请求
TIM_InternalClockConfig	设置 TIMx 内部时钟
TIM_ITRxExternalClockConfig	设置 TIMx 内部触发为外部时钟模式
TIM_TIxExternalClockConfig	设置 TIMx 触发为外部时钟
TIM_ETRClockMode1Config	配置 TIMx 外部时钟模式 1
TIM_ETRClockMode2Config	配置 TIMx 外部时钟模式 2
TIM_ETRConfig	配置 TIMx 外部触发
TIM_SelectInputTrigger	选择 TIMx 输入触发源
TIM_PrescalerConfig	设置 TIMx 预分频
TIM_CounterModeConfig	设置 TIMx 计数器模式
TIM_ForcedOC1Config	设置 TIMx 输出 1 为活动或非活动电平
TIM_ForcedOC2Config	设置 TIMx 输出 2 为活动或非活动电平
TIM_ForcedOC3Config	设置 TIMx 输出 3 为活动或非活动电平
TIM_ForcedOC4Config	设置 TIMx 输出 4 为活动或非活动电平
TIM_ARRPreloadConfig	使能或失能 TIMx 在 ARR 上的预装载寄存器
TIM_SelectCCDMA	选择 TIMx 外设的捕获比较 DMA 源
TIM_OC1PreloadConfig	使能或失能 TIMx 在 CCR1 上的预装载寄存器
TIM_OC2PreloadConfig	使能或失能 TIMx 在 CCR2 上的预装载寄存器
TIM_OC3PreloadConfig	使能或失能 TIMx 在 CCR3 上的预装载寄存器
TIM_OC4PreloadConfig	使能或失能 TIMx 在 CCR4 上的预装载寄存器

函数名	功能描述
TIM_OC1FastConfig	设置 TIMx 捕获比较 1 的快速特征
TIM_OC2FastConfig	设置 TIMx 捕获比较 2 的快速特征
TIM_OC3FastConfig	设置 TIMx 捕获比较 3 的快速特征
TIM_OC4FastConfig	设置 TIMx 捕获比较 4 的快速特征
TIM_ClearOC1Ref	在一个外部事件时清除或保持 OCREF1 信号
TIM_ClearOC2Ref	在一个外部事件时清除或保持 OCREF2 信号
TIM_ClearOC3Ref	在一个外部事件时清除或保持 OCREF3 信号
TIM_ClearOC4Ref	在一个外部事件时清除或保持 OCREF4 信号
TIM_UpdateDisableConfig	使能或失能 TIMx 更新事件
TIM_EncoderInterfaceConfig	设置 TIMx 编码界面
TIM_GenerateEvent	设置 TIMx 事件由软件产生
TIM_OC1PolarityConfig	设置 TIMx 通道 1 的极性
TIM_OC2PolarityConfig	设置 TIMx 通道 2 的极性
TIM_OC3PolarityConfig	设置 TIMx 通道 3 的极性
TIM_OC4PolarityConfig	设置 TIMx 通道 4 的极性
TIM_UpdateRequestConfig	设置 TIMx 更新请求源
TIM_SelectHallSensor	使能或失能 TIMx 霍尔传感器接口
TIM_SelectOnePulseMode	设置 TIMx 单脉冲模式
TIM_SelectOutputTrigger	选择 TIMx 触发输出模式
TIM_SelectSlaveMode	选择 TIMx 从模式
TIM_SelectMasterSlaveMode	设置或重置 TIMx 主/从模式
TIM_SetCounter	设置 TIMx 计数器寄存器值
TIM_SetAutoreload	设置 TIMx 自动重装载寄存器值
TIM_SetCompare1	设置 TIMx 捕获比较 1 寄存器值
TIM_SetCompare2	设置 TIMx 捕获比较 2 寄存器值
TIM_SetCompare3	设置 TIMx 捕获比较 3 寄存器值
TIM_SetCompare4	设置 TIMx 捕获比较 4 寄存器值
TIM_SetIC1Prescaler	设置 TIMx 输入捕获 1 预分频
TIM_SetIC2Prescaler	设置 TIMx 输入捕获 2 预分频
TIM_SetIC3Prescaler	设置 TIMx 输入捕获 3 预分频
TIM_SetIC4Prescaler	设置 TIMx 输入捕获 4 预分频

续表

函数名	功能描述
TIM_SetClockDivision	设置 TIMx 的时钟分割值
TIM_GetCapture1	获得 TIMx 输入捕获 1 的值
TIM_GetCapture2	获得 TIMx 输入捕获 2 的值
TIM_GetCapture3	获得 TIMx 输入捕获 3 的值
TIM_GetCapture4	获得 TIMx 输入捕获 4 的值
TIM_GetCounter	获得 TIMx 计数器的值
TIM_GetPrescaler	获得 TIMx 预分频值
TIM_GetFlagStatus	检查指定的 TIM 标志位设置与否
TIM_ClearFlag	清除 TIMx 的待处理标志位
TIM_GetITStatus	检查指定的 TIM 中断发生与否
TIM_ClearITPendingBit	清除 TIMx 的中断待处理位

6.6.1　函数 TIM_TimeBaseInit

函数原形：void TIM_TimeBaseInit(TIM_TypeDef * TIMx, TIM_TimeBaseInitTypeDef * TIM_TimeBaseInitStruct)

功能描述：根据 TIM_TimeBaseInitStruct 中指定的参数初始化 TIMx 的时间基数单位。

输入参数：

TIMx：x 可以是 2、3 或 4，用来选择 TIM 外设。

TIM_TimeBaseInitStruct：指向结构 TIM_TimeBaseInitTypeDef 的指针，包含了 TIMx 时间基数单位的配置信息。TIM_TimeBaseInitTypeDef 定义于文件"stm32f10x_tim.h"中。

```
typedef struct
{
    u16 TIM_Period；
    u16 TIM_Prescaler；
    u8 TIM_ClockDivision；
    u16 TIM_CounterMode；
} TIM_TimeBaseInitTypeDef；
```

TIM_Period：自动重装载寄存器周期的值，它的取值必须在 0x0000 和 0xFFFF 之间。

TIM_Prescaler：作为 TIMx 时钟频率除数的预分频值，它的取值必须在 0x0000 和 0xFFFF 之间。

TIM_ClockDivision：时钟分割，取值如表 6-4 所示。

表 6-4 **TIM_ClockDivision** 的取值

TIM_ClockDivision	描述
TIM_CKD_DIV1	TDTS＝Tck_tim
TIM_CKD_DIV2	TDTS＝2Tck_tim
TIM_CKD_DIV4	TDTS＝4Tck_tim

TIM_CounterMode：选择了计数模式，该参数的取值见表 6-5。

表 6-5 **TIM_CounterMode** 的取值

TIM_CounterMode	描述
TIM_CounterMode_Up	TIM 向上计数模式
TIM_CounterMode_Down	TIM 向下计数模式
TIM_CounterMode_CenterAligned1	TIM 中央对齐模式 1 计数模式
TIM_CounterMode_CenterAligned2	TIM 中央对齐模式 2 计数模式
TIM_CounterMode_CenterAligned3	TIM 中央对齐模式 3 计数模式

例如，下面的程序段完成了对 TIM2 的初始化。

```
TIM_TimeBaseInitTypeDef TIM_TimeBaseStructure；
TIM_TimeBaseStructure.TIM_Period＝0xFFFF；          //计数周期值
TIM_TimeBaseStructure.TIM_Prescaler＝0xF；          //预分频值
TIM_TimeBaseStructure.TIM_ClockDivision＝0x0；
TIM_TimeBaseStructure.TIM_CounterMode＝TIM_CounterMode_Up；   //向上计数
TIM_TimeBaseInit（TIM2,&TIM_TimeBaseStructure）；
```

6.6.2 函数 TIM_Cmd

函数原形：void TIM_Cmd（TIM_TypeDef ＊TIMx，FunctionalState NewState）

功能描述：使能或失能 TIMx 外设。

输入参数：

TIMx：x 可以是 2、3 或 4，用来选择 TIM 外设。

NewState：外设 TIMx 的新状态，可以取 ENABLE 或 DISABLE。

6.6.3 函数 TIM_ITConfig

函数原形：void TIM_ITConfig（TIM_TypeDef ＊TIMx，u16 TIM_IT，FunctionalState NewState）

功能描述：使能或失能指定的 TIM 中断。

输入参数：

TIMx：x 可以是 2、3 或 4，用来选择 TIM 外设。

TIM_IT：TIM 中断源，该参数的取值见表 6-6。

NewState：TIMx 中断的新状态，可以取 ENABLE 或 DISABLE。

表 6-6　TIM_IT 的取值

TIM_IT	描述
TIM_IT_Update	TIM 更新中断
TIM_IT_CC1	TIM 捕获/比较 1 中断
TIM_IT_CC2	TIM 捕获/比较 2 中断
TIM_IT_CC3	TIM 捕获/比较 3 中断
TIM_IT_CC4	TIM 捕获/比较 4 中断
TIM_IT_Trigger	TIM 触发中断

6.6.4　函数 TIM_ ClearFlag

函数原形：void TIM_ClearFlag(TIM_TypeDef ＊TIMx，u32 TIM_FLAG)

功能描述：清除 TIMx 的待处理标志位。

输入参数：

TIMx：x 可以是 2、3 或 4，用来选择 TIM 外设。

TIM_FLAG：待清除的 TIM 标志位，该参数的取值见表 6-7。

表 6-7　TIM_FLAG 的取值

TIM_FLAG	描述
TIM_FLAG_Update	TIM 更新标志位
TIM_FLAG_CC1	TIM 捕获/比较 1 标志位
TIM_FLAG_CC2	TIM 捕获/比较 2 标志位
TIM_FLAG_CC3	TIM 捕获/比较 3 标志位
TIM_FLAG_CC4	TIM 捕获/比较 4 标志位
TIM_FLAG_Trigger	TIM 触发标志位
TIM_FLAG_CC1OF	TIM 捕获/比较 1 溢出标志位
TIM_FLAG_CC2OF	TIM 捕获/比较 2 溢出标志位
TIM_FLAG_CC3OF	TIM 捕获/比较 3 溢出标志位
TIM_FLAG_CC4OF	TIM 捕获/比较 4 溢出标志位

例如，清除 TIM2 的 TIM 捕获/比较 1 标志位的代码如下：

```
TIM_ClearFlag(TIM2，TIM_FLAG_CC1)；
```

6.6.5　函数 TIM_OCInit

函数原形：void TIM_OCInit(TIM_TypeDef ＊TIMx，TIM_OCInitTypeDef ＊TIM_OCInit-Struct)

功能描述：根据 TIM_OCInitStruct 中指定的参数初始化外设 TIMx。

输入参数：

TIMx：x 可以是 2、3 或 4，用来选择 TIM 外设。

TIM_OCInitStruct：指向结构 TIM_OCInitTypeDef 的指针，包含了 TIMx 时间基数单位的配置信息。TIM_OCInitTypeDef 定义于文件"stm32f10x_tim.h"中。

```
typedef struct
{
    u16 TIM_OCMode;
    u16 TIM_Channel;
    u16 TIM_Pulse;
    u16 TIM_OCPolarity;
} TIM_OCInitTypeDef;
```

TIM_OCMode：选择定时器模式，该参数的取值见表 6-8。

表 6-8　TIM_OCMode 的取值

TIM_OCMode	描述
TIM_OCMode_Timing	TIM 输出比较时间模式
TIM_OCMode_Active	TIM 输出比较主动模式
TIM_OCMode_Inactive	TIM 输出比较非主动模式
TIM_OCMode_Toggle	TIM 输出比较触发模式
TIM_OCMode_PWM1	TIM 脉冲宽度调制模式 1
TIM_OCMode_PWM2	TIM 脉冲宽度调制模式 2

TIM_Channel：选择通道，该参数的取值见表 6-9。

表 6-9　TIM_Channel 的取值

TIM_Channel	描述
TIM_Channel_1	使用 TIM 通道 1
TIM_Channel_2	使用 TIM 通道 2
TIM_Channel_3	使用 TIM 通道 3
TIM_Channel_4	使用 TIM 通道 4

TIM_Pulse：设置了待装入捕获比较寄存器的脉冲值。它的取值必须在 0x0000 和 0xFFFF 之间。

TIM_OCPolarity：输出极性，该参数的取值见表 6-10。

表 6-10　TIM_OCPolarity 的取值

TIM_OCPolarity	描述
TIM_OCPolarity_High	TIM 输出比较极性高
TIM_OCPolarity_Low	TIM 输出比较极性低

例如,配置 TIM2 通道 1 为脉冲宽度调制模式 1 的代码如下:

```
TIM_OCInitTypeDef TIM_OCInitStructure;
TIM_OCInitStructure.TIM_OCMode = TIM_OCMode_PWM1;
TIM_OCInitStructure.TIM_Channel = TIM_Channel_1;
TIM_OCInitStructure.TIM_Pulse = 0x3FFF;
TIM_OCInitStructure.TIM_OCPolarity = TIM_OCPolarity_High;
TIM_OCInit(TIM2, & TIM_OCInitStructure);
```

6.6.6　函数 TIM_PrescalerConfig

函数原形:void TIM_PrescalerConfig(TIM_TypeDef * TIMx, u16 Prescaler, u16 TIM_PSCReloadMode)

功能描述:设置 TIMx 预分频。

输入参数:

TIMx:选择 TIM 外设,x 可以是 2、3 或 4。

TIM_PSCReloadMode:预分频重载模式,该参数的取值见表 6-11。

表 6-11　TIM_PSCReloadMode 的取值

TIM_PSCReloadMode	描述
TIM_PSCReloadMode_Update	TIM 预分频值在更新事件装入
TIM_PSCReloadMode_Immediate	TIM 预分频值即时装入

例如,配置 TIM2 的新预分频值代码如下:

```
u16 TIMPrescaler = 0xFF00;
TIM_PrescalerConfig(TIM2, TIMPrescaler, TIM_PSCReloadMode_Immediate);
```

6.6.7　函数 TIM_SetCompare1

函数原形:void TIM_SetCompare1(TIM_TypeDef * TIMx, u16 Compare1)

功能描述:设置 TIMx 捕获比较 1 寄存器值。

输入参数:

TIMx:选择 TIM 外设,x 可以是 2、3 或 4。

Compare1:捕获比较 1 寄存器的新值。

6.6.8　函数 TIM_OC1PreloadConfig

函数原形:void TIM_OC1PreloadConfig(TIM_TypeDef * TIMx, u16 TIM_OCPreload)

功能描述:使能或失能 TIMx 在 CCR1 上的预装载寄存器。

输入参数:

TIMx:选择 TIM 外设,x 可以是 2、3 或 4。

TIM_OCPreload:输入比较预装载状态,该参数的取值见表 6-12。

表 6-12　TIM_OCPreload 的取值

TIM_OCPreload	描述
TIM_OCPreload_Enable	TIMx 在 CCR1 上的预装载寄存器使能
TIM_OCPreload_Disable	TIMx 在 CCR1 上的预装载寄存器失能

例如,TIM2 在 CCR1 上的预装载寄存器使能代码如下:

　　TIM_OC1PreloadConfig(TIM2,TIM_OCPreload_Enable);

 6.7　通用定时器应用举例

6.7.1　通用定时器编程基本步骤

通用定时器编程的基本步骤如下:

(1)配置系统时钟。

(2)配置 NVIC、GPIO 等。

(3)配置定时器 TIMER。

配置定时器的具体步骤如下:

① 利用 TIM_DeInit()函数将 Timer 设置为默认缺省值。

② 利用 TIM_InternalClockConfig()函数选择 TIMx 内部时钟源,此函数可省略。

③ 利用 TIM_Perscaler 参数设置预分频系数,其范围为 0~65 535。

④ 利用 TIM_Period 参数设置自动重装载寄存器的值。

⑤ 利用 TIM_ClockDivision 参数设置时钟分割。

⑥ 利用 TIM_CounterMode 参数设置计数器模式。

⑦ 利用 TIM_ARRPerloadConfig()函数设置是否使用预装载寄存器,此函数可省略。

⑧ 配置定时器中断。

⑨ 利用 TIM_ITConfig()函数开启 TIMx 的中断。

其中步骤③~⑥中的参数由 TIM_TimerBaseInitTypeDef 结构体给出。步骤⑦中,当预装载寄存器被禁止时,写入自动装入(TIMx_ARR)的值会直接传送到对应的影子寄存器;若使能预加载寄存器,则写入 TIMx_ARR 的值在发生更新事件时,才会从预加载寄存器传送到对应的影子寄存器。

6.7.2　TIM2 的定时中断应用举例

程序功能:TIM2 产生 10 ms 的定时中断,驱动 PD13 所连接的 LED 指示灯闪烁。

程序分析:

(1)系统时钟配置函数 RCC_Configuration()。

在系统时钟配置函数中,打开挂接在 APB1 低速总线上的 TIM2 时钟,打开挂接在

APB2 高速总线上的端口 D 的时钟,其源程序如下:

```
void RCC_Configuration(void)
{
    RCC_DeInit();
    ……
    RCC_APB1PeriphClockCmd(RCC_APB1Periph_TIM2, ENABLE);
    RCC_APB2PeriphClockCmd(RCC_APB2Periph_GPIOD, ENABLE);
}
```

(2) TIM2 配置函数 TIM2_Configuration()。

在该函数中,首先复位 TIM2,使之进入初始状态。TIM2 要产生 10 ms 的定时中断,设置自动重载值 TIM_Period=(20-1),预分频系数 TIM_Prescaler=(36 000-1),定时器分频值 TIM_ClockDivision=0x0,采用向上计数模式,清除 TIM2 溢出中断标志,开放 TIM2 中断,使能 TIM2 定时器。其源程序如下:

```
void TIM2_Configuration()
{
    TIM_TimeBaseInitTypeDef TIM_TimeBaseStructure;
    TIM_DeInit(TIM2);                              //复位 TIM2,使之进入初始状态
    TIM_TimeBaseStructure.TIM_Period=(20-1);
    TIM_TimeBaseStructure.TIM_Prescaler=(36000-1);
    TIM_TimeBaseStructure.TIM_ClockDivision=0x0;
    TIM_TimeBaseStructure.TIM_CounterMode=TIM_CounterMode_Up;
    TIM_TimeBaseInit(TIM2, &TIM_TimeBaseStructure);
    TIM_ClearFlag(TIM2, TIM_FLAG_Update);          //清除 TIM2 溢出中断标志
    TIM_ITConfig(TIM2, TIM_IT_Update, ENABLE);     //开放 TIM2 中断
    TIM_Cmd(TIM2, ENABLE);                         //使能 TIM2 定时器
}
```

由上述设置及定时计算公式可知,定时时间为:

$$T = (\text{TIM\_Period}+1) \times (\text{TIM\_Prescaler}+1)/\text{TIMxCLK}$$
$$= (20-1+1) \times (36\ 000-1+1)/(72\ \text{MHz})$$
$$= 10^{-2}\ \text{s} = 10\ \text{ms}$$

(3) TIM2 中断向量控制配置函数 NVIC_Configuration()。

在该函数中,设置 TIM2 的抢占优先级和从优先级均为 0,并允许 TIM2 中断。

```
void NVIC_Configuration()
{
    NVIC_InitTypeDef NVIC_InitStructure;
    #ifdef VECT_TAB_RAM                   //设置中断向量表定位:0x20000000
        NVIC_SetVectorTable(NVIC_VectTab_RAM, 0x0);
    #else                                 //设置中断向量表定位:0x08000000
```

```
            NVIC_SetVectorTable( NVIC_VectTab_FLASH, 0x0);
        #endif
        NVIC_InitStructure.NVIC_IRQChannel = TIM2_IRQChannel;
        NVIC_InitStructure.NVIC_IRQChannelPreemptionPriority = 0;
        NVIC_InitStructure.NVIC_IRQChannelSubPriority = 0;
        NVIC_InitStructure.NVIC_IRQChannelCmd = ENABLE;
        NVIC_Init( &NVIC_InitStructure);
    }
```

（4）GPIO 端口配置函数 GPIO_Configuration( )。

PD13 连接 LED 指示灯 LED,将其配置为推挽输出,其源程序如下:

```
    void GPIO_Configuration( )
    {
        GPIO_InitTypeDef GPIO_InitStructure;
        GPIO_InitStructure.GPIO_Pin = GPIO_Pin_13;      //LED-> PD13
        GPIO_InitStructure.GPIO_Mode = GPIO_Mode_Out_PP;
        GPIO_InitStructure.GPIO_Speed = GPIO_Speed_50MHz;
        GPIO_Init( GPIOD, &GPIO_InitStructure);
    }
```

（5）主函数 main( )。

在主函数 main( )中,首先进行系统初始化,之后配置并使能 TIM2 定时器,最终实现程序的功能。主函数源程序如下:

```
    void RCC_Configuration( void);
    void GPIO_Configuration( void);
    void NVIC_Configuration( void);
    void TIM2_Configuration( void);
    ErrorStatus HSEStartUpStatus;
    int main( )
    {
        RCC_Configuration( );                    //配置系统时钟
        NVIC_Configuration( );                   //配置 TIM2 中断
        GPIO_Configuration( );                   //GPIO 口初始化
        TIM2_Configuration( );                   //配置 TIM2 定时器
        while(1){}
    }
```

（6）TIM2 中断服务程序 TIM2_IRQHandler( )。

在 TIM2 中断服务程序中主要做两件事:一是实现 LED 指示灯以 10 ms 的间隔闪烁;二是清除 TIM2 中断标志。其源程序如下:

```
    void TIM2_IRQHandler( void)
```

```
        }
    if( GPIO_ReadInputDataBit( GPIOD, GPIO_Pin_13 ) == 0 )
        GPIO_SetBits( GPIOD, GPIO_Pin_13 ) ;
    else
        GPIO_ResetBits( GPIOD, GPIO_Pin_13 ) ;
    TIM_ClearFlag( TIM2, TIM_FLAG_Update ) ;
}
```

6.7.3　TIM3 多通道输出比较模式应用举例

程序功能:对 TIM3 定时器进行控制,使得 TIM3 通道 1 产生频率为 183.1 Hz 的方波,通道 2 产生频率为 366.2 Hz 的方波,通道 3 产生频率为 732.4 Hz 的方波,通道 4 产生频率为 1 464.8 Hz 的方波。

TIM3 定时器的通道 1 TIM3_CH1 对应于 PA6,通道 2 TIM3_CH2 对应于 PA7,通道 3 TIM3_CH3 对应于 PB0,通道 4 TIM3_CH4 对应于 PB1,这 4 个通道通过连线分别连接到 PC9~PC12,与之相连接的是 4 个 LED 指示灯 L1~L4。当 TIM3 定时器的 4 个通道产生不同频率时,4 个 LED 指示灯以不同频率闪烁。

程序分析:

(1) 系统时钟配置函数 RCC_Configuration( )。

在系统时钟配置函数中,打开挂接在 APB1 低速总线上的 TIM3 时钟,打开挂接在 APB2 高速总线上的端口 C 的时钟,其源程序如下:

```
void RCC_Configuration( void )
{
    RCC_DeInit( ) ;
    ……
    RCC_APB1PeriphClockCmd( RCC_APB1Periph_TIM3, ENABLE ) ;
    RCC_APB2PeriphClockCmd( RCC_APB2Periph_GPIOC, ENABLE ) ;
}
```

(2) TIM3 配置函数 TIM3_Configuration( )。

在该函数中,根据功能要求,首先计算并设置各通道的参数,分别是:

TIM3_CC1 = 0x8000;TIM3_CC2 = 0x4000;TIM3_CC3 = 0x2000;TIM3_CC4 = 0x1000

TIM3CLK = 36 MHz;Prescaler = 0x2;TIM3 counter clock = 36 MHz/(2+1) = 12 MHz

CC1 update rate = TIM3 counter clock/CCR1_Val = 12 MHz/2^{15} = 366.2 Hz

CC2 update rate = TIM3 counter clock/CCR2_Val = 12 MHz/2^{14} = 732.4 Hz

CC3 update rate = TIM3 counter clock/CCR3_Val = 12 MHz/2^{13} = 1 464.8 Hz

CC4 update rate = TIM3 counter clock/CCR4_Val = 12 MHz/2^{12} = 2 929.7 Hz

配置 TIM3 的 4 个通道均为输出比较模式,采用向上计数模式,计数重载值 TIM_Period = 0xFFFF,预分频值 TIM_Prescaler = 0x2,时钟分割 TIM_ClockDivision = 0x0,清除 TIM3 中断标志,开放 TIM3 中断,使能 TIM3 定时器,其源程序如下:

```
    vu16 CCR1_Val = 0x8000;              //初始化输出比较通道 1 的计数周期变量
```

```
vu16 CCR2_Val = 0x4000;                    //初始化输出比较通道 2 的计数周期变量
vu16 CCR3_Val = 0x2000;                    //初始化输出比较通道 3 的计数周期变量
vu16 CCR4_Val = 0x1000;                    //初始化输出比较通道 4 的计数周期变量
void TIM3_Configuration( void )
{   //定义 TIM_OCInit 初始化结构体 TIM_OCInitStructure
    TIM_OCInitTypeDef TIM_OCInitStructure;
    //定义 TimeBaseInit 初始化结构体 TIM_TimeBaseStructure
    TIM_TimeBaseInitTypeDef TIM_TimeBaseStructure;
    TIM_TimeBaseStructure.TIM_Period = 0xFFFF;
    TIM_TimeBaseStructure.TIM_Prescaler = 0x2;
    TIM_TimeBaseStructure.TIM_ClockDivision = 0;
    TIM_TimeBaseStructure.TIM_CounterMode = TIM_CounterMode_Up;
    //设置预分频值并立即装入
    TIM_TimeBaseInit( TIM3, &TIM_TimeBaseStructure );
    //设置 4 个通道输出比较模式,向上计数等
    TIM_PrescalerConfig( TIM3, 2, TIM_PSCReloadMode_Immediate );
    TIM_OCInitStructure.TIM_OCMode = TIM_OCMode_Timing;
    TIM_OCInitStructure.TIM_OutputState = TIM_OutputState_Enable;
    TIM_OCInitStructure.TIM_OCPolarity = TIM_OCPolarity_High;
    //通道 1 的配置
    TIM_OCInitStructure.TIM_Pulse = CCR1_Val;
    TIM_OC1Init( TIM3, &TIM_OCInitStructure );
    //通道 2 的配置
    TIM_OCInitStructure.TIM_Pulse = CCR2_Val;
    TIM_OC2Init( TIM3, &TIM_OCInitStructure );
    //通道 3 的配置
    TIM_OCInitStructure.TIM_Pulse = CCR3_Val;
    TIM_OC3Init( TIM3, &TIM_OCInitStructure );
    //通道 4 的配置
    TIM_OCInitStructure.TIM_Pulse = CCR4_Val;
    TIM_OC4Init( TIM3, &TIM_OCInitStructure );           //禁止预装载寄存器
    TIM_OC1PreloadConfig( TIM3, TIM_OCPreload_Disable );
    TIM_OC2PreloadConfig( TIM3, TIM_OCPreload_Disable );
    TIM_OC3PreloadConfig( TIM3, TIM_OCPreload_Disable );
    TIM_OC4PreloadConfig( TIM3, TIM_OCPreload_Disable );  //使能 TIM3 中断
    TIM_ITConfig( TIM3, TIM_IT_CC1 | TIM_IT_CC2 | TIM_IT_CC3 | TIM_IT_CC4,
        ENABLE );
    TIM_Cmd( TIM3, ENABLE );                             //启动 TIM3 工作
```

　　　　　　}
　（3）TIM3 嵌套中断向量控制配置函数 NVIC_Configuration( )。

　　在该函数中,设置 TIM3 的抢占优先级为 0,从优先级为 1,并允许 TIM3 中断。其源程
序如下:

```
        void NVIC_Configuration( void )
        {
            NVIC_InitTypeDef NVIC_InitStructure;
            #ifdef VECT_TAB_RAM                    //设置中断向量表定位:0x20000000
                NVIC_SetVectorTable( NVIC_VectTab_RAM, 0x0 );
            #else                                  //设置中断向量表定位:0x08000000
                NVIC_SetVectorTable( NVIC_VectTab_FLASH, 0x0 );
            #endif
            NVIC_InitStructure.NVIC_IRQChannel = TIM3_IRQChannel;
            NVIC_InitStructure.NVIC_IRQChannelPreemptionPriority = 0;
            NVIC_InitStructure.NVIC_IRQChannelSubPriority = 1;
            NVIC_InitStructure.NVIC_IRQChannelCmd = ENABLE;
            NVIC_Init( &NVIC_InitStructure );
        }
```

　（4）GPIO 端口配置函数 GPIO_Configuration( )。

　　PC9~PC12 对应连接 4 个 LED 指示灯 L1~L4,将其配置为推挽输出,其源程序如下:

```
        void GPIO_Configuration( void )
        {
            GPIO_InitTypeDef GPIO_InitStructure;
            GPIO_InitStructure.GPIO_Pin = GPIO_Pin_9 GPIO_Pin_10 | GPIO_Pin_11 |
                GPIO_Pin_12;
            GPIO_InitStructure.GPIO_Mode = GPIO_Mode_Out_PP;
            GPIO_InitStructure.GPIO_Speed = GPIO_Speed_50MHz;
            GPIO_Init( GPIOC, &GPIO_InitStructure );
        }
```

　（5）主函数 main( )。

　　在主函数 main( )中,首先进行系统初始化,之后配置并使能 TIM3 定时器,最终实现
程序功能。主函数源程序如下:

```
        void RCC_Configuration( void );
        void GPIO_Configuration( void );
        void NVIC_Configuration( void );
        void TIM3_Configuration( void );
        ErrorStatus HSEStartUpStatus;
        int main( void )
```

```
    {
        RCC_Configuration();
        NVIC_Configuration();
        GPIO_Configuration();
        TIM3_Configuration();
        while(1);
    }
```

(6) TIM3 中断服务程序 TIM3_IRQHandler()。

在 TIM3 中断服务程序中,清除中断标志,根据当前计数值更新输出捕获寄存器。当 TIM3 定时器 4 个通道分别产生不同频率时,4 个 LED 指示灯 L1~L4 以不同的频率闪烁。其源程序如下:

```
    void TIM3_IRQHandler(void)
    {
        if(TIM_GetITStatus(TIM3, TIM_IT_CC1) != RESET)
        //L1 以 183.1 Hz 的频率闪烁
        {
            TIM_ClearITPendingBit(TIM3, TIM_IT_CC1);        //清除中断标志
            GPIO_WriteBit(GPIOC, GPIO_Pin_9, (BitAction)(1-GPIO_
                ReadOutputDataBit(GPIOC, GPIO_Pin_9)));
            capture = TIM_GetCapture1(TIM3);                //读出当前计数值
            //根据当前计数值更新输出捕获寄存器
            TIM_SetCompare1(TIM3, capture + CCR1_Val);
        }
        else if(TIM_GetITStatus(TIM3, TIM_IT_CC2) != RESET)
        //L2 以 366.2 Hz 的频率闪烁
        {
            TIM_ClearITPendingBit(TIM3, TIM_IT_CC2);
            GPIO_WriteBit(GPIOC, GPIO_Pin_10, (BitAction)(1-GPIO_ReadOut-
                putDataBit(GPIOC, GPIO_Pin_10)));
            capture = TIM_GetCapture2(TIM3);
            TIM_SetCompare2(TIM3, capture + CCR2_Val);
        }
        else if(TIM_GetITStatus(TIM3, TIM_IT_CC3) != RESET)
        //L3 以 732.4 Hz 的频率闪烁
        {
            TIM_ClearITPendingBit(TIM3, TIM_IT_CC3);
            GPIO_WriteBit(GPIOC, GPIO_Pin_11, (BitAction)(1-GPIO_ReadOut-
                putDataBit(GPIOC, GPIO_Pin_11)));
```

```
            capture = TIM_GetCapture3(TIM3);
            TIM_SetCompare3(TIM3, capture + CCR3_Val);
        }
        else                              //L4 以 1 464.8 Hz 的频率闪烁
        {
            TIM_ClearITPendingBit(TIM3, TIM_IT_CC4);
            GPIO_WriteBit(GPIOC, GPIO_Pin_12,(BitAction)(1-GPIO_ReadOut
                put-DataBit(GPIOC, GPIO_Pin_12)));
            capture = TIM_GetCapture4(TIM3);
            TIM_SetCompare4(TIM3, capture+CCR4_Val);
        }
    }
```

6.7.4　PWM 输出应用举例

1. 产生占空比连续变化的 PWM 波

程序功能:采用 TIM4 定时器产生占空比连续变化的 PWM 波,并使用 TIM4 的通道 2 TIM4_CH2 重映射到 PD13,输出其 PWM 波,且 LED 指示灯 D1 和 D2 分别连接到 PD13 和 PD12。改变 PWM 的占空比,观察 D1 的亮暗变化。由 PWM 控制的 D1 由暗至渐亮再变亮,通过亮度恒定的指示灯 D2 对比二者的亮度。

程序分析:

(1)系统时钟配置函数 RCC_Configuration( )。

在系统时钟配置函数中,打开挂接在 APB1 低速总线上的 TIM4 时钟,打开挂接在 APB2 高速总线上的端口 D 的时钟,因 TIM4 定时器通道 2 TIM4_CH2 不仅对应于 PB7,还可通过重映射对应于 PD13,本例中采用 TIM4_CH2 重映射到 PD13 作为 PWM 波的输出引脚,因此需要打开复用时钟。其源程序如下:

```
        void RCC_Configuration( )
        {
            RCC_DeInit( );
            ……
            RCC_APB1PeriphClockCmd(RCC_APB1Periph_TIM4, ENABLE);
            RCC_APB2PeriphClockCmd(RCC_APB2Periph_GPIOD | RCC_APB2Periph_
                AFIO, ENABLE);
        }
```

(2)TIM4 配置函数 TIM4_Configuration( )。

在该函数中,首先复位 TIM4 使之进入初始状态。设置 TIM_Period(TIM1_ARR)= (7 200-1),预分频系数 TIM_Prescaler = 0,时钟分割 TIM_ClockDivision = 0,TIM4CLK = 72 MHz,TIM4 向上计数,计数器向上计数到 7 200 后产生更新事件。根据指定参数配置 TIM 时基寄存器,使能 TIM4 在 ARR 上的预装载寄存器,启动 TIM4 定时器的工作,其源程序如下:

```
void TIM4_Configuration(void)
{
    TIM_TimeBaseInitTypeDef TIM_BaseInitStructure;
    TIM_DeInit(TIM4);                                        //将 TIM4 复位,进入初始状态
    TIM_InternalClockConfig(TIM4);                           //配置 TIM4 内部时钟
    TIM_BaseInitStructure.TIM_Period=(7200-1);
    TIM_BaseInitStructure.TIM_Prescaler=0;                   //不分频
    TIM_BaseInitStructure.TIM_ClockDivision=TIM_CKD_DIV1;
    TIM_BaseInitStructure.TIM_CounterMode=TIM_CounterMode_Up;  //向上计数
    TIM_TimeBaseInit(TIM4, &TIM_BaseInitStructure);
    //使能 TIM4 在 ARR 上的预装载寄存器
    TIM_ARRPreloadConfig(TIM4, ENABLE);
    TIM_Cmd(TIM4, ENABLE);                                   //使能 TIM4
}
```

(3) 初始化 PWM 函数 TIM4_PWM_Init()。

在该函数中,配置 PWM 通道及占空比,变量 Dutyfactor 定义占空比大小。占空比计算公式如下:

$$占空比=(CCRx/ARR)\times100\% \ 或 \ (TIM\_Pulse/TIM\_Period)\times100\%$$

$$PWM \ 的输出频率 f_{PWM}=72 \ MHz/7 \ 200=10 \ kHz$$

初始化 PWM 函数源程序如下:

```
void TIM4_PWM_Init(u16 Dutyfactor)
{
    TIM_OCInitTypeDef TIM_OCInitStructure;
    TIM_OCStructInit(&TIM_OCInitStructure);                  //设置缺省值
    TIM_OCInitStructure.TIM_OCMode=TIM_OCMode_PWM1;
    TIM_OCInitStructure.TIM_Pulse=Dutyfactor;                //PWM 模式 1 输出
    //TIM 输出比较极性高
    TIM_OCInitStructure.TIM_OCPolarity=TIM_OCPolarity_High;
    //比较输出使能,需要 PWM 输出才需要这行代码
    TIM_OCInitStructure.TIM_OutputState=TIM_OutputState_Enable;
    //根据参数初始化 PWM 寄存器 OC2
    TIM_OC2Init(TIM4, &TIM_OCInitStructure);
    //使能 TIM4 在 CCR2 上预装载寄存器
    TIM_OC2PreloadConfig(TIM4,TIM_OCPreload_Enable);
    TIM_CtrlPWMOutputs(TIM4,ENABLE);                         //设置 TIM4 的 PWM 输出为使能
}
```

(4) GPIO 端口配置函数 GPIO_Configuration()。

LED 指示灯 D1 和 D2 分别连接到 PD13 和 PD12,并且 TIM4_CH2 重映射到 PD13 作

为 PWM 波的输出引脚,其源程序如下:

```
void GPIO_Configuration(void)
{
    GPIO_InitTypeDef GPIO_InitStructure;
    GPIO_InitStructure.GPIO_Pin = GPIO_Pin_12;              //LED D2—>PD12
    GPIO_InitStructure.GPIO_Mode = GPIO_Mode_Out_PP;        //通用输出推挽
    GPIO_InitStructure.GPIO_Speed = GPIO_Speed_50MHz;
    GPIO_Init(GPIOD, &GPIO_InitStructure);
    GPIO_InitStructure.GPIO_Pin = GPIO_Pin_13;              //LED D1—>PD13
    GPIO_InitStructure.GPIO_Mode = GPIO_Mode_AF_PP;         //复用输出推挽
    GPIO_InitStructure.GPIO_Speed = GPIO_Speed_50MHz;
    GPIO_Init(GPIOD, &GPIO_InitStructure);
    //将 TIM4_CH2 重映射到 PD13
    GPIO_PinRemapConfig(GPIO_Remap_TIM4, ENABLE);
}
```

(5) 主函数 main()。

在主函数 main()中,首先定义相关变量与参数,之后进行系统初始化,配置并使能TIM4 定时器,最终实现程序的功能。主函数源程序如下:

```
u16 Dutyfactor = 0;                    //占空比参数,最大为 7 200,方波
#define Dutyfactor1 7200               //占空比为 100%,输出高电平,LED 最亮
#define Dutyfactor2 5400               //占空比为 75%,高电平占 75%,低电平占 25%
#define Dutyfactor3 3600               //占空比为 50%,高电平占 50%,低电平占 50%
#define Dutyfactor4 1800               //占空比为 25%,高电平占 25%,低电平占 75%
#define Dutyfactor5 0                  //占空比为 0%,输出低电平,LED 灭
void Delay_Ms(u16 time);
void RCC_Configuration(void);
void GPIO_Configuration(void);
void TIM4_Configuration(void);
void TIM4_PWM_Init(u16 Dutyfactor);
ErrorStatus HSEStartUpStatus;
int main()
{
    RCC_Configuration();                   //配置系统时钟
    GPIO_Configuration();                  //GPIO 初始化
    TIM4_Configuration();                  //定时器初始化
    TIM4_PWM_Init(Dutyfactor3);            //PWM 初始化设置
    GPIO_SetBits(GPIOD, GPIO_Pin_12);      //LED D2 初始化
    while(1)
```

```
        {
            Dutyfactor++;
            if( Dutyfactor<7200)
                TIM_SetCompare2(TIM4,Dutyfactor);    //LED D1 慢慢变亮,TIM4_CH2
            if( Dutyfactor>=7200)
                Dutyfactor=0;
            Delay_Ms(2);                                       //通过延时观察 D1 的变化
        }
    }
```

2. 产生占空比固定的 PWM 波

程序功能:利用 TIM4 定时器产生 4 路不同的固定占空比的 PWM 波输出。TIM4 通道
1 TIM4_CH1 对应于 PB6,通道 2 TIM4_CH2 对应于 PB7,通道 3 TIM4_CH3 对应于 PB8,通
道 4 TIM4_CH4 对应于 PB9,这 4 个通道通过连线分别连接到 PF6~PF9,与之相连接的是
4 个 LED 指示灯 L1~L4。当 TIM4 的 4 个通道产生频率相同、占空比不同的 PWM 波时,
4 个 LED 指示灯以不同的占空比闪烁。

程序分析:

(1)系统时钟配置函数 RCC_Configuration( )。

在系统时钟配置函数中,打开挂接在 APB1 低速总线上的 TIM4 时钟,打开挂接在
APB2 高速总线上的端口 B 和端口 F 的时钟,其源程序如下:

```
    void RCC_Configuration( void)
    {
        RCC_DeInit( );
        ……
        RCC_APB1PeriphClockCmd( RCC_APB1Periph_TIM4, ENABLE);
        RCC_APB2PeriphClockCmd( RCC_APB2Periph_GPIOB | RCC_APB2Periph_
            GPIOF, ENABLE);
    }
```

(2)TIM4 配置函数 TIM4_Configuration( )。

在该函数中,设置 TIM_Period(TIM1_ARR)= 999,预分频系数 TIM_Prescaler =
0x6000,时钟分割 TIM_ClockDivision=0,TIM4CLK=36 MHz,相关参数计算如下:

TIM4CLK=36 MHz,Prescaler=0x6000, TIM4 ARR Register=999

TIM4 counter clock=36 MHz/(24 576+1)= 1 465 Hz

TIM4 Frequency=TIM4 counter clock/(ARR + 1)= 1.465 Hz

TIM4 Channel1 duty cycle=(TIM4_CCR1/TIM4_ARR)×100=50%,CCR1_Val=500

TIM4 Channel2 duty cycle=(TIM4_CCR2/TIM4_ARR)×100=37.5%,CCR2_Val=375

TIM4 Channel3 duty cycle=(TIM4_CCR3/TIM4_ARR)×100=25%,CCR3_Val=250

TIM4 Channel4 duty cycle=(TIM4_CCR4/TIM4_ARR)×100=12.5%,CCR4_Val=125

首先复位 TIM4,使之进入初始状态,根据指定参数配置 TIM 时基寄存器,使能 TIM4

在 ARR 上的预装载寄存器, TIM4 向上计数, 启动 TIM4 定时器的工作, 其源程序如下:

```
void TIM4_Configuration(void)
{
    TIM_TimeBaseInitTypeDef TIM_TimeBaseStructure;
    TIM_OCInitTypeDef TIM_OCInitStructure;
    TIM_TimeBaseStructure.TIM_Period = 999;              //时基寄存器
    TIM_TimeBaseStructure.TIM_Prescaler = 0x6000;        //0x6000 = 24 576
    TIM_TimeBaseStructure.TIM_ClockDivision = 0;         //时钟分割为 0
    TIM_TimeBaseStructure.TIM_CounterMode = TIM_CounterMode_Up;
    TIM_TimeBaseInit(TIM4, &TIM_TimeBaseStructure);
    //设置 4 个通道为 PWM 输出模式, 向上计数等
    TIM_OCInitStructure.TIM_OCMode = TIM_OCMode_PWM1;
    TIM_OCInitStructure.TIM_OutputState = TIM_OutputState_Enable;
    TIM_OCInitStructure.TIM_OCPolarity = TIM_OCPolarity_High;
    //PWM1 模式通道 1 的配置, 占空比为 50%
    TIM_OCInitStructure.TIM_Pulse = CCR1_Val;
    TIM_OC1Init(TIM4, &TIM_OCInitStructure);
    //PWM1 模式通道 2 的配置, 占空比为 37.5%
    TIM_OCInitStructure.TIM_Pulse = CCR2_Val;
    TIM_OC2Init(TIM4, &TIM_OCInitStructure);
    //PWM1 模式通道 3 的配置, 占空比为 25%
    TIM_OCInitStructure.TIM_Pulse = CCR3_Val;
    TIM_OC3Init(TIM4, &TIM_OCInitStructure);
    //PWM1 模式通道 4 的配置, 占空比为 12.5%
    TIM_OCInitStructure.TIM_Pulse = CCR4_Val;
    TIM_OC4Init(TIM4, &TIM_OCInitStructure);
    //使能预装载寄存器
    TIM_OC1PreloadConfig(TIM4, TIM_OCPreload_Enable);
    TIM_OC2PreloadConfig(TIM4, TIM_OCPreload_Enable);
    TIM_OC3PreloadConfig(TIM4, TIM_OCPreload_Enable);
    TIM_OC4PreloadConfig(TIM4, TIM_OCPreload_Enable);
    TIM_ARRPreloadConfig(TIM4, ENABLE);
    TIM_Cmd(TIM4, ENABLE);
}
```

(3) GPIO 端口配置函数 GPIO_Configuration()。

TIM4 定时器的 4 个通道 TIM4_CH1 ~ TIM4_CH4 分别对应于 PB6 ~ PB9, 作为复用引脚, 配置为复用推挽输出; 4 个 LED 指示灯 L1 ~ L4 分别连接到 PF6 ~ PF9, 配置为推挽输出。其源程序如下:

```
    void GPIO_Configuration( void)
    {
        GPIO_InitTypeDef GPIO_InitStructure;
        GPIO_InitStructure.GPIO_Pin = GPIO_Pin_6 | GPIO_Pin_7 | GPIO_Pin_8 | GPIO_
            Pin_9;
        GPIO_InitStructure.GPIO_Mode = GPIO_Mode_AF_PP;
        GPIO_InitStructure.GPIO_Speed = GPIO_Speed_50MHz;
        GPIO_Init( GPIOB, &GPIO_InitStructure);
        GPIO_InitStructure.GPIO_Pin = GPIO_Pin_6 | GPIO_Pin_7 | GPIO_Pin_8 | GPIO_
            Pin_9;                                  //PF6~PF9 配置为推挽输出
        GPIO_InitStructure.GPIO_Mode = GPIO_Mode_Out_PP;
        GPIO_InitStructure.GPIO_Speed = GPIO_Speed_50MHz;
        GPIO_Init( GPIOF, &GPIO_InitStructure);
    }
```

（4）中断向量控制配置函数 NVIC_Configuration( )。

```
    void NVIC_Configuration( void)
    {
        NVIC_InitTypeDef NVIC_InitStructure;
        #ifdef VECT_TAB_RAM              //设置中断向量表定位:0x20000000
            NVIC_SetVectorTable( NVIC_VectTab_RAM, 0x0);
        #else                            //设置中断向量表定位:0x08000000
            NVIC_SetVectorTable( NVIC_VectTab_FLASH, 0x0);
        #endif
    }
```

（5）主函数 main( )。

在主函数 main( )中,首先定义相关变量与参数,之后进行系统初始化,配置并使能 TIM4 定时器,最终实现程序的功能。主函数源程序如下:

```
    u16 CCR1_Val = 500;              //初始化输出比较通道1的计数周期变量
    u16 CCR2_Val = 375;              //初始化输出比较通道2的计数周期变量
    u16 CCR3_Val = 250;              //初始化输出比较通道3的计数周期变量
    u16 CCR4_Val = 125;              //初始化输出比较通道4的计数周期变量
    ErrorStatus HSEStartUpStatus;
    void RCC_Configuration( void);
    void GPIO_Configuration( void);
    void NVIC_Configuration( void);
    void TIM4_Configuration( void);
    int main( )
    {
```

```
    RCC_Configuration( );
    NVIC_Configuration( );
    GPIO_Configuration( );
    TIM4_Configuration( );
    while(1);
}
```

 6.8 SysTick 时钟

6.8.1 SysTick 简介

ARM Cortex-M3 内核集成了一个系统时钟 SysTick(System Tick Timer),也称为系统嘀嗒定时器。SysTick 是一个 24 位向下递减计数器,设定初值并使能后,每经过 1 个时钟周期,计数值就减 1。当计数到 0 时,SysTick 就产生一次中断。它有独立的中断向量,中断响应属于 NVIC 异常,异常号为 15。同时,SysTick 的重装载寄存器会给计数器重新赋值并继续计数。

操作系统通常需要一个硬件定时器来产生操作系统所需的周期性嘀嗒中断,作为整个系统的时基,以维持操作系统"心跳"的节律。例如,它把整个时间段分成很多个小小的时间片,而每个任务每次只能运行一个时间片的时间长度,超时就退出给别的任务运行,以确保没有一个任务能够霸占操作系统。此外,操作系统提供的各种定时功能,都与这个嘀嗒时钟 SysTick 有关。因此,需要一个定时器来产生周期性的中断,而且最好不让用户程序随意访问它的寄存器,以维持操作系统的节律。

因此,嘀嗒时钟 SysTick 主要是用来给嵌入式操作系统提供任务切换和时间管理的定时器,只要不把它在 SysTick 控制及状态寄存器中的使能位清除,它就永不停息。有了SysTick 定时器,嵌入式操作系统就不占用芯片的定时器外设,而且它使操作系统和其他系统软件在 CM3 器件间的移植变得简单许多。嘀嗒时钟 SysTick 除了能服务于操作系统之外,还能用于其他场合,如可实现精确定时,作为一个闹铃,用于测量时间等。要注意的是,当处理器在调试期间被暂停时,SysTick 定时器亦将暂停。

嘀嗒定时器 SysTick 的时钟源既可选择 HCLK/8,也可选择 HCLK,通过对 SysTick 控制与状态寄存器的设置而确定。

6.8.2 SysTick 寄存器

系统嘀嗒定时器 SysTick 有 4 个寄存器:控制及状态寄存器(STK_CTRL)、重装载数值寄存器(STK_LOAD)、当前数值寄存器(STK_VAL)、校准数值寄存器(STK_CALIB)。SysTick 相关寄存器的格式如图 6-19 所示。

寄存器	31	30	29	28	27	26	25	24	23	22	21	20	19	18	17	16	15	14	13	12	11	10	9	8	7	6	5	4	3	2	1	0
STK_CTRL									—							COUNTFLAG						—								CLKSOURC	TICK INT	ENABLE
STK_LOAD								—												RELOAD[23:0]												
STK_VAL								—												CURRENT[23:0]												
STK_CALIB								—												TENMS[23:0]												

图 6-19 SysTick 相关寄存器的格式

控制及状态寄存器 STK_CTRL：D0 位为 1 时使能 SysTick，D1 位为 1 时使能中断，D2 位是时钟源选择（0：AHB/8；1：AHB 时钟），D16 位为计数比较标志位 COUNTFLAG，用来判断 SysTick 计数器是否递减到 0，当 SysTick 递减到 0 时，COUNTFLAG 被置 1。若未使用 SysTick 的中断功能，可通过查询该位是否为 1 来判断 SysTick 定时器是否溢出。

重装载数值寄存器 STK_LOAD：用于设置 SysTick 计数器的比较值，当 SysTick 计数器递减到 0 时，该寄存器的值会重新赋值给 SysTick 计数器，使 SysTick 可以重复计时。

当前数值寄存器 STK_VAL：用于存储 SysTick 计数器的当前值。当读取 STK_VAL 的值时，返回的是 SysTick 计数器的当前值；当写 STK_VAL 时，会使 SysTick 计数器的值清零，且清除 STK_CTRL 的 D16 位 COUNNTFLAG。

校准数值寄存器 STK_CALIB：系统嘀嗒校准值固定为 9 000，当系统嘀嗒时钟设定为 9 MHz 时，产生 1 ms 的时间基准。

通常只需要配置 STK_CTRL、STK_LOAD、STK_VAL 这三个寄存器，STK_CALIB 基本不使用。

6.8.3 SysTick 库函数

SysTick 常用库函数见表 6-13。

表 6-13 SysTick 常用库函数

函数名	功能
SysTick_CLKSourceConfig	设置 SysTick 时钟源
SysTick_CounterCmd	使能或失能 SysTick 计数器
SysTick_SetReload	设置 SysTick 重装载值
SysTick_ITConfig	使能或失能 SysTick 中断
SysTick_GetCounter	获取 SysTick 计数器的值
SysTick_GetFlagStatus	检查指定的 SysTick 标志位设置与否

1. 函数 SysTick_CLKSourceConfig

函数原形：void SysTick_CLKSourceConfig(u32 SysTick_CLKSource)

功能描述:设置 SysTick 时钟源。

输入参数:SysTick_CLKSource,SysTick 时钟源,该参数的取值见表 6-14。

表 6-14　**SysTick_CLKSource 的取值**

SysTick_CLKSource	描述
SysTick_CLKSource_HCLK_Div8	SysTick 时钟源为 AHB 时钟除以 8
SysTick_CLKSource_HCLK	SysTick 时钟源为 AHB 时钟

例如,AHB 时钟作为 SysTick 时钟源的代码如下:

　　SysTick_CLKSourceConfig(SysTick_CLKSource_HCLK);

2. 函数 SysTick_SetReload

函数原形:void SysTick_SetReload(u32 Reload)

功能描述:设置 SysTick 重装载值。

输入参数:Reload,重装载值,该参数的取值必须在 1 和 0x00FFFFFF 之间。

3. 函数 SysTick_ITConfig

函数原形:void SysTick_ITConfig(FunctionalState NewState)

功能描述:使能或失能 SysTick 中断。

输入参数:NewState,SysTick 中断的新状态,这个参数可以取 ENABLE 或 DISABLE。

6.8.4　SysTick 应用举例

1. SysTick 的配置步骤

(1)配置时钟源,选择时钟源 HCLK 或者时钟源 HCLK/8,时钟分频等。

(2)计算重载值,并赋值给 SysTick 重装载数值寄存器(STK_LOAD)。

(3)开启中断。

(4)使能 SysTick 定时器。

2. 利用 SysTick 实现精确定时

程序功能:利用 SysTick 精确定时的主要优点,实现函数 Systick_Delay()延时的精确值。PC0～PC3 连接 4 个 LED 指示灯 D1～D4,D1、D2 与 D3、D4 两组分别以 500 ms 交替闪烁。

程序分析:

(1)SysTick 时钟配置函数 SysTick_Configuration()。

在该函数中,选择时钟源 HCLK 为 SysTick 时钟;设置 SysTicks 中断抢占优先级为 0,从优先级为 0;配置重载值,使得每 1 ms 发生一次 SysTick 中断;使能 SysTick 中断。其源程序如下:

```
    void SysTick_Configuration(void)
    {
        //设置 AHB 时钟为 SysTick 时钟
        SysTick_CLKSourceConfig(SysTick_CLKSource_HCLK);
        //设置 SysTicks 中断抢占优先级为 0,从优先级为 0
```

```
        NVIC_SystemHandlerPriorityConfig(SystemHandler_SysTick,0,0);
        //每 1 ms 发生一次 SysTick 中断
        SysTick_SetReload(RCC_ClocksStatus.HCLK_Frequency/500);
        SysTick_ITConfig(ENABLE);                          //使能 SysTick 中断
    }
```

（2）精确延时函数 Systick_Delay( )。

该函数实现精确延时。其中 Systick_ms_cnt 是一个全局变量,必须在文件"stm32f10x_it.c"中定义:extern unsigned int Systick_ms_cnt。精确延时函数 Systick_Delay( )的源程序如下:

```
        void Systick_Delay(unsigned int ms)
        {
            Systick_ms_cnt = 0;
            while(Systick_ms_cnt < ms);
        }
```

（3）GPIO 端口配置函数 GPIO_Configuration( )。

PC0~PC3 连接 4 个 LED 指示灯 D1~D4,配置为推挽输出,其源程序如下:

```
        void GPIO_Configuration(void)
        {
            GPIO_InitTypeDef GPIO_InitStructure;
            GPIO_InitStructure.GPIO_Pin = GPIO_Pin_0 | GPIO_Pin_1 | GPIO_Pin_2 | GPIO
                _Pin_3;
            GPIO_InitStructure.GPIO_Mode = GPIO_Mode_Out_PP;
            GPIO_InitStructure.GPIO_Speed = GPIO_Speed_50MHz;
            GPIO_Init(GPIOC, &GPIO_InitStructure);
        }
```

（4）系统时钟配置函数 RCC_Configuration( )。

在系统时钟配置函数中,打开端口 C 的时钟,通过调用函数 RCC_GetClocksFreq( )实现返回片上的时钟频率,其源程序如下:

```
        void RCC_Configuration(void)
        {
            RCC_DeInit();
            ……
            RCC_GetClocksFreq(&RCC_ClocksStatus);
            RCC_APB2PeriphClockCmd(RCC_APB2Periph_GPIOC, ENABLE);
        }
```

（5）主函数 main( )。

在主函数 main( )中,首先进行系统初始化,之后使能 SysTick 定时器,最终实现程序功能。主函数源程序如下:

```
        void RCC_Configuration(void);
```

```
void NVIC_Configuration(void);
void GPIO_Configuration(void);
void SysTick_Configuration(void);
void Systick_Delay(unsigned int ms);
unsigned int Systick_ms_cnt;
ErrorStatus HSEStartUpStatus;
RCC_ClocksTypeDef RCC_ClocksStatus;
int main()
{
    RCC_Configuration();
    NVIC_Configuration();
    GPIO_Configuration();
    SysTick_Configuration();
    SysTick_CounterCmd(SysTick_Counter_Enable);        //使能 SysTick 定时器
    while(1)
    {
        GPIO_Write(GPIOC,0xfff3);          //D4、D3 点亮,D2、D1 熄灭
        Systick_Delay(500);                //延时 500 ms
        GPIO_Write(GPIOC,0xfffc);          //D2、D1 点亮,D4、D3 熄灭
        Systick_Delay(500);                //延时 500 ms
    }
}
```

6.9　RTC 时钟

6.9.1　RTC 简介

实时时钟(Real-Time Clock,RTC)是一种能够提供日历/时钟及数据存储等功能的专用集成电路,常用于各种计算机和嵌入式系统的时钟信号源和参数设置存储电路。特别是在各种嵌入式系统中,用于记录事件发生的时间和相关信息,如通信工程、电力自动化、工业控制等自动化程度高的无人值守环境。

RTC 具有计时准确、耗电低、体积小等特点,特别适用于以微控制器为核心的嵌入式系统。可在系统电源关闭的情况下,通过备用电池来供电,因此 RTC 都具有独立的电源接口和晶振。RTC 能存储秒、分、时、星期、日、月、年等数据(通常是 BCD 数据),并且具有闰年补偿、报警等功能,支持毫秒级的"嘀嗒时间"中断作为实时操作系统(RTOS)的嘀嗒时钟。既然 RTC 的主要功能是完成年、月、星期、日、时、分、秒的计时功能,那么是否可以直接利用微控制器的定时器(如 TIM2),用软件来编写时钟、日历程序呢? 答案是肯定的,但存在几个问题:首先用软件编写会占用微控制器的定时器,由于定时器数量有限,会给应用开发带来资源紧张的问题,而且容易受到其他软件模块或者中断的影响,造成计时准

确性较差,通常很难达到需要的精度;其次为使时钟不至于停走,就必须在停电时给单片机供电,而相对于 RTC 而言,单片机功耗大很多,电池往往无法长时间工作,因此目前 RTC 的使用已十分广泛。

在很多单片机系统中都要求带有实时时钟电路,如最常见的数字钟、钟控设备、数据记录仪表,这些仪表往往需要采集带时标的数据,同时也会有一些需要保存的重要数据,便于用户后期对这些数据进行观察与分析。由于在需要 RTC 的场合一般不允许时钟停走,所以即使在单片机系统停电时,RTC 也必须能正常工作,因此通常都需要电池供电,同时考虑到电池的使用寿命,许多 RTC 把电源电路设计为能够根据主电源电压自动切换 RTC 使用主电源或后备电池。即当系统上电时,由主电源供电;而当断电时,自动切换到后备电池给 RTC 供电。一个基本的 RTC 芯片通常包括以下部件:电源电路、时钟信号产生电路、实时时钟、数据存储器、通信接口电路、逻辑控制电路等。同时,大部分的 RTC 还会提供一些 RAM。RTC 的基本组成如图 6-20 所示。

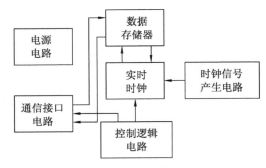

图 6-20　RTC 的基本组成

随着芯片集成度的提高,目前的嵌入式处理器已经越来越多地内置 RTC,如 STM32 单片机、MSP430 单片机等;对于没有内置 RTC 的微控制器,则需要外接实时时钟芯片,常见的有 DS1302、DS12887 等。

6.9.2　RTC 的功能

STM32 的实时时钟(RTC)是一个独立的定时器。RTC 模块拥有一组连续计数的计数器,在相应软件配置下,可提供时钟日历的功能,通过修改计数器的值可以重新设置系统当前的时间和日期。RTC 模块和 RTC 配置寄存器(RCC_BDCR)位于备份区域,因此在系统复位或从待机模式唤醒后,RTC 的设置和时间保持不变。STM32 的 RTC 主要功能如下:

(1) RTC 是一个带预分频器的 32 位可编程计数器,可编程预分频系数高达 2^{20}。

(2) 2 个独立时钟,用于 APB1 接口的 PCLK1 和 RTC 时钟(RTC 时钟频率须小于 PCLK1 时钟频率的 1/4 以上)。

(3) 3 种 RTC 时钟源可供选择。

① HSE 时钟除以 128,即高速外部时钟,接石英/陶瓷谐振器,或者接外部时钟源,频率范围为 4~16 MHz。

② LSE 振荡器时钟,即低速外部时钟,接石英晶体,频率为 32.768 kHz。

③ LSI 振荡器时钟,即低速内部时钟,频率为 40 kHz。

分频系数一般是 2^n,LSI 和 HSE 不能产生 1 Hz 计时脉冲,所以 RTC 时钟源通常由 32.768 kHz 的晶振提供,它等于 2^{15},这样 32.768 kHz 经过 15 次分频,可以产生精确的 1 Hz 计时脉冲。

(4) 3 个专门的可屏蔽中断。

① 闹钟中断:用于产生一个软件可编程的报警中断。

② 秒中断:用于产生一个可编程的周期性中断信号(最长可达 1 s)。

③ 溢出中断:用于检测内部可编程计数器溢出并回转为 0 的状态。

(5) 2 种独立的复位类型。

① APB1 接口由系统复位。

② RTC 内核(预分频器、闹钟、计数器和分频器)只能由备份域复位。

系统复位后,禁止访问备份域寄存器和 RTC,防止对备份域区域(BKP)的意外写操作。执行以下操作使能对备份域寄存器和 RTC 的访问:设置寄存器 RCC_APB1ENR 的 PWREN 和 BKPEN 位来使能电源和后备接口时钟;设置寄存器 PWR_CR 的 DBP 位使能对后备寄存器和 RTC 的访问。

6.9.3　RTC 的结构

STM32 的 RTC 内部结构如图 6-21 所示,RTC 由以下两个主要部分组成:

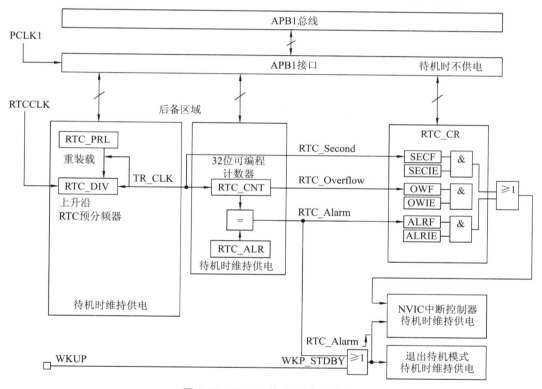

图 6-21　STM32 的 RTC 内部结构

(1) APB1 接口,用于和 APB1 总线相连,由 APB1 总线时钟驱动。通过 APB1 接口可访问 RTC 的相关寄存器(预分频寄存器、计数器寄存器、报警寄存器等)。此单元还包含一组 16 位寄存器,可通过 APB1 总线对其进行读/写操作。

(2) RTC 核心由一组可编程计数器组成,分成两个主要模块:

① RTC 预分频模块,包含一个 20 位的可编程分频器(RTC 预分频器),可编程产生最长为 1 s 的 RTC 时间基准 TR_CLK。在每个 TR_CLK 周期中,如果在 RTC_CR 寄存器中设置了秒中断允许位,则 RTC 可产生一个秒中断。

② 32 位可编程计数器,可被初始化为当前的系统时间。系统时间按 TR_CLK 周期累加,并与存储在 RTC_ALR 寄存器中的可编程时间相比较,如果 RTC_CR 控制寄存器中设置了相应允许位,比较匹配时将产生一个闹钟中断。

6.9.4 RTC 寄存器

RTC 寄存器是 16 位的可寻址寄存器,与 RTC 相关的寄存器功能见表 6-15。

表 6-15 RTC 相关寄存器的功能

寄存器	功能
RTC 控制寄存器高位 (RTC_CRH)	用于使能或屏蔽秒中断、闹钟中断、溢出中断。系统复位后所有中断被屏蔽,因此可通过写 RTC 寄存器来确保在初始化后没有中断请求被挂起。当外设正在完成前一次写操作时(RTOFF=0),不能对 RTC_CRH 进行写操作
RTC 控制寄存器低位 (RTC_CRL)	用于存放秒标志、闹钟标志、溢出标志、寄存器同步标志、配置标志、RTC 寄存器写操作是否完成标志,以此控制 RTC
RTC 预分频装载寄存器 (RTC_PRLH/RTC_PRLL)	用于保存 RTC 预分频器的周期计数值。它们受寄存器 RTC_CR 的 RTOFF 位保护,仅当 RTOFF=1 时,允许进行写操作
RTC 预分频器余数寄存器 (RTC_DIVH/RTC_DIVL)	在 TR_CLK 的每个周期里,RTC 预分频器中计数器的值都会被重新设置为 RTC_PRL 寄存器的值。用户可通过读取 RTC_DIV 寄存器,以获得预分频计数器的当前值,而不停止分频计数器的工作,从而获得精确的时间测量。此寄存器是只读寄存器,其值在 RTC_PRL 或 RTC_CNT 寄存器中的值发生改变后,由硬件重新装载
RTC 计数器寄存器 (RTC_CNTH/RTC_CNTL)	RTC 核有一个 32 位可编程的计数器,可通过两个 16 位的寄存器访问。计数器以预分频器产生的 TR_CLK 时间基准为参考进行计数。RTC_CNT 用于存放计数器的计数值。它们受 RTC_CR 的 RTOFF 位写保护,仅当 RTOFF=1 时允许写操作。在 RTC_CNTH 或 RTC_CNTL 上的写操作,可直接装载到相应的可编程计数器,且重新装载 RTC 预分频器。当进行读操作时,直接返回计数器的计数值(系统时间)
RTC 闹钟寄存器 (RTC_ALRH/RTC_ALRL)	当可编程计数器的值与 RTC_ALR 中的 32 位值相等时,即触发一个闹钟事件,并且产生 RTC 闹钟中断。此寄存器受 RTC_CR 的 RTOFF 位写保护,仅当 RTOFF=1 时,允许写操作

1. RTC 控制寄存器高位(RTC_CRH)

RTC_CRH 的格式如图 6-22 所示。

15	14	13	12	11	10	9	8	7	6	5	4	3	2	1	0
						保留							OWIE	ALRIE	SECIE

图 6-22 RTC_CRH 的格式

OWIE:允许溢出中断位。0:屏蔽(不允许)溢出中断;1:允许溢出中断。

ALRIE:允许闹钟中断。0:屏蔽(不允许)闹钟中断;1:允许闹钟中断。

SECIE:允许秒中断。0:屏蔽(不允许)秒中断;1:允许秒中断。

2. RTC 控制寄存器低位(RTC_CRL)

RTC_CRL 的格式如图 6-23 所示。

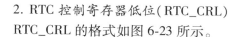

15	14	13	12	11	10	9	8	7	6	5	4	3	2	1	0
保留										RTOFF	CNF	RSF	OWF	ALRF	SECF

图 6-23 RTC_CRL 的格式

RTOFF:RTC 操作关闭,RTC 模块利用该位来指示对其寄存器进行的最后一次操作的状态,指示操作是否完成。若此位为 0,则表示无法对任何的 RTC 寄存器进行写操作。0:上一次对 RTC 寄存器的写操作仍在进行;1:上一次对 RTC 寄存器的写操作已经完成。

CNF:配置标志。0:退出配置模式(开始更新 RTC 寄存器);1:进入配置模式。

RSF:寄存器同步标志。0:寄存器尚未被同步;1:寄存器已经被同步。

OWF:溢出标志。0:无溢出;1:32 位可编程计数器溢出。

ALRF:闹钟标志。0:无闹钟;1:有闹钟。

SECF:秒标志。0:秒标志条件不成立;1:秒标志条件成立。

6.9.5 操作 RTC 寄存器

1. RTC 寄存器复位

除了 RTC_PRL、RTC_ALR、RTC_CNT 和 RTC_DIV 寄存器外,所有系统寄存器都由系统复位或电源复位进行异步复位;RTC_PRL、RTC_ALR、RTC_CNT 和 RTC_DIV 寄存器仅能通过备份域复位信号复位。

2. 读 RTC 寄存器

RTC 内核完全独立于 APB1 接口,软件通过 APB1 接口对 RTC 相关寄存器进行访问。但相关寄存器只在 RTC 时钟的上升沿被更新,而 RTC 时钟由 RTC APB1 时钟进行重新同步。因此,必须先等待 RTC_CRL 寄存器同步标志位(RSF 位)被硬件置 1 才进行读操作。

这意味着,如果 APB1 接口曾被关闭,而读操作又是在刚刚重新开启 APB1 之后,则在第一次的内部寄存器更新之前,从 APB1 上读出的 RTC 寄存器数值可能被破坏(通常读到 0)。简单地讲,在 APB1 接口被禁止(复位、无时钟或断电)的情况下,RTC 内核仍保持运行状态。接着重新打开 APB1 接口,此时必须等待 RTC_CRL 寄存器中的 RSF 位(寄存器同步标志)被硬件置 1,同步之后,读 RTC 寄存器的值才不会有误。因此,若在读取 RTC 寄存器时,RTC 的 APB1 接口曾处于禁止状态,则软件首先必须等待 RTC_CRL 寄存器的 RSF 位被硬件置 1。

3. 配置 RTC 寄存器

RTC 必须进入配置模式之后,才能对 RTC_PRL、RTC_CNT、RTC_ALR 寄存器进行写操作。通过对寄存器 RTC_CRL 中的 CNF 位进行设置,即可使 RTC 进入配置模式。

另外,对 RTC 的任何寄存器进行写操作,都必须在前一次写操作结束之后进行。可通过查询寄存器 RTC_CR 中的 RTOFF 状态位,判断 RTC 寄存器是否处于更新中。仅当 RTOFF 状态位为 1 时,才可向 RTC 寄存器写入新值。配置 RTC 寄存器的过程如下:

(1)查询 RTOFF 位,直到 RTOFF 的值变为 1。

(2)设置 CNF 值为 1,进入配置模式。

（3）对一个或多个 RTC 寄存器进行写操作。

（4）清除 CNF 标志位，退出配置模式。

（5）查询 RTOFF 位，直至 RTOFF 位变为 1，以确认写操作已经完成。

仅当 CNF 标志位被清除时，写操作才能进行，这个过程至少需要 3 个 RTCCLK 周期。

4. RTC 标志的设置

RTC 控制寄存器 RTC_CRL 包含一些 RTC 的运行状态。其中：RTC 秒标志（SECF）在每一个 RTC 核心的时钟周期设置一次，且在 RTC 计数器更改之前设置；RTC 溢出标志（OWF）在计数器到达 0x0000 之前的最后一个 RTC 时钟周期设置；RTC_Alarm 信号和 RTC 闹钟标志（ALRF）是在计数器的值到达闹钟寄存器的值加 1（RTC_ALR+1）之前的 RTC 时钟周期中设置。对 RTC 闹钟标志和 RTC 秒标志的写操作必须使用下述序列之一进行同步：

（1）使用 RTC 闹钟中断，并在中断处理程序中修改 RTC 闹钟和/或 RTC 计数器。

（2）等待 RTC 控制寄存器中的 SECF 位被设置，再更改 RTC 闹钟和/或 RTC 计数器。

6.9.6　RTC 库函数

RTC 常用库函数见表 6-16。

表 6-16　RTC 常用库函数

函数名	功能
RTC_EnterConfigMode	进入 RTC 配置模式
RTC_ExitConfigMode	退出 RTC 配置模式
RTC_SetCounter	设置 RTC 计数器的值
RTC_GetCounter	获取 RTC 计数器的值
RTC_SetPrescaler	设置 RTC 预分频值
RTC_SetAlarm	设置 RTC 闹钟的值
RTC_ITConfig	使能或失能指定的 RTC 中断
RTC_GetDivider	获取 RTC 预分频因子的值
RTC_WaitForLastTask	等待最近一次对 RTC 寄存器的写操作完成
RTC_WaitForSynchro	等待 RTC 寄存器与 RTC 的 APB 时钟同步
RTC_GetFlagStatus	检查指定的 RTC 标志位设置与否
RTC_GetITStatus	检查指定的 RTC 中断发生与否
RTC_ClearFlag	清除 RTC 的待处理标志位
RTC_ClearITPendingBit	清除 RTC 的中断待处理标志位

1. 函数 RTC_EnterConfigMode

函数原形：void RTC_EnterConfigMode(void)

功能描述：进入 RTC 配置模式。

2. 函数 RTC_SetCounter

函数原形：void RTC_SetCounter(u32 CounterValue)

功能描述:设置 RTC 计数器的值。

输入参数:CounterValue,新的 RTC 计数器值。

先决条件:在使用本函数前必须先调用函数 RTC_WaitForLastTask( ),等待标志位 RTOFF 被设置。

3. 函数 RTC_SetPrescaler

函数原形:void RTC_SetPrescaler(u32 PrescalerValue)

功能描述:设置 RTC 预分频的值。

输入参数:PrescalerValue,新的 RTC 预分频值。

先决条件:在使用本函数前必须先调用函数 RTC_WaitForLastTask( ),等待标志位 RTOFF 被设置。

4. 函数 RTC_ITConfig

函数原形:void RTC_ITConfig(u16 RTC_IT, FunctionalState NewState)

功能描述:使能或失能指定的 RTC 中断。

输入参数:

RTC_IT:待使能或失能的 RTC 中断源,该参数允许的取值见表6-17。

NewState:RTC 中断的新状态,可以取 ENABLE 或 DISABLE。

表 6-17　RTC_IT 的取值

RTC_IT	描述
RTC_IT_OW	溢出中断
RTC_IT_ALR	闹钟中断
RTC_IT_SEC	秒中断

6.9.7　RTC 应用举例

1. RTC 的配置流程

(1)设置寄存器 RCC_APB1ENR 的 PWREN 和 BKPEN 位,使能 PWR 和 BKP 时钟。调用库函数:

　　　RCC_APB1PeriphClockCmd(RCC_APB1Periph_PWR | RCC_APB1Periph_BKP,
　　　　ENABLE);

(2)将电源控制寄存器(PWR_CR)的 DBP 位置 1,以允许访问备份寄存器和 RTC。调用库函数:

　　　PWR_BackupAccessCmd(ENABLE);

(3)初始化复位 BKP 寄存器。调用库函数:

　　　BKP_DeInit( );

(4)使能外部低速晶振 LSE,选择 LSE 作为 RTC 时钟,并使能 RTC 时钟。调用库函数:

　　　RCC_LSEConfig(RCC_LSE_ON);

　　　RCC_RTCCLKConfig(RCC_RTCCLKSource_LSE);

RCC_RTCCLKCmd(ENABLE);

（5）设置 RTC 预分频器的值以产生 1 s 信号，时钟计算公式为 TR_CLK＝RTCCLK/（PRL[19：0]＋1），RTCCLK 为 32.768 kHz，选择预设的分频系数为 PRL[19：0]＝32 767。调用库函数：

RTC_SetPrescaler(32767);

（6）使能秒中断。程序可在秒中断服务程序中设置标志位通知主程序是否更新时间显示，并当 32 位计数器计到 86 400(0x15180)，即 23:59:59 后的 1 s 时，对 RTC 计数器 RTC_CNT 清零。调用库函数：

RTC_ITConfig(RTC_IT_SEC,ENABLE);

（7）设置当前的时间。调用库函数：

RTC_SetCounter( );

（8）编写中断服务函数。调用库函数：

RTC_IRQHandler( );

（9）部分操作要等待写操作完成和同步。调用库函数：

RTC_WaitForLastTask( );

RTC_WaitForSynchro( );

系统内核是通过 RTC 的 APB1 接口来访问 RTC 内部寄存器，因此在上电复位或休眠唤醒后，要先对 RTC 时钟与 APB1 时钟进行重新同步，在同步完成后再对其进行操作。这是因为上电复位或休眠唤醒后，程序开始运行，RTC 的 APB1 接口使用的是系统 APB1 的时钟。另外，在对 RTC 寄存器操作之前都要判断读/写操作是否完成，或者采用延时代替读/写判断。

2. 应用举例

程序功能：将当前时间通过 STM32 微控制器的串口上传到上位机 PC，利用串口软件（如超级终端）进行显示；通过超级终端对 RTC 进行设置；RTC 秒中断每发生一次，STM32 开发板上的一个 LED 指示灯闪烁一次。

程序分析：使用 USART2 采用查询方式进行数据通信，PA0 连接到 LED 指示灯。

（1）系统时钟配置函数 RCC_Configuration( )。

在系统时钟配置函数中，打开挂接在 APB1 低速总线上 USART2 的时钟，打开挂接在 APB2 高速总线上端口 A 的时钟，其源程序如下：

```
void RCC_Configuration( )
{
    RCC_DeInit( );
    ……
    //打开 USART2 的时钟
    RCC_APB1PeriphClockCmd(RCC_APB1Periph_USART2, ENABLE);
    //打开端口 A 的时钟
    RCC_APB2PeriphClockCmd(RCC_APB2Periph_GPIOA, ENABLE);
}
```

（2）GPIO 端口配置函数 GPIO_Configuration( )。

在该函数中,USART2 的发送引脚 Tx 为 PA2,将其配置为复用推挽输出;接收引脚 Rx 为 PA3,将其配置为浮空输入;PA0 连接 LED 指示灯,将其配置为推挽输出。其源程序如下:

```
void GPIO_Configuration( )
{
    GPIO_InitTypeDef GPIO_InitStructure;            //USART2 Tx—>PA2
    GPIO_InitStructure.GPIO_Pin = GPIO_Pin_2;
    GPIO_InitStructure.GPIO_Mode = GPIO_Mode_AF_PP;
    GPIO_InitStructure.GPIO_Speed = GPIO_Speed_50MHz;
    GPIO_Init( GPIOA, &GPIO_InitStructure);         //USART2 Rx —> PA3
    GPIO_InitStructure.GPIO_Pin = GPIO_Pin_3;
    GPIO_InitStructure.GPIO_Mode = GPIO_Mode_IN_FLOATING;
    GPIO_Init( GPIOA, &GPIO_InitStructure);
    GPIO_InitStructure.GPIO_Pin = GPIO_Pin_0;       //LED—> PA0
    GPIO_InitStructure.GPIO_Mode = GPIO_Mode_Out_PP;
    GPIO_InitStructure.GPIO_Speed = GPIO_Speed_50MHz;
    GPIO_Init( GPIOA, &GPIO_InitStructure);
}
```

（3）USART2 配置函数 USART_Configuration( )。

USART2 采用查询方式进行数据通信,主要配置 USART2 的 6 个参数:波特率为 115 200 b/s、字长为 8 位、停止位为 1 位、无奇偶校验位、USART 为收发模式、无硬件流控制。USART2 配置函数源程序如下:

```
void USART_Configuration( void)
{
    USART_InitTypeDef USART_InitStructure;
    USART_InitStructure.USART_BaudRate = 115200;
    USART_InitStructure.USART_WordLength = USART_WordLength_8b;
    USART_InitStructure.USART_StopBits = USART_StopBits_1;
    USART_InitStructure.USART_Parity = USART_Parity_No;
    USART_InitStructure.USART_HardwareFlowControl = USART_HardwareFlow-
        Control_None;
    USART_InitStructure.USART_Mode = USART_Mode_Rx | USART_Mode_Tx;
    USART_Init( USART2, &USART_InitStructure);
    USART_Cmd( USART2, ENABLE);                     //使能 USART2
}
```

（4）RTC 中断向量配置函数 NVIC_Configuration( )。

该函数中,中断源为 RTC,配置优先级组为第 1 组,设置 RTC 的抢占优先级为 1,从优

先级均为 0,并使能 RTC 中断。其源程序如下:

```
void NVIC_Configuration( )
{
    NVIC_InitTypeDef NVIC_InitStructure;
    #ifdef VECT_TAB_RAM                          //设置中断向量表定位:0x20000000
        NVIC_SetVectorTable( NVIC_VectTab_RAM, 0x0);
    #else                                        //设置中断向量表定位:0x08000000
        NVIC_SetVectorTable( NVIC_VectTab_FLASH, 0x0);
    #endif
    NVIC_PriorityGroupConfig( NVIC_PriorityGroup_1);
    //设定中断源为 RTC
    NVIC_InitStructure.NVIC_IRQChannel = RTC_IRQChannel;
    //中断抢占优先级为 1
    NVIC_InitStructure.NVIC_IRQChannelPreemptionPriority = 1;
    NVIC_InitStructure.NVIC_IRQChannelSubPriority = 0;      //从优先级为 0
    NVIC_InitStructure.NVIC_IRQChannelCmd = ENABLE;         //使能中断
    NVIC_Init( &NVIC_InitStructure);                        //初始化 NVIC 结构体
}
```

(5) RTC 配置函数 RTC_Configuration( )。

在该函数中,打开 PWR 和 BKP 时钟,允许访问备份寄存器,复位备份寄存器区域,选择 LSE 作为 RTC 时钟源,使能 RTC 秒中断,时钟计算公式为 RTC period = RTCCLK/RTC_PR = (32.768 kHz)/(32 767+1),设置 RTC 预分频系数以产生 1 s 信号。其源程序如下:

```
void RTC_Configuration( )
{
    RCC_APB1PeriphClockCmd( RCC_APB1Periph_PWR | RCC_APB1Periph_
        BKP, ENABLE);                          //打开 PWR 和 BKP 时钟
    PWR_BackupAccessCmd( ENABLE);              //允许访问备份寄存器
    BKP_DeInit( );                             //复位备份寄存器区域
    RCC_LSEConfig( RCC_LSE_ON);                //启用外部低速时钟 LSE
    //等待 LSE 准备好
    while( RCC_GetFlagStatus( RCC_FLAG_LSERDY) == RESET);
    //选择 LSE 作为 RTC 时钟源
    RCC_RTCCLKConfig( RCC_RTCCLKSource_LSE);
    RCC_RTCCLKCmd( ENABLE);                    //使能 RTC 时钟
    //开启 RTC 后,需等待 RTC 与 APB1 时钟同步,才能读写 RTC 寄存器
    RTC_WaitForSynchro( );
    RTC_WaitForLastTask( );                    //等待 RTC 寄存器写操作完成
    RTC_ITConfig( RTC_IT_SEC, ENABLE);         //使能 RTC 秒中断
```

```
RTC_WaitForLastTask();                          //等待 RTC 寄存器写操作完成
//预设分频系数,使 RTC 时钟 fRTCLK=1 Hz,即 1 s 信号
RTC_SetPrescaler(32767);
RTC_WaitForLastTask();                          //等待 RTC 寄存器写操作完成
}
```

（6）RTC 中断服务函数 RTC_IRQHandler()。

该函数用于处理秒中断事件。每次进入秒中断使得 LED 指示灯闪烁 1 次,清除 RTC 秒中断标志位,当达到 23:59:59 时,即 23×3 600+59×60+59,RTC 计数器归零,对应的时钟归零。其源程序如下:

```
void RTC_IRQHandler(void)
{
    if(RTC_GetITStatus(RTC_IT_SEC) !=RESET)       //查询是否为秒中断标志
    {
        RTC_ClearITPendingBit(RTC_IT_SEC);         //清除 RTC 秒中断标志
        //每秒将与 PA0 连接的 LED 灯的状态翻转 1 次
        GPIO_WriteBit(GPIOA, GPIO_Pin_0,(BitAction)(1-GPIO_ReadOut-
            putDataBit(GPIOA, GPIO_Pin_0)));
        TimeDisplay=1;                             //允许时钟更新
        RTC_WaitForLastTask();                     //等待 RTC 寄存器写操作完成
        //当 RTC 计数器达到 23:59:59 时归零
        if(RTC_GetCounter()==0x00015180)
        {
            RTC_SetCounter(0x0);                   //设置时间为 0
            RTC_WaitForLastTask();                 //等待 RTC 寄存器写操作完成
        }
    }
}
```

（7）显示当前时间函数 RTC_Display()。

在该函数中,RTC 通过串口上传 RTC 时间,并在 PC 的超级终端显示当前时间。其源程序如下:

```
void RTC_Display(void)
{
    u32 THH=0, TMM=0, TSS=0, RTCTime=0;
    RTCTime=RTC_GetCounter();                      //获取当前 RTC 计数值
    THH=RTCTime/3600;                              //计算时
    TMM=(RTCTime%3600)/60;                         //计算分
    TSS=(RTCTime%3600)%60;                         //计算秒
    printf("当前时间 Time:%0.2d:%0.2d:%0.2d\r", THH, TMM, TSS);
```

（8）重定向函数 fputc( )。

该函数的功能是将 C 语言库中的 printf 函数重定向到 USART。其源程序如下：

```
int fputc(int ch, FILE  *f)
{
    USART_SendData(USART2, (u8) ch);
    while(USART_GetFlagStatus(USART2, USART_FLAG_TC)==RESET);
    return ch;
}
```

（9）获取数字值函数 USART_Scanf( )。

该函数的功能是从 PC 的超级终端获取数字值，并将其转换为 ASCII 码。其源程序如下：

```
u8 USART_Scanf(u32 value)
{
    u32 index = 0;
    u32 tmp[2] = {0, 0};
    while(index<2)
    {                                           //循环直到 RXNE=1
        while(USART_GetFlagStatus(USART2, USART_FLAG_RXNE)==RESET);
        tmp[index++] = (USART_ReceiveData(USART2));
        if((tmp[index-1]<0x30)||(tmp[index-1]>0x39))
        {
            printf("\n\r Please enter valid number between 0 and 9");
            index--;
        }
    }
    //计算输入数字的 ASCII 码
    index = (tmp[1]-0x30)+((tmp[0]-0x30)*10);
    if(index>value)
    {
        printf("\n\r Please enter valid number between 0 and %d", value);
        return 0xFF;
    }
    return index;
}
```

（10）RTC 设置函数 RTC_SetTime( )。

该函数的功能是通过 PC 的超级终端设置新的时钟。其源程序如下：

```
void RTC_SetTime(void)
```

```
    {
        u32 Tmp_HH = 0xFF, Tmp_MM = 0xFF, Tmp_SS = 0xFF, RTCTime = 0;
        printf("\r\n ============ Time Settings ============");
        printf("\r\n    Please Set Hours(00~23)");
        while(Tmp_HH == 0xFF) Tmp_HH = USART_Scanf(23);
        printf(":    %d", Tmp_HH);
        printf("\r\n    Please Set Minutes");
        while (Tmp_MM == 0xFF) Tmp_MM = USART_Scanf(59);
        printf(":    %d", Tmp_MM);
        printf("\r\n    Please Set Seconds");
        while (Tmp_SS == 0xFF) Tmp_SS = USART_Scanf(59);
        printf(":    %d", Tmp_SS)
        //将用户输入值存入 RTC 计数寄存器中
        RTCTime = (Tmp_HH * 3600 + Tmp_MM * 60+Tmp_SS);
        RTC_WaitForLastTask();
        RTC_SetCounter(RTCTime);          //修改当前 RTC 计数寄存器的内容
        RTC_WaitForLastTask();            //等待 RTC 寄存器写操作完成
        printf("\r\n 提示:时钟配置完成!");
        BKP_WriteBackupRegister(BKP_DR1, 0xA5A5);
    }
```

（11）主函数 main()。

在主函数 main()中,首先进行系统初始化,使能 RTC 时钟输出,打开 PWR 和 BKP 时钟;配置 RTC;通过 PC 的超级终端设置 RTC 时钟;等待 RTC 与 APB1 时钟同步;允许 RTC秒中断。若 BKP_DR1 的值不正确,则需要配置时间并调整时间;若 BKP_DR1 的值正确,则意味着 RTC 已配置,此时将在 PC 的超级终端上显示当前时间,实现预设的功能。主函数源程序如下:

```
#include"stm32f10x_lib.h"
#include<stdio.h>
char TimeDisplay = 0;
int main(void)
{
    RCC_Configuration();
    GPIO_Configuration();
    NVIC_Configuration();
    USART_Configuration();
    //如果使能 RTC 时钟输出,打开 PWR 和 BKP 时钟
    #ifdef RTCClockOutput_Enable
```

```
                    RCC_APB1PeriphClockCmd( RCC_APB1Periph_PWR | RCC_APB1-
                        Periph_BKP, ENABLE);
                    //DBP=1,允许访问备份寄存器
                    PWR_BackupAccessCmd( ENABLE);
                    //关闭侵入检测功能。时钟允许输出时侵入检测功能必须禁止
                    BKP_TamperPinCmd( DISABLE);
                    //使能校准时钟输出
                    BKP_RTCOutputConfig( BKP_RTCOutputSource_CalibClock);
        #endif
        if( BKP_ReadBackupRegister( BKP_DR1) != 0xA5A5)
        {                       //使用备份寄存器1( BKP_DR1)存储 RTC 已被配置的标志
            printf("\r\n\n 提示:RTC 还没有配置...");
            RTC_Configuration();        //配置 RTC
            printf("\r\n RTC 已经配置...");
            RTC_SetTime();              //通过 PC 的超级终端设置 RTC 时钟
            //将内容写入 BKP_DR1 中
            BKP_WriteBackupRegister( BKP_DR1, 0xA5A5);
        }
        else                            //启动无须设置新时钟
        {
            //检查是否掉电重启
            if( RCC_GetFlagStatus( RCC_FLAG_PORRST) != RESET)
            {
                printf("\r\n\n 提示:电源上电复位...");
            }
            //检查是否复位
            else if( RCC_GetFlagStatus( RCC_FLAG_PINRST) != RESET)
            {
                printf("\r\n\n 提示:系统复位...");
            }
            printf("\r\n 提示:无须配置 RTC...");
            RTC_WaitForSynchro();       //等待 RTC 与 APB1 时钟同步
            RTC_ITConfig( RTC_IT_SEC, ENABLE);          //允许 RTC 秒中断
            RTC_WaitForLastTask();      //等待 RTC 寄存器写操作完成
        }
        RCC_ClearFlag();                //清除所有复位标志
        while(1)
        {
```

```
            if( TimeDisplay == 1 )
            {
                RTC_Display( );          //显示当前时间
                TimeDisplay = 0;          //停止显示时间
            }
        }
    }
```

系统启动后检查 RTC 是否已经设置。由于 RTC 在 BKP 区域,当 V_{DD} 掉电后可由备份电源供电,当备份电源连接到引脚 V_{BAT} 上时,RTC 的设置不会因外部电源的断开而丢失。当备份寄存器中的数据还存在时,表明系统断电期间,RTC 正常运行,备份电池正常供电。系统复位或掉电再上电,都无须重新配置 RTC,从而避免每次运行程序时重新设置当前时间。若备份寄存器中的数据不是已知的,则表明 RTC 的数据已变化,需要重新配置时钟。

当无须重新配置 RTC 时,注意仍需使用 RTC_ITConfig( ) 库函数使能秒中断。因为系统复位或掉电再上电后,将复位除了备份寄存器以外的所有寄存器,将 RTC 控制寄存器(RTC_CR)的值恢复为 0x0000,所以要重新使能秒中断,否则不会计时。

本章·小结

本章主要介绍了 STM32 定时器/计数器的功能、结构与工作方式。定时器/计数器的硬件结构可分为 3 个部分:时钟源、时基单元、捕获/比较通道。计数器的时钟来源包括内部时钟、外部时钟模式 1、外部时钟模式 2、内部触发输入等。当选择内部时钟作为时钟源时,通用定时器(TIM2~TIM5)挂在 APB1 时钟树上,其时钟来自输入为 APB1 的一个预分频器;当预分频系数为 1 时,这个定时器的时钟频率等于 APB1 时钟频率;当预分频系数不为 1 时,定时器的时钟频率等于 APB1 时钟频率的 2 倍,定时时间取决于定时器的时钟频率、预分频值和计数周期值。在外部时钟模式时,计数器可以在选定输入端的每个上升沿或下降沿计数。时基单元包含 16 位计数器、预分频器和自动装载寄存器等,计数器可以加 1 或减 1 计数,计数溢出时,更新标志位会置 1,可以产生更新中断请求。定时器的中断服务函数名是 TIMx_Handler。

Cortex-M3 内部包含一个系统嘀嗒定时器 SysTick,SysTick 的核心是一个 24 位递减计数器,使用时根据需要设置初值,启动后在时钟源(AHB 时钟或 AHB 时钟的 8 分频)的作用下递减,具有自动重载和溢出中断功能。

STM32 的实时时钟(RTC)是一个独立的定时器,RTC 时钟的时钟源可以由 HSE/128、LSE 或 LSI 时钟提供。RTC 模块可提供时钟日历的功能,通过修改计数器的值可以重新设置系统当前的时间和日期。

习题六

6-1 简述 STM32F103 定时器的种类,它们各有什么特点?

6-2 名为 TIMx 的定时器有几个? 定时器 TIMx 都是多少位的?

6-3 通用定时器有几个? 挂在哪个总线上? 该总线的最高工作频率是多少?

6-4 高级定时器有几个? 挂在哪个总线上? 该总线的最高工作频率是多少?

6-5 当预分频系数和不等于 1 时,TIMxCLK 的频率分别是多少?

6-6 定时时间跟预分频系数和计数周期值的关系是什么?

6-7 用定时器 2 实现定时 1 s,填写下面程序中的空格。

```
void TIM2_Configuration( )
{
        TIM_TimeBaseInitTypeDef TIM_TimeBaseStructure;
        TIM_TimeBaseStructure.TIM_Period = _____;
        TIM_TimeBaseStructure.TIM_Prescaler = _____;
        TIM_TimeBaseStructure.TIM_ClockDivision = 0x0;
        TIM_TimeBaseStructure.TIM_CounterMode = _____;
        TIM_TimeBaseInit( TIM2, &TIM_TimeBaseStructure);
        TIM_ClearFlag( TIM2, _____);        //清除更新标志
        //开中断
        TIM_ITConfig( TIM2, _____, _____);
        TIM_Cmd( TIM2, _____);              //使能定时器 2
}
```

6-8 简述输入捕获、输出比较的作用。

6-9 系统嘀嗒时钟是多少位的定时器? 有什么作用?

6-10 若系统时钟频率为 72 MHz,那么 SysTick 的最长定时时间是多少?

6-11 系统嘀嗒时钟的时钟源分别是什么?

6-12 操作系统为什么需要硬件定时器? STM32 的哪个定时器可作为该硬件定时器?

6-13 简述实时时钟 RTC 的功能、特点和用途。

第7章

USART

 本章教学目标

通过本章的学习,能够理解以下内容:

- USART 的特性与结构
- USART 的帧格式
- USART 的工作方式及配置
- 波特率的设置
- USART 相关寄存器与函数功能
- USART 程序设计步骤
- 用中断或查询方式完成数据传输的程序设计方法

通用同步/异步收发器(Universal Synchronous/Asynchronous Receiver and Transmitter, USART)是一个串行通信设备,可灵活地与外部设备进行全双工数据通信。与 USART 相对应的是通用异步收发器(Universal Asynchronous Receiver and Transmitter, UART),它是在 USART 基础之上裁剪同步通信功能,只保留异步通信功能。USART 的主要功能是:在输出数据时,对数据进行并—串转换;在输入数据时,对数据进行串—并转换。另外,可以通过编程设置传输速度。

串行通信分为同步通信和异步通信两种方式,主要区别在于当数据传输时是否使用时钟线。在同步通信中,收发双方使用一根时钟线,进行协调和同步数据。在异步通信中不使用时钟线进行数据同步,而是以帧格式传输数据,即一帧一帧地传输,每帧包含起始位、数据位、停止位,可能还有校验位。

 7.1　USART 的特性与结构

7.1.1　USART 的特性

STM32 的 USART 和 UART 是基于串行通信协议实现与外部通信的一个片上外设,其 USART 功能模块如图 7-1 所示。STM32F10x 的 USART 提供 2~5 个独立的异步串行通信接口,均可工作于中断和 DMA 模式。STM32F103 内置 3 个通用同步/异步收发器(USART1、USART2、USART3)和 2 个通用异步收发器(UART4、UART5)。USART1 的通信速率可达 4.5 Mbit/s,其他串口的通信速率可达 2.25 Mbit/s。

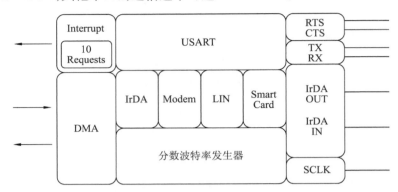

图 7-1 STM32 的 USART 功能模块

STM32 微控制器 USART 的主要特性如下:

* 全双工同步/异步通信,单线半双工通信。
* NRZ 异步串行数据格式,数据字长度和停止位都可编程设置。
* LIN(局域互联)功能。LIN 主发送同步断开功能、LIN 从检测同步断开功能,当 USART 硬件配置成 LIN 时,生成 13 位断开符,检测 10/11 位断开符。
* 智能卡模拟功能,支持 ISO 7816-3 标准中定义的异步智能卡协议,智能卡用到 0.5 个和 1.5 个停止位。
* 红外 IrDA SIR 编码器、解码器功能,在正常模式下支持 3/16 位宽时间的脉冲长度。
* 分数波特率发生器系统提供精确的波特率,发送和接收波特率可编程(共用),最高可达 4.5 Mbit/s。
* 发送方为同步传输提供时钟。
* 单独的发送器和接收器使能位。
* 传输检测标志:接收缓冲器满、发送缓冲器空、传输结束标志。
* 4 个错误检测标志:溢出错误、噪声错误、帧格式错误、校验错误。
* 校验控制:发送校验位、接收数据校验位。
* 可配置的使用 DMA 多缓冲器通信,硬件数据流控制。
* 10 个带标志的中断源(CTS 改变、LIN 断开符检测、发送数据寄存器空、发送完成、接收数据寄存器满、检测到总线为空闲、溢出错误、噪声错误、帧格式错误、校验错误)触发中断。
* 多处理器通信,若地址不匹配,则进入静默模式。
* 2 种从静默模式唤醒接收器的方式:地址位(MSB)、空闲总线。

7.1.2 USART 的结构

STM32 的 USART 内部结构如图 7-2 所示。USART 双向通信需要 2 个基本引脚:RX 和 TX。

RX 用于接收串行输入数据,通过采样技术来区别数据和噪声,从而恢复数据。

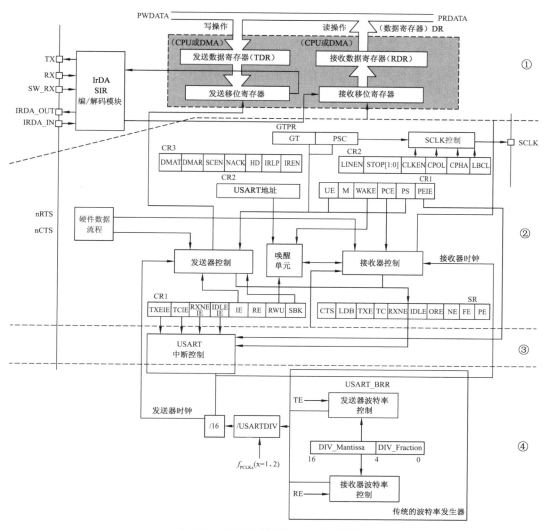

图 7-2　STM32 的 USART 内部结构

TX 用于输出数据,当发送器被禁止时,输出引脚恢复到它的 I/O 端口配置。当发送器被激活,且不发送数据时,TX 引脚处于高电平。在单工和智能卡模式中,此 I/O 口被同时用于数据的发送和接收。

USART 硬件结构可分为 4 部分:发送部分和接收部分、发送器控制和接收器控制、中断控制及波特率控制。

(1)发送部分和接收部分:包括相应的引脚和寄存器。收发控制器根据寄存器配置,对负责数据存储转移的移位寄存器进行控制。

发送数据寄存器 TDR 和接收数据寄存器 RDR 介于系统总线和移位寄存器之间。串行通信是一位一位传输的,当需要发送数据时,内核或 DMA 把数据从内存写入 TDR 后,发送控制器将适时地自动把数据从 TDR 加载到发送移位寄存器中,之后通过发送引脚 TX 把数据逐位发送出去。当数据从 TDR 转移到移位寄存器时,会产生发送数据寄存器

TDR 已空事件 TEX；当数据从移位寄存器全部发送出去时，会产生数据发送完成事件 TC。这些事件可以在状态寄存器 SR 中查询到。

而接收数据则是一个逆过程，数据从接收引脚 RX 逐位地输入到接收移位寄存器中，之后自动地转移到 RDR，再通过程序或 DMA 读取到内存中。USART 支持 DMA 传输，可以实现高速数据传输。

（2）发送器控制和接收器控制：包括 USART 的 3 个控制寄存器（CR1、CR2、CR3）和 1 个状态寄存器（SR），通过向寄存器写入各种控制参数来控制发送和接收，如奇偶校验位、停止位等，还包括对 USART 中断的控制。串口的状态在任何时候都可以从状态寄存器中查询到。

（3）中断控制：多个中断事件共用同一个中断通道。

（4）波特率控制：提供宽范围和更精确的波特率选择。

7.1.3　USART 的帧格式

USART 的异步通信帧格式由起始位、数据位、停止位及奇偶校验位组成，如图 7-3 所示。

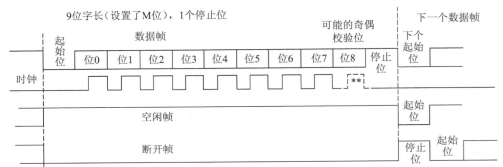

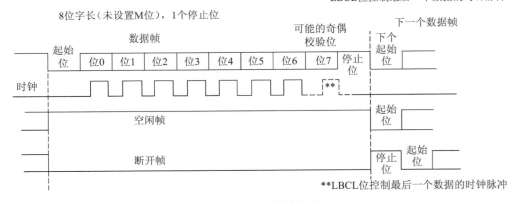

图 7-3　USART 的帧格式

- 起始位：1 位。
- 数据位：8 或 9 位，USART 根据寄存器 USART_CR1 的 M 位规定了 8 位或 9 位的数据。
- 停止位：包括 0.5 个、1 个、1.5 个、2 个停止位四种情况，如图 7-4 所示。

- 奇偶校验位:1 位(可选项)。
- 空闲帧:完全由"1"组成的帧。
- 断开帧:完全由"0"组成的帧。

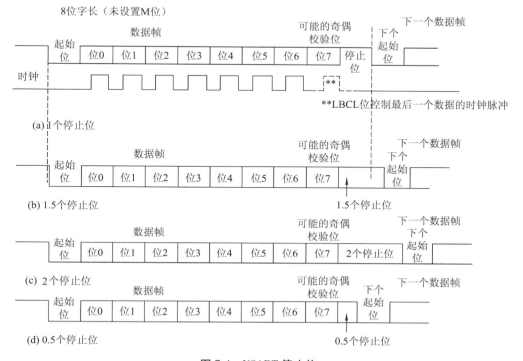

图 7-4　USART 停止位

 7.2　USART 寄存器及配置

7.2.1　USART 寄存器

每个 USART 都有 7 个寄存器,用来配置该 USART 的所有功能,可采用半字(16 位)或字(32 位)的方式访问它们。USART 寄存器映像和复位值如图 7-5 所示,USART 相关寄存器的功能见表 7-1。USART 寄存器结构 USART_TypeDef,在固件库文件"stm32f10x_map.h"中的定义如下:

```
typedef struct
{
    vu16 SR;
    u16 RESERVED1;
    vu16 DR;
    u16 RESERVED2;
    vu16 BRR;
    u16 RESERVED3;
```

```
        vu16 CR1；
        u16 RESERVED4；
        vu16 CR2；
        u16 RESERVED5；
        vu16 CR3；
        u16 RESERVED6；
        vu16 GTPR；
        u16 RESERVED7；
    |USART_TypeDef；
```

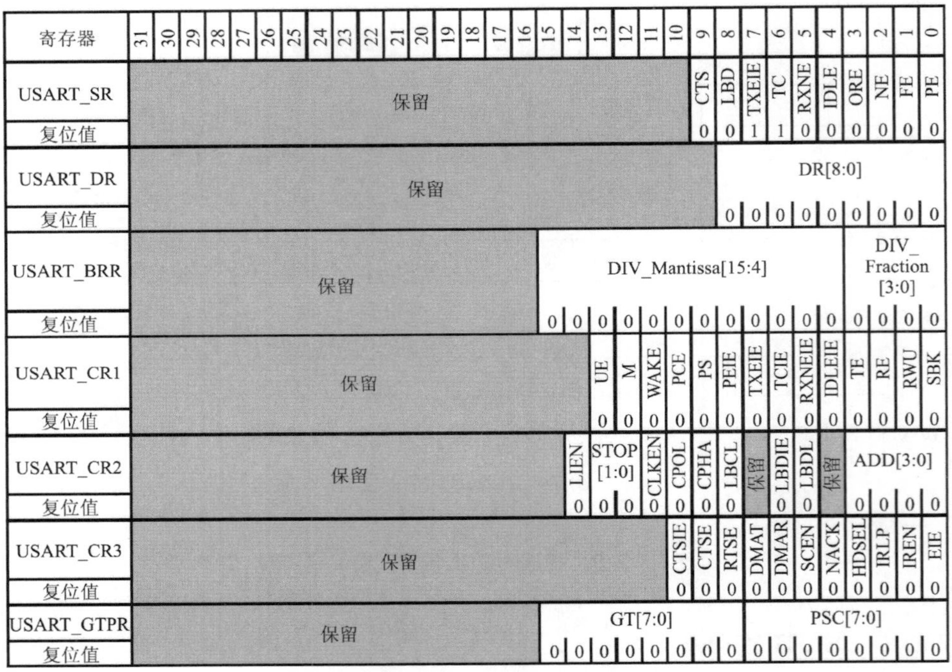

寄存器	31	30	29	28	27	26	25	24	23	22	21	20	19	18	17	16	15	14	13	12	11	10	9	8	7	6	5	4	3	2	1	0
USART_SR	保留																						CTS	LBD	TXEIE	TC	RXNE	IDLE	ORE	NE	FE	PE
复位值																							0	0	1	1	0	0	0	0	0	0
USART_DR	保留																							DR[8:0]								
复位值																								0	0	0	0	0	0	0	0	0
USART_BRR	保留																DIV_Mantissa[15:4]												DIV_Fraction[3:0]			
复位值																	0	0	0	0	0	0	0	0	0	0	0	0	0	0	0	0
USART_CR1	保留																		UE	M	WAKE	PCE	PS	PEIE	TXEIE	TCIE	RXNEIE	IDLEIE	TE	RE	RWU	SBK
复位值																			0	0	0	0	0	0	0	0	0	0	0	0	0	0
USART_CR2	保留																	LIEN	STOP[1:0]		CLKEN	CPOL	CPHA	LBCL	保留	LBDIE	LBDL	保留	ADD[3:0]			
复位值																		0	0	0	0	0	0	0		0	0		0	0	0	0
USART_CR3	保留																					CTSIE	CTSE	RTSE	DMAT	DMAR	SCEN	NACK	HDSEL	IRLP	IREN	EIE
复位值																						0	0	0	0	0	0	0	0	0	0	0
USART_GTPR	保留																GT[7:0]								PSC[7:0]							
复位值																	0	0	0	0	0	0	0	0	0	0	0	0	0	0	0	0

图 7-5　USART 寄存器映像和复位值

表 7-1　USART 相关寄存器的功能

寄存器	功能
状态寄存器（USART_SR）	反映 USART 单元的状态
数据寄存器（USART_DR）	用于保存发送或接收的数据
波特率寄存器（USART_BRR）	用于设置 USART 的波特率
控制寄存器 1（USART_CR1）	用于控制 USART
控制寄存器 2（USART_CR2）	用于控制 USART
控制寄存器 3（USART_CR3）	用于控制 USART
保护时间和预分频寄存器（USART_GTPR）	保护时间和预分频

1. 状态寄存器(USART_SR)

USART_SR 反映 USART 单元的状态,复位值为 0x00C0,其寄存器格式如图 7-6 所示,各位域定义见表 7-2。

15	14	13	12	11	10	9	8	7	6	5	4	3	2	1	0
						CTS	LBD	TXE	TC	RXNE	IDLE	ORE	NE	FE	PE

图 7-6 USART_SR 寄存器格式

表 7-2 USART_SR 寄存器各位域定义

位	定义
31:10	保留位,硬件强制为 0
9	CTS:CTS 标志。0:nCTS 状态线上没有变化;1:nCTS 状态线上发生变化
8	LBD:LIN break 检测标志。0:没有检测到 LIN break;1:检测到 LIN break
7	TXE:发送寄存器空。0:数据未被转移到移位寄存器;1:数据已被转移到移位寄存器
6	TC:发送完成。0:发送未完成;1:发送已完成
5	RXNE:读寄存器非空。0:数据未收到;1:收到数据且可以读出
4	IDLE:检测 IDLE 总线。0:未检测到空闲总线;1:检测到空闲总线
3	ORE:过载错误标志,如果 RXNE 还没有被复位,又接收到一个字符,则发生过载错误。0:没有过载错误;1:过载错误
2	NE:噪声错误标志,使用过采样技术,连续三次采样一个数据位的值不一样,则发生噪声错误。0:没有噪声错误;1:有噪声错误
1	FE:帧格式错误标志,停止位没有在预期的时间上接收和识别出来。0:没有帧格式错误;1:有帧格式错误
0	PE:校验错误标志,接收器没有接收到正确的奇偶校验位。0:没有校验错误;1:有校验错误

2. 数据寄存器(USART_DR)

USART_DR 用于保存发送或接收的数据,只有低 9 位有效,即 DR[8:0]。USART_DR 由两个寄存器组成:一个是发送寄存器 TDR,用于发送数据;另一个是接收寄存器 RDR,用于接收数据。

3. 波特率寄存器(USART_BRR)

USART_BRR 用于设置 USART 的波特率,可提供宽范围和更精确的波特率,复位值为 0x0000H,其寄存器格式如图 7-7 所示。

DIV_Fraction[3:0]:存放 USARTDIV 的 4 位小数部分。

DIV_Mantissa[11:0]:存放 USARTDIV 的 12 位整数部分。

15	14	13	12	11	10	9	8	7	6	5	4	3	2	1	0
DIV_Mantissa[11:0]												DIV_Fraction[3:0]			

图 7-7 USART_BRR 寄存器格式

4. 控制寄存器 1(USART_CR1)

USART_CR1 用于控制 USART,复位值为 0x0000,其寄存器格式如图 7-8 所示,各位域定义见表 7-3。

13	12	11	10	9	8	7	6	5	4	3	2	1	0
UE	M	WAKE	PCE	PS	PEIE	TXEIE	TCIE	RXNEIE	IDLEIE	TE	RE	RWU	SBK

图 7-8　USART_CR1 寄存器格式

表 7-3　USART_CR1 寄存器各位域定义

位	定义
31:14	保留位,硬件强制为 0
13	UE:USART 使能。0:USART 被禁止;1:USART 使能
12	M:字长。0:1 位起始位,8 位数据位,n 位停止位;1:1 位起始位,9 数据位,1 位停止位
11	WAKE:唤醒方法。0:被空闲总线检测唤醒;1:被地址标记检测唤醒
10	PCE:校验检测允许。0:校验控制禁止;1:校验控制允许
9	PS:校验选择。0:偶校验;1:奇校验
8	PEIE:PE 中断允许。0:中断禁止;1:当 USART_SR 中的 PE=1 时产生 USART 中断
7	TXEIE:发送缓冲区空中断允许。0:中断禁止;1:当 USART_SR 中的 TXE=1 时产生 USART 中断
6	TCIE:发送完成中断允许。0:中断禁止;1:当 USART_SR 中的 TC=1 时产生 USART 中断
5	RXNEIE:接收缓冲区非空中断允许。0:中断禁止;1:当 USART_SR 中的 ORE=1 或 RXNE=1 时产生 USART 中断
4	IDLEIE:IDLE 中断允许。0:中断禁止;1:当 USART_SR 中的 IDLE=1 时产生 USART 中断
3	TE:发送使能。0:发送禁止;1:发送允许
2	RE:接收使能。0:接收禁止;1:接收允许
1	RWU:接收唤醒。0:接收器处于正常工作模式;1:接收器处于静默模式
0	SBK:发送断开帧。0:没有发送断开符;1:将要发送断开符

5. 控制寄存器 2(USART_CR2)

USART_CR2 用于控制 USART,复位值为 0x0000,其寄存器格式如图 7-9 所示,各位域定义见表 7-4。

14	13	12	11	10	9	8	7	6	5	4	3	2	1	0
LINEN	STOP[1:0]		CLKEN	CPOL	CPHA	LBCL		LBDIE	LBDL			ADD[3:0]		

图 7-9　USART_CR2 寄存器格式

表 7-4　USART_CR2 寄存器各位域定义

位	定义
31：15	保留位,硬件强制为 0
14	LINEN:LIN 模式使能
13：12	STOP[1：0]:停止位个数
11	CLKEN:时钟使能
10	CPOL:时钟极性。0:总线空闲时 SCLK 引脚保持低电平;1:总线空闲时 SCLK 引脚保持高电平
9	CPHA:时钟相位。0:时钟第一个边沿进行数据捕获;1:时钟第二个边沿进行数据捕获
8	LBCL:最后一位时钟脉冲。0:最后一位数据的时钟脉冲不输出;1:最后一位数据的时钟脉冲输出
7	保留位,硬件强制为 0
6	LBDIE:LIN break 检测中断允许。0:中断禁止;1:当 USART_SR 中的 LBD = 1 时产生 USART 中断
5	LBDL:LINbreak 检测长度。0:10 位 break 检测;1:11 位 break 检测
4	保留位,硬件强制为 0
3：0	ADD[3：0]:该 USART 节点的地址

6. 控制寄存器 3(USART_CR3)

USART_CR3 用于控制 USART,复位值为 0x0000,其寄存器格式如图 7-10 所示,各位域定义见表 7-5。

10	9	8	7	6	5	4	3	2	1	0
CTSIE	CTSE	RTSE	DMAT	DMAR	SCEN	NACK	HDSEL	IRLP	IREN	EIE

图 7-10　USART_CR3 寄存器格式

表 7-5　USART_CR3 寄存器各位域定义

位	定义
31：11	保留位,硬件强制为 0
10	CTSIE:CTS 中断允许。0:中断禁止;1:CTS = 1 产生中断
9	CTSE:CTS 允许。0:CTS 硬件流控制禁止;1:CTS 模式允许
8	RTSE:RTS 允许。0:RTS 硬件流控制禁止;1:RTS 中断允许
7	DMAT:使能 DMA 发送。0:禁止 DMA 发送;1:允许 DMA 发送
6	DMAR:使能 DMA 接收。0:禁止 DMA 接收;1:允许 DMA 接收
5	SCEN:智能卡模式允许。0:允许智能卡模式;1:禁止智能卡模式
4	NACK:智能卡 NACK 允许。0:校验错误出现时不发送 NACK;1:校验错误出现时发送 NACK

续表

位	定义
3	HDSEL:半双工选择。0:不选择半双工;1:选择半双工
2	IRLP:红外低功耗。0:正常模式;1:低功耗模式
1	IREN:红外模式允许。0:红外禁止;1:红外允许
0	EIE:错误中断允许。0:中断禁止;1:产生中断

7. 保护时间和预分频寄存器(USART_GTPR)

USART_GTPR 用于保护时间和预分频,复位值为 0x0000,其寄存器格式如图 7-11 所示,各位域定义见表 7-6。

15	14	13	12	11	10	9	8	7	6	5	4	3	2	1	0
			GT[7: 0]								PSC[7: 0]				

图 7-11 USART_GPTR 寄存器格式

表 7-6 USART_GTPR 寄存器各位域定义

位	定义
31 : 16	保留位,硬件强制为 0
15 : 8	GT[7 : 0]:保护时间值
7 : 0	PSC[7 : 0]:预分频值

7.2.2 USART 的配置

1. 发送配置

当发送使能位 TE 置 1 时,发送器首先发送一个空闲帧,接着向 USART_DR 写入要发送的数据。在写入最后一个数据后,需等待 USART_SR 的 TC 位为 1,表示数据传输完成;若 USART_CR1 的 TCIE 位置 1,则将产生中断。TDR 中的数据在 TX 引脚输出,相应的时钟脉冲在 SCLK 引脚输出。字符发送在 USART 发送期间,在 TX 引脚上首先移出数据的最低有效位。发送时编程涉及的几个重要标志位见表 7-7。

表 7-7 发送时编程涉及的几个重要标志位

名称	描述
TE	发送使能
TXE	发送寄存器为空,发送单个字节时使用
TC	发送完成,发送多个字节时使用
TXIE	发送完成中断使能

发送配置步骤如下:

(1) 通过对 USART_CR1 寄存器的 UE 位置 1 以激活 USART,UE 位开启供给串口的时钟。

（2）设置 USART_CR1 寄存器的 M 位以定义字长。

（3）在 USART_CR2 寄存器中设置停止位的位数。

（4）若采用多缓冲通信,配置 USART_CR3 寄存器中的 DMA 使能位（DMAT）,按多缓冲通信的要求配置 DMA 寄存器。

（5）设置 USART_CR1 寄存器中的 TE 位,将一个空闲帧作为第一次数据发送。

（6）利用 USART_BRR 寄存器设置波特率。

（7）把要发送的数据写入 USART_DR 寄存器（此动作清除 TXE 位）,在只有一个缓冲器的情况下,对每个待发送的数据重复步骤（7）。

（8）在 USART_DR 寄存器中写入最后一个数据字后,要等待 TC＝1,它表示最后一个数据帧的传输结束。在关闭 USART 或进入停机模式之前,需要确认传输结束,避免破坏最后一次传输。

在单字节通信过程中,清除 TXE 位是通过对 USART_DR 寄存器的写操作来完成的。TXE 位是由硬件来设置的,它表明:数据已经从发送数据寄存器 TDR 移送到移位寄存器,数据发送已经开始;发送数据寄存器 TDR 被清空;下一个数据可以被写入 USART_DR 寄存器而不会覆盖先前的数据。

如果 TXEIE 位被设置,此标志将产生一个中断。

如果此时 UASRT 正在发送数据,对 USART_DR 寄存器的写操作将把数据存入 TDR 寄存器,并在当前传输结束时把该数据复制进移位寄存器。

如果此时 UASRT 没有发送数据,处于空闲状态,对 USART_DR 寄存器的写操作将直接把数据放入移位寄存器,数据传输开始,TXE 位立即被置位。

当一帧数据发送完成（停止位发送后）并设置了 TXE 位时,TC 位被置位。若 USART_CR1 寄存器中的 TCIE 位被置位,则会产生中断。

2. 接收配置

当 USART_CR1 的接收使能位 RE 位被置 1 时,接收器开始在 RX 线搜索起始位。当确定起始位后,根据 RX 线的电平状态把数据存入接收移位寄存器中。接收完成后将接收移位寄存器的数据移到 RDR 内,并将 USART_SR 的 RXNE 位置 1,同时若 USART_CR2 的 RXNEIE 位被置 1,则可产生中断。在 USART 接收期间,数据的最低有效位首先从 RX 引脚移入,在此模式下 USART_DR 寄存器包含的缓冲器位于内部总线和接收移位寄存器之间。USART 接收时编程涉及的几个重要标志位见表 7-8。

表 7-8　接收时编程涉及的几个重要标志位

位名称	描述
RE	接收使能
RXNE	接收数据寄存器为非空
RXNEIE	接收完成中断使能

接收配置步骤如下:

（1）通过把 USART_CR1 寄存器的 UE 位置 1 以激活 USART。

（2）设置 USART_CR1 的 M 位以定义字长。

（3）在 USART_CR2 中设置停止位的位数。

（4）若采用多缓冲通信,配置 USART_CR3 的 DMA 使能位（DMAR）,按多缓冲通信要求配置 DMA 寄存器。

（5）利用 USART_BRR 寄存器设置波特率。

（6）设置 USART_CR1 的 RE 位以激活接收器,使之开始寻找起始位。

当一个字符被接收到时,它表明:

① RXNE 位被置位,意味着移位寄存器的内容被转移到接收数据寄存器 RDR,即数据已经被接收并且可以被读出（包括与之有关的错误标志）。

② 如果 RXNEIE 被设置,此标志将产生一个中断。

③ 在接收期间如果检测到溢出错误、噪声错误或帧格式错误,错误标志将被置位。

④ 在多缓冲器模式下,RXNE 在每个字节接收后被置位,并通过 DMA 对数据寄存器的读操作清零。

⑤ 在单缓冲器模式下,由软件读 USART_DR 寄存器完成对 RXNE 位的清零。RXNE 标志也可以通过对它写 0 来清除。RXNE 位必须在下一个字符接收结束之前被清零,以避免溢出错误。

7.2.3 波特率的设置

波特率即数据传输速率,是衡量通信速度的重要参数,它表示每秒传输二进制代码的位数,单位为比特每秒,常写为 bit/s（bit per second）。串口最基本的设置就是波特率的设置。波特率的常用标准系列有 2 400 bit/s、4 800 bit/s、9 600 bit/s、19 200 bit/s、115 200 bit/s等。其作用如下:

（1）反映串行通信的速率。

（2）反映对传输通道的要求:波特率越高,要求的传输通道的频带宽度就越宽。

51 单片机的串口波特率是通过定时器的溢出率而产生的,因此要得到 4 800、9 600 等标准系列的波特率,就不能采用 12 MHz 的晶振,而必须使用 11.059 26 MHz 的晶振。与 51 单片机波特率发生器不同,STM32 单片机的 USART 采用分数波特率寄存器 USART_BRR,其包括 12 位整数和 4 位小数。USART 通过设置该寄存器,提供宽范围和更精确的波特率。表 7-9 列举了一些常用的波特率的设置及其误差。

表 7-9 常用波特率的设置及其误差

序号	波特率/ (kbit/s)	f_{PCLK} = 36 MHz			f_{PCLK} = 72 MHz		
		实际/(kbit/s)	BRR 中的值	误差	实际/(kbit/s)	BRR 中的值	误差
1	2.4	2.4	937.5	0%	2.4	1 875	0%
2	9.6	9.6	234.375	0%	9.6	468.75	0%
3	19.2	19.2	117.187 5	0%	19.2	234.375	0%
4	57.6	57.6	39.062 5	0%	57.6	78.125	0%
5	115.2	115.384	19.5	0.15%	115.2	39.062 5	0%

序号	波特率/(kbit/s)	$f_{PCLK}=36$ MHz			$f_{PCLK}=72$ MHz		
		实际/(kbit/s)	BRR 中的值	误差	实际/(kbit/s)	BRR 中的值	误差
6	230.4	230.769	9.75	0.16%	230.769	19.5	0.16%
7	460.8	461.538	4.875	0.16%	461.538	9.75	0.16%
8	921.6	923.076	2.437 5	0.16%	923.076	4.875	0.16%
9	2 250	2 250	1	0%	2250	2	0%
10	4 500	不可能	不可能	不可能	4 500	1	0%

STM32 分数波特率的概念,体现在该寄存器中:最低 4 位[3:0]存放小数部分 DIV_Fraction;较高 12 位[15:4]存放整数部分 DIV_Mantissa;高 16 位[31:16]未使用。

接收和发送的波特率计算公式如下:

$$Tx/Rx\ 波特率 = \frac{f_{PCLKx}}{16 \times USARTDIV}$$

式中,x=1、2;PCLKx 是给外设的时钟。PCLK1 用于串口 2、3、4、5,它们使用 APB1 总线时钟,其最高频率为 36 MHz;PCLK2 用于 USART1,它使用 APB2 总线时钟,最高可达 72 MHz。USARTDIV 是一个无符号定点数,由整数部分和小数部分组成,由 USART_BRR 设置。发送器和接收器的波特率通过 USARTDIV 的整数和小数寄存器设置为相同的值。如何通过 USARTDIV 得到 USART_BRR 寄存器的值呢?

例如,设 USART1 为 9 600 bit/s 的波特率,PCLK2 的时钟频率为 72 MHz,根据以上公式有:

$$USARTDIV = 72\ 000\ 000 / (9\ 600 \times 16) = 468.75$$

则 DIV_Mantissa=468=0x1D4(整数), DIV_Fraction=16×0.75=12=0x0C(小数),可得到 USART_BRR 的值为 0x1D4C,只要设置 USART1 的 USART_BRR 寄存器值为 0x1D4C,就可得到 9 600 bit/s 的波特率。USART1 的时钟源来自高速外设总线 APB2 时钟,因此最高波特率为(72 Mbit/s)/16=4.5 Mbit/s。

例如,设 USART1 为 115 200 bit/s 的波特率,PCLK2 的时钟频率为 72 MHz,根据以上公式有:

$$USARTDIV = 72\ 000\ 000 / (115\ 200 \times 16) = 39.062\ 5$$

则 DIV_Mantissa=39=0x27(整数),DIV_Fraction=16×0.062 5=1=0x01(小数),可得到 USART_BRR 的值为 0x271,只要设置 USART1 的 USART_BRR 寄存器值为 0x271,就可得到 115 200 bit/s 的波特率。

7.2.4　校验控制

STM32F1xx 系列 USART 支持奇偶校验。当使用奇偶校验时,将是 8 位数据加上 1 位校验位共 9 位,此时把 USART_CR1 的 M 位设置为 1,即 9 位数据。使能奇偶校验控制后,每个字符帧的格式将变成:起始位+数据帧+校验位+停止位。

偶校验:校验位使得一帧中的 7 或 8 个 LSB 数据及校验位中 1 的个数为偶数。例如,数据=00110101,有 4 个 1,如果选择偶校验(在 USART_CR1 中的 PS=0),校验位将是 0。

奇校验:此校验位使得一帧中的 7 或 8 个 LSB 数据及校验位中 1 的个数为奇数。例如,数据=00110101,有 4 个 1,如果选择奇校验(在 USART_CR1 中的 PS=1),校验位将是 1。

将 USART_CR1 的 PCE 位置 1 即可启动奇偶校验控制,奇偶校验由硬件自动完成。启动奇偶校验控制之后,在发送数据帧时就会自动添加校验位,接收数据时自动验证校验位。接收数据时如果奇偶校验位验证失败,会将 USART_SR 的 PE 位置 1,并可产生奇偶校验中断。

7.2.5　USART 中断请求

USART 的各种中断事件被连接到同一个中断向量,共用一个中断通道。中断事件有以下两种:

- 发送期间的中断事件:发送完成、清除发送完成和发送数据寄存器空。
- 接收期间的中断事件:空闲总线检测、溢出错误、接收数据寄存器非空、校验错误、LIN 断开符号检测、噪声错误和帧格式错误(仅在多缓冲器通信)。

如果对应的使能控制位被置位,这些事件就会产生各自的中断。USART 中断映像图如图 7-12 所示,USART 中断请求事件的标志及使能控制位具体见表 7-10。

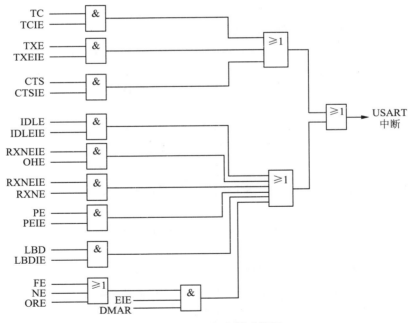

图 7-12　USART 中断映像图

表 7-10　USART 中断请求事件的标志及使能控制位

中断事件	中断标志	使能控制位
发送数据寄存器空	TXE	TXEIE
CTS 标志	CTS	CTSIE

续表

中断事件	中断标志	使能控制位
发送完成	TC	TCIE
接收数据就绪可读	RXNE	RXNEIE
检测到数据溢出错误	ORE	
检测到空闲总线	IDLE	IDLEIE
奇偶校验错误	PE	PEIE
断开标志	LBD	LBDIE
多缓冲通信中的噪声错误、溢出错误、帧格式错误	NF/ORE/FE	EIE

7.2.6　硬件流控制

　　硬件流控制主要应用于调制解调器的数据通信中。数据在两个串口之间传输时,常常会出现丢失的现象,或者两台计算机的处理速度不同,如台式机与单片机之间的通信,若接收端数据缓冲区已满,则此时继续发送来的数据就会丢失。硬件流控制能解决这个问题,当接收端数据处理能力不足时,就发出"不再接收"的信号,发送端则停止发送,直到收到"可以继续发送"的信号再发送数据。因此,硬件流控制可以控制数据传输的进程,防止数据丢失。常用的硬件流控制包括 RTS/CTS(请求发送/清除发送)流控制、DTR/DSR(数据终端就绪/数据设置就绪)流控制。

　　用 RTS/CTS 流控制时,应将通信两端的 RTS、CTS 线对应相连,数据终端设备(如计算机)使用 RTS 来启动调制解调器或其他数据通信设备的数据流,而数据通信设备(如调制解调器)则用 CTS 来启动和暂停来自计算机的数据流。这种硬件握手方式的过程为:在编程时根据接收端缓冲区大小设置一个高位标志(可为缓冲区大小的 75%)和一个低位标志(可为缓冲区大小的 25%),当缓冲区内的数据量达到高位时,在接收端设置 CTS线;当发送端的程序检测到 CTS 为有效时,就停止发送数据,直到接收端缓冲区的数据量低于低位而将 CTS 取反。RTS 则用来表示接收设备是否准备好接收数据。利用 CTS 输入和 RTS 输出可以控制两个设备之间的串行数据流。两个 USART 之间的硬件控制流示意图如图 7-13 所示。

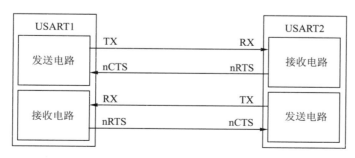

图 7-13　两个 USART 之间的硬件控制流示意图

7.3　USART 库函数

标准库为所有外设提供了封装寄存器的常用 USART 接口函数,USART 常用库函数具体见表 7-11。

表 7-11　**USART 常用库函数**

函数名	功能
USART_DeInit	将 USARTx 寄存器重新设置为默认值
USART_Init	初始化 USARTx 寄存器
USART_Cmd	使能或失能 USART 外设
USART_DMACmd	使能或失能指定 USART 的 DMA 请求
USART_StructInit	把 USART_StructInit 中的每一个参数按默认值填入
USART_ITConfig	使能或失能指定的 USART 中断
USART_SendData	通过 USARTx 发送一个字节
USART_ReceiveData	通过 USARTx 接收一个字节
USART_GetFlagStatus	读取状态寄存器的状态
USART_GetITStatus	检查指定的 USART 中断发生与否
USART_ClearFlag	清除 USARTx 的待处理标志位

7.3.1　函数 USART_Init

函数原形:void USART_Init(USART_TypeDef * USARTx, USART_InitTypeDef * USART_InitStruct)

功能描述:根据 USART_InitStruct 中指定的参数初始化外设 USARTx 寄存器。

输入参数:

USARTx:x 可以是 1、2 或者 3,用来选择 USART 外设。

USART_InitStruct:指向结构 USART_InitTypeDef 的指针,包含了外设 USART 的配置信息。

USART 初始化设置结构体 USART_InitTypeDef 定义于文件"stm32f10x_usart.h"中:

```
typedef struct
{
    u32 USART_BaudRate;              // 波特率
    u16 USART_WordLength;            // 字长
    u16 USART_StopBits;             // 停止位长度
    u16 USART_Parity;               // 奇偶校验
    u16 USART_Mode;                 // 接收或发送模式
    u16 USART_HardwareFlowControl;  // 硬件流控制
```

```
    u16 USART_Clock;              // 时钟使能
    u16 USART_CPOL;               // 指定了 SCLK 引脚上时钟输出的极性
    u16 USART_CPHA;               // 指定了 SCLK 引脚上时钟输出的相位
    // 是否在同步模式下,在 SCLK 引脚上输出最后发出的那个数据字
    u16 USART_LastBit;
} USART_InitTypeDef;
```

USART_BaudRate:定义了 USART 传输的波特率。

USART_WordLength:定义了一帧传输的数据位数,见表 7-12。

表 7-12　USART_WordLength 的定义

USART_WordLength	描述
USART_WordLength_8b	8 位数据
USART_WordLength_9b	9 位数据

USART_StopBits:定义了发送的停止位数目,见表 7-13。

表 7-13　USART_StopBits 的定义

USART_StopBits	描述
USART_StopBits_1	1 位停止位
USART_StopBits_0.5	0.5 位停止位
USART_StopBits_2	2 位停止位
USART_StopBits_1.5	1.5 位停止位

USART_Parity:定义了奇偶校验模式。奇偶校验一旦使能,在发送数据的 MSB 位插入经过计算的奇偶位(字长为 9 位时的第 9 位,字长为 8 位时的第 8 位),见表 7-14。

表 7-14　USART_Parity 的定义

USART_Parity	描述
USART_Parity_No	奇偶失能
USART_Parity_Even	偶校验
USART_Parity_Odd	奇校验

USART_Mode:指定接收或发送模式是否使能,见表 7-15。

表 7-15　USART_Mode 的定义

USART_Mode	描述
USART_Mode_Tx	发送使能
USART_Mode_Rx	接收使能

USART_HardwareFlowControl：指定硬件流控制模式是否使能，见表 7-16。

表 7-16　USART_HardwareFlowControl 的定义

USART_HardwareFlowControl	描述
USART_HardwareFlowControl_None	硬件流控制失能
USART_HardwareFlowControl_RTS	发送请求 RTS 使能
USART_HardwareFlowControl_CTS	接收请求 CTS 使能
USART_HardwareFlowControl_RTS_CTS	RTS 和 CTS 使能

USART_Clock：定义了 USART 时钟是否使能，见表 7-17。

表 7-17　USART_Clock 的定义

USART_Clock	描述
USART_Clock_Enable	时钟使能
USART_Clock_Disable	时钟失能

USART_CPOL：指定了 SCLK 引脚上时钟输出的极性，见表 7-18。

表 7-18　USART_CPOL 的定义

USART_CPOL	描述
USART_CPOL_Low	时钟低电平
USART_CPOL_High	时钟高电平

USART_CPHA：指定了 SCLK 引脚上时钟输出的相位，与 CPOL 位一起配合产生用户希望的时钟/数据采样关系，见表 7-19。

表 7-19　USART_CPHA 的定义

USART_CPHA	描述
USART_CPHA_1Edge	时钟第 1 个边沿进行数据捕获
USART_CPHA_2Edge	时钟第 2 个边沿进行数据捕获

USART_LastBit：用于控制是否在 SCLK 引脚上输出最后发出的那个数据字（MSB）对应的时钟脉冲，见表 7-20。

表 7-20　USART_LastBit 的定义

USART_LastBit	描述
USART_LastBit_Enable	最后一位数据的时钟脉冲从 SCLK 上输出
USART_LastBit_Disable	最后一位数据的时钟脉冲不从 SCLK 上输出

例如，下面的代码配置串口 1 的波特率为 9 600 bit/s，8 位数据位，1 位停止位，无奇偶校验，允许发送和接收。

USART_InitTypeDef USART_InitStructure；

USART_InitStructure.USART_BaudRate＝9600；

USART_InitStructure.USART_WordLength＝USART_WordLength_8b；

USART_InitStructure.USART_StopBits＝USART_StopBits_1；

USART_InitStructure.USART_Parity＝USART_Parity_No；

USART_InitStructure.USART_HardwareFlowControl＝USART_HardwareFlowControl_
　None；

USART_InitStructure.USART_Mode＝USART_Mode_Tx|USART_Mode_Rx；

USART_InitStructure.USART_Clock＝USART_Clock_Disable；

USART_InitStructure.USART_CPOL＝USART_CPOL_High；

USART_InitStructure.USART_CPHA＝USART_CPHA_1Edge；

USART_InitStructure.USART_LastBit＝USART_LastBit_Enable；

USART_Init（USART1，&USART_InitStructure）；

7.3.2　函数 USART_Cmd

函数：void USART_Cmd（USART_TypeDef ∗ USARTx，FunctionalState NewState）

功能描述：使能或失能 USART 外设。

输入参数：

USARTx：x 可以是 1、2 或 3，用来选择 USART 外设。

NewState：外设 USARTx 的新状态，可以取 ENABLE 或 DISABLE。

7.3.3　函数 USART_ITConfig

函数原形：void USART_ITConfig（USART_TypeDef ∗ USARTx，u16 USART_IT，Func-tionalState NewState）

功能描述：使能或失能指定的 USART 中断。

输入参数：

USARTx：x 可以是 1、2 或 3，用来选择 USART 外设。

USART_IT：待使能或失能的 USART 中断源，允许的取值见表 7-21。

NewState：USARTx 中断的新状态，可以取 ENABLE 或 DISABLE。

表 7-21　USART_IT 的取值

USART_IT	描述
USART_IT_PE	奇偶错误中断
USART_IT_TXE	发送中断
USART_IT_TC	传输完成中断
USART_IT_RXNE	接收中断
USART_IT_IDLE	空闲总线中断
USART_IT_LBD	LIN 中断检测中断
USART_IT_CTS	CTS 中断
USART_IT_ERR	错误中断

例如,允许 USART1 的发送完成中断的代码如下:

  USART_ITConfig(USART1, USART_IT_TC, ENABLE);

7.3.4 函数 USART_SendData

函数原形:void USART_SendData(USART_TypeDef ∗ USARTx, u8 Data)

功能描述:通过外设 USARTx 发送一个字节的数据。

输入参数:

USARTx:x 可以是 1、2 或 3,用来选择 USART 外设。

Data:待发送的数据。

例如,将一个字节数据 0x41 从 USART3 发送出去的代码如下:

  USART_SendData(USART3, 0x41);

7.3.5 函数 USART_ReceiveData

函数原形:u16 USART_ReceiveData(USART_TypeDef ∗ USARTx)

功能描述:返回 USARTx 最近接收到的数据。

输入参数:

USARTx:x 可以是 1、2 或 3,用来选择 USART 外设。

返回值:接收到的数据。

例如,接收 USART2 的数据代码如下:

  u16 RxData;

  RxData = USART_ReceiveData(USART2);

7.3.6 函数 USART_GetFlagStatus

函数原形:FlagStatus USART_GetFlagStatus(USART_TypeDef ∗ USARTx, u16 USART_FLAG)

功能描述:读取指定的 USART 标志位。

输入参数:

USARTx:x 可以是 1、2 或 3,用来选择 USART 外设。

USART_FLAG:待检查的 USART 标志位,该参数的取值见表 7-22。

返回值:USART_FLAG 的新状态(SET 或 RESET)。

表 7-22   USART_FLAG 的取值

USART_FLAG	描述
USART_FLAG_CTS	CTS 标志位
USART_FLAG_LBD	LIN 中断检测标志位
USART_FLAG_TXE	发送数据寄存器空标志位
USART_FLAG_TC	发送完成标志位
USART_FLAG_RXNE	接收数据寄存器非空标志位
USART_FLAG_IDLE	空闲总线标志位
USART_FLAG_ORE	溢出错误标志位

续表

USART_FLAG	描述
USART_FLAG_NE	噪声错误标志位
USART_FLAG_FE	帧错误标志位
USART_FLAG_PE	奇偶错误标志位

例如,读 USART1 的发送结束标志,送给变量 Status,代码如下:

　　FlagStatus Status;

　　Status = USART_GetFlagStatus(USART1, USART_FLAG_TC);

7.3.7　函数 USART_GetITStatus

函数原形:ITStatus USART_GetITStatus(USART_TypeDef ＊ USARTx, u16 USART_IT)

功能描述:检查指定的 USART 中断发生与否。

输入参数:

USARTx:x 可以是 1、2 或 3,用来选择 USART 外设。

USART_IT:待检查的 USART 中断源,该参数的取值见表 7-23。

返回值:USART_IT 的新状态(SET 或 RESET)。

表 7-23　USART_IT 的取值

USART_IT	描述
USART_IT_PE	奇偶错误中断
USART_IT_TXE	发送中断
USART_IT_TC	发送完成中断
USART_IT_RXNE	接收中断
USART_IT_IDLE	空闲总线中断
USART_IT_LBD	LIN 中断探测中断
USART_IT_CTS	CTS 中断
USART_IT_ORE	溢出错误中断
USART_IT_NE	噪声错误中断
USART_IT_FE	帧错误中断

例如,读 USART 的接收中断标志,送给 RxITStatus,代码如下:

　　ITStatus RxITStatus;

　　RxITStatus = USART_GetITStatus(USART1, USART_IT_ RXNE);

7.3.8　函数 USART_ClearITPendingBit

函数原形:void USART_ClearITPendingBit(USART_TypeDef ＊ USARTx, u16 USART_IT)

功能描述:清除 USARTx 的中断待处理位。

输入参数:

USARTx:x 可以是 1、2 或 3,用来选择 USART 外设。

USART_IT:待检查的 USART 中断源,该参数的取值见表 7-23。

例如,将 USART1 的发送完成中断标志位清零,代码如下:

USART_ClearITPendingBit(USART1,USART_IT_TC);

7.4 USART 程序设计步骤

USART 程序设计的主要内容和步骤如下:

1. 使能 USART 时钟

STM32 USART1 的时钟来源于高速外设 APB2 总线时钟,其最高工作频率为 72 MHz; 其他四个 USART 的时钟来源于低速外设 APB1 总线时钟,其最高工作频率为 36 MHz。 USART 的时钟使能可通过固件库函数来完成。USART1 挂在 APB2 总线上,可采用 RCC_APB2PeriphClockCmd( ) 打开 USART1 的时钟;其余四个 USART 挂在 APB1 总线上,可采用 RCC_APB1PeriphClockCmd( ) 打开相应的时钟。具体如下:

```
//打开 USART1 时钟
RCC_APB2PeriphClockCmd(RCC_APB2Periph_USART1,ENABLE);
//打开 USART2 时钟
RCC_APB1PeriphClockCmd(RCC_APB1Periph_USART2,ENABLE);
//打开 USART3 时钟
RCC_APB1PeriphClockCmd(RCC_APB1Periph_USART3,ENABLE);
……
```

2. 设置 USART 复用端口

STM32 单片机大部分端口都有第 2 功能,USART 需用到端口的第 2 功能。GPIO 的属性包含在结构体 GPIO_InitTypeDef 中,对于 TX 引脚,将 GPIO_Mode 字段设置为 GPIO_Mode_AF_PP(复用推挽输出),将 GPIO_Speed 速率设置为 GPIO_Speed_50MHz;对于 RX 引脚,将 GPIO_Mode 字段设置为 GPIO_Mode_IN_FLOATING(浮空输入),无须设置速率,最后通过 GPIO_Init( ) 使能 IO 口。

USART1 的发送引脚 TXD 对应 PA09,接收引脚 RXD 对应 PA10;USART2 的发送引脚 TXD 对应 PA02,接收引脚 RXD 对应 PA03;USART3 的发送引脚 TXD 对应 PB10,接收引脚 RXD 对应 PB11。

STM32 USART 复用端口 IO 口初始化配置函数具体如下:

```
void GPIO_Configuration( )
{
    GPIO_InitTypeDef GPIO_InitStructure;
    GPIO_InitStructure.GPIO_Pin = GPIO_Pin_9;      //USART1 Tx —> PA09
    GPIO_InitStructure.GPIO_Mode = GPIO_Mode_AF_PP;
    GPIO_InitStructure.GPIO_Speed = GPIO_Speed_50MHz;
```

```
        GPIO_Init( GPIOA, &GPIO_InitStructure);
        GPIO_InitStructure.GPIO_Pin = GPIO_Pin_10;        // USART1 Rx —> PA10
        GPIO_InitStructure.GPIO_Mode = GPIO_Mode_IN_FLOATING;
        GPIO_Init( GPIOA, &GPIO_InitStructure);
        GPIO_InitStructure.GPIO_Pin = GPIO_Pin_2;        // USART2 Tx —> PA2
        GPIO_InitStructure.GPIO_Mode = GPIO_Mode_AF_PP;
        GPIO_InitStructure.GPIO_Speed = GPIO_Speed_50MHz;
        GPIO_Init( GPIOA, &GPIO_InitStructure);
        GPIO_InitStructure.GPIO_Pin = GPIO_Pin_3;        // USART2 Rx —> PA3
        GPIO_InitStructure.GPIO_Mode = GPIO_Mode_IN_FLOATING;
        GPIO_Init( GPIOA, &GPIO_InitStructure);
        GPIO_InitStructure.GPIO_Pin = GPIO_Pin_10;        // USART3 Tx —> PB10
        GPIO_InitStructure.GPIO_Mode = GPIO_Mode_AF_PP;
        GPIO_InitStructure.GPIO_Speed = GPIO_Speed_50MHz;
        GPIO_Init( GPIOB, &GPIO_InitStructure);
        GPIO_InitStructure.GPIO_Pin = GPIO_Pin_11;        // USART3 Rx —> PB11
        GPIO_InitStructure.GPIO_Mode = GPIO_Mode_IN_FLOATING;
        GPIO_Init( GPIOB, &GPIO_InitStructure);
    }
```

3. 配置 USART 寄存器相关参数

STM32 的 USART 寄存器相关参数配置步骤如下:

(1) 首先配置 USART 的 6 个参数:波特率、字长 M、停止位 STOP、奇偶校验位、USART 的收发模式、硬件流控制。

(2) USART 提供 8 个中断源:TXEIE、TCIE、RXNEIE、PEIE、IDLEIE、CTSIE、LBDIE、EIE,8 个中断使能均可进入 USART 的中断函数,根据需要配置相应的中断使能位为 1。

(3) 使能接收和发送。

(4) 使能相应的 USART。

USART2 初始化配置函数具体如下:

```
    void USART_Configuration( void)
    {
        USART_InitTypeDef USART_InitStructure;
        USART_InitStructure.USART_BaudRate = 115200;
        USART_InitStructure.USART_WordLength = USART_WordLength_8b;
        USART_InitStructure.USART_StopBits = USART_StopBits_1;
        USART_InitStructure.USART_Parity = USART_Parity_No;
        USART_InitStructure.USART_HardwareFlowControl = USART_HardwareFlowControl_
            None;
        USART_InitStructure.USART_Mode = USART_Mode_Rx | USART_Mode_Tx;
```

```
        USART_Init(USART2，&USART_InitStructure)；
        USART_ITConfig(USART2，USART_IT_TXE，ENABLE)；
        USART_ITConfig(USART2，USART_IT_RXNE，ENABLE)；
        USART_ClearFlag(USART2，USART_FLAG_TC)；
        USART_Cmd(USART2，ENABLE)；                          //使能 USART2
    }
```

4. 编写通信应用程序

根据不同的任务要求,用查询或中断方式编写发送或接收数据的应用程序。

 7.5　USART 应用举例

7.5.1　读取 STM32 的 EPC 码和 Flash 容量

物联网是基于互联网、RFID 技术、EPC 标准,利用射频识别技术、无线通信技术等,构造一个实现全球物品信息实时共享的实物互联网(Internet of Things,IoT)。物联网的基本思想是美国麻省理工学院(MIT)在 1999 年首先提出的,其核心是为全球每个物品提供唯一的电子标识符,实现对所有实体对象的唯一有效标识。这种标识系统就是现在常提到的 EPC 系统,电子产品编码 EPC(Electronic Product Code)最长 96 位,通过对所有物品赋予唯一的电子标识符 EPC 码,实现对全球实体对象的唯一有效标识。物联网最初的构想是建立在 EPC 系统之上,通过 EPC 码搭建自动识别物品的物联网,目标是为每一个物品建立全球的标识标准,实现全球物品实时识别和信息共享网络平台。

例 1　由超级终端显示 STM32 CPU 96 位 EPC 码和 Flash 容量。其 96 位 EPC 码存放在片内 Flash 位于地址 0x1FFFF7E8～0x1FFFF7F3 的系统存储区内;Flash 容量存放于地址 0x1FFFF7E0 单元内。它们是由生产厂商在制造时写入的,用户不可修改,可以字节、半字或字的方式读取。

程序功能:通过 USART1 采用查询方式,从 STM32 片内 Flash 的地址,以 32 位字的方式读取芯片的 96 位 EPC 码和 Flash 容量,由 USART1 上传到 PC,通过超级终端显示出来。STM32 的 USART1 挂接在 APB2 高速外设总线上,发送引脚 Tx 为 PA09,接收引脚 Rx 为 PA10。

程序分析:

(1) 系统时钟配置函数 RCC_Configuration()。

在系统时钟配置函数中,打开挂接在 APB2 高速总线上 USART1 和端口 A 的时钟,其源程序如下:

```
    void RCC_Configuration()
    {
        RCC_DeInit()；
        ……
        // 打开 USART1 的时钟
        RCC_APB2PeriphClockCmd(RCC_APB2Periph_USART1，ENABLE)；
```

```
          // 打开端口 A 的时钟
          RCC_APB2PeriphClockCmd(RCC_APB2Periph_GPIOA, ENABLE);
     }
```

（2）GPIO 端口配置函数 GPIO_Configuration( )。

在该函数中,USART1 的发送引脚 Tx 为 PA09,将其配置为复用推挽输出;接收引脚 Rx 为 PA10,将 Tx 配置为浮空输入。其初始化配置源程序如下:

```
     void GPIO_Configuration( )
     {
          GPIO_InitTypeDef GPIO_InitStructure;
          GPIO_InitStructure.GPIO_Pin = GPIO_Pin_9;              // USART1 Tx —> PA09
          GPIO_InitStructure.GPIO_Mode = GPIO_Mode_AF_PP;  // 复用推挽输出
          GPIO_InitStructure.GPIO_Speed = GPIO_Speed_50MHz;
          GPIO_Init(GPIOA, &GPIO_InitStructure);
          GPIO_InitStructure.GPIO_Pin = GPIO_Pin_10;            // USART1 Rx —> PA10
          GPIO_InitStructure.GPIO_Mode = GPIO_Mode_IN_FLOATING;
          GPIO_Init(GPIOA, &GPIO_InitStructure);                    // 浮空输入
     }
```

（3）USART1 配置函数 USART_Configuration( )。

在该函数中,主要配置 STM32 USART1 寄存器的 6 个参数:波特率为 115 200 bit/s、字长为 8 位、停止位为 1 位、无奇偶校验位、USART 为收发模式、无硬件流控制;通过设置 TXEIE、RXNEIE 开放 USART1 的发送和接收中断;使能 USART1。USART1 配置函数源程序如下:

```
     void USART_Configuration(void)
     {
          USART_InitTypeDef USART_InitStructure;
          USART_InitStructure.USART_BaudRate = 115200;
          USART_InitStructure.USART_WordLength = USART_WordLength_8b;
          USART_InitStructure.USART_StopBits = USART_StopBits_1;
          USART_InitStructure.USART_Parity = USART_Parity_No;
          USART_InitStructure.USART_HardwareFlowControl = USART_HardwareFlow-
               Control_None;
          USART_InitStructure.USART_Mode = USART_Mode_Rx | USART_Mode_Tx;
          USART_Init(USART1, &USART_InitStructure);
          USART_ITConfig(USART1, USART_IT_TXE, ENABLE);
          USART_ITConfig(USART1, USART_IT_RXNE, ENABLE);
          USART_ClearFlag(USART1, USART_FLAG_TC);
          USART_Cmd(USART1, ENABLE);
     }
```

（4）主函数 main( )。

在主函数 main( )中，首先定义各种头文件、宏、变量，开辟内存空间，等等；其次进行系统初始化，调用获取芯片 EPC 码函数等，根据任务要求编写应用程序，最终实现程序功能。主函数源程序如下：

```
#include<stdio.h>
#include"stm32f10x_lib.h"
u32 ChipUniqueID[3];
void RCC_Configuration(void);
void GPIO_Configuration(void);
void USART_Configuration(void);
ErrorStatus HSEStartUpStatus;
int main()
{
    RCC_Configuration();                        // 配置系统时钟
    GPIO_Configuration();                       // GPIO 口初始化
    USART_Configuration();                      // USART1 初始化
    Get_ChipID();                               // 获取芯片 EPC 码函数
    printf("\r\n 芯片的唯一 EPC 码为:%X-%X-%X\r\n",
        ChipUniqueID[0],ChipUniqueID[1],ChipUniqueID[2]);
    // 获取芯片容量
    printf("\r\n 芯片 Flash 的容量为:%dK \r\n", *(u16 *)(0X1FFFF7E0));
    while(1){}
}
```

通过 32 位字的方式读取芯片 EPC 码函数如下：

```
void Get_ChipID(void)
{
    ChipUniqueID[0] = *(u32 *)(0X1FFFF7F0);     // 高位字
    ChipUniqueID[1] = *(u32 *)(0X1FFFF7EC);
    ChipUniqueID[2] = *(u32 *)(0X1FFFF7E8);     // 低位字
}
```

（5）重定向函数 fputc( )。

fputc( )默认把字符输出到调试器控制窗口。因此，要把数据通过 USART 输出到超级终端，需将基于 fputc( )的 printf( )函数的输出重定向到 USART 端口上，即要使用 USART 功能，需重定向 fputc( )函数。重定向是指用户自己重写 C 语言的库函数。当链接器检查到用户编写了与 C 语言库函数相同名字的函数时，优先调用用户编写的函数，这样就可实现重定向。

重定向 fputc( ) 函数的源程序如下：

```
int fputc(int ch, FILE  * f)
{
    USART_SendData(USART1, (u8) ch);
    while(USART_GetFlagStatus(USART1, USART_FLAG_TC)==RESET);
    return ch;
}
```

例 2　与例 1 实现的功能相同。通过 USART2 采用中断方式，从 STM32 片内 Flash 以 8 位字节的方式，读取芯片的 96 位 EPC 码和 Flash 容量，由 USART2 上传到 PC，通过超级终端显示出来。STM32 的 USART2 挂接在 APB1 低速外设总线上，发送引脚 Tx 为 PA02，接收引脚 Rx 为 PA03。

程序分析：

（1）系统时钟配置函数 RCC_Configuration( )。

在系统时钟配置函数中，打开挂接在 APB1 低速总线上 USART2 的时钟和挂接在 APB2 高速总线上端口 A 的时钟，其源程序如下：

```
void RCC_Configuration( )
{
    RCC_DeInit( );
    ……
    //打开 USART2 的时钟
    RCC_APB1PeriphClockCmd(RCC_APB1Periph_USART2, ENABLE);
    //打开端口 A 的时钟
    RCC_APB2PeriphClockCmd(RCC_APB2Periph_GPIOA, ENABLE);
}
```

（2）GPIO 端口配置函数 GPIO_Configuration( )。

在该函数中，USART2 的发送引脚 Tx 为 PA02，将其配置为复用推挽输出；接收引脚 Rx 为 PA03，将其配置为浮空输入。GPIO 端口配置函数的源程序如下：

```
void GPIO_Configuration( )
{
    GPIO_InitTypeDef GPIO_InitStructure;
    GPIO_InitStructure.GPIO_Pin=GPIO_Pin_2;          // USART2 Tx -> PA2
    GPIO_InitStructure.GPIO_Mode=GPIO_Mode_AF_PP;
    GPIO_InitStructure.GPIO_Speed=GPIO_Speed_50MHz;
    GPIO_Init(GPIOA, &GPIO_InitStructure);
    GPIO_InitStructure.GPIO_Pin=GPIO_Pin_3;          // USART2 Rx -> PA3
    GPIO_InitStructure.GPIO_Mode=GPIO_Mode_IN_FLOATING;
    GPIO_Init(GPIOA, &GPIO_InitStructure);
}
```

（3）USART2 配置函数 USART_Configuration( )。

在该函数中,主要配置 USART2 的 6 个参数:波特率为 115 200 bit/s、字长为 8 位、停止位为 1 位、无奇偶校验位、USART 为收发模式、无硬件流控制;通过设置 TXEIE、RXNEIE 开放 USART2 的发送和接收中断;使能 USART2。USART2 配置函数的源程序如下:

```
void USART_Configuration(void)
{
    USART_InitTypeDef USART_InitStructure;
    USART_InitStructure.USART_BaudRate = 115200;
    USART_InitStructure.USART_WordLength = USART_WordLength_8b;
    USART_InitStructure.USART_StopBits = USART_StopBits_1;
    USART_InitStructure.USART_Parity = USART_Parity_No;
    USART_InitStructure.USART_HardwareFlowControl = USART_HardwareFlowControl_
        None;
    USART_InitStructure.USART_Mode = USART_Mode_Rx | USART_Mode_Tx;
    USART_Init(USART2, &USART_InitStructure);
    USART_ITConfig(USART2, USART_IT_TXE, ENABLE);
    USART_ITConfig(USART2, USART_IT_RXNE, ENABLE);
    USART_ClearFlag(USART2, USART_FLAG_TC);
    USART_Cmd(USART2, ENABLE);                    //使能 USART2
}
```

（4）嵌套中断向量控制 NVIC 配置函数 NVIC_Configuration( )。

在该函数中,中断源为 USART2,设置 USART2 的抢占优先级和从优先级均为 0,并使能 USART2 中断。其源程序如下:

```
void NVIC_Configuration()
{
    NVIC_InitTypeDef NVIC_InitStructure;              //设定中断源为 USART2
    NVIC_InitStructure.NVIC_IRQChannel = USART2_IRQChannel;
    //中断抢占优先级为 0
    NVIC_InitStructure.NVIC_IRQChannelPreemptionPriority = 0;
    //从优先级为 0
    NVIC_InitStructure.NVIC_IRQChannelSubPriority = 0;
    NVIC_InitStructure.NVIC_IRQChannelCmd = ENABLE;              //使能中断
    NVIC_Init(&NVIC_InitStructure);              //根据参数初始化中断寄存器
}
```

（5）重定向函数 fputc( )。

该函数同前,其源程序如下:

```
int fputc(int ch, FILE *f)
{
```

```
        USART_SendData( USART2, (u8) ch);
        while( USART_GetFlagStatus( USART2, USART_FLAG_TC)==RESET);
        return ch;
    }
    void USART2_Putc( char c)
    {
        USART_SendData( USART2, c);
        while( USART_GetFlagStatus( USART2, USART_FLAG_TXE)==RESET);
    }
```

（6）USART2 中断服务程序 USART2_IRQHandler( )。

在 USART2 中断服务程序中,不断检测 TXE 中断标志(发送数据寄存器空),当数据从移位寄存器全部发送出去时,产生发送数据寄存器空的中断事件,其源程序如下:

```
    void USART2_IRQHandler( void)
    {
        u8 count=0;
        if( USART_GetITStatus( USART2, USART_IT_TXE)!==RESET)
        {
            USART_SendData( USART2, A1[count++]);
            if( count==14)
            {
                count=0;
            }
        }
    }
```

（7）主函数 main( )。

在主函数 main( )中,首先定义各种头文件、宏、变量,开辟内存空间,等等;之后进行系统初始化,从 STM32 片内 Flash 以 8 位字节的方式,读取芯片的 96 位 EPC 码和 Flash 容量,最终实现程序功能。主函数源程序如下:

```
    u8 A1[14];
    void USART2_Putc( char c);
    void RCC_Configuration( void);
    void GPIO_Configuration( void);
    void NVIC_Configuration( void);
    void USART_Configuration( void);
    ErrorStatus HSEStartUpStatus;
    int main( )
    {
        RCC_Configuration( );                    // 配置系统时钟
```

```
        NVIC_Configuration( ) ;
        GPIO_Configuration( ) ;                          // I/O 口初始化
        USART_Configuration( ) ;
        printf("\r\n 芯片的唯一 ID 为:\r\n") ;
        while( 1 )
        {
            A1[0] = * ( u8 * )(0x1FFFF7E8) ;             // 低字节
            A1[1] = * ( u8 * )(0x1FFFF7E9) ;
            A1[2] = * ( u8 * )(0x1FFFF7EA) ;
            A1[3] = * ( u8 * )(0x1FFFF7EB) ;
            A1[4] = * ( u8 * )(0x1FFFF7EC) ;
            A1[5] = * ( u8 * )(0x1FFFF7ED) ;
            A1[6] = * ( u8 * )(0x1FFFF7EE) ;
            A1[7] = * ( u8 * )(0x1FFFF7EF) ;             // 高字节
            A1[8] = * ( u8 * )(0x1FFFF7F0) ;
            A1[9] = * ( u8 * )(0x1FFFF7F1) ;
            A1[10] = * ( u8 * )(0x1FFFF7F2) ;
            A1[11] = * ( u8 * )(0x1FFFF7F3) ;            // 高字节
            A1[12] = 0;
            A1[13] = 0;
            USART2_Putc(0) ;
            USART2_Putc(0) ;
            USART2_Putc( A1[11] ) ;
            USART2_Putc( A1[10] ) ;
            USART2_Putc( A1[9] ) ;
            USART2_Putc( A1[8] ) ;
            USART2_Putc( A1[7] ) ;
            USART2_Putc( A1[6] ) ;
            USART2_Putc( A1[5] ) ;
            USART2_Putc( A1[4] ) ;
            USART2_Putc( A1[3] ) ;
            USART2_Putc( A1[2] ) ;
            USART2_Putc( A1[1] ) ;
            USART2_Putc( A1[0] ) ;
        }
    }
```

7.5.2 通过 USART 回传字符串

程序功能:采用查询方式,利用 PC 的串口 COM 与 STM32 开发板 USART3 进行数据

通信。通过 PC 的键盘经由 COM0 向 STM32 USART3 发送一个字符串,STM32 收到后回传这个字符串给 PC,在 PC 的超级终端上显示接收的字符串。USART3 的发送引脚 Tx 为 PB10,接收引脚 Rx 为 PB11。

程序分析:

(1)系统时钟配置函数 RCC_Configuration( )。

在系统时钟配置函数中,打开挂接在 APB1 低速总线上 USART3 的时钟和挂接在 APB2 高速总线上端口 B 的时钟,其源程序如下:

```
void RCC_Configuration( )
{
    RCC_DeInit( );
    ……
    RCC_APB1PeriphClockCmd(RCC_APB1Periph_USART3, ENABLE);
    RCC_APB2PeriphClockCmd(RCC_APB2Periph_GPIOB, ENABLE);
}
```

(2)GPIO 端口配置函数 GPIO_Configuration( )。

在该函数中,USART3 的发送引脚 Tx 为 PB10,将其配置为复用推挽输出;接收引脚 Rx 为 PB11,将其配置为浮空输入。其初始化配置源程序如下:

```
void GPIO_Configuration( )                     // GPIO 口初始化
{
    GPIO_InitTypeDef GPIO_InitStructure;        // USART3 Tx —> PB10
    GPIO_InitStructure.GPIO_Pin = GPIO_Pin_10;
    GPIO_InitStructure.GPIO_Mode = GPIO_Mode_AF_PP;
    GPIO_InitStructure.GPIO_Speed = GPIO_Speed_50MHz;
    GPIO_Init(GPIOB, &GPIO_InitStructure);      // USART3 Rx —> PB11
    GPIO_InitStructure.GPIO_Pin = GPIO_Pin_11;
    GPIO_InitStructure.GPIO_Mode = GPIO_Mode_IN_FLOATING;
    GPIO_Init(GPIOB, &GPIO_InitStructure);
}
```

(3)USART3 配置函数 USART_Configuration( )。

在该函数中,主要配置 USART3 的 6 个参数:波特率为 9 600 bit/s,字长为 8 位,停止位为 1 位,无奇偶校验位,USART 为收发模式,无硬件流控制;通过设置 TXEIE、RXNEIE 开放 USART3 的发送和接收中断;使能 USART3。USART3 配置函数源程序如下:

```
void USART_Configuration(void)
{
    USART_InitTypeDef USART_InitStructure;
    USART_InitStructure.USART_BaudRate = 9600;
    USART_InitStructure.USART_WordLength = USART_WordLength_8b;
    USART_InitStructure.USART_StopBits = USART_StopBits_1;
```

```
        USART_InitStructure.USART_Parity = USART_Parity_No;
        USART_InitStructure.USART_HardwareFlowControl = USART_HardwareFlowControl_
            None;
        USART_InitStructure.USART_Mode = USART_Mode_Rx | USART_Mode_Tx;
        USART_Init(USART3, &USART_InitStructure);
        USART_ITConfig(USART3, USART_IT_TXE, ENABLE);
        USART_ITConfig(USART3, USART_IT_RXNE, ENABLE);
        USART_ClearFlag(USART3, USART_FLAG_TC);
        USART_Cmd(USART3, ENABLE);
    }
```

（4）重定向函数 fputc( )。

该函数同前，其源程序如下：

```
    int fputc(int ch, FILE *f)
    {
        USART_SendData(USART3, (u8)ch);
        while(USART_GetFlagStatus(USART3, USART_FLAG_TC) == RESET);
        return ch;
    }
```

（5）主函数 main( )。

在主函数 main( )中，首先定义各种头文件、宏、变量，开辟内存空间，等等；其次进行系统初始化，根据要求编写程序，最终实现功能。主函数源程序如下：

```
    #include<stdio.h>
    int fputc(int ch, FILE *f);
    void RCC_Configuration(void);
    void GPIO_Configuration(void);
    void USART_Configuration(void);
    int main()
    {
        u16 i = 0;
        RCC_Configuration();
        GPIO_Configuration();
        USART_Configuration();
        printf("\r\n Program Running! \r\n");
        printf("\r\n Please input a character from keyboard:\r\n");
        while(1)
        {
            if(USART_GetFlagStatus(USART3,USART_IT_RXNE) == SET)
            {
```

```
                    i = USART_ReceiveData( USART3) ;
                    printf("%c",i&0xFF) ;
                }
            }
        }
```

7.5.3　USART 的端口重映射

1. STM32 端口复用

STM32 的引脚可设置为：普通 I/O 功能、复用功能、重映射功能。其中普通 I/O 功能、复用功能用得较多。

端口复用：STM32 许多引脚都具有复用功能，STM32 也有许多内置外设（如串口、ADC、DCA 等），这些外设的外部引脚与 GPIO 复用。一个 GPIO 如果可以复用为内置外设的功能引脚，则当这个 GPIO 作为内置外设使用时称为复用。如 STM32 的 USART1 引脚对应 GPIO 为 PA9、PA10，而 PA9、PA10 默认的功能是 GPIO，所以当 PA9、PA10 引脚作为 USART1 使用时即为端口复用。

以 USART1 为例，当 PA9、PA10 引脚需要作为 USART1 的 Tx、Rx 引脚使用时，即为端口复用。复用端口初始化步骤如下：

（1）使能 GPIO 端口时钟。因为要使用端口复用，所以要使能该端口的时钟。
　　　　RCC_APB2PeriphClockCmd(RCC_APB2Periph_GPIOA, ENABLE) ;

（2）使能复用的外设时钟。如要将端口 PA9、PA10 复用为串口，就要使能串口时钟。
　　　　RCC_APB2PeriphClockCmd(RCC_APB2Periph_USART1, ENABLE) ;

（3）配置端口模式。在 GPIO 复用内置外设功能引脚时，必须设置 GPIO 端口的模式。PA9 引脚作为 USART1 的 Tx，将其配置为复用推挽输出；PA10 引脚作为 USART1 的 Rx，将其配置为浮空输入。具体代码如下：

```
GPIO_InitStructure.GPIO_Pin = GPIO_Pin_9 ;
GPIO_InitStructure.GPIO_Mode = GPIO_Mode_AF_PP ;
GPIO_InitStructure.GPIO_Speed = GPIO_Speed_50MHz ;
GPIO_Init( GPIOA, &GPIO_InitStructure) ;
GPIO_InitStructure.GPIO_Pin = GPIO_Pin_10 ;
GPIO_InitStructure.GPIO_Mode = GPIO_Mode_IN_FLOATING ;
GPIO_Init( GPIOA, &GPIO_InitStructure) ;
```

简而言之，在使用复用功能时至少要使能 2 个时钟：GPIO 时钟使能、复用的外设时钟使能；同时还要初始化 GPIO 及复用外设功能（端口模式配置）。

2. STM32 端口重映射（USART Remap）

为使不同器件封装的外设 I/O 功能数量达到最优，可把一些复用功能重新映射到其他引脚上，目的是让设计工程师可更好地安排引脚的走向和功能。在 STM32 中引入外设引脚重映射（Remap）的概念，即一个外设的引脚除具有默认的端口外，还可通过设置重映射寄存器的方式，把这个外设的引脚映射到其他的端口。简单地讲，就是把管脚的外设功能映射到另一个管脚去使用，但不可以随便映射，需要参考具体的数据手册来操作。

表 7-24是 USART1 重映射表，USART1 重映射到 PB6、PB7 引脚上。表 7-25 是 USART2 重映射表，USART2 重映射到 PD5、PD6 引脚上。表 7-26 是 USART3 重映射表，USART3 的重映射分为部分重映射和完全重映射。USART3 部分重映射到 PC10、PC11 引脚上；USART3 完全重映射到 PD8、PD9 引脚上。所谓部分重映射，就是部分引脚和默认的是一样的；所谓完全重映射，就是所有引脚都映射到新的引脚。由此可见，它们只能映射到固定的引脚。

表 7-24　USART1 重映射表

复用功能	USART1_REMAP = 0	USART1_REMAP = 1
USART1_Tx	PA9	PB6
USART1_Rx	PA10	PB7

表 7-25　USART2 重映射表

复用功能	USART2_REMAP = 0	USART2_REMAP = 1
USART2_Tx	PA2	PD5
USART2_Rx	PA3	PD6

表 7-26　USART3 重映射表

复用功能	USART3_REMAP[1：0] = 00(没有重映射)	USART3_REMAP[1：0] = 01(部分重映射)	USART3_REMAP[1：0] = 11(完全重映射)
USART3_Tx	PB10	PC10	PD8
USART3_Rx	PB11	PC11	PD9

以 USART3 的部分重映射为例，除之前使能复用功能的两个时钟之外，还需要使能 AFIO 功能时钟，之后调用重映射函数。端口重映射初始化步骤如下：

（1）使能 GPIO 端口时钟。因为要使用端口 C 复用，所以要使能该端口的时钟。

　　RCC_APB2PeriphClockCmd(RCC_APB2Periph_GPIOC，ENABLE)；

（2）使能复用的外设时钟。要将 PC10、PC11 引脚复用成串口，必须使能串口时钟。

　　RCC_APB1PeriphClockCmd(RCC_APB1Periph_USART3，ENABLE)；

（3）使能 AFIO 时钟。重映射必须使能 AFIO 时钟。

　　RCC_APB2PeriphClockCmd(RCC_APB2Periph_AFIO，ENABLE)；

（4）开启重映射。

　　//USART1 的重映射代码

　　GPIO_PinRemapConfig(GPIO_Remap_USART1，ENABLE)；

　　//USART2 的重映射代码

　　GPIO_PinRemapConfig(GPIO_Remap_USART2，ENABLE)；

　　//USART3 的部分重映射代码

　　GPIO_PinRemapConfig(GPIO_PartialRemap_USART3，ENABLE)；

　　//USART3 的完全重映射代码

```
GPIO_PinRemapConfig(GPIO_FullRemap_USART3,ENABLE);
```
（5）配置端口模式。配置重映射引脚,只需配置重映射后的 GPIO 端口模式。
```
GPIO_InitStructure.GPIO_Pin=GPIO_Pin_10;          // USART3 Tx -> PC10
GPIO_InitStructure.GPIO_Mode=GPIO_Mode_AF_PP;
GPIO_InitStructure.GPIO_Speed=GPIO_Speed_50MHz;
GPIO_Init(GPIOC, &GPIO_InitStructure);
GPIO_InitStructure.GPIO_Pin=GPIO_Pin_11;          // USART3 Rx -> PC11
GPIO_InitStructure.GPIO_Mode=GPIO_Mode_IN_FLOATING;
GPIO_Init(GPIOC, &GPIO_InitStructure);
```
USART3 部分重映射源程序如下:
```
int fputc(int ch, FILE *f);
void RCC_Configuration(void);
void GPIO_Configuration(void);
void USART_Configuration(void);
ErrorStatus HSEStartUpStatus;
int main()
{
    RCC_Configuration();
    GPIO_Configuration();
    USART_Configuration();
    printf("\r\n Program Running! \r\n");
    printf("\r\n We are going to home \r\n");
    while(1){};
}
void RCC_Configuration()
{
    RCC_DeInit();
    ……                                       // 配置系统时钟,略
    // USART3 部分重映射时钟
    RCC_APB2PeriphClockCmd(RCC_APB2Periph_GPIOC, ENABLE);
    RCC_APB1PeriphClockCmd(RCC_APB1Periph_USART3, ENABLE);
    RCC_APB2PeriphClockCmd(RCC_APB2Periph_AFIO, ENABLE);
}
void USART_Configuration(void)
{
    USART_InitTypeDef USART_InitStructure;
    USART_InitStructure.USART_BaudRate=115200;
    USART_InitStructure.USART_WordLength=USART_WordLength_8b;
```

```
        USART_InitStructure.USART_StopBits = USART_StopBits_1;
        USART_InitStructure.USART_Parity = USART_Parity_No;
        USART_InitStructure.USART_HardwareFlowControl = USART_HardwareFlowControl_
            None;
        USART_InitStructure.USART_Mode = USART_Mode_Rx | USART_Mode_Tx;
        USART_Init(USART3, &USART_InitStructure);
        USART_ITConfig(USART3, USART_IT_TXE, ENABLE);
        USART_ITConfig(USART3, USART_IT_RXNE, ENABLE);
        USART_ClearFlag(USART3, USART_FLAG_TC);
        USART_Cmd(USART3, ENABLE);              //使能 USART3
    }
    void GPIO_Configuration()
    {
        GPIO_InitTypeDef GPIO_InitStructure;
        GPIO_InitStructure.GPIO_Pin = GPIO_Pin_10;   // USART3 Tx -> PC10
        GPIO_InitStructure.GPIO_Mode = GPIO_Mode_AF_PP;
        GPIO_InitStructure.GPIO_Speed = GPIO_Speed_50MHz;
        GPIO_Init(GPIOC, &GPIO_InitStructure);
        GPIO_InitStructure.GPIO_Pin = GPIO_Pin_11;   // USART3 Rx -> PC11
        GPIO_InitStructure.GPIO_Mode = GPIO_Mode_IN_FLOATING;
        GPIO_Init(GPIOC, &GPIO_InitStructure);
        GPIO_PinRemapConfig(GPIO_PartialRemap_USART3, ENABLE);
    }
    int fputc(int ch, FILE *f)
    {
        USART_SendData(USART3, (u8) ch);        //循环,直到传输结束
        while(USART_GetFlagStatus(USART3, USART_FLAG_TC) == RESET){}
        return ch;
    }
```

USART2 重映射源程序如下:

```
    int fputc(int ch, FILE *f);
    void RCC_Configuration(void);
    void GPIO_Configuration(void);
    void USART_Configuration(void);
    ErrorStatus HSEStartUpStatus;
    int main()
    {
        RCC_Configuration();
```

```
        GPIO_Configuration( );
        USART_Configuration( );
        printf("Program Running! \r\n");
        printf("We are going home. \r\n\r\n");
        while( 1 ) { }
}
void RCC_Configuration( )
{
        RCC_DeInit( );
        ……
        // 打开 USART2 重映射时钟
        RCC_APB2PeriphClockCmd( RCC_APB2Periph_GPIOD, ENABLE);
        RCC_APB2PeriphClockCmd( RCC_APB2Periph_AFIO, ENABLE);
        RCC_APB1PeriphClockCmd( RCC_APB1Periph_USART2, ENABLE);
}
void USART_Configuration( void)
{
        USART_InitTypeDef USART_InitStructure;
        USART_InitStructure.USART_BaudRate = 115200;
        USART_InitStructure.USART_WordLength = USART_WordLength_8b;
        USART_InitStructure.USART_StopBits = USART_StopBits_1;
        USART_InitStructure.USART_Parity = USART_Parity_No;
        USART_InitStructure.USART_HardwareFlowControl = USART_HardwareFlowControl_
            None;
        USART_InitStructure.USART_Mode = USART_Mode_Rx | USART_Mode_Tx;
        USART_Init( USART2, &USART_InitStructure);
        USART_ITConfig( USART2, USART_IT_TXE, ENABLE);
        USART_ITConfig( USART2, USART_IT_RXNE, ENABLE);
        USART_ClearFlag( USART2, USART_FLAG_TC);
        USART_Cmd( USART2, ENABLE);              // 使能 USART2
}
void GPIO_Configuration( )
{
        GPIO_InitTypeDef GPIO_InitStructure;
        GPIO_InitStructure.GPIO_Pin = GPIO_Pin_5;   // USART2 Tx —> PD5
        GPIO_InitStructure.GPIO_Mode = GPIO_Mode_AF_PP;
        GPIO_InitStructure.GPIO_Speed = GPIO_Speed_50MHz;
        GPIO_Init( GPIOD, &GPIO_InitStructure);
```

```
        GPIO_InitStructure.GPIO_Pin=GPIO_Pin_6;    // USART2 Rx —> PD6
        GPIO_InitStructure.GPIO_Mode=GPIO_Mode_IN_FLOATING;
        GPIO_Init(GPIOD, &GPIO_InitStructure);
        GPIO_PinRemapConfig(GPIO_Remap_USART2, ENABLE);
    }
    int fputc(int ch, FILE *f)
    {
        USART_SendData(USART2, (u8) ch);
        while(USART_GetFlagStatus(USART2, USART_FLAG_TC)==RESET);
        return ch;
    }
```

 本章小结

　　本章主要介绍 STM32 串口结构、工作原理与编程技术。STM32 有 3 个 USART 和 2 个 UART，USART 硬件结构包括发送和接收部分、发送器控制和接收器控制部分、中断控制和波特率控制。数据从 Tx 引脚发送出去，由 Rx 引脚接收数据，波特率由外设时钟频率和波特率寄存器 USART_BRR 的值决定，发送/接收完数据之后，相应的标志位会自动置 1，若允许串口中断，则产生中断请求。

　　USART 通信程序设计步骤主要包括：使能 USART 和 AFIO 时钟；配置端口引脚，将发送端配置成复用推挽输出、接收端配置成浮空输入，若使用非默认引脚，要开启重映射；初始化通信数据格式、波特率，使能发送/接收，开中断，使能串口；用中断或查询方式发送/接收数据。

 习题七

7-1　USART 的英文全称是什么？

7-2　同步通信和异步通信有何区别？

7-3　单工、半双工、全双工有何区别？

7-4　STM32F103 内置了多少个 USART 和 UART？

7-5　系统默认 USART1 的数据发送端 Tx 和接收端 Rx 对应的引脚是什么？可以重映射到哪两个引脚？

7-6　STM32 的 USART 传送数据的位数可以是几位？停止位可以是几位？

7-7　什么是波特率？单位是什么？

7-8　波特率寄存器 BRR 中 D15～D4 和 D3～D0 分别存放波特率因子的哪个部分？

7-9　USART 有几个控制寄存器？

7-10　USART 的状态寄存器中,表示发送结束的标志位是_____,表示接收结束的标志位是_____。这些标志位可供查询或者产生_____请求。

7-11　请写出使能 EXTI 和 AFIO 外设对应的时钟命令。

7-12　简述对 STM32 单片机的 USART 串口功能模块图的理解。

7-13　串行通信采用奇校验,9 个数据位,若传送的数据是字符 A,则奇偶校验位的值是_____。

7-14　完成下列对 USART1 的初始化编程,要求串口的波特率为 9 600 bit/s,9 个数据位,偶校验,1 个停止位,无硬件控制流,允许发送、接收。

USART_InitTypeDef USART_InitStructure;
USART_InitStructure.USART_BaudRate = _____;
USART_InitStructure.USART_WordLength = _____;
USART_InitStructure.USART_StopBits = _____;
USART_InitStructure.USART_Parity = _____;
USART_InitStructure.USART_HardwareFlowControl = _____;
USART_InitStructure.USART_Mode = _____;
USART_Init (USART1 , &USART_InitStructure) ;

7-15　允许串口接收中断的函数是什么?

7-16　串口发送数据和接收数据的函数分别是什么?

7-17　编写程序,实现 STM32 单片机通过串口 1 发送一个字符串"STM32F103CB US-ART1 TEST!",并在 PC 的超级终端上显示。要求用 printf ( )函数输出。

第8章

直接存储器存取 DMA

本章教学目标

通过本章的学习,能够理解以下内容:

- DMA 的概念与作用
- DMA 的工作原理
- STM32F10x 的 DMA 结构与工作特点
- DMA 寄存器的作用
- DMA 的工作方式配置及库函数功能
- DMA 应用程序设计方法

直接存储器存取(Direct Memory Access,DMA)是一种完全由硬件控制执行数据交换的工作方式,它由 DMA 控制器(DMA Controller,DMAC)而不是 CPU 来控制在存储器和存储器、存储器和外设之间的批量数据传输,这样就减轻了 CPU 资源占有率,可以大大提高系统的工作效率。

8.1 概 述

由于外围设备速度较慢,CPU 不能像读写存储器那样直接读写外设,为了解决速度不匹配的问题,CPU 与外设之间传输数据要采取多种方式,主要有延时方式、查询方式、中断方式及 DMA 方式,前三种方式都是由软件控制完成数据传输,而 DMA 方式是由 DMAC 来控制数据的传输过程。DMA 控制数据传输的操作顺序说明如下:

① I/O 设备准备好后,向 DMAC 发出 DMA 请求信号。

② DMAC 向 CPU 发出占用总线请求信号。

③ 按照预定的 DMAC 占用总线方式,CPU 响应总线请求,向 DMAC 发出总线响应信号,让出总线控制权,总线控制权交由 DMAC 接管。

④ DMAC 接管总线后,先向 I/O 接口发出 DMA 响应信号,表示允许外设进行 DMA 传送。然后按事先设置的初始地址和需传送的字节数,依次发送地址和读写命令,使内存和 I/O 接口直接交换数据,直至全部数据交换完毕。

⑤ DMA 传送结束后,自动撤销向 CPU 的总线请求信号,从而使总线响应和 DMA 响应信号相继变为无效,CPU 又重新控制总线,恢复正常工作。

如图 8-1 所示为 DMA 控制原理图。

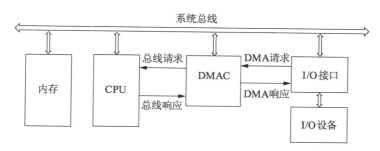

图 8-1　DMA 控制原理图

 8.2　STM32F10x 的 DMA 简介

8.2.1　DMA 的主要特征

STM32 微控制器上集成了 2 个 DMA 控制器、12 个通道,每个通道专门用来管理来自 1 个或多个外设对存储器访问的请求,还有 1 个仲裁器来协调各个 DMA 请求的优先权,DMA 功能框图如图 8-2 所示。DMA 有如下主要特征:

* 12 个独立的可配置的通道(请求):DMA1 有 7 个通道,DMA2 有 5 个通道。
* 每个通道都直接连接专用的硬件 DMA 请求,每个通道都同样支持软件触发。
* 在同一个 DMA 模块上,多个请求间的优先权可以通过软件编程设置,优先权共有四级,即很高、高、中等和低,优先权设置相等时由硬件决定。
* 独立数据源和目标数据区的传输宽度(字节、半字、全字),模拟打包和拆包的过程。源和目标地址必须按数据传输宽度对齐。
* 支持循环的缓冲器管理。
* 每个通道都有 3 个事件标志(DMA 半传输、DMA 传输完成和 DMA 传输出错),这 3 个事件标志逻辑或成为 1 个单独的中断请求。
* 存储器和存储器间的传输。
* 存储器和外设之间的传输。
* 闪存、SRAM、外设的 SRAM 及 APB1、APB2 和 AHB 外设均可作为访问的源和目标。
* 可编程的数据传输数目最大为 65 535。

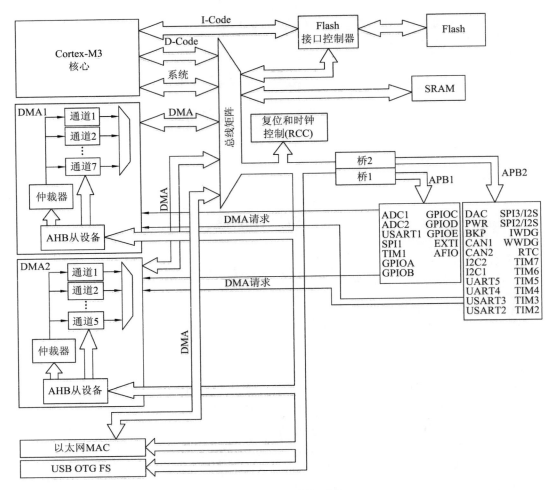

图 8-2　DMA 功能框图

8.2.2　DMA 请求通道

1. DMA1 控制器

DMA1 的请求通道如图 8-3 所示。从外设 TIMx（x=1、2、3、4）、ADC1、SPI1、SPI/I2S2、I2Cx（x=1、2）和 USARTx（x=1、2、3）产生的 7 个请求,通过逻辑或输入到 DMA1 控制器,这意味着同时只能有 1 个请求有效。外设的 DMA 请求,可以通过设置相应寄存器中的控制位,被独立地开启或关闭。

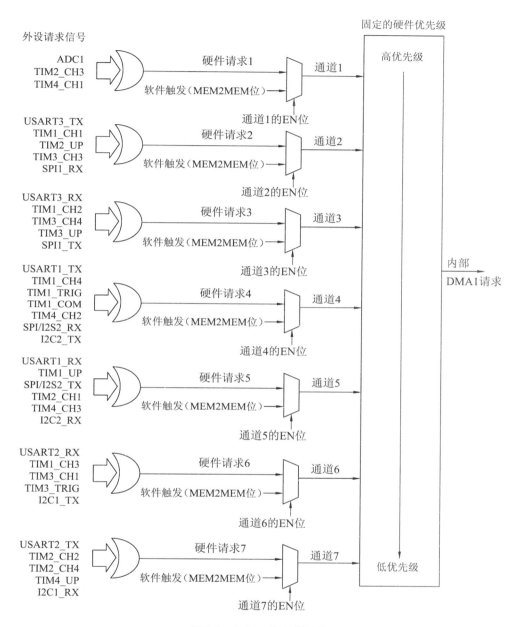

图 8-3　DMA1 的请求通道

2. DMA2 控制器

DMA2 的请求通道如图 8-4 所示。可以看到,从外设 TIMx(x = 5、6、7、8),ADC3,SPI/I2S3,UART4,DAC 通道 1、2 和 SDIO 产生的 5 个请求,经逻辑或输入到 DMA2 控制器,这意味着同时只能有 1 个请求有效。

注意:DMA2 控制器及相关请求仅存在于大容量产品和互联型产品中。

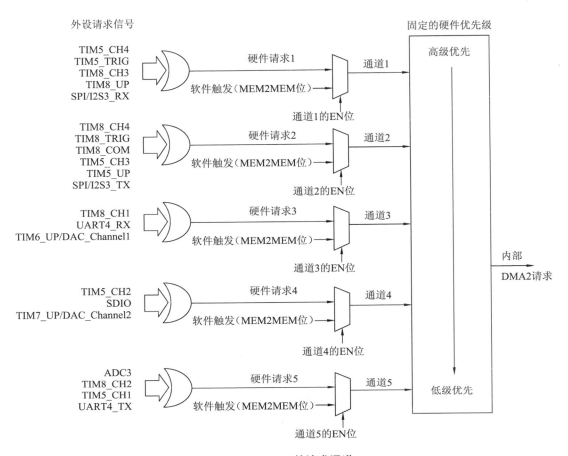

图 8-4　DMA2 的请求通道

8.2.3　仲裁器

仲裁器根据通道请求的优先级来启动外设/存储器的访问。优先权管理分 2 个阶段：

（1）软件：每个通道的优先权可以在 DMA_CCRx 寄存器中设置，有 4 个等级：最高优先级、高优先级、中等优先级和低优先级。

（2）硬件：如果 2 个请求有相同的软件优先级，则较低编号的通道比较高编号的通道有较高的优先权。例如，通道 2 优先于通道 4。

注意：在大容量产品和互联型产品中，DMA1 控制器拥有高于 DMA2 控制器的优先级。

8.2.4　DMA 工作模式

DMA 有三种工作模式：非循环模式、循环模式、存储器到存储器模式。

1. 非循环模式

当通道配置为非循环模式时，传输结束后（即传输计数变为 0）将不再产生 DMA 操作。若要开始新的 DMA 传输，需要在关闭 DMA 通道的情况下，在 DMA_CNDTRx 寄存器中重新写入传输数目。

2. 循环模式

循环模式用于处理循环缓冲区和外设连续的数据传输(如 ADC 的扫描模式)。在 DMA_CCRx 寄存器中的 CIRC 位用于开启这一功能。当启动了循环模式,数据传输的数目变为 0 时,将会自动地被恢复成配置通道时设置的初值,DMA 操作将会继续进行。

3. 存储器到存储器模式

DMA 通道的操作可以在没有外设请求的情况下进行,这种操作就是存储器到存储器模式。

当设置了 DMA_CCRx 寄存器中的 MEM2MEM 位和 DMA_CCRx 寄存器中的 EN 位后启动 DMA 通道时,DMA 传输将马上开始。当 DMA_CNDTRx 寄存器变为 0 时,DMA 传输结束。存储器到存储器模式不能与循环模式同时使用。

8.2.5　DMA 配置过程

每个通道都可以在有固定地址的外设寄存器和存储器地址之间执行 DMA 传输。DMA 传输的数据量是可编程的,最大达到 65 535,存放传输数据量的寄存器的内容,在每次传输后递减。

下面是配置 DMA 通道的过程:

(1)设置外设寄存器的地址。发生外设数据传输请求时,这个地址将是数据传输的源或目标。

(2)设置数据存储器的地址。发生外设数据传输请求时,传输的数据将从这个地址读出或写入这个地址。

(3)设置要传输的数据量。在每个数据传输后,这个数值递减。

(4)设置通道的优先级。

(5)设置数据传输的方向、循环模式、外设和存储器的增量模式、外设和存储器的数据宽度、传输一半产生中断或传输完成产生中断。

(6)启动 DMA 通道。

一旦启动了 DMA 通道,它即可响应该通道上的外设的 DMA 请求。传输一半的数据后,半传输标志(HTIF)被置 1。当设置了允许半传输中断位(HTIE)时,将产生一个中断请求。在数据传输结束后,传输完成标志(TCIF)被置 1。当设置了允许传输完成中断位(TCIE)时,将产生一个中断请求。DMA 中断事件如表 8-1 所示。

表 8-1　DMA 中断事件

中断事件	事件标志位	使能控制位
传输过半	HTIF	HTIE
传输完成	TCIF	TCIE
传输错误	TEIF	TEIE

8.3　DMA 寄存器

DMA 寄存器包括 DMA 中断状态寄存器、DMA 中断标志清除寄存器、各个通道独立的配置寄存器、传输数量寄存器、外设地址寄存器、存储器地址寄存器等。

8.3.1　DMA 通道配置寄存器(DMA_CCRx)

DMA 通道 x(x=0~7)配置寄存器是 32 位寄存器,高 16 位保留,低 16 位的定义如图 8-5 所示。

15	14	13	12	11	10	9	8	7	6	5	4	3	2	1	0
保留	MEM2MEM	PL[1:0]		MSIZE[1:0]		PSIZE[1:0]		MINC	PINC	CIRC	DIR	TEIE	HTIE	TCIE	EN

图 8-5　DMA 通道配置寄存器格式(低 16 位)

DMA_CCRx 各位的含义如下:

MEM2MEM:存储器到存储器模式。0:非存储器到存储器模式;1:存储器到存储器模式。

PL[1:0]:通道优先级。00:低;01:中;10:高;11:最高。

MSIZE[1:0]:存储器数据宽度。00:8 位;01:16 位;10:32 位;11:保留。

PSIZE[1:0]:外设数据宽度。00:8 位;01:16 位;10:32 位;11:保留。

MINC:存储器地址增量模式。0:不执行存储器地址增量操作;1:执行存储器地址增量操作。

PINC:外设地址增量模式。0:不执行外设地址增量操作;1:执行外设地址增量操作。

CIRC:循环模式。0:不执行循环操作;1:执行循环操作。

DIR:数据传输方向。0:从外设读;1:从存储器读。

TEIE:允许传输错误中断。0:禁止 TE 中断;1:允许 TE 中断。

HTIE:允许半传输中断。0:禁止 HT 中断;1:允许 HT 中断。

TCIE:允许传输完成中断。0:禁止 TC 中断;1:允许 TC 中断。

EN:通道开启。0:通道不工作;1:通道开启。

8.3.2　DMA 通道传输数量寄存器(DMA_CNDTRx)

通道 x(x=0~7)的传输数量寄存器 DMA_CNDTRx 的低 16 位是数据传输数量,其值为 0 至 65 535。这个寄存器只能在通道不工作(DMA_CCRx 的 EN=0)时写入。通道开启后该寄存器变为只读,指示剩余的待传输字节数目。寄存器内容在每次 DMA 传输后递减。

数据传输结束后,寄存器的内容或者变为 0,或者当该通道配置为自动重加载模式时,被自动重新加载为之前配置时的数值。

当该寄存器的内容为 0 时,无论通道是否开启,都不会发生任何数据传输。

8.3.3　DMA 通道外设地址寄存器(DMA_CPARx)

外设地址寄存器(DMA_CPARx)是 32 位寄存器,数据位 PA[31:0]存放外设数据寄存器的基地址,作为数据传输的源或目标。

当配置寄存器 DMA_CCRx 中 PSIZE=01(16 位)时,不使用 PA[0]位。操作自动地与半字地址对齐。当 PSIZE=10(32 位)时,不使用 PA[1:0]位。操作自动地与字地址对齐。

当开启通道(DMA_CCRx 的 EN=1)时,不能写该寄存器。

8.3.4 DMA 通道存储器地址寄存器(DMA_CMARx)

存储器地址寄存器(DMA_CPARx)是 32 位寄存器,数据位 MA[31∶0]存放存储器地址,作为数据传输的源或目标。

当配置寄存器 DMA_CCRx 中 PSIZE=01(16 位)时,不使用 MA[0]位。操作自动地与半字地址对齐。当 PSIZE=10(32 位)时,不使用 MA[1∶0]位。操作自动地与字地址对齐。

当开启通道(DMA_CCRx 的 EN=1)时,不能写该寄存器。

8.3.5 DMA 中断状态寄存器(DMA_ISR)

DMA 中断状态寄存器格式如图 8-6 所示。

31	30	29	28	27	26	25	24	23	22	21	20	19	18	17	16
				TEIF7	HTIF7	TCIF7	GIF7	TEIF6	HTIF6	TCIF6	GIF6	TEIF5	HTIF5	TCIF5	GIF5
15	14	13	12	11	10	9	8	7	6	5	4	3	2	1	0
TEIF4	HTIF4	TCIF4	GIF4	TEIF3	HTIF3	TCIF3	GIF3	TEIF2	HTIF2	TCIF2	GIF2	TEIF1	HTIF1	TCIF1	GIF1

图 8-6 DMA 中断状态寄存器格式

TEIFx:通道 x(x=1~7)的传输错误标志,通过硬件设置这些位。在 DMA_IFCR 寄存器的相应位写入"1"可以清除这里对应的标志位。TEIFx=0,说明在通道 x 没有发生传输错误事件;TEIFx=1,说明在通道 x 发生了传输错误事件。

HTIFx:通道 x(x=1~7)的半传输标志,通过硬件设置这些位。在 DMA_IFCR 寄存器的相应位写入"1"可以清除这里对应的标志位。HTIFx=0,说明在通道 x 没有发生半传输事件;HTIFx=1,说明在通道 x 发生了半传输事件。

TCIFx:通道 x(x=1~7)的传输完成标志,通过硬件设置这些位。在 DMA_IFCR 寄存器的相应位写入"1"可以清除这里对应的标志位。TCIFx=0,说明在通道 x 没有发生传输完成事件;TCIFx=1,说明通道 x 发生了传输完成事件。

GIFx:通道 x(x=1~7)的全局中断标志,通过硬件设置这些位。在 DMA_IFCR 寄存器的相应位写入"1"可以清除这里对应的标志位。GIFx=0,说明在通道 x 没有发生 TE、HT 或 TC 事件;GIFx=1,说明在通道 x 发生了传输错误、半传输或传输完成事件。

8.3.6 DMA 中断标志清除寄存器(DMA_IFCR)

DMA 中断标志清除寄存器格式如图 8-7 所示。

31	30	29	28	27	26	25	24	23	22	21	20	19	18	17	16
				CTEIF7	CHTIF7	CTCIF7	CGIF7	CTEIF6	CHTIF6	CTCIF6	CGIF6	CTEIF5	CHTIF5	CTCIF5	CGIF5
15	14	13	12	11	10	9	8	7	6	5	4	3	2	1	0
CTEIF4	CHTIF4	CTCIF4	CGIF4	CTEIF3	CHTIF3	CTCIF3	CGIF3	CTEIF2	CHTIF2	CTCIF2	CGIF2	CTEIF1	CHTIF1	CTCIF1	CGIF1

图 8-7 DMA 中断标志清除寄存器格式

CTEIFx:清除通道 x 的传输错误标志。

CHTIFx:清除通道 x 的半传输标志。

CTCIFx：清除通道 x 的传输完成标志。

CGIFx：清除通道 x 的全局中断标志。

所有标志位写"1"有效，清除对应标志位；写"0"，不起作用。

在固件库文件"stm32f10x_map.h"中，DMA 寄存器结构定义如下：

```
typedef struct
{
    vu32 CCR；
    vu32 CNDTR；
    vu32 CPAR；
    vu32 CMAR；
} DMA_Channel_TypeDef；
typedef struct
{
    vu32 ISR；
    vu32 IFCR；
} DMA_TypeDef；
```

8.4　DMA 库函数

DMA 库函数如表 8-2 所示。

表 8-2　DMA 库函数

函数名	描述
DMA_DeInit	将 DMA 的通道 x 寄存器重设为缺省值
DMA_Init	根据 DMA_InitStruct 中指定的参数初始化 DMA 的通道 x 寄存器
DMA_StructInit	把 DMA_InitStruct 中的每一个参数按缺省值填入
DMA_Cmd	使能或失能指定的通道 x
DMA_ITConfig	使能或失能指定的通道 x 中断
DMA_GetCurrDataCounter	返回当前 DMA 通道 x 剩余的待传输数据数目
DMA_GetFlagStatus	读指定的 DMA 通道 x 标志位
DMA_ClearFlag	清除 DMA 通道 x 待处理标志位
DMA_GetITStatus	读指定的 DMA 通道 x 中断状态
DMA_ClearITPendingBit	清除 DMA 通道 x 中断待处理标志位

8.4.1　函数 DMA_DeInit

函数原形：void DMA_DeInit(DMA_Channel_TypeDef ＊DMA_Channelx)

功能描述：将 DMA 的通道 x 寄存器重设为缺省值。

输入参数:DMA_Channelx,选择 DMA 通道 x(x=1~7)。

8.4.2　函数 DMA_Init

函数原形:void DMA_Init(DMA_Channel_TypeDef * DMA_Channelx, DMA_InitTypeDef * DMA_InitStruct)

功能描述:根据 DMA_InitStruct 中指定的参数初始化 DMA 的通道 x 寄存器。

输入参数:

DMA_Channelx:选择 DMA 通道 x(x=1~7)。

DMA_InitStruct:指向结构 DMA_InitTypeDef 的指针,包含了 DMA 通道 x 的配置信息。DMA_InitTypeDef 在文件"stm32f10x_dma.h"中定义如下:

```
typedef struct
{
    u32 DMA_PeripheralBaseAddr;
    u32 DMA_MemoryBaseAddr;
    u32 DMA_DIR;
    u32 DMA_BufferSize;
    u32 DMA_PeripheralInc;
    u32 DMA_MemoryInc;
    u32 DMA_PeripheralDataSize;
    u32 DMA_MemoryDataSize;
    u32 DMA_Mode;
    u32 DMA_Priority;
    u32 DMA_M2M;
} DMA_InitTypeDef;
```

DMA_PeripheralBaseAddr:用以定义 DMA 外设基地址。

DMA_MemoryBaseAddr:用以定义 DMA 内存基地址。

DMA_DIR:规定了外设是作为数据传输的目的地还是来源,取值如表 8-3 所示。

表 8-3　DMA_DIR 的取值

DMA_DIR	描述
DMA_DIR_PeripheralDST	外设作为数据传输的目的地
DMA_DIR_PeripheralSRC	外设作为数据传输的来源

DMA_BufferSize:用以定义指定 DMA 通道的 DMA 缓存的大小,单位为数据单位。根据传输方向,数据单位等于结构中参数 DMA_PeripheralDataSize 或参数 DMA_MemoryDataSize 的值。

DMA_PeripheralInc:用来设定外设地址寄存器递增与否,取值如表 8-4 所示。

表 8-4　DMA_PeripheralInc 的取值

DMA_PeripheralInc	描述
DMA_PeripheralInc_Enable	外设地址寄存器递增
DMA_PeripheralInc_Disable	外设地址寄存器不变

DMA_MemoryInc：用来设定内存地址寄存器递增与否，取值如表 8-5 所示。

表 8-5　DMA_MemoryInc 的取值

DMA_MemoryInc	描述
DMA_PeripheralInc_Enable	内存地址寄存器递增
DMA_PeripheralInc_Disable	内存地址寄存器不变

DMA_PeripheralDataSize：设定了外设数据宽度，取值如表 8-6 所示。

表 8-6　DMA_PeripheralDataSize 的取值

DMA_PeripheralDataSize	描述
DMA_PeripheralDataSize_Byte	数据宽度为 8 位
DMA_PeripheralDataSize_HalfWord	数据宽度为 16 位
DMA_PeripheralDataSize_Word	数据宽度为 32 位

DMA_MemoryDataSize：设定了存储器数据宽度，取值如表 8-7 所示。

表 8-7　DMA_MemoryDataSize 的取值

DMA_MemoryDataSize	描述
DMA_MemoryDataSize_Byte	数据宽度为 8 位
DMA_MemoryDataSize_HalfWord	数据宽度为 16 位
DMA_MemoryDataSize_Word	数据宽度为 32 位

DMA_Mode：设置了 DMA 的工作模式，取值如表 8-8 所示。

表 8-8　DMA_Mode 的取值

DMA_Mode	描述
DMA_Mode_Circular	工作在循环缓存模式
DMA_Mode_Normal	工作在正常缓存模式

DMA_Priority：设定 DMA 通道 x 的优先级，取值如表 8-9 所示。

表 8-9　DMA_Priority 的取值

DMA_Mode	描述
DMA_Priority_VeryHigh	DMA 通道 x 拥有最高优先级
DMA_Priority_High	DMA 通道 x 拥有高优先级
DMA_Priority_Medium	DMA 通道 x 拥有中优先级
DMA_Priority_Low	DMA 通道 x 拥有低优先级

DMA_M2M：使能 DMA 通道的内存到内存传输，取值如表 8-10 所示。

表 8-10　DMA_M2M 的取值

DMA_M2M	描述
DMA_M2M_Enable	DMA 通道 x 设置为内存到内存传输
DMA_M2M_Disable	DMA 通道 x 没有设置为内存到内存传输

例如，下面的程序段完成根据 DMA_InitStructure 的成员值对 DMA 通道 1 初始化。

```
DMA_InitTypeDef DMA_InitStructure；
DMA_InitStructure.DMA_PeripheralBaseAddr = 0x40005400；
DMA_InitStructure.DMA_MemoryBaseAddr = 0x20000100；
DMA_InitStructure.DMA_DIR = DMA_DIR_PeripheralSRC；
DMA_InitStructure.DMA_BufferSize = 256；
DMA_InitStructure.DMA_PeripheralInc = DMA_PeripheralInc_Disable；
DMA_InitStructure.DMA_MemoryInc = DMA_MemoryInc_Enable；
DMA_InitStructure.DMA_PeripheralDataSize = DMA_PeripheralDataSize_HalfWord；
DMA_InitStructure.DMA_MemoryDataSize = DMA_MemoryDataSize_HalfWord；
DMA_InitStructure.DMA_Mode = DMA_Mode_Normal；
DMA_InitStructure.DMA_Priority = DMA_Priority_Medium；
DMA_InitStructure.DMA_M2M = DMA_M2M_Disable；
DMA_Init( DMA_Channel1, &DMA_InitStructure )；
```

8.4.3　函数 DMA_StructInit

函数原形：void DMA_StructInit(DMA_InitTypeDef * DMA_InitStruct)

功能描述：把 DMA_InitStruct 中的每一个参数按缺省值填入，表 8-11 给出了缺省值。

表 8-11　DMA_InitStruct 的各个成员缺省值

成员	缺省值
DMA_PeripheralBaseAddr	0
DMA_MemoryBaseAddr	0
DMA_DIR	DMA_DIR_PeripheralSRC

续表

成员	缺省值
DMA_BufferSize	0
DMA_PeripheralInc	DMA_PeripheralInc_Disable
DMA_MemoryInc	DMA_MemoryInc_Disable
DMA_PeripheralDataSize	DMA_PeripheralDataSize_Byte
DMA_MemoryDataSize	DMA_MemoryDataSize_Byte
DMA_Mode	DMA_Mode_Normal
DMA_Priority	DMA_Priority_Low
DMA_M2M	DMA_M2M_Disable

8.4.4 函数 DMA_Cmd

函数原形：void DMA_Cmd(DMA_Channel_TypeDef * DMA_Channelx, FunctionalState NewState)

功能描述：使能或失能指定的通道 x。

输入参数：

DMA Channelx：选择 DMA 通道 x。

NewState：DMA 通道 x 的新状态，可以取 ENABLE 或 DISABLE。

例如，下面的语句使能 DMA 通道 7。

    DMA_Cmd(DMA_Channel7, ENABLE);

8.4.5 DMA_ITConfig

函数原形：void DMA_ITConfig(DMA_Channel_TypeDef * DMA_Channelx, u32 DMA_IT, FunctionalState NewState)

功能描述：使能或失能指定的通道 x 中断。

输入参数：

DMA Channelx：选择 DMA 通道 x。

DMA_IT：待使能或失能的 DMA 中断源，使用操作符"|"可以同时选中多个 DMA 中断源，该参数的取值如表 8-12 所示。

表 8-12　DMA_IT 的取值

DMA_IT	描述
DMA_IT_TC	传输完成中断请求
DMA_IT_HT	传输过半中断请求
DMA_IT_TE	传输错误中断请求

NewState：DMA 通道 x 中断的新状态，可以取 ENABLE 或 DISABLE。

例如，下面的语句允许 DMA 通道 5 数据传输完成产生中断。

    DMA_ITConfig(DMA_Channel5, DMA_IT_TC, ENABLE);

8.4.6 函数 DMA_GetCurrDataCounter

函数原形:u16 DMA_GetCurrDataCounter(DMA_Channel_TypeDef * DMA_Channelx)

功能描述:返回当前 DMA 通道 x 剩余的待传输数据数目。

输入参数:DMA Channelx,选择 DMA 通道 x。

返回值:当前 DMA 通道 x 剩余的待传输数据数目。

例如,下面的程序段读取 DMA 通道 12 剩余的待传输数据数目。

    u16 CurrDataCount;

    CurrDataCount = DMA_GetCurrDataCounter(DMA_Channel2);

8.4.7 函数 DMA_GetFlagStatus

函数原形:FlagStatus DMA_GetFlagStatus(u32 DMA_FLAG)

功能描述:检查指定的 DMA 通道 x(x = 1~7)标志位设置与否。

输入参数:DMA_FLAG,读检查的 DMA 标志位,DMA 标志位如表 8-13 所示。

表 8-13　DMA 标志位

DMA_FLAG	描述
DMA_FLAG_GLx	通道 x 全局标志位
DMA_FLAG_TCx	通道 x 传输完成标志位
DMA_FLAG_HTx	通道 x 传输过半标志位
DMA_FLAG_TEx	通道 x 传输错误标志位

返回值:DMA_FLAG 的新状态(SET 或 RESET)。

例如,下面的程序段将读取 DMA 通道 6 的传输过半标志位 HT6,送给变量 Status。

    FlagStatus Status;

    Status = DMA_GetFlagStatus(DMA_FLAG_HT6);

8.4.8 函数 DMA_ClearFlag

函数原形:void DMA_ClearFlag(u32 DMA_FLAG)

功能描述:清除 DMA 通道 x 待处理标志位。

输入参数:DMA_FLAG,待清除的 DMA 标志位,使用操作符"|"可以同时选中多个 DMA 标志位。标志位定义如表 8-13 所示。

例如,下面的语句将通道 3 的传输错误标志位清零。

    DMA_ClearFlag(DMA_FLAG_TE3);

8.4.9 函数 DMA_GetITStatus

函数原形:ITStatus DMA_GetITStatus(u32 DMA_IT)

功能描述:检查指定的 DMA 通道 x 中断发生与否。

输入参数:DMA_IT,待检查的 DMA 中断源,DMA 中断标志位如表 8-14 所示。

表 8-14　DMA 中断标志位

DMA_IT	描述
DMA_IT_GLx	通道 x 全局中断
DMA_IT_TCx	通道 x 传输完成中断
DMA_IT_HTx	通道 x 传输过半中断
DMA_IT_TEx	通道 x 传输错误中断

返回值：DMA_IT 的新状态（SET 或 RESET）。

8.4.10　函数 DMA_ClearITPendingBit

函数原形：void DMA_ClearITPendingBit(u32 DMA_IT)

功能描述：清除 DMA 通道 x 中断待处理标志位。

输入参数：DMA_IT，待清除的 DMA 中断待处理标志位，标志位定义如表 8-14 所示。

例如，下面的语句将 DMA 通道 5 的全局中断标志位清零。

　　　DMA_ClearITPendingBit(DMA_IT_GL5) ;

 ## 8.5　DMA 应用程序设计

8.5.1　存储器到存储器的 DMA 传输

1. 设计要求

编写程序完成存储器到存储器的数据传送，并将传送前后的结果上传到 PC，同时 LED 闪烁。

2. 硬件电路设计

STM32 的 PA6 外接 LED，STM32 的串口与 PC 的串口相连，硬件结构如图 8-8 所示。

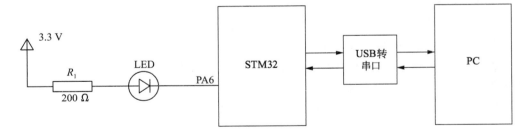

图 8-8　硬件结构图

3. 软件设计

程序主要完成对 GPIOA、DMA1、USART1 的初始化，配置 PA6 为推挽输出、PA9 为复用功能推挽输出、PA10 为浮空输入；配置 DMA1 数据传输源和目标地址、数据数目为 10、地址增加修改、数据类型是字节、允许存储器到存储器传送；配置串口 1 的波特率为 9 600 bit/s、8 位数据位、1 位停止位。串口先发送原来的数据，启动 DMA 控制存储器到存储器的数据传送之后，串口再次发送数据，同时 LED 灯闪烁。可以发现，PC 两次接收的数据发生变化,DMA 传送不会占用 CPU。

（1）主程序流程图（图 8-9）。

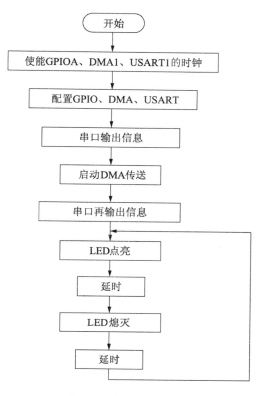

图 8-9　主程序流程图

（2）源代码。

```
#include"stm32f10x.h"
#include<stdio.h>
void RCC_Configuration(void);
void GPIO_Configuration(void);
void DMA_Configuration(void);
void delay_nms(u16 time);
void USART_Configuration(void);
int fputc(int ch,FILE * f);
u8 SrcStr[10]="0123456789";
u8 DstStr[10]="ABCDEFGHIJ";
int main(void)
{
    RCC_Configuration();
    GPIO_Configuration();
```

```
        DMA_Configuration();
        USART_Configuration();
        USART_ClearFlag(USART1,USART_FLAG_TC);
        printf("MEM2MEM 传输之前:\n");
        printf("DstBuf:%s\n",DstStr);
        printf("SrcBuf:%s\n",SrcStr);
        DMA_Cmd(DMA1_Channel1,ENABLE);
        printf("MEM2MEM 传输之后:\n");
        printf("DstBuf:%s\n",DstStr);
        printf("SrcBuf:%s\n",SrcStr);
        while(1)
        {
            GPIO_SetBits(GPIOA,GPIO_Pin_6);          //PA6 置位,LED 灯灭
            delay_nms(200);
            GPIO_ResetBits(GPIOA,GPIO_Pin_6);        //PA6 清零,LED 灯亮
            delay_nms(200);
        }
}
void RCC_Configuration(void)
{
    SystemInit();
    RCC_APB2PeriphClockCmd(RCC_APB2Periph_GPIOA|RCC_APB2Periph_
        AFIO,ENABLE);
    RCC_APB2PeriphClockCmd(RCC_APB2Periph_USART1,ENABLE);
    RCC_AHBPeriphClockCmd(RCC_AHBPeriph_DMA1,ENABLE);
}
void GPIO_Configuration(void)
{
    GPIO_InitTypeDef GPIO_InitStructure;              //声明 GPIO 结构体变量
    GPIO_InitStructure.GPIO_Pin=GPIO_Pin_6;          //配置管脚 6
    GPIO_InitStructure.GPIO_Mode=GPIO_Mode_Out_PP;    //配置为推挽输出
    GPIO_InitStructure.GPIO_Speed=GPIO_Speed_50MHz;//工作频率为 50 MHz
    GPIO_Init(GPIOA,&GPIO_InitStructure);            //初始化 PA6 引脚
    GPIO_InitStructure.GPIO_Pin=GPIO_Pin_9;          //PA9 串口数据发送端
    GPIO_InitStructure.GPIO_Mode=GPIO_Mode_AF_PP;    //复用推挽输出
    GPIO_InitStructure.GPIO_Speed=GPIO_Speed_50MHz;
    GPIO_Init(GPIOA,&GPIO_InitStructure);
    GPIO_InitStructure.GPIO_Pin=GPIO_Pin_10;         //PA10 串口数据接收端
```

```
    GPIO_InitStructure.GPIO_Mode = GPIO_Mode_IN_FLOATING;        //浮空输入
    GPIO_Init( GPIOA ,&GPIO_InitStructure) ;
}
void DMA_Configuration( void)
{
    DMA_InitTypeDef DMA_InitStructure;
    DMA_DeInit( DMA1_Channel1) ;
    DMA_InitStructure.DMA_PeripheralBaseAddr = ( u32) SrcStr;
    DMA_InitStructure.DMA_MemoryBaseAddr = ( u32) DstStr;
    DMA_InitStructure.DMA_DIR = DMA_DIR_PeripheralSRC;
    DMA_InitStructure.DMA_BufferSize = 10;
    DMA_InitStructure.DMA_PeripheralInc = DMA_PeripheralInc_Enable;
    DMA_InitStructure.DMA_MemoryInc = DMA_MemoryInc_Enable;
    DMA_InitStructure.DMA_PeripheralDataSize = DMA_PeripheralDataSize_Byte;
    DMA_InitStructure.DMA_MemoryDataSize = DMA_MemoryDataSize_Byte;
    DMA_InitStructure.DMA_Mode = DMA_Mode_Normal;
    DMA_InitStructure.DMA_Priority = DMA_Priority_High;
    DMA_InitStructure.DMA_M2M = DMA_M2M_Enable;
    DMA_Init( DMA1_Channel1 ,&DMA_InitStructure) ;
}
void USART_Configuration( void)
{
    USART_InitTypeDef USART_InitStructure;
    USART_InitStructure.USART_BaudRate = 9600;        //波特率为 9 600 bit/s
    USART_InitStructure.USART_WordLength = USART_WordLength_8b;
    USART_InitStructure.USART_StopBits = USART_StopBits_1;
    USART_InitStructure.USART_Parity = USART_Parity_No;
    USART_InitStructure.USART_HardwareFlowControl = USART_HardwareFlow-
        Control_None;
    USART_InitStructure.USART_Mode = USART_Mode_Tx;
    USART_Init( USART1 ,&USART_InitStructure) ;        //初始化串口
    USART_Cmd( USART1 ,ENABLE) ;                      //启动 USART1
}
int fputc( int ch ,FILE  * f)          //重定向 fputc( )函数,将字符 ch 打印到串口 1
{
    if( ch == '\n')
    {
        while( USART_GetFlagStatus( USART1 ,USART_FLAG_TC) == RESET) ;
```

```
        USART_SendData( USART1 ,'\r') ;
    }
    while( USART_GetFlagStatus( USART1 , USART_FLAG_TC) == RESET) ;
    USART_SendData( USART1 , ch) ;
    return ch;
}
void delay_nms( u16 time)                              //延时子程序
{
    u16 i = 0;
    while( time--)
    {
        i = 12000;
        while( i--) ;
    }
}
```

8.5.2 外设到存储器的 DMA 传输

1. 功能要求

编写程序完成利用 DMA 把串口接收到的数据送到存储器,并将缓冲区数据上传到 PC,同时 LED 闪烁。

2. 硬件电路设计

STM32 的 PA6 外接 LED,STM32 的串口 1 与 PC 的串口相连,硬件结构如图 8-8 所示。

3. 软件设计

首先需要使能外设 GPIO、USART、DMA 的时钟,然后对所用外设进行初始化,因为 USART1 的 DMA 请求接在通道 5 上,因此需要配置 DMA1 通道 5 的存储器地址、外设地址,以及待传输的数据类型、数据量等。启动 DMA1 之后,利用串口将结果送到 PC,同时仍然让 STM32 控制 LED 闪烁。

(1)流程图。

外设到存储器的 DMA 传输程序流程图如图 8-10 所示。

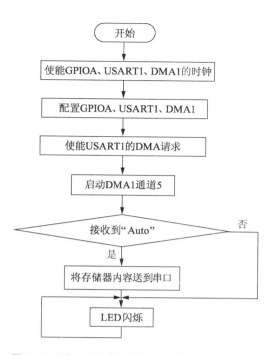

图 8-10　外设到存储器的 DMA 传输程序流程图

（2）源程序。

```
#include"stm32f10x.h"
#include<stdio.h>
#include<string.h>
void RCC_Configuration(void);
void GPIO_Configuration(void);
void DMA_Configuration(void);
void USART_Configuration(void);
int fputc(int ch, FILE *f);
void delay_nms(u16 time);
char Dstbuffer[13]="DMA Transfer";
int main(void)
{
    RCC_Configuration();
    GPIO_Configuration();
    USART_Configuration();
    DMA_Configuration();
    USART_ClearFlag(USART1,USART_FLAG_TC);           //清除发送结束位
    //允许 USART1 接收 DMA 请求
    USART_DMACmd(USART1,USART_DMAReq_Rx,ENABLE);
```

```
        DMA_Cmd( DMA1_Channel5 , ENABLE) ;              //启动 DMA1
        if( strstr( Dstbuffer , "Auto") )
        {
            printf( Dstbuffer) ;
        }
        while( 1 )
        {
            GPIO_SetBits( GPIOA , GPIO_Pin_6) ;          //PA6 置位,LED 灯灭
            delay_nms( 500) ;
            GPIO_ResetBits( GPIOA , GPIO_Pin_6) ;        //PA6 清零,LED 灯亮
            delay_nms( 500) ;
        }
}
void RCC_Configuration( void)
{
    SystemInit( ) ;
    RCC_APB2PeriphClockCmd( RCC_APB2Periph_GPIOA | RCC_APB2Periph_
        AFIO , ENABLE) ;
    RCC_APB2PeriphClockCmd( RCC_APB2Periph_USART1 , ENABLE) ;
    RCC_AHBPeriphClockCmd( RCC_AHBPeriph_DMA1 , ENABLE) ;
}
void GPIO_Configuration( void)
{
    GPIO_InitTypeDef GPIO_InitStructure ;               //声明 GPIO 结构体变量
    GPIO_InitStructure.GPIO_Pin = GPIO_Pin_6 ;          //配置管脚6
    //I/O 口配置为推挽输出
    GPIO_InitStructure.GPIO_Mode = GPIO_Mode_Out_PP ;
    //工作频率为 50 MHz
    GPIO_InitStructure.GPIO_Speed = GPIO_Speed_50MHz ;
    GPIO_Init( GPIOA , &GPIO_InitStructure) ;           //初始化 PA6 引脚
    GPIO_InitStructure.GPIO_Pin = GPIO_Pin_9 ;          //PA9 串口数据发送端
    GPIO_InitStructure.GPIO_Mode = GPIO_Mode_AF_PP ;        //复用推挽输出
    GPIO_InitStructure.GPIO_Speed = GPIO_Speed_50MHz ;
    GPIO_Init( GPIOA , &GPIO_InitStructure) ;
    GPIO_InitStructure.GPIO_Pin = GPIO_Pin_10 ;         //PA10 串口数据接收端
    GPIO_InitStructure.GPIO_Mode = GPIO_Mode_IN_FLOATING ;     //浮空输入
    GPIO_Init( GPIOA , &GPIO_InitStructure) ;
}
```

```
void DMA_Configuration(void)
{
    DMA_InitTypeDef DMA_InitStructure;
    DMA_DeInit(DMA1_Channel5);                                //重置 DMA 的寄存器的值,配置为缺省值
    DMA_InitStructure.DMA_PeripheralBaseAddr=(u32)&USART1->DR;
    DMA_InitStructure.DMA_MemoryBaseAddr=(u32)Dstbuffer;
    DMA_InitStructure.DMA_DIR=DMA_DIR_PeripheralSRC;
    DMA_InitStructure.DMA_BufferSize=12;
    DMA_InitStructure.DMA_PeripheralInc=DMA_PeripheralInc_Disable;
    DMA_InitStructure.DMA_MemoryInc=DMA_MemoryInc_Enable;
    DMA_InitStructure.DMA_PeripheralDataSize=DMA_PeripheralDataSize_Byte;
    DMA_InitStructure.DMA_MemoryDataSize=DMA_MemoryDataSize_Byte;
    DMA_InitStructure.DMA_Mode=DMA_Mode_Normal;
    DMA_InitStructure.DMA_Priority=DMA_Priority_High;
    //关闭存储器到存储器模式
    DMA_InitStructure.DMA_M2M=DMA_M2M_Disable;
    DMA_Init(DMA1_Channel5, &DMA_InitStructure);              //初始化 DMA1 通道 5
}
void USART_Configuration(void)
{
    USART_InitTypeDef USART_InitStructure;
    USART_InitStructure.USART_BaudRate=9600;
    USART_InitStructure.USART_WordLength=USART_WordLength_8b;
    USART_InitStructure.USART_StopBits=USART_StopBits_1;
    USART_InitStructure.USART_Parity=USART_Parity_No;
    USART_InitStructure.USART_HardwareFlowControl=USART_Hardware Flow
        Control_None;
    USART_InitStructure.USART_Mode=USART_Mode_Tx|USART_Mode_Rx;
    USART_Init(USART1, &USART_InitStructure);                 //初始化串口
    USART_Cmd(USART1, ENABLE);                                //启动串口 USART1
}
int fputc(int ch, FILE *f)                                   //函数重定向
{
    if(ch=='\n')
    {
        while(USART_GetFlagStatus(USART1, USART_FLAG_TC)==RESET);
        USART_SendData(USART1,'\r');
    }
```

```
        while( USART_GetFlagStatus( USART1 , USART_FLAG_TC)==RESET);
        USART_SendData( USART1 ,ch);
        return ch;
    }
    void delay_nms( u16 time)                              //延时子程序
    {
        u16 i=0;
        while( time--)
        {
            i=12000;
            while( i--);
        }
    }
```

本章·小结

　　DMA 是一种通过 DMA 控制器而不是 CPU 来控制存储器和存储器、存储器和外设之间的批量数据传输的技术,可以减轻 CPU 资源占有率,大大提高系统的工作效率。本章主要介绍 STM32 的 DMA 结构、工作方式与编程技术。STM32 有 2 个 DMA 控制器:DMA1和 DMA2。DMA1 有 7 个请求通道,DMA2 有 5 个请求通道,每个通道都可以在有固定地址的外设寄存器和存储器地址之间执行 DMA 传输,DMA 传输的数据量是可编程的,最大达到 65 535。在启动 DMA 传输前,需要配置 DMA 通道,包括设置外设寄存器的地址,设置数据存储器的地址,设置要传输的数据量,设置通道的优先级,设置数据传输的方向、循环模式,等等。通过定义 DMA_InitTypeDef 类型结构体,给成员赋值,再调用 DMA_Init 函数,可以很方便地完成 DMA 的初始化配置。

习题八

8-1　DMA 的英文全称是什么?

8-2　DMA 技术有什么优点?

8-3　简述 DMA 的工作过程。

8-4　STM32 有几个 DMA 控制器? 各有多少个 DMA 请求通道?

8-5　写出使能 DMA1 时钟的函数。

8-6　每个通道都有 3 个事件标志,分别是什么?

8-7　解释结构体 DMA_InitTypeDef 中各成员变量的含义。

　　typedef struct

```
{
    u32 DMA_PeripheralBaseAddr;
    u32 DMA_MemoryBaseAddr;
    u32 DMA_DIR;
    u32 DMA_BufferSize;
    u32 DMA_PeripheralInc;
    u32 DMA_MemoryInc;
    u32 DMA_PeripheralDataSize;
    u32 DMA_MemoryDataSize;
    u32 DMA_Mode;
    u32 DMA_Priority;
    u32 DMA_M2M;
} DMA_InitTypeDef;
```

第9章

A/D转换器

本章教学目标

通过本章的学习,能够理解以下内容:

- ADC 的作用
- ADC 的性能指标
- STM32F10x 的 ADC 结构与工作方式
- ADC 寄存器的作用
- ADC 的工作方式配置及库函数功能
- ADC 应用程序设计方法

在单片机应用中,常需要测量温度、湿度、压力、速度、液位、流量等多种模拟量,而单片机是数字系统,因此需要通过模数转换器(Analog to Digital Converter,ADC)将模拟量转换为数字量,送给单片机处理,单片机处理之后的数字量再通过数模转换器(Digital to Analog Converter,DAC)将数字量转换为模拟量,才能控制被控对象。A/D转换技术是单片机应用系统的重要环节之一。

9.1 A/D转换概述

模/数(A/D)转换是将连续的模拟量(如电压、电流、图像的灰阶等)通过采样转换成离散的数字量。例如,可将环境温度通过温度传感器转换成电压,再根据电压的大小经A/D转换成数字量进行温度控制。又如,常用的摄像头、数码相机、扫描仪等,采用电荷耦合器件(Charge Coupled Device,CCD)图像传感器进行光电转换,将光感应到像素阵列上,之后将每个像素的亮度(灰阶)转换成相应的数字表示,即经过 A/D 转换后构成数字图像。

A/D 转换的过程包括采样、保持、量化和编码四个过程,采样和保持常利用一个电路连续完成,量化和编码也是在转换过程中同时实现的,且所用时间又是保持时间的一部分,即在量化和编码的同时进行下一个周期的采样。A/D 转换器的主要性能指标如下:

① 分辨率:表示输出数字量变化一个最小量时输入模拟信号电压的变化量,定义为满刻度电压与 2^n 之比值,其中 n 为 A/D 转换器的位数。ADC 的位数越高,则它的分辨率

或转换灵敏度越高。例如,一个 8 位 A/D 转换器,若模拟输入电压的范围是 0 ~ 5 V,则它所能分辨的最小电压值为 5 V/2^8 ≈ 20 mV。

② 量化误差:A/D 转换器对模拟信号进行离散取值(量化)而引起的误差。量化误差一般为 ±1/2 LSB,即数字量的最小有效位(LSB)所表示的模拟量的一半。提高分辨率可减少量化误差,量化误差和分辨率是统一的。

③ 转换精度:A/D 转换器在量化值上与理想 A/D 转换的差值,可用两种方式来表示:绝对精度和相对精度。绝对精度用最低位(LSB)的倍数表示,如 ±1/2 LSB 等;相对精度用绝对精度除以满量程值的百分比来表示。

④ 转换时间与转换速率:转换时间为完成一次 A/D 转换所需要的时间,即从输入端采样信号开始到输出端出现相应数字量的时间。转换时间越短,适应输入信号快速变化的能力越强。转换速率是转换时间的倒数,转换时间长则转换速率低。不同结构类型的 A/D 转换器,其转换时间有所不同,转换时间最短的是全并行型(纳秒级),其次是逐次逼近型(SAR)(微秒级),较慢的是双积分型(毫秒级)。

⑤ 采样时间:两次转换的间隔。为保证转换的正确完成,采样速率必须小于或等于转换速率。

A/D 转换芯片种类繁多,按其转换原理可分为逐次逼近型、双积分型和 V/F 转换型。

逐次逼近型:属于直接式 A/D 转换,其优点是转换精度高,转换速度快,是目前应用最为广泛的 A/D 转换器,缺点是抗干扰能力较差。

双积分型:属于间接式 A/D 转换,其优点是转换精度高,抗干扰能力强,缺点是转换时间长,转换速度较慢。

V/F 转换型:将模拟电压信号转换成频率信号,转换精度高,抗干扰能力强。

A/D 转换器的选择考虑以下几个方面:

● 转换分辨率、速度及精度,这些是 A/D 转换器的基本参数。

● 模拟量的输入通道数,可根据现场的实际情况选择单通道或多通道 A/D 转换器。

● 与单片机的数据接口,有并行总线、串行总线之分,串行还有 SPI、I2C 等协议,但转换速率一般小于并行 A/D。

● 模拟量输入是差分输入还是单端输入,输入电平的范围,等等。

 ## 9.2　STM32F10x 的 ADC 功能与结构

9.2.1　ADC 的功能

STM32 单片机拥有 1 ~ 3 个 ADC,是 12 位逐次逼近型的 A/D 转换器。它拥有 18 个通道,可测量 16 个外部和 2 个内部信号源。各通道的 A/D 转换可以单次、连续、扫描或间断模式执行,这意味着:STM32 单片机可同时对多个模拟通道进行快速采集。ADC 的结果可以以左对齐或右对齐方式存储在 16 位数据寄存器中。模拟看门狗特性允许应用程序检测输入电压是否超出用户定义的高/低阈值。这些 ADC 可独立使用,也可使用双重模式。其主要功能如下:

● 12 位分辨率,带保证内嵌数据一致的数据对齐功能。

- 转换结束、注入转换结束、发生模拟看门狗事件时产生中断。
- 可设置单次、连续、扫描和间断模式；支持从通道 0 到通道 n 的自动扫描模式。
- 通道采样间隔时间可编程。
- 规则转换和注入转换均有外部触发选项。
- 自校准，在每次 ADC 开始转换前进行。
- 非连续模式、双重 ADC 模式(带 2 个 ADC 设备：ADC1 和 ADC2)有 6 种工作模式。
- ADC 转换速率小于等于 1 MHz，最快转换时间为 1 μs。
- ADC 供电要求：2.4~3.6 V；ADC 输入范围：$V_{REF-} \leqslant V_{IN} \leqslant V_{REF+}$。
- 在规则通道转换期间可产生 DMA 请求。

9.2.2 ADC 的结构

STM32F10x 的 ADC 之所以拥有这么多功能，是由 ADC 内部结构所决定的。STM32F10x 的 ADC 结构如图 9-1 所示，主要由以下 5 个部分组成：

1. 电压输入引脚

ADC 供电要求：2.4~3.6 V；ADC 输入电压范围：$V_{REF-} \leqslant V_{IN} \leqslant V_{REF+}$，由 V_{REF-}、V_{REF+}、V_{DDA}、V_{SSA} 外部引脚决定。在设计电路时，将 V_{SSA} 和 V_{REF-} 接地、V_{DDA} 和 V_{REF+} 接 3.3 V，即可得到 ADC 的输入电压范围：0~3.3 V。ADC 的相关引脚见表 9-1。

表 9-1　ADC 的相关引脚

名称	信号类型	描述
V_{REF+}	输入，模拟参考正极	ADC 正极参考电压，$2.4\ V \leqslant V_{REF+} \leqslant V_{DDA}$
V_{REF-}	输入，模拟参考负极	ADC 负极参考电压，$V_{REF-} = V_{SSA}$
V_{DDA}	输入，模拟电源	ADC 的电源，$2.4\ V \leqslant V_{DDA+} \leqslant V_{DD}$
V_{SSA}	输入，模拟电源地	ADC 的电源地
ADCx_IN0 ~ ADCx_IN15	输入，模拟输入信号源	模拟输入通道

2. 模拟信号输入通道

STM32F10x ADC 的输入通道共 18 个，其中 16 个外部通道对应 ADCx_IN0 ~ ADCx_IN15(x = 1、2、3，表示 ADC 数)，2 个内部通道分别连接到温度传感器和内部参考电压 VREFINT。通过 16 个外部通道可采集模拟信号，其对应不同的 I/O 端口，ADCx 的 16 个通道的具体引脚分布如下：

- ADCx_IN0 ~ ADCx_IN7：PA0 ~ PA7。
- ADCx_IN8 ~ ADCx_IN9：PB0 ~ PB1。
- ADCx_IN10 ~ ADCx_IN15：PC0 ~ PC5。

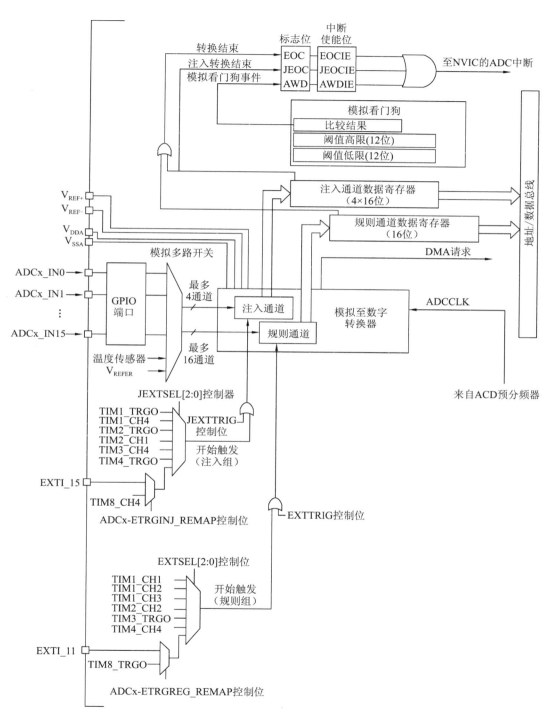

图 9-1 STM32F10x 的 ADC 结构

3. 规则通道和注入通道

STM32F10x ADC 分为规则通道和注入通道,其中规则通道组最多有 16 路,注入通道组最多有 4 路。每个通道都有相应的触发电路,规则通道的触发电路为规则组,注入通道的触发电路为注入组;每个通道也有相应的转换结果寄存器,分别是 1 个 16 位的规则通道数据寄存器和 4 个 16 位的注入通道数据寄存器。ADC 在时钟 ADC_CLK 控制下进行 A/D 转换,ADC_CLK 由时钟控制器提供,与 APB2 的 PCLK2 时钟同步,RCC 控制器为 ADC 时钟提供一个专门的可编程预分频器,默认的分频值为 2。

4. ADC 中断

当规则转换结束、注入转换结束和模拟看门狗事件发生,且使能相应中断标志位时,ADC 可产生中断。规则和注入通道转换结束后,除产生中断外,还可产生 DMA 请求,并将转换好的数据从 ADC_DR 寄存器传送到用户指定目的地址。因为规则转换的值保存在唯一的规则通道数据寄存器 ADC_DR 中,当转换多个规则通道时需要使用 DMA,避免已经存储在 ADC_DR 的数据丢失。须注意只有 ADC1 和 ADC3 可以产生 DMA 请求。

5. 模拟看门狗

用于检测电压高/低阈值,可作用于 1 个、多个或全部转换通道。当被 ADC 转换的电压低于低阈值或高于高阈值时,可产生中断。

9.3 ADC 的工作特点

9.3.1 ADC 的工作模式

STM32 每个 ADC 模块通过内部模拟多路开关,可切换到不同输入通道并进行转换。在任意多个通道上按任意顺序进行的一系列转换序列构成成组转换。按照工作模式划分,ADC 主要有以下 4 种转换模式:

1. 单次转换模式

当工作在单次转换模式下时,ADC 只执行一次转换。该模式既可通过设置 ADC_CR2 的 ADON 位(只适用于规则通道)启动,也可通过外部触发启动(适用于规则通道或注入通道),这时 ADC_CR2 的 CONT 位为 0。单通道单次转换模式如图 9-2 所示。当选择通道的单次转换完成后,如果一个规则通道被转换:

- 转换的数据被存放在 16 位的 ADC_DR 中。
- EOC(转换结束)标志被设置。
- 若设置了 EOCIE,则产生中断。

如果一个注入通道被转换:

- 转换的数据被存放在 16 位的 ADC_DRJ1 中。
- JEOC(注入转换结束)标志被设置。
- 若设置了 JEOCIE 位,则产生中断。

2. 连续转换模式

当工作在连续转换模式下时,上一次 A/D 转换结束立即启动下一次新的转换。该模式可通过外部触发启动或通过设置 ADC_CR2 的 ADON 位启动,此时 CONT 位为 1。单通道连续转换模式如图 9-3 所示。当选择通道的每个连续转换完成后,如果一个规则通道被转换:

- 转换的数据被存放在 16 位的 ADC_DR 中。
- EOC(转换结束)标志被设置。
- 若设置了 EOCIE 位,则产生中断。

如果一个注入通道被转换:

- 转换的数据被存放在 16 位的 ADC_DRJ1 中。
- JEOC(注入转换结束)标志被设置。
- 若设置了 JEOCIE 位,则产生中断。

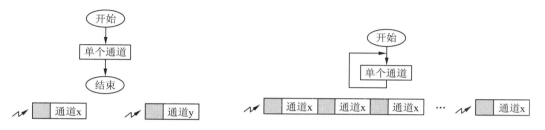

图 9-2　单通道单次转换模式　　　　　图 9-3　单通道连续转换模式

3. 扫描模式

该模式用于扫描一组模拟通道,即多通道单次转换模式,可通过对 ADC_CR1 的 SCAN 位进行设置。在扫描模式下,ADC 扫描所有被 ADC_SQRX(对规则通道)或 ADC_ JSQR(对注入通道)选中的通道。在每个组的每个通道上执行单次转换,在每个转换结束时,同一组的下一个通道被自动转换。如果设置了 CONT 位,转换不会在所选择组的最后一个通道上停止,而是再次从被选择组的第一个通道继续转换。如果设置了 DMA 位,DMA 控制器则把规则通道组的转换数据传送到 SRAM 中,而注入通道组的转换数据则总是存放在注入数据寄存器 ADC_JDRx 中。扫描模式如图 9-4 所示。

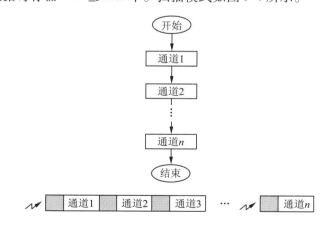

图 9-4　扫描模式

4. 间断模式

间断模式即为多通道连续转换模式,可分为规则通道组和注入通道组。规则通道相当于程序的正常运行,而注入通道相当于中断。程序正常执行时,中断可以打断程序的执行。注入通道的转换可打断规则通道的转换,在注入通道被转换完成之后,规则通道才得以继续转换。间断模式如图 9-5 所示,ADC 通道选择如图 9-6 所示。

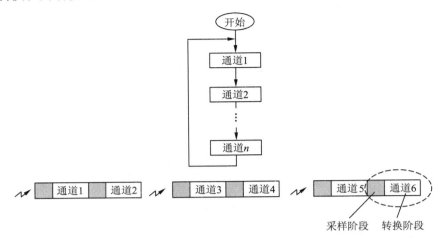

图 9-5   间断模式

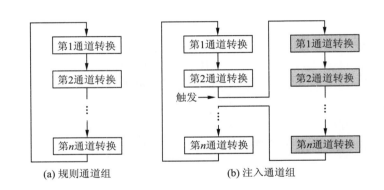

(a) 规则通道组   (b) 注入通道组

图 9-6   ADC 通道选择

规则通道组可编程设定其通道数量,最多可设定 16 个通道。规则通道和转换顺序在 ADC_SQRx 中选择,总序列长度由 ADC_SQR1 的 L[3:0] 定义。该模式通过设置 ADC_CR1 的 DISCEN 位使能,由 ADC_CR1 的 DISCNUM[2:0] 位给出 n,执行一个短序列的 n 次转换($n \leqslant 8$),该转换是 ADC_SQRx 所选择转换序列的一部分,外部触发信号可启动 ADC_SQRx 中设置的下一轮 n 次转换,直到此序列所有转换完成。

例如,在规则通道组中,$n=3$,被转换的通道为 0、1、2、3、6、7、9、10。第 1 次触发:转换的序列为 0、1、2;第 2 次触发:转换的序列为 3、6、7;第 3 次触发:转换的序列为 9、10,并产生 EOC 事件;第 4 次触发:转换的序列为 0、1、2。

当以间断模式转换一个规则组时,转换序列结束后不自动从头开始。当所有子组被转换完成时,下一次触发启动第一个子组的转换。在上例中,第 4 次触发重新转换第 1 子组的通道 0、1、2。

规则通道转换结束后,可产生中断或 DMA 请求。采用中断方式读取数据时,在每个序列通道转换完成后,EOC 标志置位产生中断。还可采用查询方式读取数据,通过 ADC 状态寄存器 ADC_SR 获取当前 ADC 转换的进度状态,进而读取数据。

注入通道组最多包含 4 个通道,对应存放到 4 个注入数据寄存器中,可随时读取相应寄存器的值。该模式通过设置 ADC_CR1 的 JDISCEN 位使能,注入通道和转换顺序在 ADC_JSQR 中设置,总序列长度由 ADC_JSQRJL[1：0]位定义。当一个外部事件触发后,按顺序转换 ADC_JSQR 选择的序列。外部触发信号可启动 ADC_JSQR 选择的下一个通道序列的转换,直到序列中所有转换完成。注入通道转换无 DMA 请求,需要采用查询或中断方式读取转换的数据。

例如,在注入通道组中,$n=1$,被转换的通道为 1、2、3。第 1 次触发:通道 1 被转换;第 2 次触发:通道 2 被转换;第 3 次触发:通道 3 被转换,并且产生 EOC 和 JEOC 事件;第 4 次触发:通道 1 被转换。

当完成所有注入通道转换后,下一次触发启动第 1 个注入通道的转换。上例中,第 4 次触发重新转换第 1 个注入通道 1。必须避免同时为规则和注入组设置间断模式,间断模式只能作用于一组转换。

如果 ADC_SRx 或 ADC_JSQR 在转换期间被更改,当前的转换被清除,一个新的启动脉冲将发送到 ADC 以转换新选择的组。

9.3.2　ADC 的中断

规则组和注入组转换结束时产生中断,当模拟看门狗事件发生时也产生中断,它们都有独立的中断使能控制位,可以灵活配置。STM32 ADC 的中断见表 9-2。

表 9-2　ADC 中断

中断事件	中断标志	使能控制位
规则组转换结束	EOC	EOCIE
注入组转换结束	JEOC	JEOCIE
模拟看门狗事件发生	AWD	AWDIE

9.3.3　ADC 的 DMA 请求

因为 ADC 规则数据寄存器 ADC_DR 只有 1 个,若使用多通道转换,则转换后的数据就全部挤在 ADC_DR 内,前一个时间点转换的通道数据,就会被下一个时间点的另外一个通道转换的数据覆盖掉,所以当规则通道转换完成后需要使用 DMA 将数据及时取走,避免造成数据的覆盖。

只有在规则通道转换结束后才产生 DMA 请求,并将转换的数据从 ADC_DR 传送到用户指定的目的地址。只有 ADC1 和 ADC3 可发送 DMA 请求。由 ADC2 转换的数据可通过双 ADC 模式,利用 ADC1 的 DMA 功能来实现。注入通道转换没有 DMA 请求,不会像规则寄存器那样产生数据覆盖的问题。

9.3.4　ADC 的时钟与采样时间

ADC 输入时钟 ADC_CLK 由 APB2 经分频产生。APB2 总线时钟为 72 MHz,ADC 最大工作频率为 14 MHz,若超过 14 MHz,则 ADC 精度会降低。通常设置分频因子为 6,此时 ADC 的输入时钟为 12 MHz。分频因子由 RCC 时钟配置寄存器 RCC_CFGR 的位 AD-CPRE[1:0]设置,可以是 2、4、6、8 分频。

采样时间是指采样一个通道所花费的时间。采样时间越长,转换结果越稳定,而采样时间越短,转换速率越快。ADC 完成对输入电压的采样需要若干个 ADC_CLK 周期。ADC 总的转换时间由采样时间和 A/D 转换时间两个参数决定,其公式为:

$$T_{conv} = 采样时间 + 12.5 \text{ 个时钟周期}$$

式中:T_{conv} 为 ADC 总的转换时间,12.5 个时钟周期为 A/D 转换时间,以若干 ADC_CLK 时钟周期计算。

采样周期数通过 ADC 采样时间寄存器 ADC_SMPR1 和 ADC_SMPR2 中的 SMP[2:0]位设置。ADC_SMPRx 设置的是采样时间的时钟周期,还要加上 12.5 个时钟周期才是采样周期。ADC_SMPR2 控制通道 0~9,ADC_SMPR1 控制通道 10~18,每个通道可分别采用不同的采样时间。时钟周期最小为 1.5 个,即若要达到最快的采样,则应设置 1.5 个时钟周期,该周期为 1/ADC_CLK。

当 ADC_CLK = 14 MHz、采样时间为 1.5 个时钟周期时,$T_{conv} = 1.5 + 12.5 = 14$ 个时钟周期,即 1 μs。即当 ADC_CLK = 14 MHz 时,可达到 ADC 的最快采样转换速率 1 MHz。

为保证 ADC 的转换精度,ADC_CLK 应小于 14 MHz。当系统时钟为 72 MHz 时,APB2 时钟为系统时钟,经 ADC 预分频器分频得到最大时钟频率是 12 MHz,若采样周期为 1.5 个时钟周期,则最短转换时间为 1.17 μs。

9.3.5 ADC 的数据对齐

ADC 转换后的数据根据转换组不同,规则组数据放在 ADC_DR 中,注入组数据放在 ADC_JDRx 中。因为 STM32 ADC 是 12 位转换精度,而数据寄存器是 16 位,所以 ADC 在存放数据时就有左对齐和右对齐之分。通过 ADC_CR2 的 ALIGN 位可选择转换后的数据存储对齐方式。数据可以左对齐或右对齐,如图 9-7 和图 9-8 所示。注入组通道转换的数据值是减去在 ADC_JOFRx 寄存器中定义的偏移量,因此结果可以是一个负值。SEXT 位是扩展的符号值。对于规则通道组不需要减去偏移量,因此只有 12 个位有效。

注入组

SEXT	D11	D10	D9	D8	D7	D6	D5	D4	D3	D2	D1	D0	0	0	0

规则组

D11	D10	D9	D8	D7	D6	D5	D4	D3	D2	D1	D0	0	0	0	0

图 9-7　数据左对齐

15	14	13	12	11	10	9	8	7	6	5	4	3	2	1	0
保留											STRT	JSTRT	JEOC	EOC	AWD

图 9-8　数据右对齐

9.3.6　ADC 的校准

STM32 ADC 有一个内置自校准模式,利用校准可大幅度减小因内部电容变化而造成的精度误差。在校准期间内部电容会计算出一个误差修正值,即校准码,用于消除在随后转换中内部电容产生的误差。校准结束后,校准码储存在 ADC_DR 中。

通过设置 ADC_CR2 的 CAL 位启动校准,校准结束 CAL 被硬件复位,可开始正常转换。通常在每次上电时执行一次 ADC 校准。启动校准前,ADC 必须处于关闭状态(ADON＝0)超过至少两个 ADC 时钟周期,校准结束后即开始正常 A/D 转换。

9.3.7　ADC 的外部触发

ADC 支持外部事件触发转换,规则通道转换和注入通道转换均可通过外部事件触发,如定时器捕获、外部中断等。触发源有很多,具体选择哪一触发源,可通过 ADC_CR2 的 EXTSEL[2：0]和 JEXTSEL[2：0]位控制。EXTSEL[2：0]用于选择规则通道的触发源,JEXTSEL[2：0]用于选择注入通道的触发源。选定触发源之后,触发源是否要激活,由 ADC_CR2 的 EXTTRIG 和 JEXTTRIG 两位控制。如果使能了外部触发事件,还可通过设置 ADC_CR2 的 EXTEN[1：0]和 JEXTEN[1：0]控制触发极性,其有四种状态,分别是:禁止触发检测、上升沿检测、下降沿检测及上升沿和下降沿均检测。

9.3.8　双 ADC 模式

STM32 有 2 个或以上 ADC 时可使用双 ADC 模式。在双 ADC 模式中,根据 ADC1_CR1 中 DUALMOD[2：0]位所选的模式,转换启动可以是 ADC1 主和 ADC2 从的交替触发或同时触发。

在双 ADC 模式中,当转换配置成由外部事件触发时,用户必须将其设置成仅触发主ADC,从 ADC 设置成软件触发,这样可防止意外地触发从转换,但主从 ADC 的外部触发必须同时被激活。

9.4　ADC 寄存器

STM32 的 ADC 相关寄存器的功能见表 9-3。

表 9-3　ADC 相关寄存器的功能

寄存器	功能
ADC 状态寄存器 ADC_SR	用于反映 ADC 的状态
ADC 控制寄存器 ADC_CRx (x＝1、2)	用于控制 ADC
ADC 采样时间寄存器 ADC_SMPRx (x＝1、2)	用于独立地选择每个通道的采样时间
ADC 规则转换序列寄存器 ADC_SQRx (x＝1、2、3)	用于定义规则转换的序列,包括长度和次序

寄存器	功能
ADC 注入序列寄存器 ADC_JSQR	用于定义注入转换的序列,包括长度和次序
ADC 注入转换数据寄存器 ADC_JDRx (x=1、2、3、4)	用于保存注入转换所得到的结果,其内容只可读,不可写
ADC 规则转换数据寄存器 ADC_DR	用于保存规则转换所得到的结果,其内容只可读,不可写

1. ADC 状态寄存器 ADC_SR

ADC_SR 反映 ADC 的状态,复位值为 0x00000000,ADC_SR 寄存器格式如图 9-9 所示,各位域定义见表 9-4。

15	14	13	12	11	10	9	8	7	6	5	4	3	2	1	0
保留											STRT	JSTRT	JEOC	EOC	AWD

图 9-9 ADC_SR 寄存器格式

表 9-4 ADC_SR 寄存器各位域定义

位	定义
31:5	保留位,硬件强制为 0
4	STRT:规则通道开始标志。0:规则通道转换未开始;1:规则通道转换已开始
3	JSTRT:注入通道开始标志。0:注入通道转换未开始;1:注入通道转换已开始
2	JEOC:注入通道转换结束标志。0:转换未结束;1:转换结束
1	EOC:规则通道转换结束标志。0:转换未结束;1:转换结束
0	AWD:模拟看门狗标志。0:没有发生模拟看门狗事件;1:发生了模拟看门狗事件

2. ADC 控制寄存器 ADC_CRx(x=1~2)

ADC_CRx 用于控制 ADC,复位值均为 0x00000000,ADC_CRx 各位域定义见表 9-5 和表 9-6。

表 9-5 ADC_CR1 寄存器各位域定义

位	定义
31:24	保留位,硬件强制为 0
23	AWDEN:在规则通道上开启模拟看门狗。0:在规则通道上禁止模拟看门狗;1:在规则通道上使能模拟看门狗
22	AWDENJ:在注入通道上开启模拟看门狗。0:在注入通道上禁止模拟看门狗;1:在注入通道上使能模拟看门狗

位	定义
21：20	保留位,硬件强制为 0
19：16	DUALMOD[3：0]:双模式选择
15：13	DISCNUM[2：0]:定义不连续模式下收到外部触发后转换规则通道的数目
12	DISCENJ:在注入通道上的不连续模式。0:注入通道上禁用不连续模式;1:注入通道上使用不连续模式
11	DISCEN:在规则通道上的不连续模式。0:规则通道组上禁用不连续模式;1:规则通道组上使用不连续模式
10	JAUTO:自动注入通道组转换。0:关闭自动注入通道组转换;1:开启自动注入通道组转换
9	AWDSGL:扫描模式中在一个单一的通道上使用模拟看门狗。0:在所有通道上使用模拟看门狗;1:在单一的通道上使用模拟看门狗
8	SCAN:扫描模式。0:关闭扫描模式;1:开启扫描模式
7	JEOCIE:允许产生注入通道转换结束中断。0:禁止 JEOC 中断;1:允许 JEOC 中断
6	AWDIE:允许产生模拟看门狗中断。0:禁止模拟看门狗中断;1:允许模拟看门狗中断
5	EOCIE:允许产生 EOC 中断。0:禁止 EOC 中断;1:允许 EOC 中断
4：0	AWDCH[4：0]:模拟看门狗通道选择位

表 9-6　ADC_CR2 寄存器各位域定义

位	定义
31：24	保留位,硬件强制为 0
23	TSVREFE:温度传感器和 VREFINT 允许。0:禁止温度传感器和 VREFINT;1:启用温度传感器和 VREFINT
22	SWSTART:开始转换规则通道。0:复位状态;1:开始转换规则通道
21	SWSTARTJ:开始转换注入通道。0:复位状态;1:开始转换注入通道
20	EXTTRIG:规则通道的外部触发转换模式。0:不用外部触发信号启动转换;1:使用外部触发信号启动转换
19：17	EXTSEL[2：0]:选择启动规则通道组转换的外部事件
16	保留位,硬件强制为 0
15	JEXTTRIG:注入通道的外部触发转换模式。0:不用外部触发信号启动转换;1:使用外部触发信号启动转换
14：12	JEXTSEL[2：0]:选择启动注入通道组转换的外部事件
11	ALIGN:数据对齐。0:右对齐;1:左对齐

续表

位	定义
10 : 9	保留位,硬件强制为 0
8	DMA:直接数据访问模式。0:不使用 DMA 模式; 1:使用 DMA 模式
7 : 4	保留位,硬件强制为 0
3	RSTCAL:复位校准。0:校准寄存器已初始化; 1:初始化校准寄存器
2	CAL:A/D 校准。0:校准完成; 1:开始校准
1	CONT:连续转换。0:单次转换模式; 1:连续转换模式
0	ADON:开/关 ADC。0:关闭 ADC 转换/校准,并进入断电模式; 1:开启 ADC 并启动转换

3. ADC 采样时间寄存器 ADC_SMPRx(x=1~2)

ADC_SMPRx 用于独立地选择每个通道的采样时间。复位值均为 0x00000000,ADC_SMPR1 用于选择通道 18~10,ADC_SMPR2 用于选择通道 9~0。ADC_SMPRx 寄存器格式如图 9-10 和图 9-11 所示,ADC_SMPRx 各位域定义见表 9-7 和表 9-8,ADC 采样时间设定见表 9-9。

31	30	29	28	27	26	25	24	23	22	21	20	19	18	17	16	15
Reserved								SMP17[2:0]			SMP16[2:0]			SMP15[2:0]		

14	13	12	11	10	9	8	7	6	5	4	3	2	1	0
SMP14[2:0]			SMP13[2:0]			SMP12[2:0]			SMP11[2:0]			SMP10[2:0]		

图 9-10 ADC_SMPR1 寄存器格式

31	30	29	28	27	26	25	24	23	22	21	20	19	18	17	16	15
Reserved		SMP9[2:0]			SMP8[2:0]			SMP7[2:0]			SMP6[2:0]			SMP5[2:0]		

14	13	12	11	10	9	8	7	6	5	4	3	2	1	0
SMP4[2:0]			SMP3[2:0]			SMP2[2:0]			SMP1[2:0]			SMP0[2:0]		

图 9-11 ADC_SMPR2 寄存器格式

表 9-7 ADC_SMPR1 寄存器各位域定义

位	定义
31 : 24	保留位,硬件强制为 0
23 : 0	SMPx[2 : 0]:选择通道 x 的采样时间,这些位用于独立地选择每个通道的采样时间,在采样周期中通道选择位必须保持不变

表 9-8　ADC_SMPR2 寄存器各位域定义

位	定义
31：30	保留位,硬件强制为 0
29：0	SMPx[2：0]:选择通道 x 的采样时间,这些位用于独立地选择每个通道的采样时间,在采样周期中通道选择位必须保持不变

表 9-9　ADC 采样时间设定

3 位寄存器	采样时间/时钟周期	3 位寄存器	采样时间/时钟周期
000	1.5	100	41.5
001	7.5	101	55.5
010	13.5	110	71.5
011	28.5	111	239.5

4. ADC 规则转换序列寄存器 ADC_SQRx(x = 1~3)

3 个 ADC_SQRx 用于定义 16 个规则通道转换的序列,包括长度和次序。复位值均为 0x00000000,ADC_SQRx 寄存器格式如图 9-12、图 9-13 和图 9-14 所示,ADC_SQRx 各位域定义见表 9-10、表 9-11 和表 9-12。其中:ADC_SQR1 设定第 16~13 个转换的对应规则通道;ADC_SQR2 设定第 12~7 个转换的对应规则通道;ADC_SQR3 设定第 6~1 个转换的对应规则通道。

图 9-12　ADC_SQR1 寄存器格式

图 9-13　ADC_SQR2 寄存器格式

图 9-14　ADC_SQR3 寄存器格式

表 9-10　ADC_SQR1 寄存器各位域定义

位	定义
31：24	保留位,硬件强制为 0
23：20	L[3：0]:规则通道序列长度,定义了在规则通道转换序列中的转换总数
19：15	SQ16[4：0]:规则通道转换序列中的第 16 个转换
14：10	SQ15[4：0]:规则通道转换序列中的第 15 个转换
9：5	SQ14[4：0]:规则通道转换序列中的第 14 个转换
4：0	SQ13[4：0]:规则通道转换序列中的第 13 个转换

表 9-11　ADC_SQR2 寄存器各位域定义

位	定义
31：30	保留位,硬件强制为 0
29：25	SQ12[4：0]:规则通道转换序列中的第 12 个转换
24：20	SQ11[4：0]:规则通道转换序列中的第 11 个转换
19：15	SQ10[4：0]:规则通道转换序列中的第 10 个转换
14：10	SQ9[4：0]:规则通道转换序列中的第 9 个转换
9：5	SQ8[4：0]:规则通道转换序列中的第 8 个转换
4：0	SQ7[4：0]:规则通道转换序列中的第 7 个转换

表 9-12　ADC_SQR3 寄存器各位域定义

位	定义
31：30	保留位,硬件强制为 0
29：25	SQ6[4：0]:规则通道转换序列中的第 6 个转换
24：20	SQ5[4：0]:规则通道转换序列中的第 5 个转换
19：15	SQ4[4：0]:规则通道转换序列中的第 4 个转换
14：10	SQ3[4：0]:规则通道转换序列中的第 3 个转换
9：5	SQ2[4：0]:规则通道转换序列中的第 2 个转换
4：0	SQ1[4：0]:规则通道转换序列中的第 1 个转换

5. ADC 注入序列寄存器 ADC_JSQR

ADC_JSQR 用于定义 4 个注入通道转换的序列,包括长度和次序。复位值为 0x00000000,ADC_JSQR 寄存器格式如图 9-15 所示,各位域定义见表 9-13。

31	30	29	28	27	26	25	24	23	22	21	20	19	18	17	16	15
			Reserved							JL[1:0]			JSQ4[4:0]			

14	13	12	11	10	9	8	7	6	5	4	3	2	1	0
	JSQ3[4:0]					JSQ2[4:0]					JSQ1[4:0]			

图 9-15　ADC_JSQR 寄存器格式

表 9-13　ADC_JSQR 寄存器各位域定义

位	定义
31：22	保留位,硬件强制为 0
21：20	JL［1：0］:注入通道序列长度,定义了在注入通道转换序列中的转换总数
19：15	JSQ4［4：0］:注入转换序列中的第 4 个转换
14：10	JSQ3［4：0］:注入转换序列中的第 3 个转换
9：5	JSQ2［4：0］:注入转换序列中的第 2 个转换
4：0	JSQ1［4：0］:注入转换序列中的第 1 个转换

6. ADC 注入转换数据寄存器 ADC_JDRx(x = 1~4)

ADC_JDRx 的低 16 位［15：0］用于保存注入转换通道的转换结果,复位值为 0x00000000,其内容只可读不可写,数据可左对齐或右对齐。

7. ADC 规则转换数据寄存器 ADC_DR

ADC_DR 的低 16 位［15：0］用于保存规则转换通道的转换结果,复位值为 0x00000000,其内容只可读不可写,数据可左对齐或右对齐。

9.5　ADC 库函数

ADC 固件库常用函数具体见表 9-14。

表 9-14　ADC 固件库常用函数

函数名	功能
ADC_Init	根据 ADC_StructInit 中指定的参数初始化 ADCx 寄存器
ADC_DeInit	将 ADCx 寄存器重新设置为默认值
ADC_StructInit	把 ADC_StructInit 中的每一个参数按默认值填入
ADC_Cmd	使能或失能指定的 ADC
ADC_DMACmd	使能或失能指定的 ADC 的 DMA 请求
ADC_ITConfig	使能或失能指定的 ADC 中断
ADC_RegularChannelConfig	设置指定 ADCx 规则组通道,设置转换顺序和采样时间
ADC_SoftwareStartConvCmd	使能或失能指定的 ADC 软件转换启动功能

函数名	功能
ADC_GetSoftwareStartConvStatus	获取 ADC 软件转换启动状态
ADC_TempSensorVrefintCmd	使能或失能温度传感器和内部参考电压通道
ADC_ResetCalibration	复位指定 ADC 的校准寄存器
ADC_StartCalibration	启动 ADC 的校准
ADC_GetResetCalibrationStatus	获取 ADC 复位校准寄存器的状态
ADC_GetCalibrationStatus	获取指定 ADC 的校准状态
ADC_GetConversionValue	返回最近一次 ADCx 规则通道组的转换结果
ADC_GetFlagStatus	读取指定的 ADCx 的标志位
ADC_GetITStatus	检查指定的 ADCx 中断发生与否
ADC_ClearFlag	清除 ADCx 的待处理标志位
ADC_ClearITPendingBit	清除 ADCx 的中断待处理位

9.5.1 函数 ADC_Init

函数原形:void ADC_Init(ADC_TypeDef * ADCx, ADC_InitTypeDef * ADC_InitStruct)

功能描述:根据 ADC_InitStruct 中指定的参数初始化外设 ADCx 的寄存器。

输入参数:

ADCx:x 可以是 1 或 2 ,用来选择 ADC 外设 ADC1 或 ADC2。

ADC_InitStruct:指向结构 ADC_InitTypeDef 的指针,包含了指定外设 ADC 的配置信息。

ADC_InitTypeDef 定义于文件"STM32f10x_adc.h"中:

```
typedef struct
{
    u32 ADC_Mode;
    FunctionalState ADC_ScanConvMode;
    FunctionalState ADC_ContinuousConvMode;
    u32 ADC_ExternalTrigConv;
    u32 ADC_DataAlign;
    u8 ADC_NbrOfChannel;
} ADC_InitTypeDef;
```

ADC_Mode:设置 ADC 工作在独立或双 ADC 模式,该参数的取值见表 9-15。

表 9-15　**ADC_Mode** 的取值

ADC_Mode	描述
ADC_Mode_Independent	ADC1 和 ADC2 工作在独立模式
ADC_Mode_RegInjecSimult	ADC1 和 ADC2 工作在同步规则和同步注入模式
ADC_Mode_RegSimult_AlterTrig	ADC1 和 ADC2 工作在同步规则模式和交替触发模式
ADC_Mode_InjecSimult_FastInterl	ADC1 和 ADC2 工作在同步规则模式和快速交替模式
ADC_Mode_InjecSimult_SlowInterl	ADC1 和 ADC2 工作在同步注入模式和慢速交替模式
ADC_Mode_InjecSimult	ADC1 和 ADC2 工作在同步注入模式
ADC_Mode_RegSimult	ADC1 和 ADC2 工作在同步规则模式
ADC_Mode_FastInterl	ADC1 和 ADC2 工作在快速交替模式
ADC_Mode_SlowInterl	ADC1 和 ADC2 工作在慢速交替模式
ADC_Mode_AlterTrig	ADC1 和 ADC2 工作在交替触发模式

ADC_ScanConvMode：规定了模数转换工作在扫描模式（多通道）还是单次模式（单通道），可以设置这个参数为 ENABLE 或 DISABLE。

ADC_ContinuousConvMode：规定了模数转换工作在连续还是单次模式，可以设置这个参数为 ENABLE 或 DISABLE。

ADC_ExternalTrigConv：定义了使用外部触发来启动规则通道的 A/D 转换，该参数的取值见表 9-16。

表 9-16　**ADC_ExternalTrigConv** 的取值

ADC_ExternalTrigConv	描述
ADC_ExternalTrigConv_T1_CC1	选择定时器 1 的捕获比较 1 作为转换外部触发
ADC_ExternalTrigConv_T1_CC2	选择定时器 1 的捕获比较 2 作为转换外部触发
ADC_ExternalTrigConv_T1_CC3	选择定时器 1 的捕获比较 3 作为转换外部触发
ADC_ExternalTrigConv_T2_CC2	选择定时器 2 的捕获比较 2 作为转换外部触发
ADC_ExternalTrigConv_T3_TRGO	选择定时器 3 的 TRGO 作为转换外部触发
ADC_ExternalTrigConv_T4_CC4	选择定时器 4 的捕获比较 4 作为转换外部触发
ADC_ExternalTrigConv_Ext_IT11	选择外部中断线 11 事件作为转换外部触发
ADC_ExternalTrigConv_None	转换由软件而不是外部触发启动

ADC_DataAlign：规定了 ADC 数据左对齐还是右对齐，该参数的取值见表 9-17。

表 9-17 ADC_DataAlign 的取值

ADC_DataAlign	描述
ADC_DataAlign_Right	ADC 数据右对齐
ADC_DataAlign_Left	ADC 数据左对齐

ADC_NbreOfChannel：规定了顺序进行规则转换的 ADC 通道的数目，取值范围是 1~16。

例如，ADC1 的初始化代码如下：

ADC_InitTypeDef ADC_InitStructure；

ADC_InitStructure.ADC_Mode = ADC_Mode_Independent；

ADC_InitStructure.ADC_ScanConvMode = ENABLE；

ADC_InitStructure.ADC_ContinuousConvMode = DISABLE；

ADC_InitStructure.ADC_ExternalTrigConv = ADC_ExternalTrigConv_Ext_IT11；

ADC_InitStructure.ADC_DataAlign = ADC_DataAlign_Right；

ADC_InitStructure.ADC_NbrOfChannel = 16；

ADC_Init(ADC1,&ADC_InitStructure)；

9.5.2 函数 ADC_Cmd

函数原形：void ADC_Cmd(ADC_TypeDef * ADCx,FunctionalState NewState)

功能描述：使能或失能指定的 ADC。

输入参数：

ADCx：x 可以是 1 或 2，用来选择外设 ADC1 或 ADC2。

NewState：外设 ADCx 的新状态，可以取 ENABLE 或 DISABLE。

9.5.3 函数 ADC_ITConfig

函数原形：void ADC_ITConfig(ADC_TypeDef * ADCx,u16 ADC_IT,FunctionalState NewState)

功能描述：使能或失能指定的 ADC 的中断。

输入参数：

ADCx：x 可以是 1 或 2，用来选择外设 ADC1 或 ADC2。

ADC_IT：将要被使能或失能的指定 ADC 中断源，该参数的取值见表 9-18。

表 9-18 ADC_IT 的取值

ADC_IT	描述
ADC_IT_EOC	规则组 A/D 转换结束中断
ADC_IT_AWD	模拟看门狗中断
ADC_IT_JEOC	注入组 A/D 转换结束中断

NewState：指定 ADC 中断的新状态，可以取 ENABLE 或 DISABLE。

例如，使能 ADC2 的 EOC 和 AWDOG 中断代码如下：

ADC_ITConfig（ADC2，ADC_IT_EOC|ADC_IT_AWD，ENABLE）；

9.5.4　函数 ADC_SoftwareStartConvCmd

函数原形：void ADC_SoftwareStartConvCmd（ADC_TypeDef ＊ ADCx，FunctionalState NewState）

功能描述：使能或失能指定的 ADC 的软件转换启动功能。

输入参数：

ADCx：x 可以是 1 或 2，用来选择外设 ADC1 或 ADC2。

NewState：指定 ADC 的软件转换启动新状态，可以取 ENABLE 或 DISABLE。

例如，软件启动 ADC1 的转换代码如下：

ADC_SoftwareStartConvCmd（ADC1，ENABLE）；

9.5.5　函数 ADC_RegularChannelConfig

函数原形：void ADC_RegularChannelConfig（ADC_TypeDef ＊ ADCx，u8 ADC_Channel，u8 Rank，u8 ADC_SampleTime）

功能描述：设置指定 ADC 的规则组通道，设置它们的转化顺序和采样时间。

输入参数：

ADCx：x 可以是 1 或 2，选择外设 ADC1 或 ADC2。

ADC_Channel：被设置的 ADC 通道，取值 ADC_Channel_x，x＝0～17。

Rank：规则组采样顺序，取值范围为 1～16。

ADC_SampleTime：指定 ADC 通道的采样时间值，取值见表 9-19。

表 9-19　ADC_SampleTime 的取值

ADC_SampleTime	描述
ADC_SampleTime_1Cycles5	采样时间为 1.5 个时钟周期
ADC_SampleTime_7Cycles5	采样时间为 7.5 个时钟周期
ADC_SampleTime_13Cycles5	采样时间为 13.5 个时钟周期
ADC_SampleTime_28Cycles5	采样时间为 28.5 个时钟周期
ADC_SampleTime_41Cycles5	采样时间为 41.5 个时钟周期
ADC_SampleTime_55Cycles5	采样时间为 55.5 个时钟周期
ADC_SampleTime_71Cycles5	采样时间为 71.5 个时钟周期
ADC_SampleTime_239Cycles5	采样时间为 239.5 个时钟周期

例如，配置 ADC1 的通道 2 排在第 1 位转换，采样时间为 7.5 个时钟周期，代码如下：

ADC_RegularChannelConfig（ADC1，ADC_Channel_2，1，ADC_SampleTime_7Cycles5）；

9.5.6　函数 ADC_GetConversionValue

函数原形：u16 ADC_GetConversionValue（ADC_TypeDef ＊ ADCx）

功能描述：返回最近一次 ADCx 规则组的转换结果。

输入参数：ADCx，x 可以是 1 或 2，用来选择外设 ADC1 或 ADC2。

返回值:转换结果。

例如,读 ADC1 最近一次 A/D 转换结果的代码如下:

  u16 DataValue;

  DataValue = ADC_GetConversionValue(ADC1);

9.6 ADC 应用举例

9.6.1 12864 LCD 显示驱动程序设计

后面的 ADC 应用举例中,要将 A/D 转换结果显示在 LCD 屏上,本节先介绍 LCD 显示方法。

1. 12864 LCD 的特点

带中文字库的 128×64 LCD 是一种具有 4 位/8 位并行、2 线或 3 线串行多种接口方式,内部含有国标一级、二级简体中文字库的点阵图形液晶显示模块;其显示分辨率为 128×64,内置 8 192 个 16×16 点阵的汉字、128 个 16×8 点阵的 ASCII 字符集。利用其灵活的接口方式和简单、方便的操作指令,可构成全中文人机交互图形界面,可显示 8×4 行 16×16 点阵的汉字,也可完成图形显示。低电压、低功耗是其又一显著特点,由该模块构成的液晶显示方案与同类型的图形点阵 LCD 显示模块相比,不论硬件电路结构或显示程序都简洁许多,且该模块的价格也略低于相同点阵的图形液晶模块。图 9-16 和图 9-17 所示是 12864 LCD 显示器实物正反面图。

图 9-16 12864 LCD 显示器正面   图 9-17 12864 LCD 显示器反面

2. 12864 LCD 的特性参数

(1) 低电源电压,V_{DD} 的范围:+3.0~+5.5 V;内置 DC-DC 转换电路,无须外加负压。

(2) 显示分辨率:128×64;2 MHz 时钟频率。

(3) 内置汉字字库,可提供 8 192 个 16×16 点阵汉字(简繁体可选)。

(4) 内置 128 个 16×8 点阵 ASCII 字符集。

(5) 显示方式:STN、半透、正显;驱动方式:1/32 DUTY、1/5 BIAS。

(6) 背光方式:侧部高亮白色 LED,功耗仅为普通 LED 的 1/5~1/10;视角方向:6 点。

(7) 通信方式:串行、并口可选;无片选信号,简化软件设计。

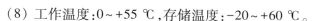

（8）工作温度：0～+55 ℃，存储温度：-20～+60 ℃。

3. 12864 LCD 引脚定义

12864 LCD 一共 20 个引脚，其具体定义见表 9-20。

表 9-20　12864 LCD 引脚定义

引脚号	名称	电平	功能说明
1	V_{SS}	0 V	电源负极
2	V_{DD}	+5 V	电源正极
3	V0	—	对比度调节
4	RS	H/L	RS=H：显示数据；RS=L：控制指令
5	R/W	H/L	R/W=H,E=H：数据被读到 DB7～DB0；R/W=H,E=H-L：DB7～DB0 数据被写到 IR 或 DR
6	E	H/L	使能端
7～14	DB0～DB7	H/L	数据线
15	PSB	H/L	PSB=H：并行模式；PSB=L：串行模式
16	NC	—	空脚
17	RESET	H/L	复位端，低电平有效
18	V_{OUT}	—	模块驱动电压输出端
19	A	+5 V	背光电源正极
20	K	0 V	背光电源负极

4. 12864 LCD 部分指令及控制信号

12864 LCD 常用的部分指令见表 9-21，其具体指令如下：

0x01：清除显示指令；0x10：光标移动控制；0x06：设置输入模式；0x08：显示开关控制；0x0C：整体显示指令；0x30：选择 8 位并行数据。

表 9-21　12864 LCD 常用指令表

指令名称	控制信号		控制代码							
	R/$\overline{\text{W}}$	RS	DB7	DB6	DB5	DB4	DB3	DB2	DB1	DB0
显示开关	0	0	0	0	1	1	1	1	1	1/0
显示起始行设置	0	0	1	1	×	×	×	×	×	×
页设置	0	0	1	0	1	1	1	×	×	×
列地址设置	0	0	0	1	×	×	×	×	×	×
读状态	1	0	BUSY	0	ON/OFF	RST	0	0	0	0
写数据	0	1	写数据							
读数据	1	1	读数据							

12864 LCD 的控制信号如下：

RS(CS)：并行的数据(H)/指令(L)选择信号；串行的片选(CS)信号。

R/W(SID)：并行的读(H)/写(L)选择信号；串行的数据口(SID)。

E(CLK)：并行的使能信号；串行的同步时钟(CLK)。

PSB：并(H)/串(L)行接口选择。

RET：无效(H)/有效(L)复位控制。

5. 12864 LCD 与 STM32 的连接

12864 LCD 的 8 根数据总线 DATA0～DATA7 对应连接到 STM32 的 PD8～PD15。

12864 LCD 的 5 根控制总线与 STM32 的连接如下：

LCD_RS—>PE0   LCD_RS=0,传送命令；LCD_RS=1,传送数据。

LCD_RW—>PE1   LCD_RW=0,写操作；LCD_RW=1,读操作。

LCD_E—>PE2   LCD 使能。

LCD_PSB—>PE3   LCD_PSB=1,并行模式；LCD_PSB=0,串行模式。

LCD_BK—>PE5   背光调节。

6. 12864 LCD 驱动程序

程序分析：

(1) 系统时钟配置函数 RCC_Configuration( )。

在系统时钟配置函数中，12864 LCD 显示器使用端口 D、E，因此要打开挂接在 APB2 总线上端口 D、E 的时钟，其源程序如下：

```
void RCC_Configuration(void)
{
    RCC_DeInit();
    ……                    //略
    RCC_APB2PeriphClockCmd(RCC_APB2Periph_GPIOD|RCC_APB2Periph_
        GPIOE,ENABLE);
}
```

(2) GPIO 端口配置函数 GPIO_Configuration( )。

在该函数中，设置 12864 LCD 控制端口 PE0～PE5 为输出，设置 12864 LCD 数据端口 PD8～PD15 为输出，其源程序如下：

```
void GPIO_Configuration(void)
{
    GPIO_InitTypeDef GPIO_InitStructure;
    //设置 12864 LCD 控制端口 PE0～PE5 为输出
    GPIO_InitStructure.GPIO_Pin=GPIO_Pin_0|GPIO_Pin_1|GPIO_Pin_2|GPIO_
        Pin_3|GPIO_Pin_5;
    GPIO_InitStructure.GPIO_Mode=GPIO_Mode_Out_PP;
    GPIO_InitStructure.GPIO_Speed=GPIO_Speed_50MHz;
    GPIO_Init(GPIOE,&GPIO_InitStructure);
```

```
//设置 12864 LCD 数据端口 PD8~PD15 为输出
GPIO_InitStructure.GPIO_Pin = GPIO_Pin_8 | GPIO_Pin_9 | GPIO_Pin_10 |
    GPIO_Pin_11 | GPIO_Pin_12 | GPIO_Pin_13 | GPIO_Pin_14 | GPIO_Pin_15;
GPIO_InitStructure.GPIO_Mode = GPIO_Mode_Out_PP;
GPIO_InitStructure.GPIO_Speed = GPIO_Speed_50MHz;
GPIO_Init( GPIOD, &GPIO_InitStructure );
}
```

（3）LCD 初始化函数 LCD_init( )。

在该函数中,配置数据总线 PD8~PD15 为输出;配置控制总线 PE0~PE5 为输出;对 12864 LCD 写入命令,设置 8 位并行工作模式;设置开关显示控制;设置输入模式;清除屏幕显示。其源程序如下:

```
void LCD_init( void )
{
    Delay( 800 ); LCD_PSB( 1 );          //并行工作模式
    Delay( 800 ); LCD_Write( 0x30,0 );   //功能设定（基本指令）
    Delay( 800 ); LCD_Write( 0x30,0 );
    Delay( 800 ); LCD_Write( 0x08,0 );
    Delay( 800 ); LCD_Write( 0x10,0 );
    Delay( 800 ); LCD_Write( 0x0C,0 );   //设置开关显示控制
    Delay( 800 ); LCD_Write( 0x01,0 );   //清除屏幕显示指令
    Delay( 800 ); LCD_Write( 0x06,0 );   //设置输入模式
    Delay( 800 ); LCD_BL( 0 );           //PE5 = 0 时打开 12864 LCD 的背光
}
```

（4）LCD 写函数 LCD_Write( )。

该函数用于传送数据或命令,当 DI = 0 时传送命令,当 DI = 1 时传送数据。其源程序如下:

```
void LCD_Write( u16 data, char DI )
{
    LCD_RW( 0 );
    if( DI == 1 )
        LCD_RS( 1 );
    else LCD_RS( 0 );    Delay( 800 );
        LCD_EN( 1 );     Delay( 800 );
    data = data<<8;
    GPIOD->ODR = data;   Delay( 800 );
    LCD_EN( 0 );
}
```

（5）显示汉字字符函数 LCD_mesg( )。

该函数用于显示指定地址的汉字与字符,其源程序如下:

```
    void LCD_mesg(unsigned char * addr1)              //显示汉字字符,8×4=32
    {
        unsigned char i;
        LCD_Write(0x80,0); Delay(800);
        for(i=0; i<32; i++)
        {
            LCD_Write( * addr1,1);
            addr1++;
        }
        LCD_Write(0x90,0); Delay(800);
        for(i=32; i<64; i++)
        {
            LCD_Write( * addr1,1);
            addr1++;
        }
    }
```

（6）清屏函数 LCD_clear( )。

该函数用于清除 LCD 屏幕,其源程序如下:

```
    void LCD_clear( )
    {
        LCD_Write(0x01,0); Delay(800);
        LCD_Write(0x06,0); Delay(800);
    }
```

（7）显示字符串函数 LCD_ShowString( )。

该函数用于显示指定行、指定位置的字符串,其源程序如下:

```
    void LCD_ShowString(u8 Line,u8 Cnt,unsigned char * str)
    {
        u8 i,addr;
        switch(Line)
        {
            case 1:addr=0x80+Cnt; break;          //第一行的起始地址
            case 2:addr=0x90+Cnt; break;          //第二行的起始地址
            case 3:addr=0x88+Cnt; break;          //第三行的起始地址
            case 4:addr=0x98+Cnt; break;          //第四行的起始地址
        }
        LCD_Write(addr,0); Delay(800);
```

```
    for(i=0; i<16-Cnt*2; i++)
    {
        LCD_Write( *str,1);
        str++;
    }
}
```

（8）主函数 main( )。

在主函数 main( )中,首先对 12864 LCD 数据总线引脚、控制总线引脚进行宏定义,定义相关变量与参数,系统初始化,之后显示相关字符,主函数源程序如下:

```
#define     PIN_RS          (1<<0)      //PIN_RS—>PE0
#define     PIN_RW          (1<<1)      //PIN_RW—>PE1
#define     PIN_E           (1<<2)      //PIN_E—>PE2
#define     PIN_PSB         (1<<3)      //PIN_PSB—>PE3
#define     PIN_BL          (1<<5)      //PIN_BL—>PE5
#define     PINS_DATA       (0xff<<8)   //PIN_D0~PIN_D7—>PD8~PD15
#define     LCD_EN(x) GPIOE->ODR=(GPIOE->ODR&~PIN_E)|(x? PIN_
            E:0)
#define     LCD_RW(x) GPIOE->ODR=(GPIOE->ODR&~PIN_RW)|(x? PIN
            _RW:0)
#define     LCD_RS(x) GPIOE->ODR=(GPIOE->ODR&~PIN_RS)|(x? PIN_
            RS:0)
#define      LCD_PSB(x)  GPIOE->ODR=(GPIOE->ODR&~PIN_PSB)|(x?
            PIN_PSB:0)
#define     LCD_BL(x) GPIOE->ODR=(GPIOE->ODR&~PIN_BL)|(x? PIN_
            BL:0)
unsigned char IC_DAT1[ ]={"ABCDEFGHIJKLMNOP"};
unsigned char IC_DAT2[ ]={"QRSTUVWXYZ@#!$%&"};
unsigned char IC_DAT3[ ]={"0123456789*~+_?/"};
unsigned char IC_DAT4[ ]={"<({[|,*^/.=~]})>"};
//定义要显示的汉字,8×2
unsigned char IC_DAT5[ ]={"诚实守信加油努力""成功做人踏实做事"};
int main(void)
{
    RCC_Configuration( );          //配置系统时钟
    GPIO_Configuration( );
    LCD_init( );
    LCD_clear( );
    while(1)
```

```
            {
                LCD_clear();
                LCD_ShowString(1,0,IC_DAT1);
                LCD_ShowString(2,0,IC_DAT2);
                LCD_ShowString(3,0,IC_DAT3);
                LCD_ShowString(4,0,IC_DAT4);
                Delay(40000000);
                LCD_mesg(IC_DAT5);
                Delay(40000000);
                LCD_clear();
            }
        }
```

使用带中文字库的 12864 LCD 显示模块时应注意以下几点：

① 在某一位置显示中文字符时,应先设定显示字符位置即显示地址,再写入中文字符编码。

② 显示 ASCII 字符的过程与显示中文字符的过程相同。在显示连续字符时,只需设定一次显示地址,由模块自动对地址加 1 指向下一个字符位置,否则显示的字符中将会有一个空 ASCII 字符位置。

③ 当字符编码为 2 字节时,应先写入高位字节,再写入低位字节。

④ 在接收指令前,CPU 必须先确认模块内部处于非忙状态,即读取 BF 标志时 BF 须为"0",方可接受新的指令。若在送出一个指令前不检查 BF 标志,则在前一个指令和这个指令中间必须延迟一段较长时间,等待前一个指令确定执行完成。

9.6.2 数字电压表设计

程序功能:利用 ADC 通道 14 即 ADC_IN14 对开发板上可变电阻器的电压值做 A/D 转换,采用查询方式、单通道连续转换模式,并将转换结果显示在 12864 LCD 显示器上。

程序分析:

对于 STM32 ADC 的 18 个通道,其分布如下:

PA0 ~ PA7:ADC_IN0 ~ ADC_IN7;PC0 ~ PC5:ADC_IN10 ~ ADC_IN15

PB0 ~ PB1:ADC_IN8 ~ ADC_IN9;Tsensor:ADC_IN16;Vrefint:ADC_IN17

由此可知,ADC 通道 14 即 ADC_IN14 与 PC4 相连。

STM32 CPU 的 ADC 是 12 位,参考电压 V_{DDA} 为 3.3 V,因此可变电阻器的电压值与转换后的数字量(AD_value)的关系为:$V = AD\_value \times 3.3/4\ 095$。

(1) 系统时钟配置函数 RCC_Configuration()。

在系统时钟配置函数中,打开挂接在 APB2 高速总线上的 ADC1 的时钟、端口 C 的时钟,12864 LCD 显示器使用端口 D、E,因此也要打开端口 D、E 的时钟,其源程序如下:

```
            void RCC_Configuration(void)
            {
                RCC_DeInit();
```

```
……                                            //略
RCC_APB2PeriphClockCmd(RCC_APB2Periph_GPIOC | RCC_APB2Periph_
    ADC1,ENABLE);
RCC_APB2PeriphClockCmd(RCC_APB2Periph_GPIOD | RCC_APB2Periph_
    GPIOE,ENABLE);
}
```

（2）GPIO 端口配置函数 GPIO_Configuration( )。

在该函数中，将 PC4 配置为 ADC 的第 14 采样通道，且为模拟输入，其源程序如下：

```
void GPIO_Configuration(void)
{
    GPIO_InitTypeDef GPIO_InitStructure;
    GPIO_InitStructure.GPIO_Pin = GPIO_Pin_4;      //ADC14 输入端 PC4
    GPIO_InitStructure.GPIO_Mode = GPIO_Mode_AIN;
    GPIO_Init(GPIOC,&GPIO_InitStructure);
}
```

（3）ADC1 的配置函数 ADC_Configuration( )。

通过该函数对 ADC1 进行初始化。将 ADC1 配置在独立工作、连续转换、扫描模式下，转换数据右对齐，关闭 ADC 外部触发。规则组通道设置：将 ADC1 的通道设为 Channel_14(PC4)，采样顺序为 1，采样时间为 71.5 个时钟周期，使能 ADC1，复位校准 ADC1，开启 A/D 校准等待校准结束，之后通过软件触发启动 ADC1 进行连续转换。其源程序如下：

```
void ADC_Configuration(void)
{
    ADC_InitTypeDef ADC_InitStructure;
    ADC_InitStructure.ADC_Mode = ADC_Mode_Independent;      //独立工作模式
    ADC_InitStructure.ADC_ScanConvMode = ENABLE;            //扫描模式
    //开启连续转换模式
    ADC_InitStructure.ADC_ContinuousConvMode = ENABLE;
    ADC_InitStructure.ADC_ExternalTrigConv = ADC_ExternalTrigConv_None;
    ADC_InitStructure.ADC_DataAlign = ADC_DataAlign_Right;
    ADC_InitStructure.ADC_NbrOfChannel = 1;                 //需要转换的通道个数为 1
    ADC_Init(ADC1,&ADC_InitStructure);
    ADC_RegularChannelConfig(ADC1,ADC_Channel_14,1,ADC_SampleTime_
        71Cycles5);
    ADC_Cmd(ADC1,ENABLE);                                   //使能 ADC1
    ADC_ResetCalibration(ADC1);                             //重新校准 ADC1
    while(ADC_GetResetCalibrationStatus(ADC1));
    /*开启 A/D 校准等待校准结束,该位由软件设置以开始校准,在校准结束
```

时由硬件清除 ＊/
```
ADC_StartCalibration(ADC1);
while(ADC_GetCalibrationStatus(ADC1));
//由软件启动 ADC1 进行连续转换
ADC_SoftwareStartConvCmd(ADC1,ENABLE);
}
```

(4) 中断向量控制配置函数 NVIC_Configuration( )。

该函数对中断向量表进行定位,其源程序如下:

```
void NVIC_Configuration(void)
{
    NVIC_InitTypeDef NVIC_InitStructure;
    #ifdef VECT_TAB_RAM
        NVIC_SetVectorTable(NVIC_VectTab_RAM,0x0);
    #else
        NVIC_SetVectorTable(NVIC_VectTab_FLASH,0x0);
    #endif
}
```

(5) 主函数 main( )。

在主函数 main( )中,首先定义相关变量与参数,对系统进行初始化,之后进行 A/D 转换,将得到的数值进行平均值滤波,并转换为十进制,显示在 LCD 上,最终实现预定的功能。主函数源程序如下:

```
#define V_REF 3.300
unsigned char IC_DAT1[ ] = {"ADC 转换结果:"};
unsigned char ADC_Result[6];
ErrorStatus HSEStartUpStatus;
int main(void)
{
    float temp;
    int t,AD_value=0;
    RCC_Configuration();              //配置系统时钟
    GPIO_Configuration();             //配置 GPIO
    NVIC_Configuration();             //配置 NVIC
    ADC_Configuration();              //配置 ADC
    LCD_init();
    LCD_clear();
    while(1)
    {
        for(t=0; t<10; t++)
```

```
            {
                AD_value+=ADC_GetConversionValue(ADC1);  //A/D 转换
                Delay(100);
            }
        AD_value=AD_value/10;  //得到 ADC 采样的值,取 10 次的平均值
        temp=((AD_value)*3.3/4095)*100;  //转换为电压值
        ADC_Result[0]=(int)temp/100+0x30;  //百位
        ADC_Result[1]=(int)(temp*10)%10+0x30;  //十位
        ADC_Result[2]=(int)(temp*100)%10+0x30;  //个位
        ADC_Result[3]='.';
        LCD_ShowString(1,1,IC_DAT1);
        LCD_ShowString(3,2,ADC_Result);
        Delay(30000);
        }
    }
```

需要注意以下几点:

① STM32 的 ADC 有一个内置自校准模式。利用校准可大幅度减小因内部电容变化而带来的精度误差。在校准期间,每个电容都会计算出一个误差修正码(数字值),这个修正码可用于消除在随后转换中每个电容上产生的误差。通过设置控制寄存器 2(ADC_CR2)的 CAL 位启动校准。一旦校准结束,CAL 位被硬件复位,可以开始正常转换。建议在每次上电时执行一次 ADC 校准,启动校准前,ADC 必须处于关电状态(ADON=0)至少两个 ADC 时钟周期。校准结束后,校准码存储在数据寄存器(ADC_DR)中。

② STM32 的 ADC 时钟频率 f_{ADC} 最大为 14 MHz,若设置的 f_{ADC} 超过 14 MHz,则 ADC 精度会降低,误差可能会超过 ±2 位。

③ ADC 的完整转换时间 T_{CONV} 由两个参数决定,即采样时间和转换时间之和,而转换时间需要 12.5 个时钟周期,因此,T_{CONV} = 采样时间 +12.5。

当 f_{ADC} = 14 MHz,采样时间为 1.5 个 ADC 时钟周期(107 ns)时,T_{CONV} = 1.5+12.5 = 14 个时钟周期,即 1 μs。

这样,当 f_{ADC} = 14 MHz 时,可达到 ADC 的最快采样转换速率为 1 MHz。为保证 ADC 的转换精度,f_{ADC} 不要超过 14 MHz。当系统时钟为 72 MHz 时,APB2 时钟为系统时钟,最适合的 f_{AD} 为 12 MHz,此时 ADC 的完整转换时间 T_{CONV} 为 1.17 μs。

④ 采样时间越长,转换结果越稳定。可根据需要将采样时间设置为 1.5 个时钟周期、7.5 个时钟周期、13.5 个时钟周期、28.5 个时钟周期、41.5 个时钟周期、55.5 个时钟周期、71.5 个时钟周期、239.5 个时钟周期。单位周期时间根据 f_{ADC} 的频率计算得到。

若系统时钟为 72 MHz,f_{ADC} = 12 MHz,采样周期 =71.5,则采样时间 =71.5/(12 MHz) ≈ 6.0 μs。

若 f_{ADC} = 14 MHz,采样周期 =239.5,则采样时间 =239.5/(14 MHz) ≈ 17.1 μs,这是推荐的最大采样时间。

9.6.3 利用 DMA 方式进行数据采集与传输

程序功能:利用 ADC 通道 14 即 ADC_IN14 对开发板上可变电阻器的电压值做 A/D 转换,采用查询方式、单通道连续转换模式,转换结果通过 DMA 通道 1 读取,并显示在 12864 LCD 显示器上。

程序分析:该程序实现的功能与 9.6.2 节相似,只是增加了 DMA 数据传输功能。使用 ADC1 和 DMA 连续把 ADC1 的转换数据从 ADC1 传输到内存空间。ADC1 被配置成从 ADC 的 14 号通道连续地转换数据。每一次 ADC 转换结束触发一次 DMA 传输,在 DMA 循环模式中,持续把 ADC1 的数据寄存器 ADC_DR 的数据传输到 ADC_Converted_Value 变量,然后通过 LCD 显示出来。

(1) 系统时钟配置函数 RCC_Configuration()。

在系统时钟配置函数中,打开挂接在 APB2 高速总线上的 ADC1 的时钟、端口 C 的时钟,12864 LCD 显示器使用端口 D、E,因此要打开端口 D、E 的时钟,采用 DMA 通道 1 传输转换结果,也要打开挂接在 AHB 高速总线上的 DMA1 的时钟,其源程序如下:

```
void RCC_Configuration(void)
{
    RCC_DeInit();
    ......                                              //略
    RCC_AHBPeriphClockCmd(RCC_AHBPeriph_DMA1,ENABLE);
    RCC_APB2PeriphClockCmd(RCC_APB2Periph_GPIOC | RCC_APB2Periph_
        ADC1,ENABLE);
    RCC_APB2PeriphClockCmd(RCC_APB2Periph_GPIOD | RCC_APB2Periph_
        GPIOE,ENABLE);
}
```

(2) GPIO 端口配置函数 GPIO_Configuration()。

在该函数中,将 PC4 配置为 ADC 的第 14 采样通道,且为模拟输入,其源程序如下:

```
void GPIO_Configuration(void)
{
    GPIO_InitTypeDef GPIO_InitStructure;
    GPIO_InitStructure.GPIO_Pin = GPIO_Pin_4;          //ADC14 输入 PC4
    GPIO_InitStructure.GPIO_Mode = GPIO_Mode_AIN;
    GPIO_Init(GPIOC,&GPIO_InitStructure);
}
```

(3) DMA 配置函数 DMA_Configuration()。

通过该函数对 DMA 通道 1 进行配置,用于传输 ADC_IN14 的转换结果。在该函数中,设置 DMA 传输的源地址、目标地址,要传输的数据大小,通道的优先级,数据传输的方向(从外设向内存传送数据),循环缓存模式,以及 DMA 半传输等,最后启动该通道。在 DMA 循环模式中,持续把 ADC1 的数据寄存器 ADC_DR 的数据传输到 ADC_ConvertedValue 变量。其源程序如下:

```
void DMA_Configuration(void)
{
    DMA_InitTypeDef DMA_InitStructure;
    DMA_DeInit(DMA1_Channel1);                    //复位开启 DMA1 的第 1 通道
    //设置 DMA 传输对应的源地址
    DMA_InitStructure.DMA_PeripheralBaseAddr = ADC1_DR_Address;
    DMA_InitStructure.DMA_PeripheralDataSize = DMA_PeripheralDataSize_Half-
        Word;              //转换结果的数据大小:半字
    //设置 DMA 传输对应的目的地址
    DMA_InitStructure.DMA_MemoryBaseAddr = (u32)&ADC_ConvertedValue;
    //DMA 的转换模式:SRC 模式,即从外设向内存传送数据
    DMA_InitStructure.DMA_DIR = DMA_DIR_PeripheralSRC;
    DMA_InitStructure.DMA_BufferSize = 1;         //设置 DMA 缓存的大小
    //接收一次数据后,设备地址是否后移,若 ADC 不用后移,则内存需要后移
    DMA_InitStructure.DMA_PeripheralInc = DMA_PeripheralInc_Disable;
    /*接收一次数据后,目标内存地址自动后移,用于采集多个数据,在此不用
        后移*/
    DMA_InitStructure.DMA_MemoryInc = DMA_MemoryInc_Disable;
    //设置 DMA 传输数据的大小,ADC 是 12 位,用 16 位的半字存放
    DMA_InitStructure.DMA_MemoryDataSize = DMA_MemoryDataSize_HalfWord;
    //转换模式:常用循环缓存模式,Buffer 写满后,自动回到初始地址开始传输
    DMA_InitStructure.DMA_Mode = DMA_Mode_Circular;
    //设置 DMA 优先级为高
    DMA_InitStructure.DMA_Priority = DMA_Priority_High;
    //M2M(Memory to Memory)内存到内存模式禁止
    DMA_InitStructure.DMA_M2M = DMA_M2M_Disable;
    /*在完成 A/D 配置后使能 DMA1 通道 1,之后 ADC 将通过 DMA 不断刷新
        指定 RAM 区域*/
    DMA_Init(DMA1_Channel1,&DMA_InitStructure);
    DMA_Cmd(DMA1_Channel1,ENABLE);                //使能 DMA1 的通道 1
}
```

（4）ADC1 的配置函数 ADC_Configuration()。

通过该函数对 ADC1 进行初始化。与 9.6.2 节相似,只增加了使能 ADC1 的 DMA。将 ADC1 配置在独立工作、连续转换、扫描模式下,转换数据右对齐,关闭 ADC 外部触发。规则组通道设置:将 ADC1 的通道设为 Channel_14(PC4),采样顺序为 1,采样时间为 71.5 个时钟周期;将 ADC1 与 DMA 关联,使能 ADC1 的 DMA,使能 ADC1,复位校准 ADC1,开启 A/D 校准等待校准结束,之后通过软件触发启动 ADC1 进行连续转换。其源程序如下:

```
void ADC_Configuration(void)
```

```
    {
        ADC_InitTypeDef ADC_InitStructure;
        ADC_InitStructure.ADC_Mode = ADC_Mode_Independent;        //独立工作模式
        ADC_InitStructure.ADC_ScanConvMode = ENABLE;                //扫描模式
        ADC_InitStructure.ADC_ContinuousConvMode = ENABLE;    //开启连续转换模式
        ADC_InitStructure.ADC_ExternalTrigConv = ADC_ExternalTrigConv_None;
        ADC_InitStructure.ADC_DataAlign = ADC_DataAlign_Right;
        ADC_InitStructure.ADC_NbrOfChannel = 1;            //需要转换的通道个数为1
        ADC_Init(ADC1,&ADC_InitStructure);
        ADC_RegularChannelConfig(ADC1,ADC_Channel_14,1,ADC_SampleTime_
            71Cycles5);
        //将 ADC1 与 DMA 关联,使能 ADC1 的 DMA
        ADC_DMACmd(ADC1,ENABLE);
        ADC_Cmd(ADC1,ENABLE);                                //使能 ADC1
        ADC_ResetCalibration(ADC1);
        /*开启 A/D 校准等待校准结束,该位由软件设置以开始校准,在校准结束
            时由硬件清除*/
        while(ADC_GetResetCalibrationStatus(ADC1));
        ADC_StartCalibration(ADC1);
        while(ADC_GetCalibrationStatus(ADC1));
        ADC_SoftwareStartConvCmd(ADC1,ENABLE);        //通过软件启动 A/D 转换
    }
```

(5) 十六进制转换为 ASCII 函数 HexToASCII( )。

通过该函数将十六进制的数据转换为 ASCII 码,用于输出显示。其源程序如下:

```
    void HexToASCII(u16 data)
    {
        AsciiBuff[0] = data/1000%10+0x30;            //千位
        AsciiBuff[1] = data/100%10+0x30;            //百位
        AsciiBuff[2] = data/10%10+0x30;                //十位
        AsciiBuff[3] = data%10+0x30;                    //个位
        AsciiBuff[4] = '.';
    }
```

(6) 主函数 main( )。

在主函数 main( )中,首先定义相关变量与参数,对系统进行初始化,之后进行 A/D 转换,得到的转换结果通过 DMA 通道 1 传输给位于内存的变量 ADC_ConvertedValue,将得到的数值进行平均值滤波,并将十六进制转换为 ASCII 码,显示在 12864 LCD 上,最终实现预定的功能。主函数源程序如下:

```
    #define ADC1_DR_Address  ((u32)0x4001244C)
```

```
u8 AsciiBuff[5];
vu16 ADC_ConvertedValue;
unsigned char IC_DAT1[] = {"ADC_DMA 转换结果:"};
ErrorStatus HSEStartUpStatus;
int main(void)
{
    float temp;
    int t, AD_value = 0;
    RCC_Configuration();                    //配置系统时钟
    GPIO_Configuration();                   //配置 GPIO
    DMA_Configuration();                    //配置 DMA
    ADC_Configuration();                    //配置 ADC
    LCD_init();
    LCD_clear();
    while(1)
    {
        for(t=0; t<10; t++)
        {
            AD_value += ADC_ConvertedValue;
            Delay(100);
        }
        AD_value = AD_value/10;     //得到 ADC 采样值,取 10 次然后求平均值
        temp = ((AD_value) * 3.3/4095) * 100;   //转换为电压值
        HexToASCII((int)temp);                  //十六进制转换为 ASCII 码
        LCD_ShowString(1,0,IC_DAT1);            //显示字符串
        LCD_ShowString(3,2,AsciiBuff);          //转换结果
        Delay(500000);
    }
}
```

通过此例,可以了解 DMA 编程的几个关键点,即 DMA 初始化需要做什么,具体如下:

① 从哪里开始搬数据:ADC 外设;送到哪里去:内存。

② 数据源和数据目的地址不用后移。

③ 以字节方式还是半字或字的方式传输:半字(16 位);一共搬多少个;缓存大小。

④ 采用循环缓存模式,缓存写满后,再自动循环回到初始地址开始传输。

DMA 启动后,CPU 内部就会开始数据传输,传输的过程不需要 CPU 的介入,需要做的是将这些数据由十六进制转换为 ASCII 码,传送给 12864 LCD 并显示。

9.6.4　数字温度计设计

程序功能:利用 STM32 内置温度传感器检测环境温度,并显示在 12864 LCD 上。

STM32 内置一个温度传感器,可产生随温度线性变化的电压,用来测量 STM32 CPU 周围的温度。测量范围为 $-40 \sim +125$ ℃,精度为 ± 1.5 ℃。在内部被连接到通道 ADC_IN16 上,用于将传感器的输出转换为数字量。模拟输入采样时间须大于 2.2 μs,推荐最大采样时间为 17.1 μs,未用时传感器置于关电模式。

利用 STM32 内置温度传感器检测环境温度的步骤如下:

(1)初始化 ADC:选择 ADCx_IN16 输入通道、采样时间大于 2.2 μs、设置相关参数。

(2)设置控制寄存器 2(ADC_CR2)的 TSVREFE 位,使能温度传感器输入通道 ADCx_IN16 和内部参考电压 V_{REFINT} 输入通道 ADCx_IN17。

(3)设置控制寄存器 2(ADC_CR2)中的 ADON 位,通过软件启动 ADC 转换,也可利用外部触发。

(4)读取 ADC 数据寄存器(ADC_DR)中的结果,如有必要可进行数字滤波。

(5)在输入通道 ADC_IN16 上读出温度传感器的电压与实际电压的对应关系。

$$\text{Temperature}(℃) = ((V_{25} - V_{SENSE}) / \text{Avg\_Slope}) + 25$$

式中:V_{25} 表示温度传感器在 25 ℃时的输出电压值,典型值为 1.43 V;V_{SENSE} 是温度传感器当前输出电压值,$V_{SENSE} = \text{AD\_value} \times 3.3 / 4\,095$;$\text{Avg\_Slope}$ 是温度与 V_{SENSE} 曲线的平均斜率(单位为 mV/℃或 μV/℃),典型值为 4.3 mV/℃。

例如,读到 $V_{SENSE} = 1.40$ V,通过计算可得到:

$$\begin{aligned}
\text{Temperature}(℃) &= (V_{25} - V_{SENSE} / \text{Avg\_Slope}) + 25 \\
&= [(1.43 - 1.40) \times 1\,000 / 4.3 + 25]℃ \\
&\approx 31.98 ℃
\end{aligned}$$

程序分析:

(1)系统时钟配置函数 RCC_Configuration()。

在系统时钟配置函数中,打开挂接在 APB2 高速总线上的 ADC1 的时钟、端口 C 的时钟,12864 LCD 显示器使用了端口 D、E,因此也要打开端口 D、E 的时钟,其源程序如下:

```
void RCC_Configuration(void)
{
    RCC_DeInit();
    ……                  //略
    RCC_APB2PeriphClockCmd(RCC_APB2Periph_GPIOC | RCC_APB2Periph_
        ADC1,ENABLE);
    RCC_APB2PeriphClockCmd(RCC_APB2Periph_GPIOD | RCC_APB2Periph_
        GPIOE,ENABLE);
}
```

(2)ADC1 的配置函数 ADC_Configuration()。

该函数是对内置温度传感器的 ADC1 配置。将 ADC1 配置在独立工作、连续转换、扫描模式下,转换数据右对齐,关闭 ADC 外部触发。规则组通道设置:将 ADC1 的通道设为 Channel_16,采样顺序为 1,采样时间为 71.5 个时钟周期,使能内部温度传感器和参考电压,使能 ADC1,复位校准 ADC1,开启 AD 校准等待校准结束,之后通过软件触发启动

ADC1 进行连续转换。其源程序如下：

```
void ADC_Configuration(void)
{
    ADC_InitTypeDef ADC_InitStructure;
    ADC_InitStructure.ADC_Mode = ADC_Mode_Independent;    //独立工作模式
    ADC_InitStructure.ADC_ScanConvMode = ENABLE;    //开启扫描模式
    ADC_InitStructure.ADC_ContinuousConvMode = ENABLE;    //开启连续转换模式
    ADC_InitStructure.ADC_ExternalTrigConv = ADC_ExternalTrigConv_None;
    ADC_InitStructure.ADC_DataAlign = ADC_DataAlign_Right;
    ADC_InitStructure.ADC_NbrOfChannel = 1;    //开启通道数,1 个
    ADC_Init(ADC1, &ADC_InitStructure);
    ADC_RegularChannelConfig(ADC1, ADC_Channel_16, 1, ADC_SampleTime_
        71Cycles5);
    ADC_TempSensorVrefintCmd(ENABLE);    //使能内部温度传感器和参考电压
    ADC_Cmd(ADC1, ENABLE);    //使能 ADC1
    ADC_ResetCalibration(ADC1);
    while(ADC_GetResetCalibrationStatus(ADC1));
    ADC_StartCalibration(ADC1);    //开启 AD 校准
    while(ADC_GetCalibrationStatus(ADC1));
    //通过软件启动 ADC1 进行连续转换
    ADC_SoftwareStartConvCmd(ADC1, ENABLE);
}
```

（3）主函数 main()。

在主函数 main()中,首先定义相关变量与参数,对系统进行初始化,之后进行 A/D 转换,将得到的数值进行平均值滤波,并转换为十进制,显示在 12864 LCD 上,最终实现预定的功能。主函数源程序如下：

```
#define V_REF 3.300
unsigned char IC_DAT1[] = {"ADC TempSensor "};
unsigned char IC_DAT2[] = {"内部温度传感器 "};
unsigned char IC_DAT3[] = {"转换结果:    "};
unsigned char ADC_Result[16];
ErrorStatus HSEStartUpStatus;
void RCC_Configuration(void);
void ADC_Configuration(void);
int main(void)
{
    float temp;
    int t, AD_value = 0;
```

```
        RCC_Configuration( )；  // 配置系统时钟
        ADC_Configuration( )；  // 配置 ADC
        LCD_init( )；
        LCD_clear( )；
        while(1)
        {
            for(t=0；t<10；t++)
            {
                // STM32 内置温度传感器
                AD_value +=ADC_GetConversionValue(ADC1)；
                Delay(100)；
            }
            AD_value=AD_value/10；   // 得到 ADC 的采样值,取 10 次求平均值
            temp=(1.43-(AD_value) *3.3/4095) *1000/4.3+25；
            ADC_Result[0] =(int)temp/100 + 0x30；  // 百位
            ADC_Result[1] =(int)(temp *10)%10 + 0x30；  // 十位
            ADC_Result[2] =(int)(temp *100)%10 + 0x30；  // 个位
            ADC_Result[3] ='.'；
            LCD_ShowString(1,0,IC_DAT1)；
            LCD_ShowString(2,0,IC_DAT2)；
            LCD_ShowString(3,1,IC_DAT3)；
            LCD_ShowString(4,2,ADC_Result)；
            Delay(3000000)；
        }
    }
```

需要注意:传感器从关电模式唤醒后到可以输出正确水平的 V_{SENSE} 前,有一个建立时间,ADC 在上电后也有一个建立时间,为缩短延时,应同时设置 ADON 和 TSVREFE 位。

9.6.5　ADC、DMA、USART 综合应用

程序功能:利用 ADC 通道 10(ADC_IN10)采集外接可变电阻的电压值,利用通道 16(ADC_IN16)采集 STM32 内置温度传感器的温度,对这两路通道的数据源进行 A/D 转换,采用 DMA 方式将 A/D 转换结果通过串口 USART1 发送到 PC,并在 PC 的超级终端上显示 A/D 转换结果。

程序分析:这是 ADC、DMA、USART 综合应用示例。因为 ADC 规则通道转换结果存储在一个仅有的数据寄存器 ADC_DR 中,所以当转换多个规则通道时,必须使用 DMA 传输,可以避免已存储在 ADC_DR 寄存器中的数据丢失。当规则通道的转换结束时产生 DMA 请求,并将转换数据从 ADC_DR 寄存器传输到用户指定的目的地址。STM32 中只有 ADC1 和 ADC3 具有 DMA 功能。

设置 ADC1 为连续转换模式,并使用 DMA 传输。ADC1 的常规转换序列中包含两路

转换通道,分别是 ADC_IN10(PC0)和 ADC_IN16(内置温度传感器)。因使用自动多通道转换,采用 DMA 方式取出数据最为适合。在内存中开辟 AD_Value[2]数组空间,AD_Value[0]保存 ADC_IN10 的转换结果,AD_Value[1]保存 ADC_IN16 的转换结果。配置相应的 DMA,使 ADC 在每个通道转换结束后启动 DMA 传输,两路通道的 A/D 转换结果分别自动传送到 AD_Value[0]和 AD_Value[1]中。在主函数中,采用软件启动 A/D 转换,等待转换结束再取结果。通过重新定义 putchar 函数,以及包含"stdio.h"头文件,可方便地使用标准 C 的库函数 printf( ),实现串口 USART1 的通信。

(1) 系统时钟配置函数 RCC_Configuration( )。

在系统时钟配置函数中,打开挂接在 APB2 高速总线上的 ADC1 时钟,端口 A、C 的时钟,USART1 时钟及复用时钟 AFIO,打开挂接在 AHB 总线上的 DMA 时钟,其源程序如下:

```
void RCC_Configuration( )
{
    RCC_DeInit( );
    RCC_HSEConfig( RCC_HSE_ON );                //打开外部高速晶振(HSE)
    HSEStartUpStatus = RCC_WaitForHSEStartUp( );
    if( HSEStartUpStatus == SUCCESS )
    {
        RCC_HCLKConfig( RCC_SYSCLK_Div1 );    //设置 AHB 时钟=系统时钟
        RCC_PCLK2Config( RCC_HCLK_Div1 );     //设置 APB2 时钟=HCLK
        RCC_PCLK1Config( RCC_HCLK_Div2 );     //设置 APB1 时钟=HCLK/2
        FLASH_SetLatency( FLASH_Latency_2 );
        FLASH_PrefetchBufferCmd( FLASH_PrefetchBuffer_Enable );
        RCC_PLLConfig(RCC_PLLSource_HSE_Div1, RCC_PLLMul_9);
        RCC_PLLCmd( ENABLE );                 // 使能 PLL
        while( RCC_GetFlagStatus( RCC_FLAG_PLLRDY )==RESET );
        //设置 PLL 为系统时钟
        RCC_SYSCLKConfig( RCC_SYSCLKSource_PLLCLK );
        while( RCC_GetSYSCLKSource( ) != 0x08 );    // 打开 GPIO 端口时钟
    }
    RCC_APB2PeriphClockCmd( RCC_APB2Periph_GPIOA | RCC_APB2Periph_
        GPIOC, ENABLE );
    // 打开复用时钟 AFIO
    RCC_APB2PeriphClockCmd( RCC_APB2Periph_AFIO, ENABLE );
    // 打开 USART1 时钟
    RCC_APB2PeriphClockCmd( RCC_APB2Periph_USART1, ENABLE );
    // 打开 DMA 时钟
    RCC_AHBPeriphClockCmd( RCC_AHBPeriph_DMA1, ENABLE );
    // 打开 ADC1 时钟
```

```
            RCC_APB2PeriphClockCmd(RCC_APB2Periph_ADC1, ENABLE);
    }
```

（2）GPIO 端口配置函数 GPIO_Configuration( )。

在该函数中,将 PC0 配置为 ADC 的第 10 采样通道,且为模拟输入;USART1 的发送引脚 Tx 为 PA09,将其配置为复用推挽输出;接收引脚 Rx 为 PA10,将其配置为浮空输入。其源程序如下:

```
    void GPIO_Configuration( )
    {
        GPIO_InitTypeDef GPIO_InitStructure;
        GPIO_InitStructure.GPIO_Pin = GPIO_Pin_0;      // ADC_IN10 输入:PC0
        GPIO_InitStructure.GPIO_Mode = GPIO_Mode_AIN;
        GPIO_Init(GPIOC, &GPIO_InitStructure);
        GPIO_InitStructure.GPIO_Pin = GPIO_Pin_9;      // USART1 Tx -> PA09
        GPIO_InitStructure.GPIO_Mode = GPIO_Mode_AF_PP;
        GPIO_InitStructure.GPIO_Speed = GPIO_Speed_50MHz;
        GPIO_Init(GPIOA, &GPIO_InitStructure);
        GPIO_InitStructure.GPIO_Pin = GPIO_Pin_10;     // USART1 Rx -> PA10
        GPIO_InitStructure.GPIO_Mode = GPIO_Mode_IN_FLOATING;
        GPIO_Init(GPIOA, &GPIO_InitStructure);
    }
```

（3）ADC 的配置函数 ADC_Configuration( )。

该函数是对 ADC1 的配置。将 ADC1 配置在独立工作、连续转换、扫描模式下,转换数据右对齐,关闭 ADC 外部触发。规则组通道设置:将 ADC1 的通道设为 Channel_10（PC0）和 Channel_16（内置温度传感器）,采样时间分别为 13.5 个和 239.5 个时钟周期,设置转换序列长度为 2,使能内部温度传感器和参考电压,使能 ADC1,使能 ADC 的 DMA。ADC 自动校准开机后需执行一次,以保证精度。使能 ADC1 复位校准并检查 ADC1 复位校准是否结束,启动 ADC1 校准并等待校准结束,之后通过软件触发启动 ADC1 进行连续转换。其源程序如下:

```
    void ADC1_Configuration( )
    {
        ADC_InitTypeDef ADC_InitStructure;
        ADC_InitStructure.ADC_Mode = ADC_Mode_Independent;
        ADC_InitStructure.ADC_ScanConvMode = ENABLE;
        ADC_InitStructure.ADC_ContinuousConvMode = ENABLE;        //连续转换开启
        ADC_InitStructure.ADC_ExternalTrigConv = ADC_ExternalTrigConv_None;
        ADC_InitStructure.ADC_DataAlign = ADC_DataAlign_Right;
        ADC_InitStructure.ADC_NbrOfChannel = 2;                    //设置转换序列长度为 2
        ADC_Init(ADC1, &ADC_InitStructure);
```

```
ADC_TempSensorVrefintCmd(ENABLE);            //使能 ADC 内置温度传感器
ADC_RegularChannelConfig(ADC1, ADC_Channel_10, 1, ADC_SampleTime_
    13Cycles5);
ADC_RegularChannelConfig(ADC1, ADC_Channel_16, 2, ADC_SampleTime_
    239Cycles5);
ADC_Cmd(ADC1, ENABLE);                       //使能 ADC1
ADC_DMACmd(ADC1, ENABLE);                    //使能 ADC 的 DMA
// 下面是 ADC 自动校准,开机后需执行一次以保证精度
ADC_ResetCalibration(ADC1);                  //使能 ADC1 复位校准
//检查 ADC1 复位校准是否结束
while(ADC_GetResetCalibrationStatus(ADC1));
ADC_StartCalibration(ADC1);                  //启动 ADC1 校准
while(ADC_GetCalibrationStatus(ADC1));       //ADC 自动校准结束
}
```

（4）DMA 配置函数 DMA_Configuration()。

该函数对 DMA 通道 1 即 DMA1 进行配置,用于传输 ADC_IN10 和 ADC_IN16(内置温度传感器)的转换结果。该函数主要用来设置 DMA 传输的源地址、目标地址,要传输的数据大小,通道的优先级,以及数据传输的方向(从 ADC 模块自动读取转换结果传送到内存)。ADC 转换序列有 2 个通道,使序列 1 的结果即 ADC_IN10 的转换结果放在 AD_Value[0],序列 2 的结果即 ADC_IN16 的转换结果放在 AD_Value[1];采用循环缓存模式;Buffer 写满后,自动回到初始地址开始传输,采用 DMA 半传输;配置完成后,启动 DMA1 通道。其源程序如下:

```
void DMA_Configuration()
{
    DMA_InitTypeDef DMA_InitStructure;
    DMA_DeInit(DMA1_Channel1);
    DMA_InitStructure.DMA_PeripheralBaseAddr = ADC1_DR_Address;
    DMA_InitStructure.DMA_MemoryBaseAddr = (u32)&AD_Value;
    DMA_InitStructure.DMA_DIR = DMA_DIR_PeripheralSRC;
    //BufferSize = 2,因为 ADC 转换序列有 2 个通道
    DMA_InitStructure.DMA_BufferSize = 2;
    DMA_InitStructure.DMA_PeripheralInc = DMA_PeripheralInc_Disable;
    DMA_InitStructure.DMA_MemoryInc = DMA_MemoryInc_Enable;
    DMA_InitStructure.DMA_PeripheralDataSize = DMA_PeripheralDataSize_Half-
        Word;
    DMA_InitStructure.DMA_MemoryDataSize = DMA_MemoryDataSize_HalfWord;
    //循环模式开启,Buffer 写满后,自动回到初始地址开始传输
    DMA_InitStructure.DMA_Mode = DMA_Mode_Circular;
```

```
        DMA_InitStructure.DMA_Priority = DMA_Priority_High;
        DMA_InitStructure.DMA_M2M = DMA_M2M_Disable;
        DMA_Init(DMA1_Channel1, &DMA_InitStructure);
        DMA_Cmd(DMA1_Channel1, ENABLE);        //配置完成后,启动 DMA1 通道
}
```

(5)嵌套中断向量控制 NVIC 配置函数 NVIC_Configuration( )。

在该函数中,设置 NVIC 优先级分组为 Group2,USART1 的抢占优先级为 0,从优先级为 1;中断源为 USART1,设置 USART1 的中断通道,并使能 USART1 中断。其源程序如下:

```
void NVIC_Configuration( )
{
        NVIC_InitTypeDef NVIC_InitStructure;
        #ifdef VECT_TAB_RAM
            NVIC_SetVectorTable(NVIC_VectTab_RAM, 0x0);
        #else
            NVIC_SetVectorTable(NVIC_VectTab_FLASH, 0x0);
        #endif
        NVIC_PriorityGroupConfig(NVIC_PriorityGroup_2);
        NVIC_InitStructure.NVIC_IRQChannel = USART1_IRQChannel;
        NVIC_InitStructure.NVIC_IRQChannelPreemptionPriority = 0;
        NVIC_InitStructure.NVIC_IRQChannelSubPriority = 1;
        NVIC_InitStructure.NVIC_IRQChannelCmd = ENABLE;        //串口中断打开
        NVIC_Init(&NVIC_InitStructure);
}
```

(6)USART1 配置函数 USART1_Configuration( )。

在该函数中,主要配置 USART1 的 6 个参数:波特率为 19 200 bit/s,字长为 8 位,停止位为 1 位,无奇偶校验位,USART1 为收发模式,无硬件流控制;通过设置 TXEIE、RXNEIE 开放 USART1 的发送和接收中断;使能 USART1。USART1 配置函数源程序如下:

```
void USART1_Configuration( )
{
        USART_InitTypeDef USART_InitStructure;
        USART_InitStructure.USART_BaudRate = 19200;
        USART_InitStructure.USART_WordLength = USART_WordLength_8b;
        USART_InitStructure.USART_StopBits = USART_StopBits_1;
        USART_InitStructure.USART_Parity = USART_Parity_No;
        USART_InitStructure.USART_HardwareFlowControl = USART_HardwareFlow-
            Control_None;
        USART_InitStructure.USART_Mode = USART_Mode_Tx | USART_Mode_Rx;
```

```
USART_Init(USART1, &USART_InitStructure);
USART_ITConfig(USART1, USART_IT_TXE, ENABLE);
USART_ITConfig(USART1, USART_IT_RXNE, ENABLE);
USART_ClearFlag(USART1, USART_FLAG_TC);
USART_Cmd(USART1, ENABLE);
}
```

（7）USART1 中断服务函数 USART1_IRQHandler( )。

在 USART1 中断服务程序中,不断检测 TXE 中断标志(发送数据寄存器空),当数据从移位寄存器全部发送出去时,产生发送数据寄存器空的中断事件,其源程序如下:

```
void USART1_IRQHandler(void)
{
    u8 count = 0;
    if(USART_GetITStatus(USART1, USART_IT_TXE)! == RESET)
    {
        USART_SendData(USART1, AD_Value[count++]);
        if(count == 2)
        {
            count = 0;
        }
    }
}
```

（8）计算电压、温度函数:GetVolt(u16 advalue)、GetTemp(u16 advalue)。

GetVolt( )函数计算 AD_Value[0]的值,其对应电压值,放大 100 倍,保留 2 位小数; GetTemp( )函数计算 AD_Value[1]的值,其对应温度值。STM32 CPU 的 ADC 是 12 位,参考电压 V_{ref} = 3.30 V,相应通道电压值的计算公式如下:

$$V_{ad} = (AD\_Value \times V_{ref})/4\,095 = (AD\_Value \times 3.3)/4\,095$$

根据 ADC 转换结果和上述计算公式,计算电压函数 GetVolt( )的源程序如下:

```
u16 GetVolt(u16 advalue)
{
    return (u16)(advalue * 3.3 / 4095) * 100;  // 放大 100 倍,保留 2 位小数
}
```

通道 ADC_IN16 内置温度传感器,其计算公式如下:

$$Temperature(℃) = (V_{25} - V_{SENSE}/Avg\_Slope) + 25 = (1.43 - Vad) \times 1\,000/4.3 + 25$$

根据 ADC 转换结果和上述计算公式,计算温度函数 GetTemp( )的源程序如下:

```
u16 GetTemp(u16 advalue)
{
    u32 Vtemp_sensor;
    s32 Current_Temp;
```

$$Vtemp\_sensor = advalue * 330/4095;$$

$$Current\_Temp = (s32)(143 - Vtemp\_sensor) * 10000/43 + 2500;$$

$$return\ (s16)Current\_Temp;$$

```
}
```

（9）重定位函数 int fputc(int ch, FILE *f)。

该函数同前，串口发一个字节，其源程序如下：

```
int fputc(int ch, FILE *f)
{
    USART1->DR = (u8) ch;
    while(USART_GetFlagStatus(USART1, USART_FLAG_TXE) == RESET){}
    return ch;
}
```

（10）系统主函数 main()。

在主函数 main()中，首先定义各种头文件、宏、变量，开辟内存空间，等等，之后进行系统初始化，配置好 DMA，接下来 A/D 自动连续转换，结果自动保存在 AD_Value 处，最终实现程序的功能。主函数源程序如下：

```
#include "STM32f10x_lib.h"
#include<stdio.h>
#define ADC1_DR_Address ((u32)0x4001244C)
vu16 AD_Value[2];
vu16 i = 0;
s16 Temp;
u16 Volt;
void RCC_Configuration(void);
void GPIO_Configuration(void);
void NVIC_Configuration(void);
void USART1_Configuration(void);
void ADC1_Configuration(void);
void DMA_Configuration(void);
int fputc(int ch, FILE *f);
void Delay(void);
u16 GetTemp(u16 advalue);
u16 GetVolt(u16 advalue);
int main(void)
{
    RCC_Configuration();
    GPIO_Configuration();
    NVIC_Configuration();
```

```
USART1_Configuration( );
ADC1_Configuration( );
DMA_Configuration( );
// 由软件启动第一次 A/D 转换
ADC_SoftwareStartConvCmd( ADC1，ENABLE);
while( 1)
{
    Delay( );
    Temp = GetTemp( AD_Value[ 1 ] );              // 计算温度值
    Volt = GetVolt( AD_Value[ 0 ] );              // 计算电压值
    while( USART_GetFlagStatus( USART1，USART_FLAG_TXE) == RE-
        SET);                                     // 等待发送完成
    printf("电压:%d.%d \t    温度:%d.%d℃ \r\n ", \Volt/100, Volt%100,
        Temp/100, Temp%100);
    printf("============================ \r\n ");
}
}
```

本章小结

　　本章主要介绍 ADC 的作用与性能指标,STM32 ADC 的结构与工作方式,ADC 的库函数功能及应用程序设计方法。ADC 是把模拟信号转换成数字信号的器件,主要性能指标有分辨率、转换速度和精度,STM32F103 内部有 2 个分辨率为 12 位、转换时间最少为 1 μs 的 A/D 转换器:ADC1 和 ADC2。可以将 0 ~ 3.3 V 的电压转换成 0 ~ 4 095 的数据。每个 ADC 都有 18 个模拟信号通道,可以分成规则组或注入组,规则组最多 16 个通道,注入组最多 4 个通道。A/D 转换的方式有单次、连续、扫描、间断等,软件或硬件触发可以启动 A/D 转换,各通道的转换时间、转换顺序可以通过编程设置;转换完成后,数据存放在数据寄存器中,相应的标志位会置 1,供查询或产生中断请求。

　　对 ADC 编程时,需要配置 ADC 的输入端为模拟输入 GPIO_Mode_AIN,ADC 时钟频率不能超过 14 MHz,因此要用函数 RCC_ADCCLKConfig 对 APB2 时钟分频。当转换结束标志 ADC_FLAG_EOC 为 1 时,可以读取 A/D 转换结果。

习题九

9-1　STM32F103VB 内置几个 A/D 转换器? 每个 ADC 有多少个通道?

9-2　分辨率为 12 位的 A/D 转换器转换的数字量范围是多少? 1.65 V 电压转换的数

字量是多少?

9-3　STM32F103VB 的 A/D 转换器的转换原理是什么?

9-4　STM32F103VB 的 A/D 转换器的转换时钟频率最高是多少? 转换时间最快为多少微秒?

9-5　STM32F103 的 ADC 有哪些工作模式? 分别有什么特点?

9-6　STM32F103 中 ADC 的主要功能有哪些?

9-7　启动 A/D 转换的方式有哪些?

9-8　规则组和注入组分别最多有多少个通道?

9-9　A/D 转换结束后,转换结束标志位会置位还是复位?

9-10　写出 A/D 转换时间的计算公式。

9-11　模拟看门狗的作用是什么?

9-12　利用 STM32 内置温度传感器进行温度检测,通过串口 USART1 发送到 PC,并在 PC 的超级终端上显示 A/D 转换结果。

第 10 章

综合应用实例

 本章教学目标

通过本章的学习,能够理解以下内容:

- RFID 的技术特点
- 基于 STM32 和 MF RC522 的 RFID 读写器设计方法
- 超高频 RFID 芯片 AS3992 的结构与工作原理
- 基于 STM32 的 UHF-RFID 读写器设计方法

本章通过 RFID 的读写器设计和超高频 RFID 的读写器设计两个实例介绍 STM32 在物联网方面的综合应用技术。

射频识别(Radio Frequency Identification,RFID)是一种利用射频通信实现非接触式的自动识别技术,是从雷达技术发展而来的无线通信技术。其基本原理是利用射频信号的空间耦合(电感或电磁耦合)或雷达反射的传输特性,通过射频信号识别目标对象并获取相关数据,无须人工干预,实现对被识别物体的自动识别,并且可工作于各种恶劣环境。RFID 技术最重要的特点是非接触识别,它能穿透雪、雾、冰、涂料、尘垢、木材、纸张、塑料等非金属或非透明的材质,阅读电子标签,并且阅读速度极快,大多数情况下不到 100 ms。

超高频(Ultra High Frequency,UHF)RFID 读写器的工作频率为 920 MHz,与传统射频识别相比,在识别距离、抗干扰性能、多标签的识别问题及用户可使用的空间等方面具有明显优势。在商品应用领域使用较多的是 EPC UHF G2 标准,它采用 920 MHz 的超高频作为无线传输媒介,相较于其他的标准,其优点主要体现在传输距离远,可达 10 m 以上,标签价格更为便宜。

 ## 10.1　基于 STM32 的 RFID 读写器设计

10.1.1　RFID 概述

1. RFID 的发展

RFID 技术起源于 20 世纪 40 年代第二次世界大战(以下简称二战)时期的飞机雷达探测技术,是无线电技术和雷达技术的结合,自动识别与数据采集技术也是由此发展而来的。二战期间,英军为区别盟军和德军的飞机,在盟军飞机上装设一个无线电收发器,其操作方法为:当发现飞机时,机场控制塔上的探询器向空中飞机发射一个询问信号,飞机上的收发器收到信号后,给探询器回传一个信号,探询器根据接收的回传信号即可识别是否为己方飞机。

雷达的改进和应用催生了 RFID 技术。1948 年,Harry Stockman 发表的论文《利用反射功率的通信》奠定了射频识别的理论基础。20 世纪 50 年代是 RFID 技术研究和应用的探索阶段,直到 20 世纪 70 年代,RFID 技术才走出实验室进入应用阶段。20 世纪 80 年代以来,集成电路、微处理器等技术的发展加速了 RFID 的发展,各种规模化应用发展起来,系统应用开始初具规模。近几年来,随着门禁管理、第二代身份证等的应用,RFID 走入百姓的日常生活。RFID 技术的发展可按 10 年期划分如下:

- 1941—1950:雷达的改进和应用催生了 RFID 技术,1948 年奠定了 RFID 技术的理论基础。

- 1951—1960:早期 RFID 技术的探索阶段,主要处于实验研究阶段。

- 1961—1970:RFID 技术的理论得到发展,开始了一些应用尝试。

- 1971—1980:RFID 技术与产品研发处于大发展时期,RFID 技术得到发展,出现了最早的应用。

- 1981—1990:RFID 技术及产品进入商业应用阶段,各种规模应用开始出现。

- 1991—2000:RFID 技术标准化问题日趋得到重视,RFID 产品得到广泛应用,逐渐成为人们生活中的一部分。

- 2001 年以后:RFID 产品种类更丰富,有源电子标签、无源电子标签及半无源电子标签均得到发展。电子标签成本不断降低,规模应用行业扩大,RFID 技术的理论得到丰富和完善。单芯片电子标签、多电子标签识读、无线可读可写、无源电子标签的远距离识别、适应高速移动物体的 RFID 正成为现实。

目前 RFID 在我国的应用越来越多,给人们的工作、生活和学习带来许多便利。第二代身份证是目前我国 RFID 最大的应用案例,其内含有存储芯片及相关逻辑电路,本质上是一个无源电子标签,通过身份证阅读器验证身份证的真伪,其内部 EEPROM 芯片所存储的姓名、地址和照片等相关信息均可读出。

此外,RFID 技术还广泛应用于公交一卡通、校园一卡通、地铁等各类门禁系统,以及票证防伪、食品安全溯源、动物标识、航空运输管理、各类门票、路桥及高速公路不停车收费管理系统、智能停车场管理、铁路车号识别、机动车电子牌照监管、医疗病患及设备管理、医疗垃圾处理、商场物品管理、港口集装箱管理、物流管理、特种设备与危险品跟踪管理、图书馆/档案管理、资产定位跟踪管理、煤矿安全管理、公共交通及生产过程管理等众多领域。RFID 技术的应用,可大范围提高自动化水平并大幅度降低人工成本。图 10-1 至图 10-4 所示为 RFID 技术在部分领域的应用。

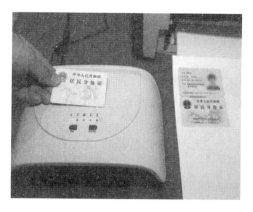

图 10-1 RFID 在第二代身份证中的应用

鸽子脚环

尺寸：Φ10 mm×10.5 mm
材料：ABA一次性使用
工作频率：125 kHz&134.2 kHz
使用年限：5年以上

图 10-2 RFID 在动物标识管理中的应用

图 10-3 RFID 在各类门票中的应用

图 10-4 RFID 在门禁系统中的应用

2. RFID 的特点

RFID 射频识别技术主要通过电磁耦合方式自动识别、传输信息，不受空间限制，可快速进行物体跟踪和数据交换。RFID 技术与互联网、通信等技术相结合，可实现全球范围内物品跟踪与信息共享，RFID 技术应用于物流、航空运输、制造、公共信息服务等行业，可大幅提高管理与运行效率，降低成本。采用 RFID 技术可识别高速运动物体并可同时识别多个标签，操作方便。RFID 以其众多优势被认为是 21 世纪十大重要技术之一。与接触式识别技术相比较，RFID 具有以下特点：

（1）快速扫描、方便快捷：RFID 读写器可同时识别、处理多个 RFID 标签，识别速度快。

（2）电子标签的体积小、形状多样：RFID 在读取上不受尺寸大小与形状限制，无须为读取精确度而配合纸张的固定尺寸和印刷品质，便于嵌入不同物品内，可以更加灵活地控制物品的生产和管理，特别是在生产线上的应用。

（3）抗污染能力强和使用寿命长：传统条形码的载体是纸张，容易受到污染，且条形码是附于塑料袋或外包装纸箱上的，特别容易受到折损。RFID 最突出的特点是非接触读写（读写距离可从毫米级至米级），无机械磨损，使用寿命长，可识别高速运动物体，对水、油和药品等物质具有较强的抗污性，可在黑暗或脏污的环境中读取数据。RFID 标签将数据存储在 EEPROM 芯片中，免受污损，具有很高的可靠性和环境适应性。

（4）数据既可读又可改：条形码印刷之后就无法更改，而电子标签只通过 RFID 读写器，无须接触便可直接读取其卡内数据信息，且一次可处理多个标签，也可将待处理的数据写入电子标签。

（5）穿透性好和无屏障阅读：在被覆盖的情况下，RFID 能穿透纸张、木材和塑料等非金属或非透明的材质，并能进行穿透性通信。而条形码扫描器只有在近距离且没有物体阻挡的条件下，才可识读条形码。

（6）存储容量大：一维条形码的容量是 50 B，二维条形码的最大容量可储存 2~3 000 个字符。RFID 数据容量随着存储芯片的发展而扩大，例如，公交卡或校园卡的存储容量通常是 1~8 KB。随着存储器的发展，数据容量不断扩大。未来物品所需携带的信息量会越来越大，对 RFID 标签所能扩充容量的需求也相应增加。

（7）可重复使用：RFID 标签中的电子数据，可反复读写。回收 RFID 标签并重复使用，可提高利用率，降低成本和电子污染，如地铁车票等。

（8）系统安全性高：RFID 利用电子标签存储信息，其数据内容有密码保护，不易被伪造和更改。

（9）防冲突：射频卡中有快速防冲突机制，能防止卡片之间出现数据干扰，因此读写器可"同时"处理 200 多张非接触式射频卡。

（10）物联网的基石：利用电子标签存储信息，随时记录物品在任何时刻的任何信息，通过计算机网络实现对物品的透明化、实时管理，实现真正意义上的物联网。

3. RFID 系统的组成

射频识别系统由三部分组成：硬件部分、应用软件部分及 RFID 标准与通信协议。其中硬件部分由 RFID 读写器（Reader）、电子标签（Tag）、天线（Antenna）和计算机通信网络等组成。

当系统工作时，RFID 读写器循环扫描读取电子标签数据，一旦电子标签进入读写器天线有效范围内，读写器向电子标签提供能量并读取或向电子标签写入数据，完成对电子标签身份的识别和信息的读取与修改。读写器可将读取的数据送到微控制器做进一步处理，并可传送到数据库，方便统一管理。按工作频率划分，RFID 系统可分为低频（LF）、中高频（HF）、超高频（UHF）和特高频（SHF）四类。RFID 读写器采用半双工通信方式，通信时读写器和电子标签通过空中数据传输协议传输数据。RFID 系统的组成结构如图 10-5 所示。

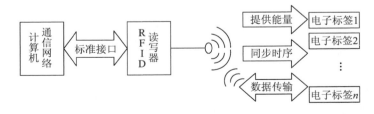

图 10-5　RFID 系统的组成结构

RFID 读写器：用于发射信号、对存储于电子标签内部的数据信息进行读写，是能够对识别范围内电子标签进行自动读写操作的设备。它包括微控制器、射频信号收发器和与上位机通信的外围接口。作为电子标签数据读写的终端设备,RFID 读写器除了完成基本的电子标签数据读写功能外,还要完成电子标签数据的采集传送、控制命令输入和显示输出、提供上位机控制、管理接口和数据加密处理等诸多功能,因此它是 RFID 系统关键组成之一,是物联网领域最重要的终端信息采集设备。RFID 读写器具有受环境影响小、阅读速度快、易于使用等优点。

天线:在电子标签和读写器间传送或接收射频信号(电磁波),用于增大电磁波的传输距离和范围。按工作频段分,天线可分为长波、短波、超短波及微波天线等;根据天线辐射时形成的电场强度、方向不同分,天线可分为有线极化和圆极化两类天线。天线的尺寸和外形会影响读写器的工作距离和范围。

电子标签:由耦合元件、控制芯片及 Flash 存储芯片组成,通过耦合方式获取读写器提供的能量并存储信息。其存储的信息包括不可更改的、唯一的序列号(ID 码)和可更改的物品属性信息两部分。标签内含电感线圈,用于接收和发送射频信号。电子标签可分为有源、半有源和无源三种。无源电子标签内部无电源,成本低,使用寿命长,因此它的应用领域较为广泛。

计算机通信网络:由上位机软件、应用程序和通信网络组成。对 RFID 读写器获取的信息进行分析、判断并根据实际情况利用应用软件做出相应处理,对系统数据信息进行处理和存储。

4. RFID 系统的工作原理

读写器以 RFID 射频识别技术为核心,主要功能包括调制、解调、产生射频信号。其结构分为射频区和接口区,射频区内含解调器和电源供电电路,直接与天线连接,接口区有与单片机相连的端口,还有与射频区相连的接收器、数据缓冲器和控制单元,这是与射频卡实现无线通信的核心模块,也是读写器读取并处理接收的射频卡信息的关键接口部分。RFID 系统工作原理示意图如图 10-6 所示。

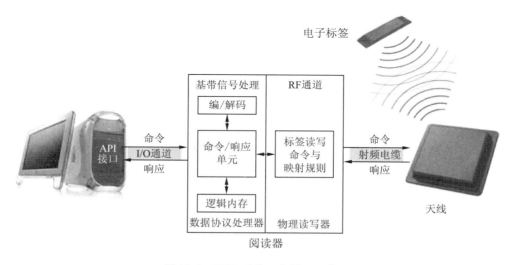

图 10-6 RFID 系统工作原理示意图

RFID 系统的工作原理：读写器采用空间耦合的方式将能量与时序传递给电子标签，并通过空中数据传输协议定义数据格式，完成电子标签数据的读取及写入。RFID 读写器工作时，不断向外发出一组固定频率的电磁波，循环扫描读取电子标签数据，一旦电子标签进入读写器天线有效范围内，电子标签内部的 LC 串联谐振电路的频率与读写器的发射频率相同，在电磁波的激励下，LC 谐振电路产生共振，进而产生感应电流，为标签内的逻辑电路提供工作电流，将存储数据发射出去。系统工作过程如下：

（1）RFID 读写器通过其发射天线发射一定频率的射频信号，产生一个电磁场区域作为工作区域。

（2）进入 RFID 读写器的工作区域后，电子标签在空间耦合作用下产生感应电流，给自身电路提供能量，此后电子标签获得能量被激活。

（3）电子标签被激活后，内部存储控制模块将存储器中的数据信息调制到载波上，并通过电子标签的发射天线发送出去，送给 RFID 读写器。

（4）RFID 读写器接收天线接收到从电子标签发来的含有数据信息的载波信号，由天线传送到读写器相关解调、解码等数据处理电路，对接收到的信号进行解调、解码后送到后台系统进行处理。

（5）后台系统首先根据逻辑运算判断该标签的合法性，并根据预先的设定做出相应处理和控制，然后发送指令信号，控制执行机构动作。

10.1.2 非接触式 IC 卡技术

1. IC 卡的发展

非接触式 IC 卡也称无触点集成电路卡、射频卡或非接触式智能卡。早在 1968 年，德国的两位工程师就提出将集成电路装入身份识别卡中的想法，并于同年获得专利授权。1969 年 12 月，日本的一位工程师提出一种制造安全可靠的信用卡方法，于 1970 年获得专利授权，称为识别卡或 ID 卡（Identification Card）。当时，他们仅是提出把集成电路芯片装入卡中，并未给出具体完整的应用方案。直至 1974 年，法国的罗兰·莫雷诺（Roland Moreno）提出将一个集成电路芯片嵌入一块塑料基片构成一张存储卡的想法，并按此方法做出一张卡片，这是世界上的第一张 IC 卡。1977 年 6 月，法国的布尔公司首先研制出 IC 卡产品，将 4 KB 的 MOS 存储器嵌入芯片，形成存储型 IC 卡雏形。1978 年，第一张采用 Siemens SIKART 集成电路芯片的 IC 卡身份识别及交易卡诞生。

目前经常接触到的 IC 卡有两种：接触式 IC 卡和非接触式 IC 卡。接触式 IC 卡通过机械触点从读写器获取能量和交换数据；非接触式 IC 卡通过电感线圈射频感应从读写器获取能量和交换数据，又称射频卡。目前接触式 IC 卡如广泛使用的银行卡，具有存储容量大、可实现一卡多用等功能。但这类卡的读写操作速度较慢，操作不方便，每次读写时必须把卡插入读写器中才能完成数据交换，这在读写卡片频繁的场合就很不方便，而且读写器的触点和卡片上 IC 卡的触角暴露在外，存在相互位移，容易受到污染、腐蚀和磨损而造成接触不良，影响工作可靠性，增大维护难度，同时卡片插拔有方向性要求且耗时，制约了其使用的方便性和快捷性，甚至限制、阻碍其在环境恶劣、流动性大，但对使用的快捷便利性要求较高的公共交通和通道控制等诸多领域的应用。而另一方面，这些深入人们日常生活各个方面的应用呈现出越来越多的需求，于是寻求解决上述难题的途径和方法，成为世界各大公司竞相追逐的目标。20 世纪 90 年代中期开始，现代微电子技术和 RFID 射频识别技术蓬勃发展，各种非接触式 IC 卡应运而生。

2. 非接触式 IC 卡的特点

非接触式 IC 卡是世界上近几年发展起来的一项新技术，根据高频电磁感应原理成功地将射频识别技术和 IC 技术结合起来，将具有微处理器的集成电路芯片和天线封装在塑料基片之中，解决无缘和免接触这一难题，是电子器件领域的一大突破，只需要将卡片靠近读写器表面即可完成卡中数据的读写操作。非接触式 IC 卡一经问世，便立即引起广泛关注。由于非接触式 IC 卡与读写器之间的通信是借助"空间媒介"电磁波进行的，不存在机械运动机构和电触点，因此在保留接触式 IC 卡原有优点的同时，又具备以下诸多优点：

（1）操作方便。无须插拔卡，将卡片靠近或掠过读写器表面，即可完成操作。

（2）存储容量大。其内部有 EEPROM 存储器，存储容量可达几兆甚至十几兆字节。

（3）体积小，重量轻，便于携带。

（4）可靠性高，寿命长。卡片与读写器间无机械接触和位移，故不存在接触式读写器可能出现的各种机械故障，卡片与读写器均无裸电触点，无须担心触点破损和脱落所导致的卡片失效，卡与读写器均为全封闭防水、防尘结构，既可避免静电、尘污和水汽等对卡和读写器的影响，又可防止发生粗暴插卡、异物插入读写器插槽等现象，这些都将大大提高卡片和读写器的可靠性和使用寿命。

（5）防伪性好。卡上印有由制造商在产品出厂前固化于芯片的 32～96 位的唯一序列码，一旦写入即永远不可更改。

（6）安全性高。IC 卡从硬件和软件等几个方面实施其安全策略，可控制卡内不同区域的存取特性，卡内各存储区可拥有自己的操作密码和访问条件，以防止非法访问，并实现芯片传输密码保护。同时卡与读写器可采用 3 次相互确认的双向验证机制，在读写器验证卡的合法性的同时，卡也对读写器的合法性进行验证，通信数据可加密，以防止信号截取。

（7）抗干扰能力强。可建立防冲突（Anti-Collision）机制，"同时"处理多张卡，且相互间不出现数据干扰。

（8）一卡多用。用户可根据自身需求灵活定义多个数据区的密码和访问条件，以便互不影响地分别满足不同场合、不同用途的需求。

（9）隐蔽性好。必要时可将读写器安装于非金属的建筑物体内，以防止人为攻击和环境破坏，可以兼备安全防卫和管理控制所需要的隐蔽性。

正是这些特点，使得 IC 卡从诞生至今虽然只有短短数年，其市场却遍布世界各地。IC 卡目前已在商贸、交通、电信、医疗、卫生保健、社会保险、金融、税务、工商、公安和城市公共事业管理等许多领域得到广泛应用，并取得了显著的社会效益和经济效益。它对提高现代化管理水平和人民的生活质量，推动整个社会信息化进程具有重要作用。

3. Mifare One 非接触式 IC 卡的特点

目前，国际上具有代表性的两大非接触式 IC 卡技术是 LEGIC 技术和 Mifare 技术。LEGIC 技术是由瑞士 KABA 公司提供的非接触式 IC 卡读写技术，Mifare 技术是由 Philips

公司提供的非接触式 IC 卡读写技术。两种技术都采用 13.56 MHz 近距离非接触式 IC 卡通信频率标准,其读写速度和读写距离相当,在通信安全上均采用符合 ISO/IEC 9798 国际标准的 3 次互感校验技术,以对卡和读写设备的合法性进行相互校验,在数据通信上均采用 DSA 算法对通信数据进行加密,以确保卡上数据不被非法修改。

Mifare 是一种非接触式/双界面 IC 卡技术,遵循 ISO/IEC 14443 国际标准。许多较大 IC 卡生产厂商的非接触式卡制造均以 Mifare 技术为标准,我国引进的射频卡主要以 Mifare 卡为主。Mifare One 非接触式 IC 卡结构如图 10-7 所示。

 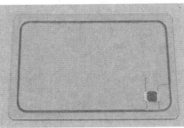

(a) 外形结构   (b) 内部结构

图 10-7　Mifare One 非接触式 IC 卡结构

Philips 公司基于 Mifare 技术推出以下四种产品:

● Mifare 双界面 IC 卡,包括 Mifare PRO 和 Mifare PROX 两种。

● Mifare Classic 非接触 IC 卡,包括 Mifare Standard(Mifare One)、Mifare Standard 4K 和 Mifare Light 三种非接触式 IC 卡。

● Mifare Ultralight。

● Mifare 读卡器组件。

Mifare One IC 卡的核心是 Philips 公司的 Mifare One IC 系列,它确定卡片特性及读写器的诸多性能。Mifare One 非接触式 IC 卡具有以下特点:

(1) Mifare One IC 卡内有高速的 CMOS EEPROM、MCU 等,卡片上除 IC 芯片及一副高效率天线外,无任何其他元件。卡片工作时的电能由读写器天线发送无线电载波信号耦合到卡片上的天线而产生,一般可达 2 V 以上,其工作频率为 13.56 MHz。

(2) 射频卡标准操作距离为 25~100 mm,与读写器的通信速率高达 106 kbit/s。

(3) Mifare One IC 卡具有先进的数据通信加密和双向验证密码系统,需经 3 轮互相确认验证,且具有防冲突功能,能在同一时间处理重叠在读写器天线有效工作距离内的多张卡片。

(4) Mifare One IC 卡与读写器通信使用握手式半双工通信协议,卡片上有高速的 CRC 协处理器,符合 CCITT 标准,支持数据完整性:16 位循环冗余校验码(CRC)、奇偶校验、位编码、位计算等,卡片制造时具有唯一的序列码,没有重复、相同的两张 Mifare 卡片。

(5) 卡片内有 8 KB EEPROM 存储容量,并划分为 16 个扇区,每个扇区分为 4 个数据存储块,含有两套独立密钥,支持多种方式的密码管理,支持密钥分级系统的多应用。

（6）卡片上还有增值/减值的专项数学运算电路,非常适合公交/地铁等行业的检票/收费系统。卡片上的数据读写可超过 10 万次,数据保存期可达 10 年以上,且卡片抗静电保护能力达 2 kV 以上。

4. Mifare One 非接触式 IC 卡的功能组成

Mifare One 非接触式 IC 卡包含两个部分:RF 射频接口电路和数字加密单元。其基本工作原理是:读写器中的 Mifare 基站向 Mifare One 卡发出一组固定频率(13.56 MHz)的电磁波,卡片内的 LC 串联谐振电路的频率与基站发射的频率相同,在电磁波的激励下,LC 谐振电路产生共振,使卡片产生电荷,当所积累的电荷达到 2 V 时,卡片中的 IC 芯片将卡内数据发射出去或接收基站对卡片的操作。

RF 射频接口电路主要包括波形转换模块、调制/解调模块和电压调节模块。它首先将读写器上的 13.56 MHz 的无线电调制频率接收,一方面送调制/解调模块,另一方面进行波形转换,将正弦波转换为方波;然后对其整流滤波,由电压调节模块对电压进行进一步的处理,包括稳压等;最终输出供给卡片上的各电路。其功能组成框图如图 10-8 所示。

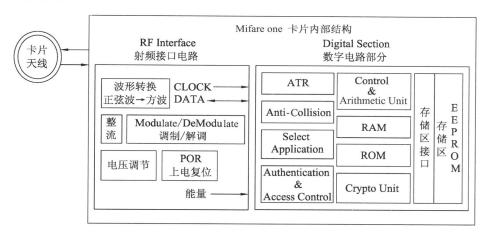

图 10-8　Mifare One 非接触式 IC 卡的功能组成框图

数字电路部分各个功能模块的作用如下:

（1）ATR(Answer to Request)模块。当一张 Mifare One 卡片处于读写器的天线工作范围之内时,控制读写器向卡片发出 Request all 命令,卡片的 ATR 启动,将卡片 Block 0 中的卡片类型(TagType)号共 2 个字节传送给读写器,建立卡片与读写器的第一步通信联络。若不进行第一步的 ATR 工作,读写器对卡片的其他操作(Read、Write 等)将不会进行。

（2）Anti-Collision 模块:防(卡片)冲突功能。若有多张 Mifare One 卡片处于读写器的天线工作范围之内,Anti-Collision 模块防冲突功能启动工作。读写器首先与每一张卡片进行通信,取得每一张卡片的序列码。读写器根据卡片序列码识别、区分已选卡片,读写器中的防冲突功能 Anti-Collision 配合卡上的防冲突功能模块,根据卡片的序列码选定一张卡片。被选中的卡片将直接与读写器进行数据交换,未被选中的卡处于等待状态,随时准备与读写器进行通信。序列码存储在卡的 Block 0 中。

（3）Select Application 模块：主要用于卡片的选择。当卡片与读写器完成上述的两个步骤，希望对卡片进行读写操作，必须对卡片进行"Select"操作，使卡片真正地被选中。被选中的卡片将卡上存储在 Block 0 中的卡片容量"Size"字节传送给读写器。当读写器收到这一字节后，将明确可对卡片做进一步的操作。

（4）Authentication & Access Control 模块：认证及存取控制模块。在确认上述三个步骤后，确认已选择一张卡片时，对卡片进行读写操作之前，须对卡片上已设置的密码进行认证，若匹配，则允许进行 Read/Write 操作。Mifare One 有 16 个扇区，每个扇区都可分别设置各自的密码，互不干涉。因此每个扇区可独立应用于一个应用场合，整个卡片可设计成"一卡通"形式。该模块是整个卡片的控制中心，对整个卡片各单元进行微操作控制，协调卡片的各个步骤，同时还对各种收/发的数据进行算术运算处理、递增/递减处理、CRC 运算处理等，是卡片中的 MCU 单元。

（5）RAM/ROM 单元：RAM 主要配合控制及算术运算单元，将运算结果进行暂时存储。若某些数据需要存储到 EEPROM，则由控制及算术运算单元取出送到 EEPROM 存储器中；若某些数据需要传送给读写器，则由控制及算术运算单元取出，经过 RF 射频接口电路的处理，通过卡片的天线传送给读写器。RAM 中的数据在卡片掉电后（卡片离开读写器天线的有效工作范围内）将被清除。同时 ROM 中还固化卡片运行所需的必要指令，由逻辑控制及算术运算单元取出，对每个单元进行微指令控制，使卡片有条不紊地与读写器进行数据通信。

（6）Crypto Unit 数据加密单元：该单元完成对数据的加密处理及密码保护。

（7）EEPROM 存储器及其接口电路：该单元主要用于存储数据。EEPROM 中的数据在卡片掉电后仍将被保持，用户所要存储的数据被存放在该单元中。

5. Mifare One 非接触式 IC 卡的存储结构

Mifare One 卡上有 1 KB EEPROM 存储容量，划分为 16 个扇区，每个扇区分为 4 个数据存储块。16 个扇区被编为扇区 0~15，每个扇区有 4 个块（Block），分别为块 0、块 1、块 2 和块 3。每个块有 16 个字节，一个扇区共有 16 B×4＝64 B。每个扇区的块 3（即第 4 块）包含该扇区的密钥 A（6 个字节）、存取控制（4 个字节）、密钥 B（6 个字节），是一个特殊的块，其余 3 个块是一般的数据块，但扇区 0 的块 0 是特殊的，是厂商代码，已固化不可改写。其中第 0~4 个字节为卡片的序列码，第 5 个字节为序列码的校验码，第 6 个字节为卡片的容量"Size"字节，第 7、8 个字节为卡片的类型号字节，即 TagType 字节，其他字节由厂商另加定义。各扇区的密码和存取控制是独立的，可根据实际需要设定各自的密码及存取控制，因此一张卡能同时运用在 16 个不同的系统中，并可根据每个系统的实际情况决定各区的密码及数据形式。Mifare One S50 卡 EEPROM 存储结构如图 10-9 所示。

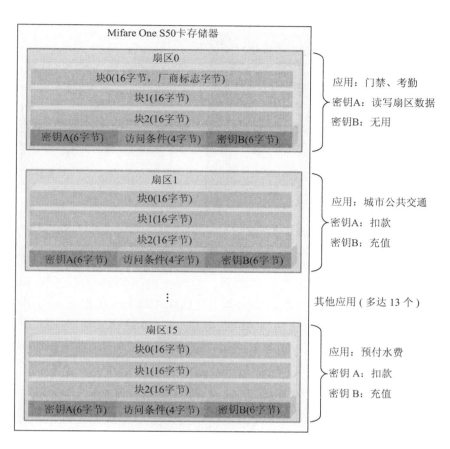

图 10-9　Mifare One S50 卡 EEPROM 存储结构

10.1.3　MF RC522 射频模块简介

MF RC522 是 Philips 公司针对智能仪表领域推出的符合 ISO/IEC 14443 TYPE A 标准、低电压、低功耗、低成本、体积小、集成度高的非接触式读写芯片,是为 Mifare 卡而设计的。它采用先进的调制/解调概念,工作频率为 13.56 MHz,支持 ISO/IEC 14443 TYPE A 标准多层应用。其内部发送器可驱动读写器天线与 Mifare 卡和应答机的通信,无须其他电路。接收器提供一个稳定而有效的解调和解码电路,用于处理 ISO/IEC 14443 TYPE A 兼容的应答器信号,数字部分处理 ISO/IEC 14443 TYPE A 帧和错误检测(奇偶 &CRC)。此外,它还支持快速 CRYPTO1 加密算法,用于验证 Mifare 系列产品。MF RC522 模块硬件实物图如图 10-10 所示,Mifare One 非接触式 IC 卡实物图如图 10-11 所示。

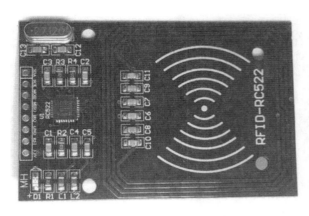 

图 10-10　MF RC522 模块硬件实物图　　图 10-11　Mifare One 非接触式 IC 卡实物图

作为 13.56 MHz 读写卡系列芯片家族成员,MF RC522 与 MF RC500 和 MF RC530 有许多相似之处,同时也具备诸多特点和差异。它与主机间的通信采用串行通信,支持 Mifare 高速、非接触式通信,双向数据传输速率高达 424 kbit/s,可根据不同用户的需求,选取 SPI、I2C 或 UART 模式之一,对载波调制电路,发送电路和解调、解码电路的控制也相应简化,有利于减少连线,缩小 PCB 板体积,降低成本。其功能结构框图如图 10-12 所示。MF RC522 具有以下特点:

- 高集成度的调制解调电路。
- 采用 13.56 MHz 的中高频(HF)工作频率。
- 支持 ISO/IEC 14443 Type A 和 Mifare&reg 通信协议。
- 读写器模式中与 ISO/IEC 14443 TYPE A/Mifare&reg 的通信距离高达 50 mm,取决于天线的长度和调谐。
- 支持 ISO 14443 中 212 kbit/s 和 424 kbit/s 更高传输速率的通信。
- 支持 Mifare&reg Classic 加密。
- 具备硬件掉电、软件掉电和发送器掉电三种节电模式,前两种模式类似于 MF RC 500,其特有的“发送器掉电”则可关闭内部天线驱动器,即关闭 RF 场。
- 灵活的中断模式,可编程定时器,64 字节的发送和接收 FIFO 缓冲区。
- 支持的主机接口:10 Mbit/s 的 SPI 接口;I2C 接口,其快速模式速率为 400 kbit/s;高速模式速率为 3 400 kbit/s;串行 UART,其传输速率达 1 228.8 kbit/s,帧取决于 RS232 接口,电压电平取决于提供的管脚电压。
- 采用少量外部器件,即可将输出驱动级接至天线。
- 内置温度传感器,以便在芯片温度过高时自动停止 RF 发射。
- 采用相互独立的多组电源供电,以避免模块间的相互干扰,提高工作的稳定性。
- 具备 CRC 和奇偶校验功能,CRC 协处理器的 16 位长 CRC 计算多项式固定为: $x^{16}+x^{12}+x^5+1$,符合 ISO/IEC 14443 和 CCTITT 协议。
- 内部振荡器,连接 27.12 MHz 的晶体;2.5~3.3 V 的低电压低功耗设计。
- 工作温度范围:-30~$+85$ ℃,5 mm×5 mm×0.85 mm 的超小体积。

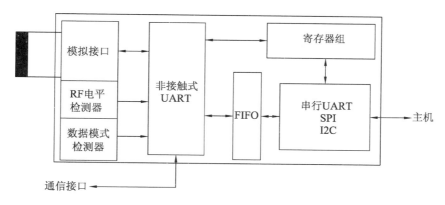

图 10-12　MF RC522 功能结构框图

MF RC522 适用于各种基于 ISO/IEC 14443 Type A 标准、要求低成本、小尺寸、高性能及单电源的非接触式通信的应用场合,如身份证阅读器、各类一卡通终端、公共交通终端、便携式手持设备及非接触式公用电话等,是智能仪表和便携式手持设备研发的较好选择。

10.1.4　系统总体设计

1. 系统功能

RFID 读写器可实现以下功能:

- 门禁功能:读取 Mifare 卡序列码 ID,对比数据库,最终决定是否开启电子锁。
- 电子钱包:通过读写器对 Mifare 卡上的数据进行读写操作,实现电子商务系统中的充值与消费功能。
- 信息显示:所有结果及系统不同工作状态的信息,可通过显示器进行显示。

2. 系统组成

系统主要以 STM32 微控制器为主控芯片,结合 MF RC522 模块、Mifare One S50 射频卡、TFT-LCD 显示器、按键输入模块及电机驱动模块等。

- STM32 微控制器作为主控芯片,对系统各模块的工作进行控制和协调。
- MF RC522 作为 RFID 读写器的核心模块,与 Mifare One 射频卡进行通信。
- Mifare One 射频卡作为 RFID 读写器的识别对象,存储所需的用户信息。
- TFT-LCD 显示器用于显示所需求的射频卡信息及系统工作状态信息。
- 电子锁驱动模块用以驱动电子锁进行开关。
- 键盘输入模块用以实现对输入指令的确认,以及在电子钱包系统中用作金额的输入。

3. 系统设计方案

系统以 STM32 微控制器为核心,结合射频读写模块 MF RC522,选用 Mifare One S50 射频卡和 LCD 液晶显示器,实现门禁系统、电子钱包和显示等系统功能。在门禁系统中,STM32 MCU 控制电子锁的开关,持有开门权限的 Mifare One 射频卡才能打开电子锁;在电子钱包中,通过键盘输入充值/扣款金额,将充值/扣款操作后的金额写入 Mifare 射频卡中,实现消费功能。

STM32 MCU 控制 MF RC522 模块对 Mifare One 卡进行读写操作,MF RC522 完成读写

Mifare One 卡的所有必需功能,包括 RF 信号的产生、调制、解调、安全认证和防冲突等。作为 RFID 读写器与 Mifare 射频卡通信的桥梁,MF RC522 与 Mifare 卡通过电磁场建立无线通信并完成数据交换。RFID 读写器与 Mifare 电子标签之间以 106 kbit/s 的速率通信,同时实现读写过程中的防冲突处理和对 EEPROM 块内容的读/写等功能。RFID 读写器系统总体设计框图如图 10-13 所示。

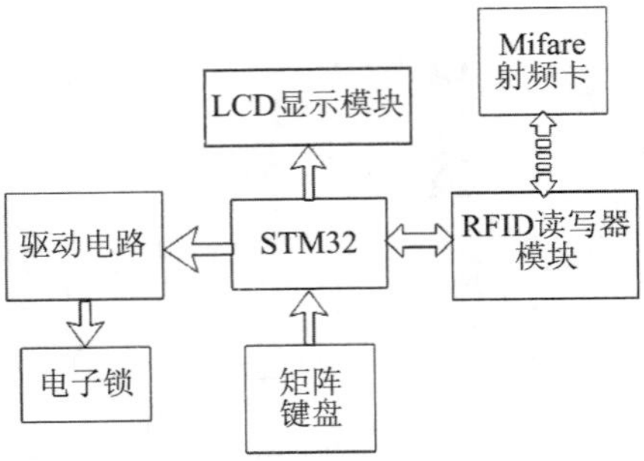

图 10-13　RFID 读写器系统总体设计框图

4. 涉及的关键技术

系统涉及的关键技术主要有:

- 采用 RFID 射频识别技术。
- 采用 13.56 MHz 中高频段(HF)的工作频率。
- 采用射频读写芯片 MF RC522 实现 RFID 读写器的读写操作。
- 采用 Mifare One 非接触式 IC 卡技术实现对电子标签的管理。

10.1.5　系统软件设计

1. 系统主控软件设计

系统主控软件设计包括门禁系统软件和电子钱包软件两部分,以实现门禁功能和电子钱包功能。

(1)门禁系统软件设计。当 Mifare One 射频卡处在 RFID 读写器的工作范围之内时,RFID 读写器可从该卡中读取其唯一的 ID 码,并根据此信息查询数据库。如果此 ID 码在数据库中,则表示该卡是有效卡,电子锁开启;若数据库中不存在此 ID 码,则表示该卡是无效卡,电子锁关闭,从而实现门禁功能。门禁系统主控软件设计流程图如图 10-14 所示。

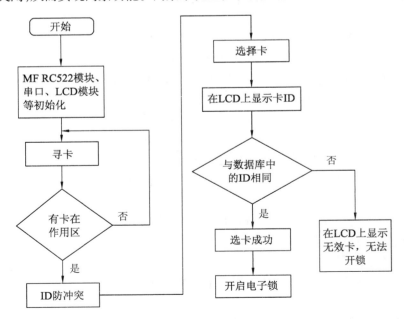

图 10-14　门禁系统主控软件设计流程图

（2）电子钱包软件设计。对 MF RC522、TFT-LCD 显示器、矩阵键盘等模块进行初始化。通过行列扫描,读取矩阵键盘按下的按键信息,并将对应数据传递给 MF RC522,根据输入的按键对应的数值,完成对射频卡内与电子钱包有关的数据块的操作。在 TFT-LCD显示屏上显示钱包原余额、充值/扣款数值,以及完成相应操作后的余额,实现消费功能。电子钱包主控软件设计流程图如图 10-15 所示。

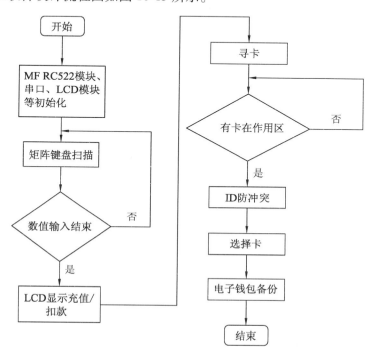

图 10-15　电子钱包主控软件设计流程图

2. MF RC522 命令集简介

MF RC522 命令集见表 10-1。MF RC522 命令集中 2 个最基本的命令是 Tranceive 和Authent,它们分别实现向 Mifare 卡发送/接收数据和加密认证功能,通过它们即可完成对Mifare 卡的所有操作,包括 Request、Select、Read、Write、Anti-Collision 等。MF RC522 主要状态指示寄存器包括 ComIrqReg、ErrorReg、Status2Reg 和 FIFOLevelReg 等。软件处理的思路:通过 ComIrgReg 得到 MF RC522 内部中断状态,由中断判断 MF RC522 与 Mifare 卡的通信流程信息,从而决定是否进行下一流程处理。若中断指示有错误发生,则需进一步读取 ErrorReg 的内容,据此返回错误字。

表 10-1　MF RC522 命令集

MF RC522 命令字标识	命令字	功能描述
PCD_IDLE	0x00	取消当前命令
PCD_CALCCRC	0x03	CRC 计算
PCD_TRANSMIT	0x04	发送数据

续表

MF RC522 命令字标识	命令字	功能描述
PCD_RECEIVE	0x08	接收数据
PCD_TRANSCEIVE	0x0C	发送并接收数据
PCD_AUTHENT	0x0E	验证密钥
PCD_RESETPHASE	0x0F	复位

（1）Tranceive 命令。

Tranceive 命令的具体执行过程：读取 MF RC522 FIFO 中的所有数据，经由基带编码和数字载波调制后，通过通信接口以射频形式发送到 Mifare 卡，发送完毕后经通信接口检测有无 Mifare 卡发送的射频信号回应，并将收到的信号解调、解码后放入 FIFO 中。为处理 Mifare 卡在读写器产生的电磁场中激励后，未完成处理从激励场中拿开的情况，软件中启用 MF RC522 芯片内部的定时器。若超过设定的时间未得到卡片应答，则中止与该卡的通信，返回"卡无反应"的错误信息。分析以上 Tranceive 命令执行过程，可得到处理该命令的算法软件设计流程图如图 10-16 所示。

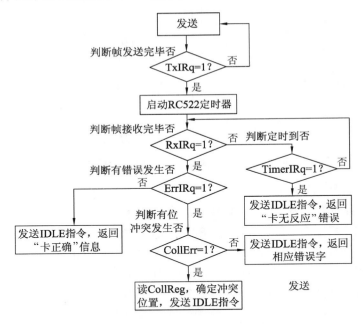

图 10-16　Tranceive 算法软件设计流程图

从图 10-16 中可看出 Tranceive 命令的核心处理方法：根据相关通信状态指示寄存器的内容返回各种错误状态字，若有位冲突错误，则进一步返回位冲突位置。Tranceive 命令不处理面向比特的帧，这种帧只能在 Mifare 卡防冲突循环中出现。为保持 Tranceive 命令对各种 Mifare 卡命令的普适性，该命令只完成帧的发送和接收，不对帧信息做处理，所有位冲突处理留在函数外进行。注意 Tranceive 命令不能自动中止，在任何情况下从该命令返回时，必须先执行 IDLE 指令使 RC522 转入空闲状态。

（2）Authent 命令。

MF RC522 简化与 Mifare 卡的加密认证操作,用 Authent 命令代替 RC500 所需 Authent1 和 Authent2 两条命令。Authent 命令执行的最终目的在于开启 MF RC522 的加密认证单元。该指令执行成功后,首先将 MF RC522 芯片与 Mifare 卡间的通信信息加密,然后再通过射频接口发送。Authent 是一条变相的 Tranceive 命令,其算法流程图与图 10-16 一致。但 MF RC522 芯片内部已对通信过程中的各种通信状态做相应处理,且该命令执行完后自动中止,用户只需检测定时器状态和错误寄存器状态并判断执行情况。Authent 只可能有一种错误状态(MF RC522 与 Mifare 卡通信帧格式错误),此时该命令不能打开加密认证单元,用户须重新执行认证操作。

Authent 执行过程中 MF RC522 依次从 FIFO 中读取 1 字节认证模式、1 字节要认证的 EEPROM 块号、6 字节密钥和 4 字节射频卡 UID 号等信息,在命令执行前必须保证这 12 字节数据完整保存在 FIFO 中。认证模式有密钥 A 认证和密钥 B 认证两种,一般选用密钥 A 认证。一次 Authent 认证只能保证对 Mifare 卡的一个扇区中的 4 个数据块解密,若要操作其他扇区的数据,用户还须另外启动对该扇区的认证操作。

3. Mifare 卡操作软件设计

对 Mifare 卡常用的操作指令包括查询、防冲突、选卡、读/写 EEPROM 块等。其中,防冲突指令是 14443A 协议的精华部分,实现难度较大。Mifare One 卡命令集见表 10-2。

表 10-2 Mifare One 卡命令集

Mifare One 卡命令字标识	命令字	功能描述
PICC_REQIDL	0x26	寻天线区内未进入休眠状态的卡
PICC_READ	0x30	读块
PICC_HALT	0x50	休眠
PICC_REQALL	0x52	寻天线区内全部卡
PICC_AUTHENT1A	0x60	验证密钥 A
PICC_AUTHENT1B	0x61	验证密钥 B
PICC_ANTICOLL1	0x93	防冲突
PICC_ANTICOLL2	0x95	防冲突
PICC_WRITE	0xA0	写块
PICC_TRANSFER	0xB0	保存缓冲区中数据
PICC_DECREMENT	0xC0	扣款
PICC_INCREMENT	0xC1	充值
PICC_RESTORE	0xC2	调块数据到缓冲区

下面将重点介绍防冲突算法的软件实现方法。

（1）防冲突指令 PICC_ANTICOLL。

ISO/IEC 14443 Type A 标准定义的防冲突算法本质上是一种基于信道时分复用的信道复用方法。若某一时刻多个射频卡占用射频信道与读卡器通信,则读卡器将会检测到比特流冲突位置,然后重新启动另一次与射频卡的通信过程,在过程中将冲突位置上的比特值置为确定值(一般为 1)后展开二进制搜索,直到没有冲突错误被检测到为止。Mifare

卡内有 4 字节的全球唯一序列号 UID,而 MF RC522 防冲突处理目的就在于最终确定 Mifare 卡的 UID。ISO/IEC 14443 Type A 标准的防冲突指令格式如图 10-17 所示。

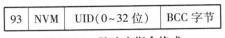

| 93 | NVM | UID(0~32 位) | BCC 字节 |

图 10-17　防冲突指令格式

其中,命令代码"93"代表要处理的射频卡 UID 有 4 个字节,NVM 表示此次防冲突命令的 UID 域中正确的比特数,BCC 字节在 NVM 为 70(即 UID 4 字节都正确)时才存在,表示此时整个 UID 都被识别,防冲突流程结束。NVM 初始值为 20,表示该命令只含有 2 个字节,即"93+20",不含 UID 数据,Mifare 卡须返回全部 UID 字节作为响应。若返回的 UID 数据有位冲突情况发生,则根据冲突位置更新 NVM 值。可知在搜索循环中,随着

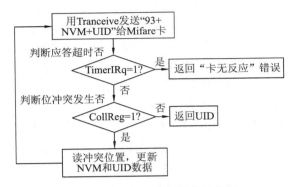

图 10-18　防冲突算法软件流程图

UID 已知比特数的加入,NVM 不断增加,直到 70 为止。它表示除"93+70"两个命令字节外,还有 UID0~UID3 和 BCC 5 个 UID 数据字节。此时命令字节共有 7 个,防冲突命令转变为卡片选择命令。防冲突流程中若遇到须发送和接收面向比特的帧的情况,则必须预先设置 Bit Framing Reg 通信控制寄存器。该寄存器可指明发送帧最后一个字节和接收帧第一个字节中不完整比特的位数。防冲突算法软件流程图如图 10-18 所示。

（2）读卡和写卡指令。

14443A 协议中没有具体规定对射频卡的读写操作方式,故对每种卡的读写操作都必须考虑该卡的存储区域组织形式和应答形式。Mifare 卡内部存储器是由 EEPROM 组成的,共划分为 16 个扇区,每个扇区 4 个块,每块 16 字节。对 EEPROM 的读写都以块为单位进行,即每次读/写 16 字节。以写卡指令为例,Mifare 卡要求有两步握手,指令格式分别如下所述:

Setp A:查询块状态。若块准备好,则 Mifare 卡返回 4 比特应答。若值为 1010,则可进行下一步操作;若值非 1010,则表示块未准备好,必须等待直至块准备好为止。

Step B:写数据。指令格式为:命令码(0xA0) 块地址。若写入成功,则 Mifare 卡返回 4 比特应答,值仍为 1010;若非 1010,则写入失败。

读卡指令格式为:命令码(0x30) 块地址 。若执行成功,则 Mifare 卡返回 18 字节应答比特。需要注意的是,其中只有 16 字节是读取的块数据,另外 2 个字节为填充字节。若字节数不为 18,则可判断读卡操作错误。

Mifare 卡数据加密时以扇区为单位,一次加密认证仅能操作一个扇区的数据。这为用户实现"一卡通"功能提供了便利,用户可在不同扇区内采用不同加密方式互不干扰地存放各种目的应用数据。常见的一种应用是电子钱包,对卡的写操作须按照一定的格式进行。一个块的数据组成如图 10-19 所示。

15			11	8 7	4 3	0
address	address	address	address	value	value	value

图 10-19　一个块的数据组成

设计思路是利用 MF RC522 的 Tranceive 命令作为标准函数,通过调用此函数实现 Mifare 卡操作指令。Mifare 卡操作软件设计流程图如图 10-20 所示,其要点是将操作完成的卡转入休眠态,递减可能发生冲突的卡片数目直至所有卡片操作完毕,此时防冲突函数无卡片应答。

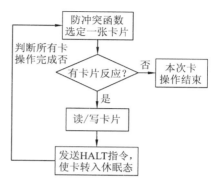

图 10-20　Mifare 卡操作软件设计流程图

4. MF RC522 初始化软件设计

MF RC522 使用前必须复位,除在复位引脚 NRSTPD 输入从低电平至高电平的跳变沿外,还必须向 MF RC522 命令寄存器 CommandReg 写入软复位命令代码 0x0F 进行软复位。初始化 MF RC522 时,对相关寄存器进行设置:将 ModeReg 的值设为 0x3D,将 RxSelReg 的值设为 0x86,将 RFCfgReg 的值设为 0x7F,将 TmodeReg 的值设为 0x8D,将 TPrescalerReg 的值设为 0x3E,将 TxAutoReg 的值设为 0x40,和 Mifare 卡通信时 CRC 的初始值为 0x6363,配置完毕后可启动 MF RC522。其初始化软件设计流程图如图 10-21 所示。初始化 MF RC522 时,对相关寄存器进行设置的函数 PcdReset( )源程序如下:

```
char PcdReset( void)
{
    SET_RC522RST;
    delay_ns(10);
    CLR_RC522RST;
    delay_ns(10);
    SET_RC522RST;
    delay_ns(10);
    WriteRawRC(CommandReg,PCD_RESETPHASE);
    WriteRawRC(CommandReg,PCD_RESETPHASE);
    delay_ns(10);
    WriteRawRC(ModeReg,0x3D);
    WriteRawRC(RxSelReg,0x86);
    WriteRawRC(RFCfgReg,0x7F);
    WriteRawRC(TReloadRegL,30);
    WriteRawRC(TReloadRegH,0);
    WriteRawRC(TModeReg,0x8D);
    WriteRawRC(TPrescalerReg,0x3E);
    WriteRawRC(TxAutoReg,0x40);
    return MI_OK;
```

```
    }
```
MF RC522 初始化函数 InitRc522( )源程序如下:
```
    void InitRc522( void )
    {
        SPI2_Init( );
        PcdReset( );
        PcdAntennaOff( );                        // 关闭天线
        delay_ms( 2 );
        PcdAntennaOn( );                         // 打开天线
    }
```

5. MF RC522 和 Mifare 卡通信软件设计

Mifare 射频卡遵循 ISO/IEC 14443 标准。系统工作时,通过调用函数 PcdComMF522( ),在 MF RC522 和 Mifare 射频卡之间进行数据传输。在利用 MF RC522 操作 Mifare 卡之前,用户必须正确设置芯片模拟部分的工作状态。通常 MF RC522 的调制、解调方式采用默认设置即可,在 106 kbit/s 的通信速率下可正常使用,但必须保证天线驱动接口打开,可以通过设置 Tx-controlReg 寄存器实现。因此必须相应设置 TxASKRc 键来实现该种调制方式。MF RC522 通信参数设置复杂,可调控调制相位、调制位宽、射频信号检测强度、发送/接收速度等设置。MF RC522 和 Mifare 卡通信软件设计流程图如图 10-22 所示。

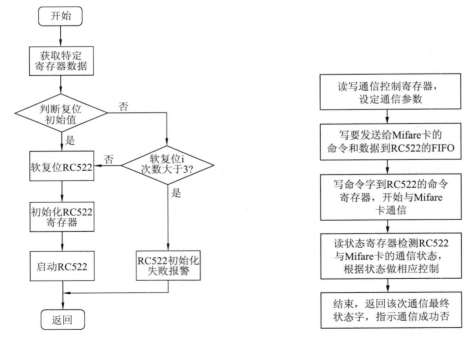

图 10-21　MF RC522 初始化软件设计流程图　　图 10-22　MF RC522 和 Mifare 通信软件设计流程图

MF RC522 和 Mifare 卡通信函数 PcdComMF522( )源程序如下:
```
    char PcdComMF522( u8 Command, u8 * pIn, u8 InLenByte, u8 * pOut, u8 * pOut-
```

```
LenBit)
{
    charstatus = MI_ERR;
    u8 irqEn = 0x00; waitFor = 0x00; lastBits; n;
    u16 i;
    switch(Command)
    {
        case PCD_AUTHENT:
            irqEn = 0x12;
            waitFor = 0x10;
            break;
        case PCD_TRANSCEIVE:
            irqEn = 0x77;
            waitFor = 0x30;
            break;
        default:
            break;
    }
    WriteRawRC(ComIEnReg, irqEn|0x80);
    ClearBitMask(ComIrqReg, 0x80);                       //清除所有中断位
    WriteRawRC(CommandReg, PCD_IDLE);
    SetBitMask(FIFOLevelReg, 0x80);                      //清除 FIFO 缓存
    for(i = 0; i<InLenByte; i++)
        { WriteRawRC(FIFODataReg, pIn[i]); }
    WriteRawRC(CommandReg, Command);
    if(Command == PCD_TRANSCEIVE)
        { SetBitMask(BitFramingReg, 0x80); }             //开始传送
    i = 2000;
    do
    {
        n = ReadRawRC(ComIrqReg);
        i--;
    }
    while((i! = 0) && ! (n&0x01) && ! (n&waitFor));
    ClearBitMask(BitFramingReg, 0x80);
    if(i! = 0)
    {
        if(! (ReadRawRC(ErrorReg)&0x1B))
```

```
                {
                    status = MI_OK;
                    if( n&irqEn&0x01 )  status = MI_NOTAGERR;
                    if( Command == PCD_TRANSCEIVE )
                    {
                        n = ReadRawRC( FIFOLevelReg );
                        lastBits = ReadRawRC( ControlReg )&0x07;
                        if( lastBits )
                            { * pOutLenBit = ( n-1 ) * 8 + lastBits; }
                        else
                            { * pOutLenBit = n * 8; }
                        if( n == 0 )
                            { n = 1; }
                        if( n>MAXRLEN )
                            { n = MAXRLEN; }
                        for( i = 0;  i<n;  i++ )
                            { pOut[ i ] = ReadRawRC( FIFODataReg ); }
                    }
                }
                else
                    { status = MI_ERR; }
            }
            SetBitMask( ControlReg,0x80 );                          // 停止计时
            WriteRawRC( CommandReg,PCD_IDLE );
            return status;
        }
```

6. RFID 读写器对 Mifare 卡的操作步骤

RFID 读写器对 Mifare 射频卡的操作分为六个步骤:询卡、防冲突、选卡、验证密码、读写卡和卡挂起,这一系列操作必须按固定的顺序进行。为保证读写器和卡片之间数据传输完整、可靠,采取以下措施:一是防冲突算法,二是通过 16 位 CRC 纠错,三是检查每字节的奇偶校验位,四是检查位数,五是用编码方式来区分 1、0 或无信息。MF RC522 对 Mifare 卡操作的软件设计流程图如图 10-23 所示。

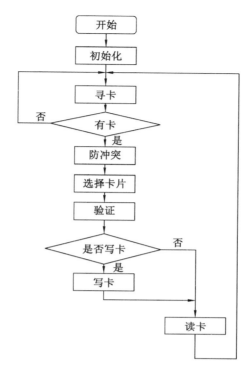

图 10-23　MF RC522 对 Mifare 卡操作的软件设计流程图

　　系统工作时首先进行系统初始化,复位应答操作将通知 MF RC522 在天线的有效工作范围(距离)内寻找 Mifare 卡。若有 Mifare 卡存在,将分别与每一张 Mifare 卡进行通信,读取卡的类型码 TagType(两个字节),由 MF RC522 传送给 MCU 进行识别处理。若有多张 Mifare 卡在读写器天线的有效工作范围内,必须执行防冲突操作,返回一张卡的序列码,作为本次操作的对象,其他卡处于等待状态。在成功执行防冲突操作之后,或在任何时候希望与已知序列码的卡片进行通信时,必须执行选择卡片操作,以建立与所选卡片的通信,同时返回该卡片的 Size(容量)字节。为保证对卡操作的合法性,在对卡进行操作之前必须在卡片和读写器之间进行认证操作。读写器对任何一张 Mifare 卡进行任何操作都要经过上述几个步骤,之后就可具体地对卡片进行相应的读、写等操作。

　　(1) 询卡:由非接触式 IC 卡的功能组成及工作原理可知,Mifare One 卡是以被动方式工作的,刚进入射频区的卡上电进入空闲状态,通过获得感应区内的电磁场能量来工作,不会首先发出信号,读写器必须不断地发出请求信号,符合条件的卡才会响应。当一张 Mifare One 卡处于读写器的工作范围内时,MCU 通过 MF RC522 发送询卡请求。询卡请求有两种:一种是非连续性读卡指令"request all",只读一次;另一种是连续性读卡指令"request std"。当卡收到该指令后,卡内 ATR 将启动,卡响应并将卡片 Block 0 中的卡片类型(TagType)码共 2 个字节送给读写器,从而建立卡片与读写器的第一步通信联络,完成询卡过程。采用 PcdRequest( )、PcdComMF522( )函数不断循环发出请求信号,查看感应区内是否有卡,一旦有卡进入并选中,程序退出 Request 循环过程,进入下一步防冲突操作。

Mifare One（S50）卡类型码为 0x0400；Mifare One（S70）卡类型码为 0x0200；Mifare_Pro（X）卡类型码为 0x0800；Mifare_UltraLight 卡类型码为 0x4400；Mifare_DESFire 卡类型码为 0x4403。

询卡函数 PcdRequest( ) 源程序如下：

```
char PcdRequest(u8 req_code,u8 * pTagType)
{
    char status;
    u8 unLen;ucComMF522Buf[MAXRLEN];
    ClearBitMask(Status2Reg,0x08);
    WriteRawRC(BitFramingReg,0x07);
    SetBitMask(TxControlReg,0x03);
    ucComMF522Buf[0] = req_code;
    status = PcdComMF522 ( PCD _ TRANSCEIVE, ucComMF522Buf, 1, ucCom-
        MF522Buf,&unLen);
    if((status == MI_OK) && (unLen == 0x10))
    {
        * pTagType = ucComMF522Buf[0];
        * (pTagType+1) = ucComMF522Buf[1];
    }
    else
        {status = MI_ERR;}
    return status;
}
```

（2）防冲突：防冲突是从多张卡中选出一张卡的操作，又称防碰撞、防重叠。若知道卡的序列码，则可跳过此步，直接执行下一步选卡命令。若不知卡的序列码，则必须调用防冲突函数 PcdAnticoll( )，得到感应区内卡的序列码 ID。若同时有多张卡在感应区内，MF RC522 通过防冲突函数检测到并通知 MCU，MCU 通过防冲突算法与每一张卡进行通信。由于每一张 Mifare 卡都具有唯一的序列码而决不会相同，因此 MCU 根据卡片的序列码来保证一次只对一张卡进行操作。根据 ISO/IEC 14443 协议，M1 型卡传统的防冲突算法是动态二进制检索树算法，它首先利用 MANCHESTER 编码"没有变化"的状态检测碰撞位，然后把碰撞位设为二进制"1"，用 Select 命令发送碰撞前接收的部分卡片序列码和碰撞位，若卡片开头部分序列码与其相同，则做出应答，不相同则没有响应。以此来缩小卡片范围，最终达到无碰撞。防冲突指令只是获得一张 Mifare One 卡的序列码，并没有真正选中这张卡，要真正选中应由下一步选卡指令 Select 完成。防冲突函数PcdAnticoll( )源程序如下：

```
char PcdAnticoll(u8 * pSnr)
{
    char status;
```

```
u8 i,snr_check=0; unLen; ucComMF522Buf[MAXRLEN];
ClearBitMask(Status2Reg,0x08);
WriteRawRC(BitFramingReg,0x00);
ClearBitMask(CollReg,0x80);
ucComMF522Buf[0]=PICC_ANTICOLL1;
ucComMF522Buf[1]=0x20;
status=PcdComMF522(PCD_TRANSCEIVE, ucComMF522Buf, 2, ucCom-
    MF522Buf,&unLen);
if(status==MI_OK)
{
    for(i=0; i<4; i++)
    {
        *(pSnr+i)=ucComMF522Buf[i];
        snr_check^=ucComMF522Buf[i];
    }
    if(snr_check!=ucComMF522Buf[i])
        {status=MI_ERR;}
}
SetBitMask(CollReg,0x80);
return status;
}
```

（3）选卡：通过以上两个步骤，MCU 选取一张卡的序列码进行通信即选卡。选出已知序列码的卡，并返回一字节的卡容量编码 Size(88H)，经过该步骤后才真正选中一张要操作的卡，以后的操作都是对这张卡进行。选择卡片的过程是通过函数 PcdSelect( ) 实现。选卡函数 PcdSelect( ) 源程序如下：

```
char PcdSelect(u8 *pSnr)
{
    char status;
    u8 i; unLen; ucComMF522Buf[MAXRLEN];
    ucComMF522Buf[0]=PICC_ANTICOLL1;
    ucComMF522Buf[1]=0x70;
    ucComMF522Buf[6]=0;
    for(i=0; i<4; i++)
    {
        ucComMF522Buf[i+2]=*(pSnr+i);
        ucComMF522Buf[6]^=*(pSnr+i);
    }
    CalulateCRC(ucComMF522Buf,7,&ucComMF522Buf[7]);
```

```
ClearBitMask(Status2Reg,0x08);
status=PcdComMF522(PCD_TRANSCEIVE,ucComMF522Buf,9,ucCom-
    MF522Buf,&unLen);
if((status==MI_OK)&&(unLen==0x18))
        {status=MI_OK;}
else
        {status=MI_ERR;}
return status;
}
```

（4）验证密码：选定要处理的卡片后，MCU 确定要访问的扇区号，并对该扇区密码进行密码校验，验证密码的过程是通过 PcdAuthState() 函数实现的。若密码相同，则认证成功，卡允许进行读写操作，在三次相互认证之后就可通过加密流进行通信。验证密码函数 PcdAuthState() 源程序如下：

```
char PcdAuthState(u8 auth_mode,u8 addr,u8 * pKey,u8 * pSnr)
{
    char status;
    u8 unLen; i; ucComMF522Buf[MAXRLEN];
    ucComMF522Buf[0]=auth_mode;
    ucComMF522Buf[1]=addr;
    for(i=0; i<6; i++)
        {ucComMF522Buf[i+2]= *(pKey+i);}
    for(i=0; i<6; i++)
        {ucComMF522Buf[i+8]= *(pSnr+i);}
    status=PcdComMF522(PCD_AUTHENT,ucComMF522Buf,12,ucCom MF522-
        Buf,&unLen);
    if((status! =MI_OK)||(! (ReadRawRC(Status2Reg)&0x08)))
        {status=MI_ERR;}
    return status;
}
```

（5）读写卡：上述 4 个步骤完成后说明卡是本系统的卡，安全检查全部通过，Mifare One 卡可正常读写。读写操作是对卡的主要操作，包括读（Read）、写（Write）、增值（Increment）、减值（Decrement）、存储（Restore）和传送（Transfer）等多项操作。从 Mifare One 卡读取数据的函数 PcdRead() 源程序如下：

```
char PcdRead(u8 addr,u8 * p )
{
    char status;
    u8 unLen; i; ucComMF522Buf[MAXRLEN];
```

```
ucComMF522Buf[0]=PICC_READ;
ucComMF522Buf[1]=addr;
CalulateCRC(ucComMF522Buf,2,&ucComMF522Buf[2]);
status=PcdComMF522（PCD_TRANSCEIVE, ucComMF522Buf, 4, ucCom-
    MF522Buf,&unLen）;
if((status==MI_OK)&&(unLen==0x90))
{
    for(i=0; i<16; i++)
        { *(p+i)=ucComMF522Buf[i]; }
}
else
    {status=MI_ERR; }
return status;
}
```

写数据到 Mifare One 卡的函数 PcdWrite()源程序如下:

```
char PcdWrite(u8 addr,u8 *p)
{
    char status;
    u8 unLen; i; ucComMF522Buf[MAXRLEN];
    ucComMF522Buf[0]=PICC_WRITE;
    ucComMF522Buf[1]=addr;
    CalulateCRC(ucComMF522Buf,2,&ucComMF522Buf[2]);
    status=PcdComMF522（PCD_TRANSCEIVE, ucComMF522Buf, 4, ucCom-
        MF522Buf,&unLen）;
    if ((status!=MI_OK)||(unLen!=4)||((ucComMF522Buf[0]&0x0F) !=
        0x0A))
        {status=MI_ERR; }
    if( status==MI_OK)
    {
        for(i=0; i<16; i++)
            {ucComMF522Buf[i]= *(p+i); }
        CalulateCRC(ucComMF522Buf,16,&ucCom-MF522Buf[16]);
        status=PcdComMF522（PCD_TRANSCEIVE, ucComMF522Buf, 18, uc-
            ComMF522Buf,&unLen）;
        if ((status!=MI_OK)||(unLen!=4)||((ucComMF522Buf[0]&0x0F)!=
            0x0A))
            {status=MI_ERR; }
    }
```

```
        return status;
    }
```

（6）卡挂起：当一系列的操作完成后，MCU 向卡片发出卡挂起命令，使其退出工作，命令卡片进入休眠状态，此时卡即使在射频区，读写器也不会再对该卡操作，卡挂起是通过函数 PcdHalt( )实现的。

```
char PcdHalt(void)
{
    u8 status; unLen; ucComMF522Buf[MAXRLEN];
    ucComMF522Buf[0] = PICC_HALT;
    ucComMF522Buf[1] = 0;
    CalulateCRC(ucComMF522Buf, 2, &ucComMF522Buf[2]);
    status = PcdComMF522 (PCD _ TRANSCEIVE, ucComMF522Buf, 4, ucCom-
        MF522Buf, &unLen);
    return MI_OK;
}
```

7. 实现电子钱包功能的软件设计

电子钱包的功能主要是通过扣款和充值函数 PcdValue( )和电子钱包函数 PcdBakValue( )实现的。

扣款和充值函数 PcdValue( )源程序如下：

```
char PcdValue(u8 dd_mode, u8 addr, u8 * pValue)
{
    char status;
    u8 unLen; ucComMF522Buf[MAXRLEN];
    ucComMF522Buf[0] = dd_mode;
    ucComMF522Buf[1] = addr;
    CalulateCRC(ucComMF522Buf, 2, &ucComMF522Buf[2]);
    status = PcdComMF522 (PCD _ TRANSCEIVE, ucComMF522Buf, 4, ucCom-
        MF522Buf, &unLen);
    if ((status! = MI _OK) || (unLen! = 4) || ((ucComMF522Buf[0] &0x0F)! =
        0x0A))
        {status = MI_ERR; }
    if(status == MI_OK)
    {
        memcpy(ucComMF522Buf, pValue, 4);
        CalulateCRC(ucComMF522Buf, 4, &ucComMF522Buf[4]);
        unLen = 0;
        status = PcdComMF522(PCD_TRANSCEIVE, ucComMF522Buf, 6, ucCom-
            MF522Buf, &unLen);
```

```
        if( status ! = MI_ERR)
            { status = MI_OK; }
    }
    if( status == MI_OK)
    {
        ucComMF522Buf[ 0 ] = PICC_TRANSFER;
        ucComMF522Buf[ 1 ] = addr;
        CalulateCRC( ucComMF522Buf, 2, &ucComMF522Buf[ 2 ]);
        status = PcdComMF522( PCD_TRANSCEIVE, ucComMF522Buf, 4, ucCom-
            MF522Buf, &unLen);
        if ( ( (status ! = MI_OK) || (unLen ! = 4) || ( (ucComMF522Buf[ 0 ] &0x0F) ! =
            0x0A) )
            { status = MI_ERR; }
    }

    return status;
}
```

电子钱包函数 PcdBakValue( )源程序如下:

```
    char PcdBakValue( u8 sourceaddr, u8 goaladdr)
    {
        char status;
        u8 unLen; ucComMF522Buf[ MAXRLEN ];
        ucComMF522Buf[ 0 ] = PICC_RESTORE;
        ucComMF522Buf[ 1 ] = sourceaddr;
        CalulateCRC( ucComMF522Buf, 2, &ucComMF522Buf[ 2 ]);
        status = PcdComMF522 ( PCD _ TRANSCEIVE, ucComMF522Buf, 4, ucCom-
            MF522Buf, &unLen);
        if ( ( (status! = MI _ OK) || (unLen! = 4) || ( ( ucComMF522Buf [ 0 ] &0x0F) ! =
            0x0A) )
            { status = MI_ERR; }
        if ( status == MI_OK)
        {
            ucComMF522Buf[ 0 ] = 0;
            ucComMF522Buf[ 1 ] = 0;
            ucComMF522Buf[ 2 ] = 0;
            ucComMF522Buf[ 3 ] = 0;
            CalulateCRC( ucComMF522Buf, 4, &ucComMF522Buf[ 4 ]);
            status = PcdComMF522( PCD_TRANSCEIVE, ucComMF522Buf, 6, ucCom-
                MF522Buf, &unLen);
```

```
              if( status ！= MI_ERR)
                  ｛status = MI_OK；｝
          ｝
          if( status！= MI_OK)
              ｛return MI_ERR；｝
          ucComMF522Buf[ 0] = PICC_TRANSFER；
          ucComMF522Buf[ 1] = goaladdr；
          CalulateCRC( ucComMF522Buf,2,&ucComMF522Buf[ 2] )；
          status = PcdComMF522 ( PCD _ TRANSCEIVE，ucComMF522Buf，4，ucCom-
              MF522Buf，&unLen)；
          if ((status！= MI_OK)｜｜(unLen！= 4)｜｜((ucComMF522Buf [ 0] &0x0F)！=
          0x0A))
              ｛status = MI_ERR；｝
          return status；
      ｝
```

8. LCD 显示软件设计

在嵌入式系统开发中,人机交互经常使用 TFT-LCD 彩屏,它属于真彩显示屏。目前手机、掌上 PDA、平板电脑等都广泛使用 TFT-LCD。本系统采用的控制器为 ILI9320 的 TFT-LCD 显示器,自带显存,其显存总大小为 172 800(240×320×18/8),自带触摸屏,可用作控制输入,能够灵活配置,与处理器连接方便。采用 16 bit 并行口输入数据,分辨率可达 320×240。系统通过 LCD 显示器显示当前卡片的相关信息。TFT-LCD 显示软件设计流程图如图 10-24 所示。

TFT-LCD 显示器正常工作需要的相关设置步骤如下:

(1) 设置单片机与 TFT-LCD 模块相连的 I/O 端口,对 I/O 端口进行配置。

(2) 初始化 TFT-LCD,向其写入一系列命令,启动 TFT-LCD 工作,为后续显示字符和数字做准备。

(3) 通过函数将字符和数字显示到 TFT-LCD 显示器上。

TFT-LCD 初始化首先要打开相关 I/O 端口的复用时钟,将 I/O 端口设置为推挽输出,输出频率为 50 MHz,并将它们的端口置高,延时 50 ms,写入命令,读取驱动芯片的 ID,后根据对应的驱动芯片,配置驱动输出控制、入口方式、显示控制、外部显示界面的控制、电源控制,设置 X、Y 的起始位置和终止位置,完成 TFT-LCD 的初始化。

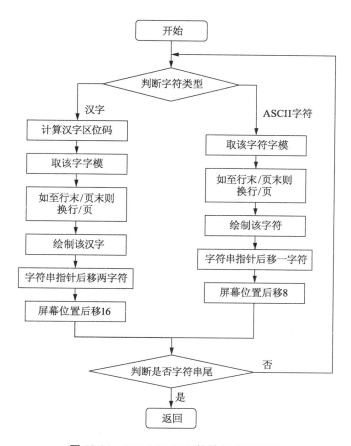

图 10-24 TFT-LCD 显示软件设计流程图

9. 键盘输入软件设计

系统采用 3×4 矩阵键盘,数字键作为金额输入,＊号键作为数值删除键,#号键作为功能确认键。3×4 矩阵键盘共有 7 条线,其中 4 条为行线,3 条为列线,与 STM32 相连。使用扫描法判断矩阵键盘被按下的按键位置。

矩阵键盘是否被按下可通过行扫描与列扫描交叉判定。将 4 条行线电平置 0,再检查 3 条列线的电平。若有 1 列为 0,则判定此键盘列中有键被按下。若所有列线的电平均为 1,则判定矩阵键盘设备无输入值。确认矩阵键盘有输入值后,即可进行下一步扫描,通过行列交叉判断闭合键。将行线电平逐条置 0,与此同时,其他行线电平置 1。在确定某根行线电平值为 0 后,再逐列检查 3 条列线电平。若某列电平值为 0,则该列与置 0 行的交叉处即被按下的按键。按键控制软件设计流程图如图 10-25 所示。

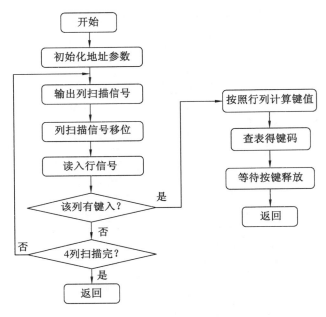

图 10-25 按键控制软件设计流程图

10.1.6 小结

系统设计基于 STM32 的 RFID 读写器,以 STM32 MCU 为主控芯片,结合 RFID 读写芯片 MF RC522,选用 Mifare One S50 射频卡,读写器与射频卡间的通信速率为 106 kbit/s,读写距离达 10~25 mm,符合 ISO/IEC 14443 Type A/B 标准,同时实现读卡过程中的防冲突处理,以及对卡内 EEPROM 块内容的读/写等功能,具有响应速度快、读卡距离远、通信稳定等优点,可以实现门禁、电子钱包等功能,整个读写器采用低功耗元件,可作为一个网络终端,以电池作后备电源可靠地工作。该系统可对工作范围内的多个射频卡准确无误地读写,在此基础上,稍加修改就能开发成不同的射频识别应用系统,很好地满足实际应用需求。对于 MF RC522 的应用,防冲突和通信接口的设置是重点。不同的射频卡协议,防冲突流程各不相同,通信接口也会有差异,但修改 MF RC522 的相关设置即可使物理接口满足协议要求。

非接触式 IC 卡技术先进,具有接触式 IC 卡、磁卡等其他卡类不可比拟的优势,应用范围广泛,能够在大多数场合代替接触式 IC 卡的使用。针对不同的应用场合,非接触式 IC 卡可以使用同一种 IC 卡,但是读卡器必须针对不同的应用场合单独设计。

10.2 基于 STM32 的 UHF-RFID 读写器设计

10.2.1 物联网和 EPC 的概念

1999 年,美国麻省理工学院(MIT)Auto-ID 研究中心的创建者之一 Kevin Ashton 教授在一份报告中首次提出物联网(Internet of Things,IoT)的构想,以及 EPC(Electronic Product Code,EPC)即电子产品编码的概念。其核心是为全球每个物品提供唯一的电子标识符,实现对所有实体对象的唯一有效标识。这种标识系统就是现在常提到的 EPC 系统,它利用 RFID 技术追踪、管理物品。物联网最初的构想是建立在 EPC 系统之上。EPC 系统通过 EPC 码搭建自动识别物品的物联网,目标是为每一个物品建立全球的标识标准,实现全球物品实时识别和信息共享网络平台。具体是在 Internet 基础上构建一个网络,实现计算机与物品之间的互联,这里的物品包括各种硬件设备、软件、协议等。

EPC 采用 96 位(二进制)的编码体系,为每一个物品赋予一个全球唯一的编码。EPC 的载体是 RFID 电子标签,借助互联网来实现信息的传递。EPC 旨在为每一件单品建立全球、开放的标识标准,实现全球范围内对单件产品的跟踪与追溯,从而有效提高供应链管理水平、降低物流成本。EPC 是一个完整的、复杂的、综合的系统。

目前较为公认的物联网的定义是:通过射频识别(RFID)、红外感应器、全球导航定位系统、激光扫描器等信息传感设备,按照约定的协议,将任何物品与互联网相连,进行信息交换和通信,实现智能化识别、定位、跟踪、监控和管理的一种网络。当每个而不是每种物品能够被唯一标识后,利用识别、通信和计算等技术,在互联网的基础上,构建连接各种物品的网络,即所说的物联网。RFID 技术、传感器技术和嵌入式智能技术是物联网的基础关键性技术。

2008 年,IBM 首次提出"智慧地球(Smart Planet)"的概念,其中物联网是不可缺少的一部分。智慧地球的含义是将新一代 IT 技术充分应用于各行各业中,具体就是把传感器嵌入和装备到电网、铁路、桥梁、隧道、公路、建筑、供水系统和油气管道等各种物体中,并普遍连接,形成物联网。智慧地球是目前大众所熟悉的智慧城市、智慧交通、智能家居、智能医院等一系列智能化系统的源头。

传统的射频识别模块主要工作在 125 kHz 低频和 13.56 MHz 中高频范围内,最大读写距离只有 10 cm,使用时须将电子标签贴近读写器时才能成功识别,因此在一些要求远距离识别的场合并不适用。超高频(UHF)RFID 读写器的工作频率为 920 MHz,与传统射频识别相比,在识别距离、抗干扰性能、多标签的识别问题以及用户可使用的空间等方面具有明显优势。在商品应用领域使用较多的是 EPC UHF G2 标准,它采用 920 MHz 的超高频作为无线传输媒介。相较于其他的标准,其优点主要体现在传输距离远、可达 10 m 以上、标签价格更为便宜。

众所周知的 ETC 读写器采用超高频(UHF)RFID 读写器,配合性能优良的天线模块识别距离可达 10 m。1991 年,在美国俄克拉荷马州安装了世界上第一个开放式公路自动收费系统,即广为熟知的电子不停车收费系统(Electronic Toll Collection,ETC)。当前 UHF-RFID 系统已成为 RFID 技术产业发展热点,UHF 频段的 RFID 产品是世界范围内的主流产品,市场对 UHF-RFID 读写器的需求逐渐增加。RFID 在 ETC 中的应用如图 10-26 所示,机场航空行李 UHF 电子标签实物图如图 10-27 所示。

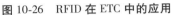

图 10-26　RFID 在 ETC 中的应用　　　图 10-27　机场航空行李 UHF 电子标签实物图

10.2.2　EPC GEN2 协议简介

1. EPC GEN2 的特点

ISO/IEC 共制定 7 个射频空中接口协议,其中第 6 个是规定 UHF 频段的 ISO/IEC 18000-6 协议。该协议已得到广泛应用,包含 Type A、Type B 和 Type C 三种无源标签的接口协议。EPC GEN2 对 ISO/IEC 18000-6A/6B 两种协议在频段选择、物理层数据编码调制、标签访问控制、防冲突和数据加密等关键技术方面有很大改进,使其在性能上比第一代 EPC GEN1 标准更好。

ISO/IEC 18000-6C 对 EPC GEN2 标准中电子标签存储器部分的内容和功能做出修改,其他部分继承 EPC GEN2 标准全部内容。与 ISO/IEC 18000-6A/6B 及 EPC GEN1 协议相比,ISO/IEC 18000-6C(EPC GEN2)具有以下特点:

(1) 读写速率高,在欧洲达到 600 标签每秒,在美国可达 1 500 标签每秒。

(2) 加密技术更加完善,数据的安全性更高。

(3) 读写内存更大。

(4) 可靠性高。标签内集成防冲突机制,可在高密度(多个读写器)环境下工作,保证信息完整。

(5) 允许用户多次读写标签。

(6) 唯一物品识别码 UID 长达 256 位;ISO/IEC 18000-6A/6B 的唯一识别码 UID 均仅有 64 位;EPC GEN1 的电子产品编码最多支持 96 位。

(7) ISO/IEC 18000-6C 电子标签内含自毁程序,这就要求对于某些应用场合要慎重考虑,如集装箱等。

2. EPC GEN2 物理层编码技术

物理层规定了读写器与标签通信的物理介质、通信速率、编码方式、调制方式等。EPC GEN2 协议规定读写器到标签的通信和标签到读写器的通信采用的编码和调制方式不同。

(1) 在 EPC GEN2 协议中,由读写器向标签发送指令信息采用的编码技术是 PIE(脉冲间隔编码技术),调制方式可由读写器选择 DSB-ASK(双边带幅移键控)调制、SSB-ASK(单边带幅移键控)调制和 PR-ASK(反相幅移键控)调制三种方式中的一种。

(2) UHF 电子标签通过反向散射调制方式调制基带数据信息。电子标签采用 FM0 基带或 Miller 编码将反向散射的数据编码,由读写器控制编码方式的选择。电子标签反向散射的数据采用 ASK 调制或 PSK 调制,调制方式在出厂时已由电子标签生产商确定。因此,设计的 UHF-RFID 读写器可同时 ASK 解调和 PSK 调制。

3. EPC G2 UHF 标准的接口参数

每个公司生产的符合 EPC G2 UHF 标准的电子标签,其功能和性能均应符合 EPC G2 UHF 相关无线接口性能的标准。先对相关接口参数有一个大致的了解,这样对于用户应用电子标签会有较大的帮助。

(1)无线通信过程。读写器向一个或多个电子标签发送访问命令信息,采用无线通信方式调制射频载波信号。电子标签通过相同的调制射频载波接收功率。读写器通过发送未调制射频载波和接收由电子标签发射(反向散射)的信息来接收电子标签中的数据。

(2)工作频率。EPC G2 UHF 标准所规定的工作频率为 860~960 MHz。每个国家在确定自己的使用频率范围时,会根据情况选择某段频率作为自己的使用频段。我国目前暂订的使用频率为 920~925 MHz。用户在选用电子标签和读写器时,应选用符合国家标准的电子标签及读写器。通常电子标签的频率范围较宽,而读写器在出厂时会严格按照国家标准规定的频率来限定。

中国 RFID 标准:920.125~924.875 MHz,20 个频道;欧洲 RFID 标准:865.7~867.5 MHz,4 个频道;美国 RFID 标准:902.75~927.25 MHz,50 个频道。

(3)频道工作模式:跳频扩频模式。RFID 读写器在有效频段范围内,将该频段分为 20 个、4 个或 50 个频段,在某个使用时刻读写器与电子标签的通信只占用一个频道进行通信。为防止占用某个频道时间过长或该频道被其他设备占用而产生干扰,读写器应用 FHSS 自动跳频技术动态跳到下一个频道。用户在使用读写器时,若发现某个频道在某地已被其他设备所占用或某个频道上的信号干扰很大,可在读写器系统参数设定中,先将该频道屏蔽,这样读写器在自动跳频时,会自动跳过该频道,以避免与其他设备的应用冲突。

(4)发射功率:最大 20 dBm[dBm:分贝毫瓦,为一个指代功率的绝对值,任意功率 $P(\text{mW})$ 与 $x(\text{dBm})$ 的换算公式:$x=10\lg(P/1\ \text{mW})$,20 dBm = 100 mW]。RFID 读写器的发射功率是一个很重要的参数。读写器对电子标签的操作距离主要由该发射功率确定,发射功率越大,则操作距离越远。读写器的发射功率可通过系统参数的设置来进行调整。可分为几级或连续可调,用户需根据自己的应用调整该发射功率,使读写器能在用户设定的距离内完成对电子标签的操作。对于满足使用要求的,将发射功率调到较小,可降低能耗。

(5)天线匹配电阻:50 Ω,范围为 900~930 MHz。天线是系统中非常重要的一部分,它对读写器与电子标签的操作距离有很大的影响。天线的性能越好,则操作距离会越远,操作的稳定性会更好。天线的选择参数包括:天线增益、驻波比及天线的方向性和天线尺寸。一般应选择天线驻波比较低的,应小于 1.5。

(6)密集读写器环境(DRM)。在实际应用场合,可能会同时存在多个读写器在一个空间范围内同时运行,这种情况被称为密集读写器环境,各个读写器会占用各自的操作频道对自己的某类电子标签自行操作。用户在使用时,应根据需要选用可在 DRM 环境下可靠运行的读写器。

(7)数据传输速率。RFID 读写器与标签之间交换数据,有高、低两种传输速率。对于一般厂商提供的标签,通常都首先选择高速数据传输速率。

10.2.3　AS3992 UHF-RFID 模块简介

AS3992 是 Austriamicrosystems 公司生产的 UHF-RFID 芯片,工作频率为 840~960 MHz,最高接收灵敏度为−86 dBm,采用 ASK 或 PR-ASK 调制方式、可编程 DRM 过滤器,抗干扰能力强,此外还支持多种供电模式以降低功耗。AS3992 UHF-RFID 模块不仅支持 ISO 18000-6C 通信协议,还兼容 18000-6A/B 通信协议,可完成对符合这些协议的电子标签的所有操作,并提供完善的用户接口和用户端 PC 或自主的控制器的操作函数,方便用户可靠、快速地完成对 UHF 电子标签的操作。它具有集成度高、性能稳定、价格合适等优点,适用于识别 EPC 电子标签的多种应用场合。用户可应用读写器直接完成对电子标签的相关操作,如标签发行、标签识别等,也可嵌入到用户产品中构成更多的应用。AS3992 UHF-RFID 模块硬件实物图如图 10-28 所示,EPC G2 UHF 电子标签实物图如图 10-29 所示。

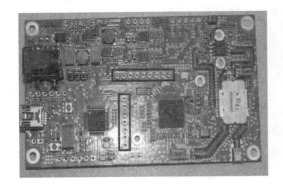 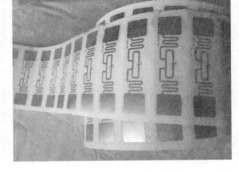

图 10-28　AS3992 UHF-RFID 模块硬件实物图　　图 10-29　EPC G2 UHF 电子标签实物图

AS3992 读写器模块主要由 C8051F340 微处理器、RFID 基站芯片 AS3992、天线模块、高频电路、复位电路、LED 状态显示电路等组成,可独立完成对电子标签的所有操作。其按照用户提供的命令完成对电子标签的读写操作,并将所得数据返回给用户系统。AS3992 UHF-RFID 读写器系统工作硬件实物图如图 10-30 所示。

图 10-30　UHF-RFID 读写器系统工作硬件实物图

　　主机可通过 UART 或 USB 接口将命令发送到 AS3992 读写器模块以完成电子标签的读写操作，极大地方便了用户的连接和应用。模块将所得到的数据发送给主机。C8051F340 微处理器根据上位机或主控用户输入的信息对 AS3992 的相关参数进行配置，并根据指令对 EPC GEN2 电子标签进行访问和读/写操作。访问和读/写操作结束后，AS3992 将获取的信息反馈给 C8051F340 CPU。C8051F340 CPU 通过 USB 接口将信息传输给 PC 上位机或通过 UART 接口传输给用户主控模块。LED 显示驱动电路实时显示 AS3992 读写器模块的工作状态，复位电路用于对 C8051F340 CPU 的复位。AS3992 UHF-RFID 模块硬件结构图如图 10-31 所示。

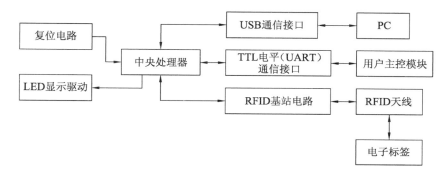

图 10-31　AS3992 UHF-RFID 模块硬件结构图

　　AS3992 UHF-RFID 模块具有以下特点：

- 标签协议：支持 ISO 18000-6C（EPC GEN2）、ISO 18000-6A/B 协议。
- 工作频率：840～960 MHz，符合国家 RFID 标准，支持全球各地使用频段，满足不同国家标准规定。
- 跳频方式：采用 FHSS 自动跳频。
- 发射机功率：可由用户软件设置，最大为 20 dBm（100 mW）。
- 通信波特率：115 200 bit/s、9 600 bit/s 等。
- 内部有专门寄存器管理数据帧，用户主控模块工作负担得到减轻。
- 片内集成协议处理系统，具有频率器、中频放大器，片上 VCO、PLL、DRM 滤波器及 PM 和 AM 调制解调器。
- 具有发射链路预失真和接收信号自动增益控制功能，集成 A/D 转换器用于测量发射功率。
- 模块内部的电压适配器和时钟（CLSYS）可为 MCU 等外部电路提供 3.3 V 电压和时钟信号。
- 内置可调功率放大器，可调功率高达 20 dBm。
- 可连接外部天线，增加读写距离。
- 系统参数设置。完成对读写器的参数设置，如发射机功率、天线状态及接收部分灵敏度等。
- 对电子标签的访问操作。完成对电子标签的所有访问操作，包括轮询标签、唤醒标签、读标签数据、写标签数据、灭活标签、锁定标签、休眠标签等功能。

● 与主机通信接口：UART、USB。应用这些通信方式，用户可实现与 AS3992 读写器的通信，发送相关的命令来完成对电子标签的操作。读写器可很方便地嵌入用户系统中，较快地完成系统功能。还可在一个通信总线上同时加装多台读写器，分别进行控制。

10.2.4　系统总体设计

1. 系统功能

UHF-RFID 读写器实时发送盘存指令，扫描有效作用范围内是否存在 EPC GEN2 电子标签。当工作范围内有电子标签存在时，电子标签接收到读写器发送的指令后将 EPC 序列码返回给 AS3992 射频读写模块，主控 MCU 模块通过串口 UART 读取 EPC 序列码，并显示在 TFT-LCD 上。可通过按键 KEY1 选择读标签模式，通过按键 KEY0 选择写标签模式，对设定的电子标签内存单元进行访问读写，按下按键 KEY2 开始启动操作。内存单元地址和写入的数据通过键盘输入，TFT-LCD 显示器会同步显示工作过程。UHF-RFID 读写器具有以下功能：

（1）自动扫描并识别有效识别范围内符合标准的 EPC GEN2 电子标签并读取其 EPC 序列码。

（2）读标签的最大距离为 50 cm。

（3）写标签的最大距离为 30 cm。

（4）具有选择读标签和写标签两种模式的功能。

（5）访问内存单元地址和写入的数据可以由用户输入。

（6）TFT-LCD 实时显示电子标签 EPC 序列码及系统的不同工作状态。

2. 系统组成

UHF-RFID 读写器由 STM32 微处理器、AS3992 射频读写模块、LCD 显示模块及按键输入模块组成。

STM32 微处理器：作为主控单元，是整个系统核心部分，用以控制和协调系统各模块的运行。

AS3992 射频读写模块：用以实现对电子标签的读/写操作，是系统的主要功能模块。

TFT-LCD 显示模块：用以实时显示电子标签的 EPC 序列码、系统的不同工作状态。

按键输入模块：用以实现读标签和写标签两种模式选择、内存单元地址的访问和写入的数据的输入。

3. 系统设计方案

UHF-RFID 读写器以 STM32F103 为核心，采用 UART 串口与 AS3992 射频读写模块进行通信，通过按键实现 UHF-RFID 读写器读/写操作模式的切换，由键盘输入 EPC GEN2 电子标签的内存单元地址及数据，并在 TFT-LCD 显示器上同步显示工作过程及操作结果。UHF-RFID 读写器系统总体设计框图如图 10-32 所示。

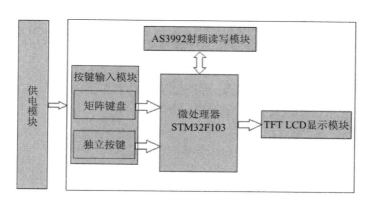

图 10-32　UHF-RFID 读写器系统总体设计框图

4. 涉及的关键技术

系统涉及的关键技术主要有:

- 采用 RFID 射频识别技术。
- 采用 920~925 MHz 超高频段(UHF)的工作频率。
- 采用 UHF-RFID 芯片 AS3992 实现 UHF-RFID 读写器的读写操作。
- 采用 EPC GEN2 非接触式 IC 卡技术实现远距离自动识别电子标签。
- 采用可靠、低廉的 STM32 微处理器实现对系统的控制。

10.2.5　系统软件设计

1. UHF-RFID 读写器指令集简介

UHF-RFID 读写器指令集包含两部分:AS3992 射频模块的指令集和 EPC GEN2 电子标签的指令集。AS3992 射频读写模块的工作方式为被动式,即它接收主控模块发出的操作命令并执行,最后将执行结果返回给主控模块。它可采用 USB 方式与 PC 或用户主控模块进行通信,提供多种与用户系统的通信方式。主控模块与 AS3992 射频读写模块之间的通信数据是以字节为单位来传送的,每条命令由多个字节组成。主控模块向 AS3992 射频读写模块发送的命令与其返回的数据格式是相同的,通信命令的格式为:命令码+命令字节长度+命令数据,返回数据的命令码是对发送数据命令码的回答。

AS3992 射频读写模块提供完整的对标签操作命令,主要包括以下两部分:

- 读写器参数设定命令:完成对读写器工作参数的设定,具体包括工作频率、接收灵敏度、盘存周期、GEN2 参数设置等。

- EPC GEN2 电子标签操作指令集:提供与国际标准相一致的对电子标签操作的基础指令集,具体包括轮询标签、密码校验、读标签、写标签、锁定标签及灭活标签等。

(1) AS3992 射频读写模块指令集。

AS3992 射频读写模块指令集包括访问 AS3992 的硬件或固件版本、内部寄存器和针对各种参数的设定等,下面介绍 AS3992 射频读写模块的具体指令。

① 读取读写器的固件版本和硬件版本号。

本命令可用于将读写模块的固件和硬件版本号读出,也可用于检测 RFID 模块与主机是否通信正常。

发送命令：

命令码：0x10；命令字节长度：0x03；命令数据：0x00（Firmware）/0x01（Hardware）。

返回数据：

命令码：0x11；命令字节长度：0x23；得到数据：字符串（String）。

例如，读取 AS3992 射频读写模块的固件版本号。

发送：10 03 00

接收：11 23 41 53 33 39 39 32 20 4D 69 6E 69 20 52 65 61 64 65 72 20 46 69 72 6D 77 61

显示：72 65 20 31 2E 35 2E 31（ASCII 码显示）或者#AS3992 Mini Reader Firmware 1.5.1
　　　（字符串显示）

例如，读取 AS3992 射频读写模块的硬件版本号。

发送：10 03 01

接收：11 22 41 53 33 39 39 32 20 52 4F 47 45 52 20 52 65 61 64 65 72 20 48 61 72 64 77

显示：61 72 65 20 31 2E 32（ASCII 码显示）或者 AS3992 ROGER Reader Hardware 1.2
　　　（字符串显示）

读取 AS3992 的硬件版本号的函数 RFID_Read_Hardware( )源程序如下：

```
void RFID_Read_Hardware(void)
{
    Command[0] = 0x10;
    Command[1] = 0x03;
    Command[2] = 0x01;
    USART1_SEND(Command);
}
```

② 写 AS3992 寄存器命令。

发送命令：

命令码：0x1A；命令字节长度：0x04/0x05/0x06；寄存器地址；写入数据：1/2/3 字节。

返回数据：

命令码：0x1B；命令字节长度：0x03；错误提示字节：0x00 正确；其他返回值：错误。

例如，向地址为 0x08 的寄存器写入数据 0x00。

发送：1A 04 08 00

接收：1B 03 00（表示写入成功）

例如，向地址为 0x09 的寄存器写入数据 0x01。

发送：1A 04 09 01

接收：1B 03 00（表示写入成功）

向指定的 AS3992 寄存器写数据命令的函数 RFID_Write_Single( )源程序如下：

```
void RFID_Write_Single(u8 addr, u8 data)      // 写 AS3992 寄存器命令
{
    Command[0] = 0x1A;                        // OUT_WRITE_REG_ID = 0x1A
    Command[1] = 0x04;
```

```
        Command[2] = addr;                    // 寄存器地址
        Command[3] = data;                    // 寄存器数据
        USART1_SEND(Command);
    }
```

③ 读 AS3992 寄存器命令。

发送命令：

命令码：0x1C；命令字节长度：0x03；寄存器地址。

返回数据：

命令码：0x1D；命令字节长度：0x06；读取的数据：Data。

例如，读取地址为 0x09 的寄存器数据 0x01。

发送：1C 03 09

接收：1D 06 01 00 00 00

例如，向地址为 0x08 的寄存器写入数据 0x07，再读取其地址寄存器数据 0x07。

发送：1A 04 08 07

接收：1B 03 00

发送：1C 03 08

接收：1D 06 07 00 00 00

读 AS3992 寄存器命令的函数 RFID_Read() 源程序如下：

```
    u8 RFID_Read(u8 addr)         // 读 AS3992 寄存器命令
    {
        u8 readdata;
        Command[0] = 0x1C;        // OUT_READ_REG_ID = 0x1C
        Command[1] = 0x03;        // 读寄存器中的数据：1D 06 00 00 00 00 00 00
        Command[2] = addr;        // 寄存器地址
        USART1_SEND(Command);
        return readdata;
    }
```

④ 读取 AS3992 所有寄存器的现值。

发送命令：

命令码：0x57；命令字节长度：0x02。

发送：57 02

接收：58 2D 02 06 F0 00 35 05 00 07 07 01 08 02 00 37 13 6E A8 02 0C 40 00 51 83
84 0A 06 3F 20 1A ED E3 46 18 01 00 FC 00 00 00 00 00 00 00

读 AS3992 所有寄存器的现值命令函数 RFID_Read_AllReg() 源程序如下：

```
    void RFID_Read_AllReg(void)
    {
        Command[0] = 0x57;
        Command[1] = 0x02;
```

USART1_SEND（Command）；

⑤ 设置主要的参数。

a. 工作频率。

本命令用于改变 AS3992 读写器的工作频率、得到发射功率值或 RSSI 值。不同国家或地区的读写器工作频率标准详见表 10-3。

表 10-3　不同国家或地区的读写器工作频率标准

国家或地区	起始频率/kHz	结束频率/kHz	增量/kHz	RSSI 阈值/dBm	侦听时间/ms	空闲时间/ms	最长时间/ms
欧洲	865.700 (0x0D35A4)	867.500 (0x0D3CAC)	600 (0x0258)	−40 (0xD8)	1	0	10 000
日本	952.400	952.600	200	−87	10	100	4 000
美国	902.750 (0x0DC65E)	927.250 (0x0E2612)	500 (0x01F4)	−40 (0xD8)	1	0	400
中国 920.625	920.625 (0x0E0C31)	924.375 (0x0E1AD7)	750 (0x02EE)	−40 (0xD8)	1	0	10 000
中国 840.125	840.125	844.875	250	−40	1	0	10 000
韩国	917.300	920.300	600	−40	1	0	10 000

发送命令：

命令码：0x41；命令字节长度：0x07/0x08；选择项：MASK。

选择不同的 MASK 值，返回的数据不一样。

- MASK 0x01：RSSI 值扫描。
- MASK 0x02：反射功率扫描。
- MASK 0x04：开跳跃模式，增加频率值到频率单上。
- MASK 0x08：关跳跃模式，删除频率单上的频率。
- MASK 0x10：设置 LBT 参数，用于跳跃模式。

例如，设置 AS3992 工作在中国频段（中国频段共 20 个频点）920.625 MHz 频点。

发送：41 08 08 31 0C 0E D8 01

接收：42 40 FE FF 00 00 00 00 00 00 00 00 00 00 00 00 00 00 00 00（表示设置成功）

例如，添加中国频段 924.375 MHz 频点。

发送：41 08 04 D7 1A 0E D8 01

接收：42 40 FC FF 00 00 00 00 00 00 00 00 00 00 00 00 00 00 00 00（表示添加成功）

在频率范围 920 625 ~ 924 375 kHz 之内，920 625 kHz = 0x0E0C31，924 375 kHz = 0x0E1AD7。设置 RFID 工作频率命令函数 RFID_Work_Freq() 源程序如下：

```
void RFID_Work_Freq( u8 data0, u8 data1, u8 data2)  // 改变读写器工作频率设置
{
```

```
Command[ 0 ] = 0x41;                    // 改变读写器工作频率命令
Command[ 1 ] = 0x08;
Command[ 2 ] = 0x04;                    // 开跳跃模式
Command[ 3 ] = data0;
Command[ 4 ] = data1;                   // 频率中位字节
Command[ 5 ] = data2;                   // 频率高位字节
Command[ 6 ] = 0xD8;                    // RSSI 阈值:-40 dBm
Command[ 7 ] = 0x01;
USART1_SEND( Command );
}
```

b. 天线功率。

本命令用于打开或关闭天线功率,关掉后 AS3992 将不能读写。改变功率大小要在寄存器中设置,天线功率选择字节值的含义详见表 10-4。

表 10-4　天线功率选择字节值的含义

天线功率选择字节的值	含义
0x00	关功率
0x01 ~ 0xFE	保留,用于在其他版本中改变天线功率大小
0xFF	开功率

发送命令:

命令码:0x18;命令字节长度:0x03;命令数据:天线功率选择字节。

返回数据:

命令码:0x19;命令字节长度:0x03;得到数据:0x00。

例如,设置关闭天线功率。

发送:18 03 00

接收:19 03 00(此时读写器将不能读写标签)

控制天线功率开关命令函数 RFID_Power_ON( )源程序如下:

```
void RFID_Power_ON( void )                // 打开天线功率开关
{
    Command[ 0 ] = 0x18;                  // 控制天线功率开关
    Command[ 1 ] = 0x03;
    Command[ 2 ] = 0xff;
    USART1_SEND( Command );
}
```

c. GEN2 参数。

发送命令:

命令码:0x59;命令字节长度:按实际需要。

需要设置的参数：

字节地址+设置值、链接频率（Linkfrequency）、盘存算法选择（Miller）、通话区域选择（Session）、Pilot tone（Trext）、初始可用槽数值 2^q（Qbegin）。

发送：59 0C 00 06 00 01 00 00 00 01 00 A6

接收：5A 40 00 06 00 01 00 00 00 01 00 04 00 A6 00 00 00 00 00 00 00 00 00 00 00 00 00 00 00 00 00 00 00 00 00 00 00 00 00 00 00 00 00 00 00 00 00 00 00 00 00 00 00 00 00 00 00 00 00 00 00 00 00 00 00 00

（2）EPC GEN2 电子标签指令集。

AS3992 射频读写模块对电子标签的操作有三组命令集：选择、盘存和访问。它们由一个或多个命令组成，完成对电子标签的访问操作，访问标签包括对标签的读、写、锁定、灭活等操作。AS3992 与 STM32 CPU 通过串口进行通信，可根据微控制器发送的命令对电子标签进行读写操作，根据需要更改 AS3992 的工作频率、发射功率、接收灵敏度等的设置。

① 选择（Select）。由一条命令组成。AS3992 读写器对电子标签进行访问操作前，需要使用选择命令，选择符合用户定义的标签，使其进入相应的工作区域，以便读写器进一步操作，未被选择的标签继续处于非激活状态不会被操作。主机以 0x33 为帧头发送选择命令，AS3992 读写器接到命令后以 0x34 为帧头将应答信息发送给主机，选择命令帧格式如图 10-33 所示。

主机——读写器

字节0	字节1	字节2	字节3	字节n+4	字节n+5~字节63
帧头0x33	字节长度	EPC编号字节长度n+1	EPC字节0	EPC字节n	保留位

读写器——主机

字节0	字节1	字节2
帧头0x34	字节长度	错误字节

图 10-33　选择命令帧格式

例如，要选中 EPC 为 01 02 03 04 05 06 07 08 09 0A 0B 0C 的标签。

发送：33 0F 0C 01 02 03 04 05 06 07 08 09 0A 0B 0C

接收：34 03 09（表示未选中标签）

或者：34 03 00（表示选中标签）

选择标签命令函数 RFID_Select_Tag( ) 源程序如下：

```
void RFID_Select_Tag( u8 * EPC_ID)          // 选择标签命令
{
    u8 i;
    Command[0] = 0x33;
    Command[1] = 0x0F;                      // 命令长度
    Command[2] = 0x0C;                      // 标签长度
    for(i=0; i<12; i++)
```

```
                }
                    Command[i+3]=EPC_ID[i];            // 读取标签 ID 码
                }
            USART1_SEND(Command);
        }
```

②轮询(盘存,Inventory)。由多条命令组成。轮询首先启动一个盘存周期,对当前AS3992 模块天线有效范围内的电子标签进行扫描,将所有符合选择(Select)条件的标签循环扫描一遍,电子标签将分别返回其 EPC 码,实现对天线有效范围内所有标签 EPC 码的读取。通过轮询命令可获取所有在扫描范围内的电子标签个数及 EPC 码。有两种盘存指令:不带 RSSI 值和带 RSSI 值。主机以 0x31 或 0x43 为帧头发送轮询命令,AS3992 读写器以 0x32 或 0x44 为帧头将找到的标签数目及 EPC 码信息发送给主机。带 RSSI 值的轮询命令帧格式如图 10-34 所示。该命令对当前读写器天线有效范围内的标签进行扫描。

主机——读写器

字节0	字节1	字节2
帧头0x43	字节长度	开始盘存0x01

读写器——主机

字节0	字节1	字节2	字节3	字节4~字节6	字节7	字节8~字节21
帧头0x44	字节长度	找到的标签数目	RSSI	工作频率	EPC和PC字节长度	PC+EPC

图 10-34　带 RSSI 值的轮询命令帧格式

a. 不带 RSSI 值。

发送命令:

命令码:0x31;命令字节长度:0x03;开始新一轮盘存:0x01。

返回数据:

命令码:0x32;命令字节长度:0x12;标签数目;PC+EPC 字节长度:EPC 码。

例如,盘存标签。

发送:31 03 01

若接收 32 04 00 00,则表示未识别到标签;若接收 32 12 01 0E 30 00 E2 00 30 00 04 13 01 35 26 70 10 BA,则表示识别到 1 个标签,其 EPC 码为 E2 00 30 00 04 13 01 35 26 70 10 BA。

其中:0x01 表示识别到 1 个标签;0x0E 表示 PC+EPC 字节长度;0x30 0x00 表示 PC。

设置不带 RSSI 的盘存命令函数 RFID_Inventory()源程序如下:

```
    void RFID_Inventory(void)
    {
        Command[0]=0x31;
        Command[1]=0x03;
        Command[2]=0x01;
        USART1_SEND(Command);
    }
```

b. 带 RSSI 值。

发送命令：

命令码:0x43；命令字节长度:0x03；开始新一轮盘存:0x01。

返回数据：

命令码:0x44；命令字节长度:0x16；标签数目；RSSI 值；此刻的工作频率；PC+EPC 字节长度,EPC 码。

发送:43 03 01

若接收 44 05 00 00 00,则表示未识别到标签；若接收 44 16 01 90 A4 35 0D 0E 30 00 E2 00 91 49 49 06 02 25 24 00 1F F8,则表示识别到 1 个标签,其 EPC 码为 E2 00 91 49 49 06 02 25 24 00 1F F8。

其中:0x01 表示识别到 1 个标签；0x90 表示 RSSI 值；A4 35 0D 表示工作频率为 865.7 MHz(欧洲频率)；0x0E 表示 PC+EPC 字节长度；0x30 0x00 表示 PC,电子标签的协议控制字。

设置带 RSSI 的盘存命令函数 RFID_Inventory_RSSI( )源程序如下：

```
void RFID_Inventory_RSSI(void)
{
    Command[0] = 0x43;
    Command[1] = 0x03;
    Command[2] = 0x01;
    USART1_SEND(Command);
}
```

③ 读标签。读标签命令用于读取电子标签存储器的数据。读取标签时首先要选中特定标签,发送读标签命令。执行读标签命令时需要发送存储体及标签内存储地址,并进行密码校验。主机以 0x37 为帧头发送读标签命令,命令中包含存储体地址、读取内存开始地址及读取数据长度。读写器接收到命令后读取指定电子标签对应存储体地址内的数据,以 0x38 为帧头将字节长度、错误显示、读出数据字长及读出的数据通过串口发送给主机。读电子标签命令帧格式如图 10-35 所示。

主机───▶读写器

字节0	字节1	字节2	字节3	字节4	字节5~字节8
ID 0x37	字节长度	存储体	标签内存字地址	数据字长	保留位

读写器───▶主机

字节0	字节1	字节2	字节3	字节4~字节n
ID 0x38	字节长度	错误显示	读出数据字长	数据

图 10-35　读电子标签命令帧格式

例如,读取标签 01 存储体首地址为 0x02 的 6 个字的内存单元内容。

发送:37 05 01 02 06

接收:38 10 00 06 01 02 03 04 05 06 07 08 09 10 6A 0F

表示读取内存单元的内容为 01 02 03 04 05 06 07 08 09 10 6A 0F。

从标签读取指定的用户区信息的函数 RFID_Read_Memusr( )源程序如下：

```
    void RFID_Read_Memusr(u8 addr)              // 读取卡片用户区的信息
    {
        Command[0] = 0x37;
        Command[1] = 0x09;
        Command[2] = 0x03;
        Command[3] = addr;
        Command[4] = 0x02;
        Command[5] = 0x00;
        Command[6] = 0x00;
        Command[7] = 0x00;
        Command[8] = 0x00;
        USART1_SEND(Command);
    }
```

④ 写标签。写标签命令用于向特定电子标签存储器写入数据。写入标签时首先要选中特定标签,选中后发送写标签命令。执行写标签命令时需要发送存储体及标签内存字地址,并且要进行密码校验。主机以 0x35 为帧头发送写标签命令,命令中包含存储体地址、写入内存起始地址、写入数据长度、写入的数据和访问口令。读写器接收到命令后向指定电子标签对应存储体地址写入数据,并以 0x36 为帧头将字节长度、错误显示、写入数据字长发送给主机。写电子标签命令帧格式如图 10-36 所示。

主机 ——→ 读写器

字节0	字节1	字节2	字节3	字节4~字节7	字节8	字节9~字节[9+2×n]
ID 0x35	字节长度	存储体	标签内存字地址	访问口令	数据字长n	数据

读写器 ——→ 主机

字节0	字节1	字节2	字节3
ID 0x36	字节长度	错误显示	写入数据字长

图 10-36　写电子标签命令帧格式

例如,向标签 01 存储体首地址为 0x02 的 6 个字内存单元写入数据:01 02 03 04 05 06 07 08 09 10 11 12。

发送:35 15 01 02 00 00 00 00 06 01 02 03 04 05 06 07 08 09 10 11 12

接收:36 04 00 06

表示成功向标签 01 存储体首地址为 0x02 的 6 个字内存单元写入数据。

将信息写入标签指定的用户区的函数 RFID_Write_Memusr( )源程序如下：

```
    void RFID_Write_Memusr(u8 addr,u16 data)     //写信息到卡片的用户区
    {
        Command[0] = 0x35;                        //写标签命令
```

```
Command[1] = 0x0B;                        //命令的长度
Command[2] = 0x03;                        //存储体
Command[3] = addr;                        //内存地址
Command[4] = 0x00;                        //密码1
Command[5] = 0x00;                        //密码2
Command[6] = 0x00;                        //密码3
Command[7] = 0x00;                        //密码4
Command[8] = 0x01;                        //字长
Command[9] = data&0x00FF;
Command[10] = ( data&0xFF00)>>8;
USART1_SEND( Command) ;
}
```

2. 系统主控软件设计

AS3992 UHF-RFID 读写器系统主控软件设计流程图如图 10-37 所示。主控软件运行时首先需要配置所用的 STM32 CPU 片上外设资源,如串口 UART、外部中断等,之后向各功能模块发送命令进行初始化。STM32 CPU 通过 UART 与 AS3992 通信,实时发送盘存指令,扫描工作范围内的电子标签,并将读取的电子标签 EPC 码返回给 STM32 CPU,并显示在 TFT-LCD 上。当按键 KEY2 按下时,启动 UHF-RFID 读写器工作;当按键 KEY0 按下时,STM32 CPU 发送写标签指令,向指定的电子标签写入数据,同时用 TFT-LCD 显示写入过程;当按键 KEY1 按下时,STM32 CPU 发送读标签指令,读取电子标签的存储区的内容,同时用 TFT-LCD 显示工作过程和读取到的数据。

3. AS3992 射频模块读写软件设计

(1) AS3992 初始化软件设计。

AS3992 的初始化是对各种参数的设置,主控制器通过 UART 对其参数进行配置。根据读写器指令集命令,对 AS3992 的工作频率、天线功率和接收灵敏度等参数进行配置。将 AS3992 的工作频率设为中国频段(920 ~ 925 MHz),由表 10-3 得到对应 6 个频点的十六进制数分别为 0x0E0C31、0x0E0F1F、0x0E120D、0x0E14FB、0x0E17E9 和 0x0E1AD7。串口 UART 发送命令,根据接收的错误标志字节判断是否重复发送。AS3992 初始化软件设计流程图如图 10-38 所示,设置工作频率软件设计流程图如图 10-39 所示。

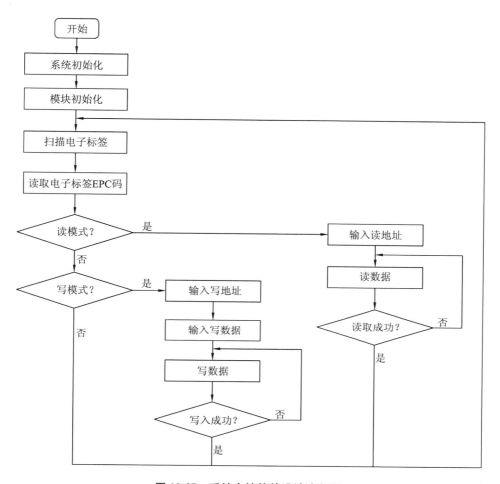

图 10-37 系统主控软件设计流程图

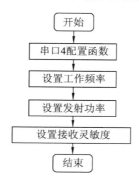

图 10-38 AS3992 初始化软件设计流程图

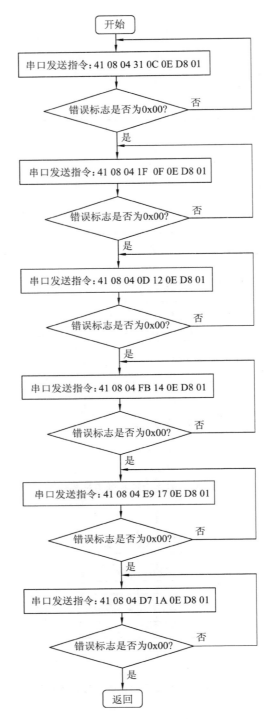

图 10-39　设置工作频率软件设计流程图

设置第一个频点 920.625 MHz：

发送：41 08 04 31 0C 0E D8 01

接收：42 40 FC FF 00 00 00 00 00 00 00 00 00 00 00 00 00 00 00 00 00

设置第二个频点 921.375 MHz：

发送：41 08 04 1F 0F 0E D8 01

接收：42 40 FC FF 00 00 00 00 00 00 00 00 00 00 00 00 00 00 00 00 00

设置第三个频点 922.125 MHz：

发送：41 08 04 0D 12 0E D8 01

接收：42 40 FC FF 00 00 00 00 00 00 00 00 00 00 00 00 00 00 00 00 00

设置第四个频点 922.875 MHz：

发送：41 08 04 FB 14 0E D8 01

接收：42 40 FC FF 00 00 00 00 00 00 00 00 00 00 00 00 00 00 00 00 00

设置第五个频点 923.625 MHz：

发送：41 08 04 E9 17 0E D8 01

接收：42 40 FC FF 00 00 00 00 00 00 00 00 00 00 00 00 00 00 00 00 00

设置第六个频点 924.375 MHz：

发送：41 08 04 D7 1A 0E D8 01

接收：42 40 FC FF 00 00 00 00 00 00 00 00 00 00 00 00 00 00 00 00 00

将天线功率设为最大功率 20 dBm（即设为 0xFF），设置天线功率软件设计流程图如图 10-40 所示。

发送：18 03 FF

接收：19 03 00

将接收灵敏度设为 −78 dBm，即向地址为 0x0A 和 0x05 的寄存器分别写入数据 0x88、0x85，设置接收灵敏度软件设计流程图如图 10-41 所示。

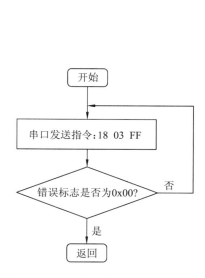

图 10-40　设置天线功率软件设计流程图

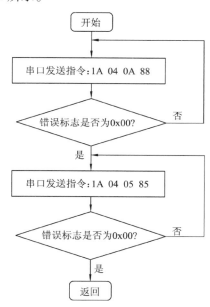

图 10-41　设置接收灵敏度软件设计流程图

发送:1A 04 0A 88　　　接收:1B 03 00

发送:1A 04 05 85　　　接收:1B 03 00

AS3992 初始化函数 RFID_Init( )源程序如下:

```
void RFID_Init(void)
{
    RFID_Work_Freq(0x31,0x0C,0x0E);      // 设置读写器工作频率,中国频率
    RxCounter = 0;
    Sensitivity_Set(5);                  // 设置接收灵敏度
    RxCounter = 0;
}

static unsigned char const PA_table[20] = {0x00,0x01,0x02,0x03,0x04,0x05,
    0x06,0x07,0x0A,0x0B,0x0C,0x0D,0x0E,0x0F,0x12,0x13,0x14,0x15,0x16,
    0x17};
static unsigned char const Sensitivity_table[14][3] = {{0x85,0xca,85},{0x85,
    0x8a,82},{0x85,0x4a,79},{0x85,0x0a,76},{0x85,0xc8,75},{0x85,0x88,
    72},{0x85,0x48,69},{0x05,0x48,63},{0x05,0x88,60},{0x05,0x09,58},
    {0x05,0x49,55},{0x05,0x89,52},{0x05,0xc9,49}};
```

AS3992 改变发射功率设置函数 RFID_Power_Set( )源程序如下:

```
void RFID_Power_Set(u8 PA_Val)          // 改变发射功率设置
{
    u8 data0;
    data0 = (data0&0x20)|PA_table[PA_Val];// 改变功率
    Command[0] = 0x1A;                   // OUT_WRITE_REG_ID = 0x1A
    Command[1] = 0x06;
    Command[2] = 0x15;                   // 寄存器地址
    Command[3] = data0;                  // 寄存器数据
    Command[4] = 0x3f;
    Command[5] = 0x20;
    USART1_SEND(Command);
}
```

AS3992 控制接收灵敏度函数 Sensitivity_Set( )源程序如下:

```
void Sensitivity_Set(u8 Sensi_val)      // 接收灵敏度设置
{
    u8 data0;
    data0 = RFID_Read(0x0A);            // 读寄存器 0x0A[7:0]
    data0 = (data0&0x04)|Sensitivity_table[Sensi_val][1];
                                         // 改变灵敏度
    RFID_Write_Single(0x0A,data0);      // 写寄存器 0x0A[7:0]
```

```
    RxCounter = 0;
    data0 = RFID_Read(0x05);                    // 读寄存器 0x05[7:0]
    // 改变灵敏度
    data0 = (data0&0x7F) | Sensitivity_table[Sensi_val][0];
    RFID_Write_Single(0x05,data0);              // 写寄存器 0x05[7:0]
    RxCounter = 0;
}
```

（2）读取电子标签 EPC 序列码的软件设计。

读取电子标签 EPC 码时，微控制器向 AS3992 发送轮询命令，之后 AS3992 扫描电子标签，并将扫描结果通过串口发送给微控制器。若 AS3992 返回的第 3 个数据不为 0，则判定扫描到电子标签，否则继续发送选择轮询命令，直至成功扫描到电子标签为止。根据返回第 3 个数据的大小获取扫描到的电子标签的数目，解析出电子标签 EPC 码。读取电子标签 EPC 码的软件设计流程图如图 10-42 所示。

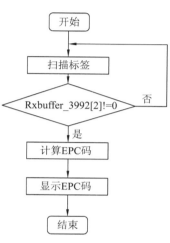

图 10-42　读取电子标签 EPC 码的软件设计流程图

程序执行，读写器发送：43 03 01

扫描单标签时接收：44 16 01 9E AC 3C 0D 0E 30 00 E2 00 30 98 83 01 00 90 04 90 E3 1F

表示识别到标签：E2 00 30 98 83 01 00 90 04 90 E3 1F

扫描多标签时接收：44 16 03 D0 FC 37 0D 0E 30 00 E2 00 30 98 83 01 00 90 05 00 E4 C2 44 16 02 E7 FC 37 0D 0E 30 00 E2 00 30 98 83 01 00 90 04 90 E3 1F 44 16 01 E8 FC 37 0D 0E 30 00 E2 00 30 35 10 0C 01 12 26 10 0E C7

表示识别到标签：

E2 00 30 98 83 01 00 90 05 00 E4 C2

E2 00 30 98 83 01 00 90 04 90 E3 1F

E2 00 30 35 10 0C 01 12 26 10 0E C7

读取电子标签 EPC 序列码的函数 Read_EPC()源程序如下：

```
void Read_EPC(void)
{
    u16 i,j;
    Rxbuff_3992[2] = 0;                         //防止误判
    j = 10;
    LCD_ShowString(10,30,200,16,16,"Start Scan:Waiting...");
    while(Rxbuff_3992[2] == 0 && j>0)
    {
        RxCounter_3992 = 0;
        RFID_Inventory_RSSI();
```

```
            delay_ms( 100 );
            j--;
      }
      if( j)
      {
            LCD_ShowString( 10,50,200,16,16,"SCAN Success ! ! !           ");
            for( i = 0; i<RxCounter_3992; i++)
            {
                  RxBuffer1[ i] = Rxbuff_3992[ i];   // 扫描电子标签
            }
            epc = RxCounter_3992/22;
            for( j = 0; j<epc; j++)
            {
                  for( i = 0; i<12; i++)
                  {   // 提取得到的标签序列号
                        EPC_D[ i] = RxBuffer1[ i+10+22 * j];
                  }
                  delay_us( 100 );
            }
      }
      else
      {
            BACK_COLOR = RED;
            LCD_ShowString( 10,50,200,16,16,"SCAN Failing ! ! !             ");
      }
}
```

（3）读取电子标签内存单元内容的软件设计。

读取电子标签特定存储区数据时，首先要发送选择标签命令，如果读写器返回 0x34，0x03，0x00，说明成功选中，否则继续发送选择标签命令，直至成功选中为止。然后发送读标签命令，若读写器返回的前两个数据为 0x38，0x00，则判定为成功写入，否则继续发送读标签命令，直至成功读取为止。读取电子标签内存单元内容的软件设计流程图如图 10-43 所示。

发送：33 0F 0C E2 00 30 98 83 01 00 90 04 90 E3 1F

接收：34 00 00（表示选中标签：E2 00 30 98 83 01 00 90 04 90 E3 1F）

发送：37 05 01 00 02

接收：38 10 00 02 FF 00 00 00（表示读到电子标签地址为 0x00 的内存单元数据为 0xFF）

读取电子标签内存单元内容的函数 Read_Data( )源程序如下：

```
void Read_Data(void)
{
    u16 i;
    data = 0;
    LCD_ShowString(30,130,200,16,16,"RFID:Read data          ");
    LCD_ShowString(30,150,200,16,16,"Input Address:              ");
    LCD_ShowNum(150,150,addr,2,16);
    LCD_ShowString(30,170,320,16,16,"select EPC...");
    Rxbuff_3992[0] = 0;                        // 防止误判
    // 选中 EPC_a 标签
    while(Rxbuff_3992[0]! = 0x34 || Rxbuff_3992[1]! = 0x03 || Rxbuff_3992
        [2]! = 0x00)
    {
        RxCounter_3992 = 0;
        RFID_Select_Tag(EPC_d);                // 扫描选中的标签
        delay_ms(100);
    }
    LCD_ShowString(30,170,320,16,16,"select success          ");
    LCD_ShowString(30,190,320,16,16,"read data....");
    Rxbuff_3992[0] = 0;                        // 防止误判
    Rxbuff_3992[2] = 1;                        // 防止误判
    while(Rxbuff_3992[0]! = 0x38 || Rxbuff_3992[2]! = 0x00 )
    {
        RxCounter_3992 = 0;
        RFID_Read_Memusr(addr);                // 读取卡片信息
        delay_ms(100);
    }
    LCD_ShowString(30,190,320,16,16,"read success:");
    for(i=4; i<Rxbuff_3992[1]; i++)
        {RxBuffer1[i-4] = Rxbuff_3992[i]; }
    Hex_ASCII(Rxbuff_3992[1]-4, RxBuffer1);
    for(i=0; i<2 * Rxbuff_3992[1]-8; i++)
    {
        RxBuffer3[i] = ASCII_data[i];
        if(RxBuffer3[i]>='A'&&RxBuffer3[i]<='Z') RxBuffer3[i]-=7;
        data = (RxBuffer3[i]-'0')+data * 16;
    }
    LCD_ShowNum(150,190,data,5,16);
}
```

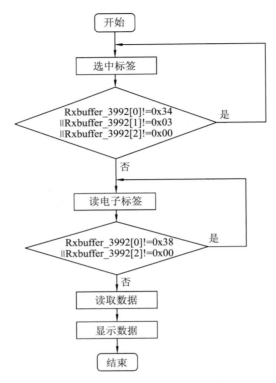

图 10-43 读取电子标签内存单元内容的软件设计流程图

（4）向电子标签内存单元写入数据的软件设计。

向电子标签特定存储区写入数据时，首先要发送选择标签命令，如果读写器返回0x34，0x03，0x00，说明成功选中，否则继续发送选择标签命令，直至成功选中为止。然后发送写标签命令，若读写器返回的前两个数据为0x36，0x00，则判定为成功写入，否则继续发送写标签命令，直至成功写入为止。向电子标签内存单元写入数据的软件设计流程图如图 10-44 所示。

发送：33 0F 0C E2 00 30 98 83 01 00 90 04 90 E3 1F

接收：34 00 00（表示选中标签：E2 00 30 98 83 01 00 90 04 90 E3 1F）

发送：35 15 01 00 00 00 00 00 01 64 00

接收：36 04 00 01（表示成功向电子标签地址为 0x00 的内存单元写入 0x64）

向电子标签内存单元写入数据的函数 Write_Data( ) 源程序如下：

```
void Write_Data(void)
{
    LCD_ShowString(30,130,200,16,16,"RFID:write data        ");
    LCD_ShowString(30,150,200,16,16,"Input Address:         ");
    LCD_ShowNum(150,150,addr,2,16);
    LCD_ShowString(30,170,200,16,16,"Input Data:            ");
```

```
LCD_ShowNum(150,170,data,5,16);
LCD_ShowString(30,190,320,16,16,"select EPC...");
Rxbuff_3992[0]=0;                          // 防止误判
```

// 选中 EPC_a 标签

```
while(Rxbuff_3992[0]!=0x34 || Rxbuff_3992[1]!=0x03 || Rxbuff_3992
    [2]!=0x00)
{
    RxCounter_3992=0;
    RFID_Select_Tag(EPC_d);                // 扫描选中的标签
    delay_ms(100);
}
LCD_ShowString(30,190,320,16,16,"select success          ");
LCD_ShowString(30,210,320,16,16,"write data....          ");
Rxbuff_3992[0]=0;                          // 防止误判
Rxbuff_3992[2]=1;                          // 防止误判
while(Rxbuff_3992[0]!=0x36 || Rxbuff_3992[2]!=0x00)
{
    RxCounter_3992=0;
    RFID_Write_Memusr(addr,data);
    delay_ms(100);
}
LCD_ShowString(30,210,320,16,16,"write success ");
}
```

（5）UART 串口通信软件设计。

AS3992 射频模块可采用 USB 或 UART 串口两种通信方式与上位机或用户主控 MCU 进行通信。系统采用 UART 串口通信方式与 STM32 CPU 进行通信,采用 USART1 查询发送、中断接收数据,需要对 USART1 进行初始化。配置串口 USART1 软件设计流程图如图 10-45 所示。

USART1 配置函数 USART1_Configuration( )源程序如下:

```
void USART1_Configuration(void)
{
    USART_InitTypeDef USART_InitStructure;
    USART_InitStructure.USART_BaudRate=115200;
    USART_InitStructure.USART_WordLength=USART_WordLength_8b;
    USART_InitStructure.USART_StopBits=USART_StopBits_1;
    USART_InitStructure.USART_Parity=USART_Parity_No;
    USART_InitStructure.USART_HardwareFlowControl=USART_HardwareFlow-
        Control_None;
```

USART_InitStructure.USART_Mode = USART_Mode_Rx | USART_Mode_Tx；
// USART1 接收中断允许
USART_ITConfig(USART1, USART_IT_RXNE, ENABLE)；
// 先禁止发送中断
USART_ITConfig(USART1, USART_IT_TXE, DISABLE)；
USART_Init(USART1, &USART_InitStructure)；   // 配置 USART1
USART_Cmd(USART1, ENABLE)；   // 使能 USART1
}

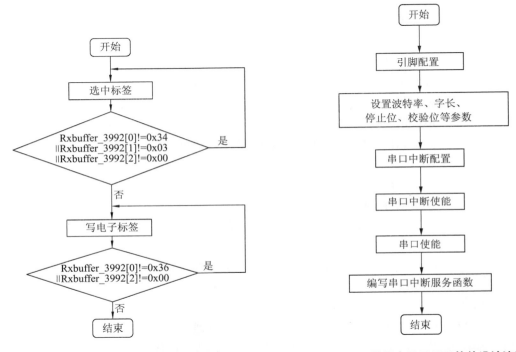

图 10-44　向电子标签内存单元写入数据的软件设计流程图　　图 10-45　配置串口 UART 软件设计流程图

NVIC 中断配置函数 NVIC_Configuration( ) 源程序如下：

```
void NVIC_Configuration( void )
{
    NVIC_InitTypeDef NVIC_InitStructure；
    #ifdef VECT_TAB_RAM              //设置中断向量表起始地址:0x20000000
        NVIC_SetVectorTable( NVIC_VectTab_RAM, 0x0 )；
    #else                            //设置中断向量表起始地址:0x08000000
        NVIC_SetVectorTable( NVIC_VectTab_FLASH, 0x0 )；
    #endif
        NVIC_PriorityGroupConfig( NVIC_PriorityGroup_1 )；
        NVIC_InitStructure.NVIC_IRQChannel = USART1_IRQChannel；
```

```
        NVIC_InitStructure.NVIC_IRQChannelSubPriority = 0 ;        //响应优先级
        NVIC_InitStructure.NVIC_IRQChannelCmd = ENABLE ;
        NVIC_Init( &NVIC_InitStructure ) ;
    }
```

USART1 查询发送函数 USART1_SEND( )源程序如下：

```
    void USART1_SEND( u8  * TxBuffer )
    {
        u8 TxCounter, i = 0 ;
        TxCounter = TxBuffer[ 1 ] ;
        for( i = 0 ; i<TxCounter ; i++ )
        {
            USART_SendData( USART1 , TxBuffer[ i ] ) ;
            while( USART_GetFlagStatus( USART1 , USART_FLAG_TXE ) == RESET ) {}
            Systick_Delay( 1 ) ;
        }
    }
```

USART1 中断服务函数 USART1_IRQHandler( )源程序如下：

```
    void USART1_IRQHandler( void )
    {
        if( USART1->SR&( 1<<5 ) )                              // 接收到数据
            RxBuffer[ RxCounter++ ] = USART1->DR ;
        USART_ClearITPendingBit( USART1 , USART_IT_RXNE ) ;  // 清除中断标志
    }
```

4. 键盘输入软件设计

按键用以完成 RFID 读写器工作模式的切换，以及读/写标签时地址和数据的输入。采用外部中断触发，快捷地切换读写器的工作模式，采用矩阵键盘扫描模式，快速读取输入的地址和数据。

10.2.6　小结

基于 AS3992 射频读写模块设计的 UHF-RFID 读写器，实现的功能有：自动扫描符合标准的电子标签并显示电子标签的 EPC 码，对电子标签进行远距离读写访问操作，读操作最大距离可达 50 cm，写操作最大距离可达 30 cm；读写选定电子标签存储器，通过按键完成不同功能的切换，通过 TFT-LCD 显示工作模式、数据和操作过程。读写器具有功能选择、数据输入及显示等友好的人机互动功能。

UHF-RFID 读写器广泛应用于高速不停车收费（ETC）系统、集装箱运输、航空行李运输、物流管理等远距离、移动物体的自动识别等领域。RFID 技术的应用，可大范围提高自动化水平并大幅度降低人工成本。

本章主要以 RFID 读写器设计和 UHF-RFID 读写器设计为例,介绍 STM32 在物联网方面的应用技术。非接触式 IC 卡应用范围广泛,针对不同的应用场合,读卡器必须单独设计。本章的 RFID 读写器以 STM32 为主控芯片,结合 RFID 读写芯片 MF RC522,与射频卡 Mifare One S50 间的通信速率为 106 kbit/s,读写距离达 10~25 mm。

UHF-RFID 读写器广泛应用于高速 ETC 系统、集装箱运输、航空行李运输、物流管理等远距离移动物体的自动识别等领域。基于 AS3992 射频读写模块设计的 UHF-RFID 读写器能够自动扫描符合标准的电子标签并显示电子标签的 EPC 码,读操作最大距离可达 50 cm,写操作最大距离可达 30 cm,RFID 技术的应用,可大范围地提高自动化水平并降低人工成本。

习题十

10-1   什么是 RFID?

10-2   RFID 系统由哪几部分组成?

10-3   UHF-RFID 有什么特点? 有哪些应用场合?

STM32 开发环境与实验项目

 本章教学目标

通过本章的学习,能够理解以下内容:

- STM32 软件开发平台的搭建
- STM32 工程模板的建立过程
- 目标程序的生成与下载方式
- 实验目的与要求

STM32 应用开发需要的软件主要有 MDK-ARM、外设器件支持包、USB 转串口驱动、下载软件等。在 Keil MDK 环境下,可以创建工程、编写源程序、生成目标文件,利用下载软件将目标程序下载到单片机中,即可运行程序。本章主要介绍了 STM32 工程的开发过程,并给出了一些从基础入门到综合应用的实验项目要求。

 ## 11.1　搭建 STM32 实验开发环境

11.1.1　软件平台

1. 开发软件

STM32 的常用开发软件有 IAR、CubeMX、Keil MDK 等。其中 Keil MDK 是大多数 51 单片机学习者都非常熟悉的一款集成开发环境(Integrated Development Environment, IDE),用户比较多,资料丰富。Keil MDK-ARM 是美国 Keil 软件公司(现已被 ARM 公司收购)出品的,支持 ARM 微控制器的 MDK-ARM 包含了工业标准的 Keil C 编译器、宏汇编器、调试器、实时内核等组件,具有行业领先的 ARM C/C++编译工具链,完美支持 Cortex-M、Cortex-R4、ARM7 和 ARM9 系列器件,还支持许多大公司(如 ST、Atmel、Freescale、NXP、TI 等)的微控制器芯片。

目前使用较多的版本是 MDK-ARM V5,与之前常用的 V4 版本相比,最大的区别在于,在软件安装的时候 V4 版本安装包里集成了器件的支持包,而 V5 版本是独立出来的,因此,用户需要对应自己的芯片型号,下载相应的器件支持包。

软件安装完成之后,须进行软件注册,若注册成功,可查看到如图 11-1 所示的界面。

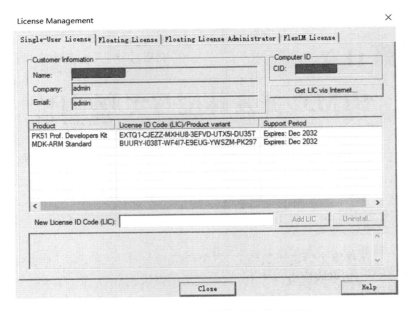

图 11-1　MDK-ARM 软件注册成功界面

2. USB 转串口驱动

USB 转串口驱动程序可以在网上下载,将开发板接到电脑上,运行驱动程序,然后检查设备管理器,可以查看软件是否安装成功,若成功,设备管理器中会出现端口(COM 和 LPT)号。需要注意的是,不同的电脑分配的 COM 口可能不一样,在后续程序下载时,需要根据自己设备分配的 COM 端口号进行选择。如图 11-2 所示,当前被分配的串口号为 COM3。

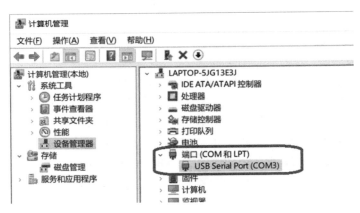

图 11-2　USB 转串口安装成功

11.1.2　建立工程模板

这里选择使用 MDK-523 环境(已装好器件支持包)建立工程模板,所采用的微控制器为 STM32F103VET6,它具有 100 个管脚,512 KB 的 Flash。具体步骤如下:

(1)新建名为 Demo 的文件夹,如图 11-3 所示。文件夹名字可以自己取,一般起与工程任务相关的名字,例如,要完成 LED 控制任务的工程,文件夹可以取名 LED。

图 11-3　新建文件夹

（2）双击 Keil UVision5 图标 ，打开如图 11-4 所示的界面。

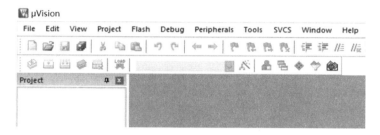

图 11-4　Keil μVision5 软件开发界面

（3）新建工程,选择 Project→New μVision Project,如图 11-5 所示。在打开的对话框中输入工程文件名,如 Demo,然后单击"保存"按钮,如图 11-6 所示。

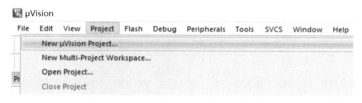

图 11-5　新建工程

图 11-6　保存工程

（4）选 CPU。要根据实际的 STM32 型号来选，比如，这里选用了 STM32F103VE，如图 11-7 所示。

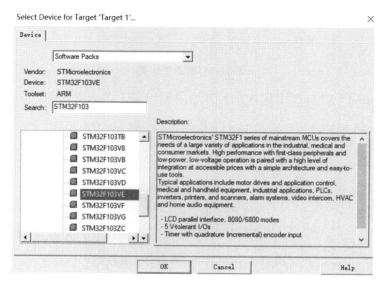

图 11-7　选 CPU 型号

（5）点击图标，进入相关软件配置环境，如图 11-8 所示。

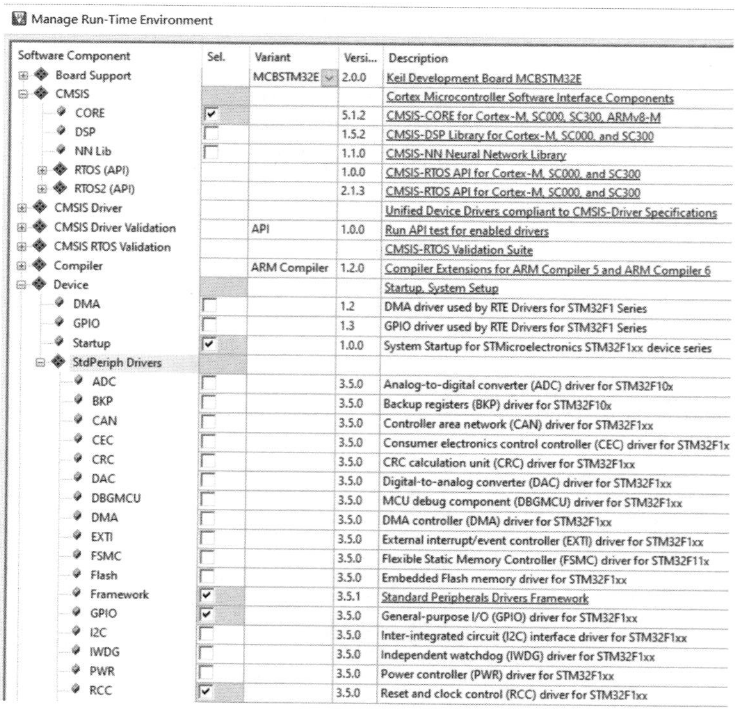

图 11-8　选配软件环境

在 CMSIS 中,选择 Core,这样就把 ARM 和相关软件接口导入工程。

在 Device 中,选择 Startup,这样就把系统启动相关软件接口导入工程。

在 StdPeriph Drivers 中,根据需要选择外设。本例要控制 LED,因此,需要 GPIO 的驱动。任何外设都要时钟驱动,因此,需要把 RCC 驱动选中,再选择 Framework,这样就可以把所需要的外设相关头文件自动包含进工程,如图 11-9 所示。

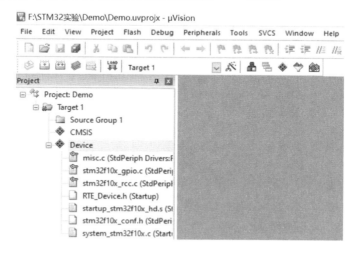

图 11-9　包含驱动文件的工程目录

(6) 新建源文件,选择 File→New,在 Text1 窗口中输入源代码,如图 11-10 所示。然后将该程序保存,注意文件名为 ∗∗∗.c,如 Demo.c,如图 11-11 所示。源程序保存之后,编辑窗口中的代码会显示出不同颜色,如图 11-12 所示。

图 11-10　新建源文件

图 11-11　保存成 C 语言文件

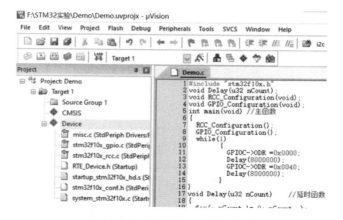

图 11-12　源程序保存后的界面

例如,若 PC6 外接一个 LED,控制 LED 亮灭的源程序如下:

```
#include "stm32f10x.h"
void Delay( u32 nCount);
void RCC_Configuration( void);
void GPIO_Configuration( void);
int main( void)                          //主函数
{
    RCC_Configuration( );
    GPIO_Configuration( );
    while( 1)
    {
        GPIOC->ODR = 0x0000;
```

```
            Delay(8000000);
            GPIOC->ODR = 0x0040;
            Delay(8000000);
        }
    }
    void Delay(u32 nCount)                    //延时函数
    {
        for(; nCount! = 0; nCount--);
    }
    void GPIO_Configuration(void)             //配置 GPIO 函数,PC6 推挽输出
    {
        GPIO_InitTypeDef GPIO_InitStructure;
        GPIO_InitStructure.GPIO_Pin = GPIO_Pin_6;
        GPIO_InitStructure.GPIO_Speed = GPIO_Speed_50MHz;
        GPIO_InitStructure.GPIO_Mode = GPIO_Mode_Out_PP;
        GPIO_Init(GPIOC, &GPIO_InitStructure);
    }
    void RCC_Configuration(void)              //配置时钟的函数
    {
        ErrorStatus HSEStartUpStatus;
        RCC_DeInit();
        RCC_HSEConfig(RCC_HSE_ON);
        HSEStartUpStatus = RCC_WaitForHSEStartUp();
        if(HSEStartUpStatus == SUCCESS)
        {
            RCC_HCLKConfig(RCC_SYSCLK_Div1);
            RCC_PCLK2Config(RCC_HCLK_Div1);
            RCC_PCLK1Config(RCC_HCLK_Div2);
            RCC_PLLConfig(RCC_PLLSource_HSE_Div1, RCC_PLLMul_9);
            RCC_PLLCmd(ENABLE);
            while(RCC_GetFlagStatus(RCC_FLAG_PLLRDY) == RESET);
            RCC_SYSCLKConfig(RCC_SYSCLKSource_PLLCLK);
            while(RCC_GetSYSCLKSource()! = 0x08);
        }
        RCC_APB2PeriphClockCmd(RCC_APB2Periph_GPIOC, ENABLE);
    }
```

（7）将源程序 Demo.c 添加到工程中。用鼠标右击 Source Group 1,选择 Add Existing Files to Group,如图 11-13 所示。选择刚刚保存的 Demo.c,如图 11-14 所示,将其添加到工

程目录,如图 11-15 所示。

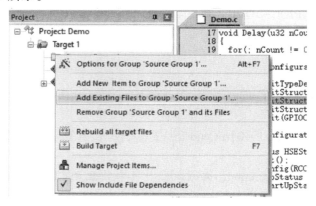

图 11-13　添加源文件

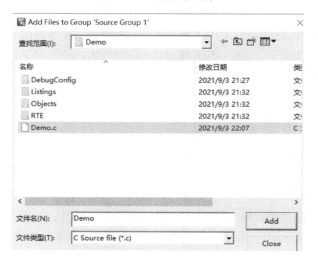

图 11-14　选择要添加的文件

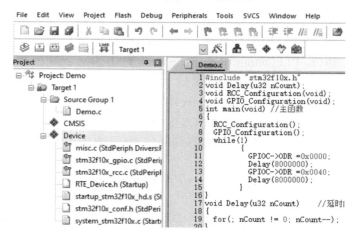

图 11-15　添加完成界面

（8）编译工程，生成目标文件。先点击图标，进入 Options for Target 界面，勾选"Create HEX File"，如图 11-16 所示。然后回到主界面（图 11-15），点击图标和中的任一个，开始编译。如果源程序没有语法错误，将会生成目标文件 Demo.hex，该文件默认存放在 Objects 文件夹中，如图 11-17 所示。如果源代码有错误，将不会生成目标文件，需要返回源程序中，修改所有错误。目标文件是单片机唯一可以识别并执行的文件。

图 11-16　勾选"Create HEX File"

> 此电脑 > 文档 (F:) > STM32实验 > Demo > Objects

名称

Demo.hex

图 11-17　目标文件的存放路径

11.1.3　STM32 程序烧录方式

STM32 烧录常用的方式一般为仿真器下载和 ISP 下载。

1. JTAG 协议

JTAG（Joint Test Action Group，联合测试行动小组）是一种国际标准测试协议（IEEE 1149.1 兼容），主要用于芯片内部测试。这种接口除了电源线和复位引脚之外，还要用到单片机的四个引脚，分别是 TDI、TMS、TCK、TDO。

TDI：数据输入，所有写入寄存器的数据都是通过 TDI 接口串行输入的。

TMS：模式选择，JLink 输出给目标 CPU 的时钟信号。

TCK：时钟信号，所有数据的输入/输出都是以该时钟信号为基准的。

TDO：数据输出，所有从寄存器读出的数据都是通过 TDO 接口串行输出的。

以上这四个引脚都是协议里强制要求的，而且协议建议在设计电路时要选用上拉电阻。JTAG 接口有多种形式，常用的有 20 引脚、14 引脚和 10 引脚。图 11-18 所示是一个 20 引脚的 IDC 插座。

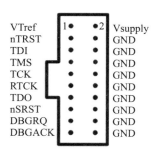

图 11-18　JTAG 接口

2. SWD 接口

串行调试(Serial Wire Debug, SWD)是一种和 JTAG 不同的调试模式,与 JTAG 相比, SWD 只需要两根线,分别为 SWCLK 和 SWDIO。SWDIO 是串行数据线,用于数据的读出和写入; SWDCLK 是串行时钟线,提供所需要的时钟信号。SWD 结构简单,但是使用范围没有 JTAG 广泛,主流调试器上也是后来才加的 SWD 调试模式。SWD 模式比 JTAG 在高速模式下更加可靠,在大数据量的情况下,JTAG 下载程序会失败,但是 SWD 发生的概率会小很多。

3. JLink 仿真器

JLink 是德国 SEGGER 公司推出的基于 JTAG 的仿真器。简单地说,是给一个 JTAG 协议转换盒,即一个小型 USB 到 JTAG 的转换盒,其连接到计算机用的是 USB 接口,而到目标板内部用的还是 JTAG 协议。它完成了从软件到硬件转换的工作。JLink 是一个通用的开发工具,可以用于 Keil、IAR、ADS 等平台。

4. ULink 仿真器

ULink 是 ARM/Keil 公司推出的仿真器,专用于 Keil 平台。其升级版本有 ULink2 和 ULink Pro 仿真器。ULink/ULink2 可以配合 Keil 软件实现仿真功能,并且仅可以在 Keil 软件上使用,增加了串行调试(SWD)支持、返回时钟支持和实时代理等功能。开发工程师通过结合使用 RealView MDK 的调试器和 ULink2,可以方便地在目标硬件上进行片上调试(使用 on-chip JTAG、SWD 和 OCDS)、Flash 编程。

5. ST-Link 仿真器

ST-Link 是专门针对 STM8 和 STM32 系列芯片的仿真器。ST-Link/V2 指定的 SWIM 标准接口和 JTAG/SWD 标准接口,可烧写 Flash ROM、EEPROM、AFR 等,采用 USB 2.0 接口,进行 SWIM/JTAG/SWD 下载,下载速度快,支持全速运行、仿真调试、单步调试、断点调试等各种调试方法,反应速度快,还可查看 I/O 状态、变量数据等。

6. ISP 下载

MCU 在出厂前,在芯片中嵌入了 BootLoad 程序,作用是将做串口转 SPI 通信,芯片内部的存储芯片 Flash 的接口为 SPI,通过这个程序转换,就可以用串口烧录程序到内部 Flash 中了。STM32 的启动模式由 32 芯片的 Boot0 与 Boot1 引脚决定,ISP 串口下载 HEX 程序步骤如下:

(1)设置 Boot0 = 1,Boot1 = 0。

(2)使用 mcuisp 或 flashloader 软件,下载程序到 STM32 内嵌 Flash。

(3)设置 Boot0 = 0,Boot1 = 0,即可实现程序的运行。

现在通过 CH340G 芯片可以实现自动 ISP 的下载方式,即不需要手动设置 Boot 模式。

11.2　实验项目要求

11.2.1　基础实验

实验一　点亮一个 LED

实验目的:能够搭建开发平台,并掌握软件的使用方法。

实验要求:安装软件,创建工程文件,编写源程序,生成目标文件,将目标文件下载到开发板运行,点亮一个 LED。

实验二　LED 控制

实验目的:熟悉开发环境,掌握 GPIO 的工作方式与编程方法。

实验要求:STM32 的 GPIO 引脚外接 8 个 LED,编写程序使 LED 以不同方式点亮。

实验三　按键识别

实验目的:掌握独立按键的工作原理及按键处理程序的设计方法。

实验要求:STM32 外接 4 个 LED 和 1 个按键开关,编程实现按键控制 LED 亮灭状态。设置 LED 初始状态全灭,按键按下 1 次亮 1 个灯,按下 2 次亮 2 个灯,按下 3 次亮 3 个灯,按下 4 次亮 4 个灯,按下 5 次 LED 全灭……

实验四　数码显示

实验目的:掌握数码显示的工作原理及显示程序的设计方法。

实验要求:

STM32 外接 4 个数码管,编程实现:(1)将任意一个小于 1 000 的数显示在 3 位数码管上;(2)按键每按下 1 次,数码显示数据加 1。

实验五　中断应用

实验目的:掌握 STM32 中断系统的工作原理,掌握利用函数库编写中断初始化程序与中断服务程序的方法。

实验要求:STM32 外接一个按键和一个数码管,按键闭合,数码管 a～f 段 LED 顺时针点亮;按键再闭合,LED 逆时针点亮。无限循环上述过程。

实验六　定时器应用

实验目的:掌握定时器的工作原理与编程实现定时的方法。

实验要求:

STM32 外接 1 个 LED 和 2 个数码管,编程实现:(1)通用定时器 TIM2 产生 100 ms 的定时中断,驱动 1 个 LED 指示灯闪烁;(2)利用 TIM2 实现秒计时,最多计时 59 s,将当前的时间值显示在 2 位数码管上;按键 1 次,计时停止,再按键,计时从 0 开始。

实验七　定时器多通道输出比较模式实验

实验目的:掌握定时器的输出比较模式工作原理与编程实现多通道定时的方法。

实验要求:STM32 外接 4 个 LED,对 TIM3 定时器进行编程,使得 TIM3 通道 1 产生频率为 183.1 Hz 的方波,通道 2 产生频率为 366.2 Hz 的方波,通道 3 产生频率为 732.4 Hz 的方波,通道 4 产生频率为 1 464.8 Hz 的方波。TIM3 定时器的通道 1 TIM3_CH1 对应于 PA6,通道 2 TIM3_CH2 对应于 PA7,通道 3 TIM3_CH3 对应于 PB0,通道 4 TIM3_CH4 对应于

PB1,这 4 个通道通过连线分别连接到 PC9~PC12,与之相连的是 4 个 LED 指示灯 L1~L4。当 TIM3 定时器 4 个通道产生不同的频率时,4 个 LED 指示灯以不同的频率闪烁。

实验八 单通道占空比连续变化的 PWM 波

实验目的:掌握定时器产生 PWM 波的工作原理与编程实现 PWM 波的方法。

实验要求:采用 TIM4 定时器产生占空比连续变化的 PWM 波,并使用 TIM4 的通道 2 (TIM4_CH2)重映射到 PD13,输出其 PWM 波,且 LED 指示灯 LED1 和 LED2 分别连接到 PD13 和 PD12。改变 PWM 的占空比观察 LED1 的亮暗变化,由 PWM 控制的 LED1 由暗至渐亮再变亮,通过亮度恒定的指示灯 LED2 对比二者的亮度。

实验九 多通道不同占空比的 PWM 波

实验目的:掌握定时器产生多通道 PWM 波的工作原理与实现方法。

实验要求:利用 TIM4 定时器产生 4 路频率相同占空比不同的 PWM 波输出。TIM4 通道 1 TIM4_CH1 对应于 PB6,通道 2 TIM4_CH2 对应于 PB7,通道 3 TIM4_CH3 对应于 PB8,通道 4 TIM4_CH4 对应于 PB9,这 4 个通道通过连线分别连接到 PF6~PF9,与之相连的是 4 个 LED 指示灯 L1~L4。当 TIM4 的 4 个通道产生频率相同、占空比不同的 PWM 波时,4 个 LED 指示灯以不同的占空比闪烁。

实验十 RTC 实时时钟实验

实验目的:掌握 RTC 时钟的工作原理与编程方法。

实验要求:

STM32 外接 1 个 LED,编程实现:将当前时间通过 STM32 的串口上传到上位机 PC,利用串口软件(如超级终端)进行显示。通过超级终端对 RTC 设置、修改时间。RTC 秒中断每发生 1 次,LED 指示灯闪烁 1 次。

实验十一 串口通信实验

实验目的:掌握 STM32 通用串口 USART 的工作原理,以及发送/接收数据的程序设计方法,掌握 STM32 端口重映射的概念和应用方法。

实验要求:

STM32 外接 1 个按键开关,编程实现:(1) 将按键的次数发送给微机;(2) 利用微机串口调试助手,向 STM32 发送数字字符,数码管显示接收到的数字;(3) 利用 USART2 的重映射实现与 PC 的数据通信。

实验十二 串口读取 STM32 的 EPC 码和 Flash 容量

实验目的:掌握查询和中断方式串口读取 STM32 的 EPC 码和 Flash 容量的程序设计方法。

实验要求:通过 USART1 采用查询方式或中断方式,从 STM32 片内 Flash 的地址,以 32 位字的方式读取芯片的 96 位 EPC 码和 Flash 容量,由 USART1 上传到 PC,通过超级终端显示出来。STM32 CPU 有 96 位 EPC 码,存放在片内 Flash 位于地址 0x1FFFF7E8 ~ 0x1FFFF7F3 的系统存储区内;Flash 容量存放在地址 0x1FFFF7E0 单元内。它们由生产厂商在制造时写入,用户不可修改,可以字节、半字或字的方式读取。

实验十三 DMA 方式数据传送

实验目的:掌握 DMA 控制器的工作原理与程序设计方法。

实验要求:在内存中开辟 2 个缓冲区,分别为 Srcstr[ ] 和 Dststr[ ],初始化不同的字符串。配置好 DMA 通道,使用 DMA 方式把 Srcstr 中的数据移到 Dststr 内,并利用串口输出移动前后缓冲区中的数据情况。

实验十四　ADC 实验

实验目的:掌握 STM32 的 A/D 转换器的结构特点及程序设计方法。

实验要求:STM32 的一个 ADC1 通道上外接电位器,将 ADC1 的 A/D 转换结果上传到 PC,同时显示在数码管上。

实验十五　利用 STM32 内置温度传感器检测环境温度

实验目的:掌握 STM32 内置温度传感器的结构特点及程序设计方法。

实验要求:STM32 外接 LCD 液晶屏,利用 STM32 内置温度传感器检测温度,并显示在液晶屏上。

实验十六　利用 DMA 方式进行 A/D 数据传输

实验目的:掌握 STM32 的数据采集与 DMA 方式数据传输的程序设计方法。

实验要求:STM32 外接可变电阻器、LCD 液晶屏,利用 ADC1 的一个通道采集可变电阻器的电压值,采用查询方式、单通道连续转换模式,转换结果通过 DMA 通道 1 读取,并显示在 LCD 显示器上。

11.2.2　综合实验

实验十七　ADC、DMA、USART 综合应用

实验目的:掌握 ADC、DMA、USART 的综合应用技术。

实验要求:利用 ADC 的一个通道采集可变电阻器的电压值,利用 STM32 通道 16 采集内置温度传感器的温度,对这两路通道的数据源进行 A/D 转换,采用 DMA 方式将 A/D 转换结果通过串口 USART1 发送到 PC,并在 PC 的超级终端上显示 A/D 转换结果。

实验十八　数字时钟设计

实验目的:掌握综合应用定时器、EXTI 中断、GPIO 等模块设计数字时钟的方法。

实验要求:STM32 外接 8 个数码管和 2 个按键,要求能够用数码管显示时分秒,用按键实现时钟时间的设置。可以利用 SysTick 产生数字钟 1 s 精准时间基准,利用 2 个按键设置时钟时间,其中 1 个按键作为功能按键,另外 1 个按键作为调整时间。功能按键按下1 次,进入秒调整;按下 2 次,进入分调整;按下 3 次,进入时调整;按下 4 次,返回正常时钟计时。按键工作在 EXTI 中断模式,一旦键被按下,立即进入按键中断处理过程。

实验十九　温度测量与继电器控制综合实验

实验目的:掌握 STM32 与温度传感器、继电器、LCD 等模块的硬件接口与程序设计技术。

实验要求:STM32 外接温度传感器 DS18B20、继电器和按键,设计程序采集温度值并显示在液晶屏上。按键设置温度阈值,当前温度超过阈值时,打开继电器,否则关闭继电器。

实验二十　数据采集与波形显示实验

实验目的:掌握 ADC、DAC、DMA、USART 和 LCD 的综合应用技术。

实验要求:STM32 外接 LCD 液晶屏,利用 STM32 的 DAC 输出时变电压信号,该信号再通过 ADC 采样至 STM32 内部,利用串口将 ADC 的数字量输出到 PC,并将 ADC 采样到的数据通过动态打点的形式在 LCD 上显示出波形。

参考文献

［1］陈志旺,等. STM32 嵌入式微控制器快速上手［M］. 2 版.北京:电子工业出版社,2014.

［2］王益涵,孙宪坤,史志才. 嵌入式系统原理及应用:基于 ARM Cortex-M3 内核的 STM32F103 系列微控制器［M］.北京:清华大学出版社,2016.

［3］郑亮,王戬,袁健男,等. 嵌入式系统开发与实践:基于 STM32F10x 系列［M］. 2 版.北京:北京航空航天大学出版社,2019.

［4］沈红卫,任沙浦,朱敏杰,等. STM32 单片机应用与全案例实践［M］.北京:电子工业出版社,2017.

［5］董磊,赵志刚. STM32F1 开发标准教程［M］.北京:电子工业出版社,2019.

［6］丁男,马洪连. 嵌入式系统设计教程［M］. 3 版.北京:电子工业出版社,2016.

［7］肖广兵. ARM 嵌入式开发实例:基于 STM32 的系统设计［M］.北京:电子工业出版社,2013.

［8］李宁. 基于 MDK 的 STM32 处理器开发应用［M］.北京:北京航空航天大学出版社,2008.

［9］彭刚,秦志强. 基于 ARM Cortex-M3 的 STM32 系列嵌入式微控制器应用实践［M］.北京:电子工业出版社,2011.

［10］意法半导体. STM32 中文参考手册［Z］.10 版. 意法半导体(中国)投资公司,2010.

［11］陈良银,游洪跃,李旭伟. C 语言教程［M］.北京:高等教育出版社,2018.

［12］喻金钱,喻斌. STM32F 系列 ARM Cortex-M3 核微控制器开发与应用［M］.北京:清华大学出版社,2011.